Klaus Neemann und Heinz Schade

Klassische und erweiterte Dimensionsanalyse

De Gruyter Studium

Weitere empfehlenswerte Titel

Tensor Analysis
Heinz Schade und Klaus Neemann, 2018
ISBN 9783110404258, e-ISBN 9783110404265

Angewandte Differentialgleichungen Kompakt
Adriano Oprandi, 2022
ISBN 9783110737974, e-ISBN 9783110737981

Strömungslehre
Heinz Schade, Ewald Kunz, Frank Kameier und Christian Oliver Paschereit, 2022
ISBN 9783110641448, e-ISBN 9783110641455

Physik im Studium – Ein Brückenkurs
Jan Peter Gehrke und Patrick Köberle, 2021
ISBN 9783110703924, e-ISBN 9783110703931

Differentialgleichungen und Mathematische Modellbildung Eine praxisnahe Einführung unter Berücksichtigung der Symmetrie-Analyse
Nail H. Ibragimov und Khamitova Raisa, 2017
ISBN 9783110495324, e-ISBN 9783110495522

Klaus Neemann und Heinz Schade

Klassische und erweiterte Dimensionsanalyse

Größenlehre, Ähnlichkeitslehre, Dimensionssysteme

DE GRUYTER

Autoren

Dr.-Ing.Klaus Neemann
Straße des 17. Juni 145
10623 Berlin
klaus.neemann@tu-berlin.de

Prof. Dr.-Ing.Heinz Schade
Erlenweg 72
14532 Kleinmachnow
heinz.schade@posteo.de

ISBN 978-3-11-079568-4
e-ISBN (PDF) 978-3-11-079574-5
e-ISBN (EPUB) 978-3-11-079578-3

Library of Congress Control Number: 2022938843

Bibliografische Information der Deutschen Nationalbibliothek
Die Deutsche Nationalbibliothek verzeichnet diese Publikation in der Deutschen Nationalbibliografie; detaillierte bibliografische Daten sind im Internet über http://dnb.dnb.de abrufbar.

Coverabbildung: Klaus Neemann
Satz: VTeX UAB, Lithuania
Druck und Bindung: CPI books GmbH, Leck

www.degruyter.com

Vorwort

Das Rechnen in der Physik unterscheidet sich vom Rechnen in der Mathematik, weil eine Zahl in der Physik stets mit einem Objekt oder einem Vorgang aus der realen Welt in Verbindung steht. Die Angabe einer solchen Zahl muss (zumindest im Prinzip) immer durch eine Messung überprüfbar sein. Das setzt aber die Kenntnis des Vergleichsmaßstabes voraus, mit dem diese Messung durchgeführt werden soll, also zum Beispiel bei der Längenmessung mit einem Lineal, ob die Messung in Millimetern oder Zentimetern erfolgen soll. Zur Kennzeichnung des jeweiligen Vergleichsmaßstabes verwendet man in der Physik Einheiten und bezeichnet die Kombination aus einer Zahl und einer Einheit als physikalische Größe. Dieses Buch handelt von den Konsequenzen, die sich aus der Verwendung physikalischer Größen ergeben.

Wenn man mit physikalischen Größen rechnet, rechnet man nicht nur mit Zahlen, sondern auch mit Einheiten. Für das Rechnen mit Zahlen gelten die üblichen Regeln der Mathematik, aber als Folge der Einheiten treten noch einige weitere Regeln hinzu. Diese zusätzlichen Regeln behandeln wir in Kapitel 1 über die Größenlehre. Ein wesentlicher Aspekt einer Größe ist, dass ihr Wert unabhängig von der verwendeten Einheit sein muss, d. h. wenn eine Einheit gegen eine andere Einheit ausgetauscht wird, muss man entsprechend auch den Zahlenwert ändern. Die Länge eines Bleistiftes lässt sich beispielsweise mit 15 Zentimetern oder 150 Millimetern angeben: Zahlenwert und Einheit sind jeweils verschieden, aber die Länge des Bleistifts ist in beiden Fällen gleich. Man sagt dafür auch, dass eine Größe invariant gegen einen Einheitenwechsel ist. Bei den Begriffen zur Größenlehre folgen wir weitgehend der europäischen Norm DIN EN ISO *80000-1 Größen und Einheiten Teil 1: Allgemeines*, weichen davon aber an einigen Stellen leicht ab, wo es für den Aufbau unseres Buches sinnvoller erscheint.

In der Realität stehen physikalische Größen auf vielfältige Art miteinander in Beziehung. Bei einem Gas (mit gegebener Masse und gegebener chemischer Zusammensetzung) stellt man zum Beispiel fest, dass von den drei Größen Volumen, Druck und Temperatur nur die Werte von zwei Größen frei wählbar sind, der Wert der dritten Größe stellt sich dann (eventuell nach einer gewissen Übergangszeit) von selbst ein. In der Mathematik beschreibt man solche Abhängigkeiten durch Funktionen. Allerdings handelt es sich in der Physik um Funktionen zwischen physikalischen Größen, sodass nicht alle mathematisch denkbaren Funktionen zulässig sind, sondern nur solche, die invariant gegen einen Einheitenwechsel sind. Wie sich diese Forderung bei der Planung und Auswertung von Experimenten ausnutzen lässt, beschreiben wir in den Kapiteln 2 und 3 über die klassische Dimensionsanalyse und über die Ähnlichkeitslehre. Das zentrale Ergebnis der klassischen Dimensionsanalyse lautet, dass in der Physik nur solche Funktionen zulässig sind, bei denen Argumente und Funktionswerte aus dimensionslosen Kombinationen von Größen bestehen, also Kombinationen, die reine Zahlen sind und deshalb keine Einheit benötigen. Die Formulierung mit diesen dimensionslosen Kombinationen hat den Vorteil, dass sich dadurch oft eine kleinere

https://doi.org/10.1515/9783110795745-201

Anzahl der Variablen ergibt, als wenn man die Abhängigkeit durch die ursprünglichen, dimensionsbehafteten Größen ausdrückt. Der Name Dimensionsanalyse hängt damit zusammen, dass für die Menge aller Größen, die in derselben Einheit messbar sind, auch der Name Dimension üblich ist.

Die Auswertung von Experimenten führt im Wechselspiel mit theoretischen Überlegungen zu physikalischen Gesetzen. Diese Gesetze werden in mathematischer Form als Gleichungen formuliert, in denen physikalische Größen vorkommen und die dadurch ebenfalls invariant gegen einen Einheitenwechsel sein müssen. Man kann deshalb auch das Gleichungssystem, das einen physikalischen Vorgang beschreibt, als Ausgangspunkt einer Dimensionsanalyse wählen. Diese Vorgehensweise nennen wir erweiterte Dimensionsanalyse und beschreiben ihre Einzelheiten in Kapitel 4. Dieses Kapitel bildet den zentralen Teil unseres Buches: Die erweiterte Dimensionsanalyse beseitigt einerseits Unsicherheiten bei der praktischen Anwendung der klassischen Dimensionsanalyse und kann dadurch manchmal aussagekräftigere Ergebnisse liefern, andererseits eröffnet die erweiterte Dimensionsanalyse einen Zugang zu Lösungsverfahren für bestimmte Arten von Differentialgleichungen.

Die elementaren physikalischen Gesetze für Größen wie Masse, Impuls oder Energie lassen sich mathematisch als partielle Differentialgleichungen formulieren, die zusammen mit einem Satz geeigneter Anfangs- und Randbedingungen die Veränderung der betrachteten Größen in Raum und Zeit beschreiben. Diese Anfangsrandwertprobleme sind in der Regel so kompliziert, dass sie nur durch den Einsatz von Computern lösbar sind. Für ein grundlegendes Verständnis physikalischer Vorgänge ist man aber oft auf einfachere Lösungen angewiesen, die sich durch bekannte mathematische Funktionen ausdrücken oder zumindest aus gewöhnlichen Differentialgleichungen berechnen lassen. Solche Lösungen existieren in der Regel nur für mehr oder weniger stark idealisierte Probleme, bei denen man eine bestimmte Symmetrie ausnutzen kann. Ein typisches Beispiel ist das elektrische Feld in der Umgebung einer einzelnen punktförmigen Ladung: Wenn man annimmt, dass das Feld kugelsymmetrisch ist, lässt sich die partielle Differentialgleichung auf eine gewöhnliche Differentialgleichung reduzieren, in der die einzige unabhängige Variable der radiale Abstand vom Ladungsmittelpunkt ist. Anders ausgedrückt bedeutet die Annahme der Kugelsymmetrie das Aufsuchen einer Lösung, die invariant gegen beliebige Drehungen im Raum ist. Diese Betrachtungsweise eröffnet die Möglichkeit, auch andere als geometrische Invarianzen bei der Vereinfachung von Anfangsrandwertproblemen zu nutzen. Bei physikalischen Gleichungen gehört hierzu insbesondere die Invarianz gegen einen Einheitenwechsel, und die so gefundenen Lösungen werden als ähnliche Lösungen von Randwertproblemen bezeichnet. Ob ein Randwertproblem eine ähnliche Lösung besitzt und wie man sie gegebenenfalls findet, lässt sich mithilfe der erweiterten Dimensionsanalyse klären. Die Einzelheiten besprechen wir in Kapitel 5.

In Physik und Technik verwendet man heute üblicherweise das Internationale Einheitensystem (SI). Das SI kennt sieben Basiseinheiten, die als unabhängig betrachtet werden, und eine Vielzahl von abgeleiteten Einheiten, die nach bestimmten Regeln aus den Basiseinheiten zusammengesetzt werden. Auf die SI-Basiseinheiten, deren Definition in der Vergangenheit schon mehrfach angepasst wurde, und auf wichtige abgeleitete SI-Einheiten weisen wir in Kapitel 1 hin. Die Anzahl und die Art der Basiseinheiten ist nicht durch die Naturgesetze bestimmt, das SI hat sich lediglich als zweckmäßig erwiesen und im Laufe der Zeit gegen konkurrierende Einheitensysteme durchgesetzt. Von einem übergeordneten Standpunkt aus betrachtet sind auch Einheitensysteme mit mehr oder weniger als sieben Basiseinheiten möglich. Die Frage nach der Anzahl und der Art der Basiseinheiten lässt sich mithilfe der erweiterten Dimensionsanalyse klären. Die Antwort geben wir im abschließenden Kapitel 6 über Dimensionssysteme und können dabei insbesondere auch die jüngste Anpassung der SI-Basiseinheiten aus dimensionsanalytischer Sicht erläutern.

Das vorliegende Buch ist aus Lehrveranstaltungen am ehemaligen Hermann-Föttinger-Institut für Thermo- und Fluiddynamik der Technischen Universität Berlin entstanden. In der Strömungstechnik gehört die Dimensionsanalyse zur Grundausbildung angehender Ingenieurinnen und Ingenieure, weil sich viele Fragen bis in die heutige Zeit nur experimentell, z. B. in Windkanalversuchen beantworten lassen. Entsprechend gibt es eine Vielzahl von Büchern zur Dimensionsanalyse, von denen wir aber nur einige, die uns als Ergänzung zu unserer Darstellung sinnvoll erscheinen, in das Literaturverzeichnis aufgenommen haben. Die existierenden Bücher konzentrieren sich in der Regel auf die klassische Dimensionsanalyse. Die Verbindung zwischen der Dimensionsanalyse und der Suche nach ähnlichen Lösungen von Randwertproblemen wird zwar erwähnt, viele Einzelheiten bleiben jedoch vage. An dieser Stelle können wir mit der erweiterten Dimensionsanalyse ein Verfahren präsentieren, das systematisch die Frage nach der Existenz ähnlicher Lösungen beantwortet und gleichzeitig auch den Ansatz für die Transformation der zugehörigen Differentialgleichungen liefert. Selbstverständlich lassen sich ähnliche Lösungen auch auf rein mathematischem Weg finden, der ohne den Größenbegriff auskommt und auf der Theorie der Lie-Gruppen aufbaut. Die Durchführung ist jedoch oft mit erheblichem Aufwand verbunden und setzt vertiefte mathematische Kenntnisse voraus, die üblicherweise nicht in einem ingenieurwissenschaftlichen Studium vermittelt werden. Wer sich näher für diese mathematischen Aspekte interessiert, findet im Literaturverzeichnis Hinweise auf weiterführende Lehrbücher.

Unser Buch wendet sich vorzugsweise an Studierende und Forschende technischer Fachrichtungen. Wir führen die Methoden anhand von Beispielen ein und vermeiden bei der Verallgemeinerung formale mathematische Schreibweisen, sondern geben einer Beschreibung durch Worte den Vorzug. Das Buch enthält außerdem eine Reihe von Aufgaben und ist damit auch für das Selbststudium geeignet. Der Schwierigkeitsgrad der Aufgaben variiert von Fragen zur Begriffsbestimmung über Aufgaben zum Rechnen mit Einheiten bis zur Lösung von Randwertproblemen. Zahlreiche Aufgaben stammen (ebenso wie viele Beispiele im Text) aus dem Bereich der Strömungsmechanik. Das ist durch die Entstehungsgeschichte des Buches bedingt, hängt aber auch damit zusammen, dass dimensionsanalytische Methoden in der Strömungsmechanik oft besonders erfolgreich eingesetzt wurden. Für Leserinnen und Leser, die mit der Strömungsmechanik weniger vertraut sind, haben wir den physikalischen Hintergrund jeweils ausführlich erläutert. Aus mathematischer Sicht erfordert die Lektüre des Buches vor allem Grundkenntnisse der linearen Algebra (Matrizen, Lösung linearer Gleichungssysteme), das Kapitel 5 setzt auch eine gewisse Erfahrung im Umgang mit partiellen Differentialgleichungen voraus. An zahlreichen Stellen des Buches werden Matrixumformungen benötigt. Um diese Umformungen im Detail nachvollziehen zu können, ist der Einsatz eines Computeralgebrasystems ratsam.

Die Lehrveranstaltung, auf der unser Buch beruht, geht auf Vorlesungen über klassische Dimensionsanalyse und Ähnlichkeitslehre von Professor Dr.-Ing. Rudolf Wille, dem ersten Direktor des Hermann-Föttinger-Instituts, zurück. Ohne die kritischen Fragen und die Verbesserungsvorschläge zahlreicher Studierender hätten wir dieses Buch nicht schreiben können.

Wir danken dem Verlag de Gruyter für die freundliche Aufnahme des Buches und die angenehme Zusammenarbeit.

Berlin, Kleinmachnow, im April 2022

Klaus Neemann
Heinz Schade

Inhalt

1 Größenlehre

1.1 Merkmale

1. In Naturwissenschaft und Technik möchte man oft bestimmte Objekte oder Vorgänge quantitativ, d. h. mithilfe von Zahlen beschreiben. Dazu muss man die interessierenden Merkmale festlegen und zugleich geeignete Messvorschriften angeben. Objekte und Vorgänge werden in diesem Zusammenhang auch *Träger von Merkmalen* genannt; die Zahlenangabe, durch die ein Merkmal beschrieben wird, heißt *Merkmalswert.*

Beispiele für die Träger von Merkmalen sind ein Rohr (Objekt) oder die Fahrt eines Eisenbahnzuges (Vorgang). Interessierende Merkmale eines Rohres können Länge, Durchmesser, Masse oder die Härte des Rohrmaterials sein; Länge und Durchmesser kann man mit einem Zollstock messen, die Masse mit einer Waage und die Härte des Materials nach der Mohs'schen Härteskala. Merkmale einer Zugfahrt sind u. a. die Abfahrtszeit und die Ankunftszeit des Zuges, beide lassen sich mit einer Uhr messen.

2. Eine genauere Untersuchung zeigt, dass sich Merkmale in unterschiedliche Klassen einteilen lassen:

Das Rohr könnte beispielsweise eine Länge von 3 Metern haben. Die Zahl 3 ist offenbar eine quantitative Festlegung, aber die Zahlenangabe 3 allein reicht nicht aus: Der Zusatz Meter ist genauso wichtig und bedeutet, dass die Länge des Rohres mit der Länge eines Referenzobjektes – hier anschaulich des Urmeters[1] – verglichen wurde und dabei herauskam, dass es dreimal so lang wie dieses Referenzobjekt ist. Analog verhält es sich mit der Masse: Wenn man beispielsweise sagt, das Rohr habe eine Masse von 2 Kilogramm, so heißt das, dass das Rohr die doppelte Masse eines anderen Referenzobjekts – hier des Urkilogramms[2] – besitzt.

Merkmale, die sich wie Länge oder Masse (und außerhalb der Physik auch der Preis einer Ware) als Vielfaches eines Referenzmerkmales bestimmen lassen, nennt man *verhältnisskalierte Merkmale* oder *Größen.*

3. Nicht jedes Merkmal, das durch eine Zahlenangabe charakterisiert ist, stellt eine Größe dar. Ein typisches Gegenbeispiel ist der Zeitpunkt eines Ereignisses wie z. B. die Abfahrt eines Zuges am Bahnhof. Sie wird auf dem Fahrplan durch eine Uhrzeit angegeben, also z. B. 18 Uhr, das bedeutet aber nicht das 18-fache eines Referenzzeitpunktes, sondern 18 Stunden nach dem Beginn des betreffenden Tages. Ein anderer Zug

---

1 Das Urmeter ist ein in Sèvres bei Paris aufbewahrter Platin–Iridium-Stab, der früher zur Definition eines Meters verwendet wurde.

2 Das Urkilogramm ist ein in Sèvres bei Paris aufbewahrter Platin–Iridium-Zylinder, der früher zur Definition eines Kilogramms diente.

https://doi.org/10.1515/9783110795745-001

könnte den Bahnhof am selben Tag um 9 Uhr verlassen haben, es hätte aber keinen Sinn, zu sagen, die eine Abfahrt sei doppelt so spät wie die andere erfolgt, d. h. eine Uhrzeit ist keine Größe. Erst wenn man die Differenz zweier Uhrzeiten bildet, entsteht eine Größe, die üblicherweise als Zeit[3] bezeichnet wird: Wenn eine weitere Abfahrt an diesem Tage um 12 Uhr stattfand, so hat es von der zweiten bis zur dritten Abfahrt doppelt so lange gedauert, nämlich 6 Stunden, wie von der ersten bis zur zweiten Abfahrt, nämlich 3 Stunden. Merkmale, die selber keine Größen sind, bei denen aber die Differenz zweier Merkmalswerte auf eine Größe führt, nennt man *intervallskalierte Merkmale*. Die vorstehenden Überlegungen lassen sich auch auf Orte übertragen: Ein Ort kennzeichnet beispielsweise die Lage eines Punktes auf einer Landkarte; vergleichen kann man jedoch nicht die Orte selbst, sondern nur die Abstände zwischen ihnen. Orte sind also ebenfalls intervallskalierte Merkmale, die Abstände zwischen ihnen sind Größen.

4. Ein anderes Beispiel für ein Merkmal, das keine Größe ist, ist die Härte eines Materials im Sinne der Mohs'schen Härteskala von 1 (Talk) bis 10 (Diamant). Man kann nach der Mohs'schen Härteskala jedem festen Material eine ganze Zahl zwischen 1 und 10 zuordnen, aber weder das Verhältnis noch die Differenz zweier Härten hat einen Sinn. Solche Merkmale, die sich sinnvoll in eine Reihenfolge bringen lassen („Diamant ist härter als Talk"), ohne dass das Verhältnis oder die Differenz der Merkmalswerte eine Bedeutung hat, nennt man *Ordinalmerkmale*.[4]

Die Beaufort'schen Skalen für Windstärke und Seegang (und außerhalb der Physik die Noten für Prüfungsleistungen an einer Schule oder Universität) sind weitere Beispiele für solche Ordinalmerkmale.

5. Schließlich gibt es noch Merkmale wie die Namen oder die Postleitzahlen der Orte eines Landes. Ihre Merkmalswerte lassen sich zwar auch in eine Reihenfolge bringen (die Namen alphabetisch und die Postleitzahlen numerisch), diese Reihenfolge hat aber keine inhaltliche Bedeutung. Solche Merkmale heißen *Nominalmerkmale*.

Aufgabe 1.1. Zu welcher Klasse gehören die folgenden Merkmale:
A. die geografische Länge und Breite eines Punktes auf der Erdoberfläche,
B. die Härte eines Materials nach Vickers oder Brinell,
C. das elektrische Potential und die elektrische Spannung,

3 Der Begriff Zeit wird oft doppeldeutig sowohl für Zeitintervalle (3 Stunden) als auch für Zeitpunkte (12 Uhr) verwendet. Um diese Doppeldeutigkeit zu vermeiden, sprechen wir bei Zeitpunkten von Uhrzeiten und nur bei Zeitintervallen von Zeiten. Manchmal findet man für Zeitintervalle auch den Begriff Dauer.

4 DIN EN ISO 80000-1 verwendet einen Größenbegriff, der auch Ordinalmerkmale einschließt, während in unserem Buch nur verhältnisskalierte Merkmale und die Differenz intervallskalierter Merkmale als Größen bezeichnet werden.

D. die Matrikelnummer eines Studierenden,
E. die Nummer einer Straßenbahnlinie?

1.2 Größen, Einheiten, Dimensionen

1. Größen stellen mit Abstand die wichtigsten Merkmale in Naturwissenschaft und Technik dar, da man nur zwischen ihnen auf sinnvolle Weise Rechenoperationen – den sogenannten Größenkalkül – definieren kann. Wir beginnen deshalb noch einmal mit einer präzisierenden Definition des Begriffs einer Größe:

Eine Größe A ist ein Merkmal eines Objekts oder Vorgangs, das sich als Vielfaches $\hat{A}$ eines Bezugsmerkmals $\tilde{A}$ angeben lässt:

$$A = \hat{A}\,\tilde{A}. \tag{1.1}$$

Das Bezugsmerkmal $\tilde{A}$ bezeichnet man üblicherweise als *Einheit* und das Vielfache $\hat{A}$ als *Zahlenwert* der Größe A in Bezug auf diese Einheit; die Einheit ist dabei selbst eine Größe. Wir gehen davon aus, dass sich eine Einheit beliebig vervielfachen oder unterteilen lässt, dann ist der Zahlenwert eine reelle Zahl.[5]

Formelzeichen für Größen werden üblicherweise in kursiver Schrift und Zeichen für Einheiten in gerade stehender Schrift[6] gesetzt. Wir werden dieser Schreibweise bei den Zeichen für spezielle Einheiten folgen, also z. B. m für die Längeneinheit Meter,[7] s für die Zeiteinheit Sekunde[8] oder kg für die Masseneinheit Kilogramm[9] schreiben,

---

5 In einigen Bereichen wie z. B. der Schwingungslehre oder der Wechselstromtechnik rechnet man auch mit komplexen Größen. Physikalische Bedeutung haben jedoch nur daraus gebildete reelle Größen wie Real- und Imaginärteil oder Betrag und Phasenwinkel.

6 Eine ähnliche Konvention gibt es für Zahlen und mathematische Symbole wie +, log oder sin: Sie werden ebenfalls in gerade stehender Schrift gesetzt.

7 Die Längeneinheit Meter (der, auch: das) war ursprünglich festgelegt als der 40 000 000ste Teil des Erdumfanges, später als die Länge des bereits erwähnten Urmeters. Als die Anforderungen an Genauigkeit und Reproduzierbarkeit stiegen, wurde ein Meter als das 1 650 763,73-fache der Wellenlänge der orangeroten Spektrallinie definiert, die das Krypton-Isotop ^{86}Kr im Vakuum beim Übergang zwischen den quantenmechanischen Energiezuständen $2\,\mathrm{p}_{10}$ und $5\,\mathrm{d}_5$ aussendet. Nach der heute gültigen Definition ist ein Meter die Länge der Strecke, die das Licht im Vakuum während der Dauer von 1/299 792 458 Sekunden durchläuft.

8 Die Zeiteinheit Sekunde war ursprünglich definiert als der 86 400ste Teil eines mittleren Sonnentages; nach heutiger Definition ist eine Sekunde das 9 192 631 770-fache der Periodendauer der Strahlung, die beim Übergang zwischen den beiden Hyperfeinstrukturen im Grundzustand des Cäsium-Isotops ^{133}Cs auftritt.

9 Die Masseneinheit Kilogramm war ursprünglich festgelegt als die Masse von einem Liter Wasser bei einer Temperatur von vier Grad Celsius und einem Druck von einem Bar, später als die Masse des bereits erwähnten Urkilogramms. Heute wird das Kilogramm mithilfe der Planck-Konstante h definiert:

ansonsten aber an der Kennzeichnung von Einheiten durch eine Tilde wie in Gleichung (1.1) festhalten.[10]

Zur näheren Erläuterung der Begriffe Größe und Einheit greifen wir auf das Beispiel des Rohres zurück. Man kann die Länge eines Rohres als Vielfaches seines Durchmessers angeben; die Länge eines Rohres ist also eine Größe, und sein Durchmesser ist eine mögliche Einheit dieser Größe. Umgekehrt kann man natürlich auch den Durchmesser des Rohres als Bruchteil seiner Länge angeben; der Durchmesser eines Rohres ist also ebenfalls eine Größe und seine Länge eine mögliche Einheit. Generell ist jede Einheit zugleich eine Größe, und jede Größe, deren Zahlenwert nicht null ist, kann als Einheit gewählt werden. Da auch die Länge eines anderen Rohres oder der Durchmesser der Erde eine Größe ist, sagt man verallgemeinernd, eine Länge oder ein Durchmesser (oder auch: die Länge oder der Durchmesser) sei eine Größe. Streng genommen müssen wir dann zwischen der Länge als allgemeinem Begriff und der Länge eines bestimmten Gegenstandes unterscheiden. Wenn ein bestimmter Gegenstand gemeint ist, dessen Größe durch einen Zahlenwert und eine Einheit genauer beschrieben werden soll, spricht man deshalb auch vom Wert dieser Größe oder kurz von ihrem *Größenwert*, d. h. wenn ein bestimmtes Rohr eine Länge von 3 Metern hat, so ist „3 Meter“ der Größenwert dieser Länge.

Wir weisen schließlich darauf hin, dass Größen im Sinne der Größenlehre auch außerhalb von Physik und Technik verwendet werden. Ein Beispiel hierfür ist der Preis einer Ware, der nur als Vielfaches einer Währungseinheit angegeben werden kann. Wir sprechen deshalb in diesem Kapitel ganz allgemein von Größen, auch wenn wir dabei immer an physikalische Größen denken und in allen Beispielen physikalische Größen verwenden.

2. Wie bereits im letzten Absatz erwähnt, gibt es keinen zwingenden Grund, die Länge eines Rohres als Vielfaches seines Durchmessers anzugeben, sondern wir könnten als Bezugsgröße genauso gut die Wandstärke des Rohres oder den Erddurchmesser wählen. Offenbar sind alle von null verschiedenen Längen gleichzeitig auch mögliche Einheiten von Längen. Für andere Größen lassen sich analoge Überlegungen anstellen, deshalb kommen wir zu dem allgemeinen Ergebnis:

Jede Größe hat unendlich viele Einheiten.

Diese Aussage ist eine direkte Folge der Definition (1.1), denn ein Produkt ist auf beliebige Weise in zwei Faktoren zerlegbar, ohne dass sich am Ergebnis etwas ändert. Beim

---

$1\,\text{kg} = (h/6{,}626\,070\,15 \cdot 10^{-34})\,\text{m}^{-2}\,\text{s}$. Die Planck-Konstante ist benannt nach dem deutschen Physiker Max Planck (1858–1947), einem der Begründer der Quantenphysik.

10 Zahlenwerte werden auch durch geschweifte Klammern und Einheiten durch eckige Klammern gekennzeichnet, sodass man anstelle von (1.1) erhält: $A = \{A\}\,[A]$. Diese Schreibweise ist für den häufigen Gebrauch jedoch umständlich, sodass wir sie nicht verwenden.

Wechsel von einer Einheit $\widetilde{A}$ zu einer beliebigen anderen Einheit $\widetilde{A}_*$ können wir also schreiben

$$A = \widehat{A}\,\widetilde{A} = \widehat{A}_*\,\widetilde{A}_*. \tag{1.2}$$

Dafür sagt man auch:

Eine Größe ist invariant gegen einen Einheitenwechsel.

Für die Einheiten und die Zahlenwerte existieren dabei bestimmte Umrechnungsformeln. Aus (1.2) folgt zunächst

$$\widetilde{A} = \frac{\widehat{A}_*}{\widehat{A}}\,\widetilde{A}_*,$$

und mit der Abkürzung

$$a = \frac{\widehat{A}_*}{\widehat{A}}$$

ergibt sich weiterhin:

$$\widetilde{A} = a\,\widetilde{A}_* \quad \Leftrightarrow \quad \widetilde{A}_* = a^{-1}\,\widetilde{A}, \tag{1.3}$$

$$\widehat{A} = a^{-1}\,\widehat{A}_* \quad \Leftrightarrow \quad \widehat{A}_* = a\,\widehat{A}. \tag{1.4}$$

Der Umrechnungsfaktor a gibt an, wie sich die eine Einheit (hier $\widetilde{A}$) als Vielfaches der anderen Einheit (hier $\widetilde{A}_*$) ausdrücken lässt. Dieser Faktor wird als positiv vorausgesetzt; er tritt in umgekehrter Form bei der Umrechnung der Zahlenwerte in Erscheinung.

In der Mathematik bezeichnet man Beziehungen wie (1.4) als *Skalierung* oder *Skalentransformation*. Man kann deshalb auch sagen, dass Größen invariant gegen eine Skalierung oder eine Skalentransformation sind.

3. Aus Gleichung (1.2) können wir eine weitere Folgerung ziehen: Wenn der Zahlenwert einer Größe in Bezug auf irgendeine Einheit null ist, dann ist nach (1.2) ihr Zahlenwert auch in Bezug auf jede andere Einheit null, m. a. W. die Größe selbst ist null. Man sagt dafür auch:

Alle Einheiten einer Größe haben denselben Nullpunkt.

Dieser Nullpunkt ist im Übrigen ein ausgezeichneter Wert. Wenn eine Größe null ist, tritt sie an diesem Träger nicht auf: Ein Körper mit der Geschwindigkeit null hat keine Geschwindigkeit. Dass diese Überlegung nicht selbstverständlich ist, erkennt man am

Beispiel der Temperatur: Ein System mit der Temperatur 0 °C ist zwar definiert (als System mit der Temperatur schmelzenden Eises), aber nicht physikalisch ausgezeichnet, und ein solches System hat durchaus eine (endliche) Temperatur, die man z. B. mit 273,15 K angeben kann. Die Temperatur 0 K dagegen ist physikalisch ausgezeichnet als die niedrigste mögliche Temperatur, d. h. die Temperatur, bei der die Wärmebewegung der Atome zum Erliegen kommt.[11] Bezeichnet man den Zahlenwert der Temperatur in Kelvin[12] mit $\widehat{T}_K$ und den Zahlenwert derselben Temperatur in Grad Celsius[13] mit $\widehat{T}_C$, so gilt:

$$T = \widehat{T}_K \,\mathrm{K} = (273{,}15 + \widehat{T}_C)\,°\mathrm{C}.$$

Vergleicht man diese Beziehung mit (1.2), so sieht man, dass zwar das Kelvin, nicht aber das Grad Celsius eine Einheit der Temperatur im oben definierten Sinne ist, denn es hat keinen Sinn zu sagen, ein Gas von 4 °C habe eine doppelt so hohe Temperatur wie ein Gas von 2 °C. Dagegen ist die Formulierung, ein Gas von 400 K habe eine doppelt so hohe Temperatur wie ein Gas von 200 K, durchaus sinnvoll, denn dann verdoppelt sich z. B. in einem idealen Gas mit der thermischen Zustandsgleichung $p = R \varrho T$ bei konstanter Dichte auch der Druck.

Viele physikalische Größen können nur positive Zahlenwerte haben, der Wert null ist dann zugleich der kleinste Wert dieser Größe: Es hat beispielsweise keinen Sinn, von negativen Dichten, Drücken oder Temperaturen zu reden. Es gibt aber auch physikalische Größen wie die elektrische Ladung, die positive und negative Werte annehmen können. Auch in diesen Fällen ist der Wert null physikalisch ausgezeichnet, denn ein Körper mit der Ladung null ist ungeladen. Größen mit negativen Zahlenwerten sind allerdings nicht als Einheiten zugelassen. Wenn man beispielsweise die Ladung

---

11 Wenn eine Größe null ist, kann man deshalb auf die Angabe einer Einheit verzichten, vorausgesetzt, der Nullpunkt ist tatsächlich ein physikalisch ausgezeichneter Wert. Die Angabe $T = 0$ bedeutet also eine Temperatur von null Kelvin; meint man dagegen null Grad Celsius, muss die Einheit hinzugefügt werden, also $T = 0$ °C.

12 Die Temperatureinheit Kelvin war bis vor kurzem festgelegt als der 273,16te Teil der (thermodynamischen) Temperatur des Tripelpunktes des Wassers, d. h. desjenigen Zustands, in dem Eis, flüssiges Wasser und Wasserdampf miteinander im Gleichgewicht stehen können; diese Situation tritt auf bei einer Temperatur von 0,01 Grad Celsius und einem Druck von etwa sechs Millibar. Heute wird ein Kelvin mithilfe der Boltzmann-Konstante k_B definiert: $1\,\mathrm{K} = (1{,}380\,649 \cdot 10^{-23}/k_B)\,\mathrm{kg\,m^2\,s^{-2}}$. Die Boltzmann-Konstante ist benannt nach dem österreichischen Physiker Ludwig Boltzmann (1844–1906), der u. a. der Lehre vom Aufbau der Materie aus Atomen und Molekülen zum Durchbruch verhalf und einer der Begründer der statistischen Mechanik ist. Die Temperatureinheit Kelvin ist benannt nach dem schottischen Physiker William Thomson (1824–1907), später Lord Kelvin, einem der Begründer der klassischen Thermodynamik.

13 Ein Grad Celsius war ursprünglich definiert als der 100ste Teil der Temperaturdifferenz zwischen dem Schmelzpunkt und dem Siedepunkt des Wassers bei einem Druck von etwa einem Bar, wobei dem Schmelzpunkt willkürlich die Temperatur null Grad Celsius zugeordnet wurde. Diese Temperaturskala geht zurück auf den schwedischen Naturforscher Anders Celsius (1701–1744).

eines Elektrons, dem bekanntlich eine negative Ladung zugeschrieben wird, als Einheit verwenden will, muss man zuvor den Betrag bilden.

4. Es gibt Größen wie den Durchmesser oder die Temperatur eines Rohres, die durch eine einzige Messung vollständig beschrieben sind. Solche Größen nennt man *Skalare*. Andere Größen wie eine Geschwindigkeit sind dagegen erst durch drei Messungen vollständig beschrieben, und zur Festlegung dieser Messungen muss man außerdem noch ein Koordinatensystem vorgeben. Beim Übergang auf ein anderes Koordinatensystem ändern sich diese Werte nach einer Formel, die man das Transformationsgesetz für Vektorkoordinaten nennt; deshalb bezeichnet man Größen wie eine Geschwindigkeit als *Vektoren*. Bei wieder anderen Größen wie z. B. einem Spannungstensor muss man nach Vorgabe eines Koordinatensystems bis zu neun Messungen vornehmen, um die Größe vollständig zu beschreiben, und diese Größen ändern sich beim Übergang auf ein anderes Koordinatensystem nach dem Transformationsgesetz für Tensorkoordinaten zweiter Stufe; man nennt einen Spannungstensor deshalb einen *Tensor zweiter Stufe*. Wenn man Skalare als Tensoren nullter Stufe und Vektoren als Tensoren erster Stufe auffasst, was mathematisch sinnvoll ist, kommt man zu der Aussage:

Physikalische Größen sind Tensoren.

Da man einen Vektor oder Tensor selbst nicht messen kann, sondern nur seine Koordinaten, lassen sich auch nur die Koordinaten in Zahlenwert und Einheit aufspalten. In der Regel[14] verwendet man für alle Koordinaten eines Vektors oder Tensors dieselbe Einheit, dann folgt beispielsweise für einen Vektor $\vec{a}$ mit den Basisvektoren $\vec{e}_x$, $\vec{e}_y$, $\vec{e}_z$ in einem kartesischen Koordinatensystem:

$$\vec{a} = a_x \vec{e}_x + a_y \vec{e}_y + a_z \vec{e}_z = \hat{a}_x \tilde{a} \vec{e}_x + \hat{a}_y \tilde{a} \vec{e}_y + \hat{a}_z \tilde{a} \vec{e}_z . \tag{1.5}$$

Man kann Einheiten deshalb als skalare Bezugsgrößen auffassen.

Wenn physikalische Größen Vektoren oder Tensoren sind, können ihre Koordinaten sowohl positive als auch negative Zahlenwerte haben. Das Vorzeichen gibt dabei an, ob die betrachtete Koordinate in Richtung der positiven oder der negativen Koordinatenachse zu messen ist.

5. Neben den Begriffen Größe und Einheit tritt in der Physik auch der Begriff der *Dimension* auf. Wir verwenden hierfür folgende Definition:[15]

---

14 Es ist weitgehend üblich, aber nicht zwangsläufig, für alle Koordinaten eines Vektors oder Tensors dieselbe Einheit zu verwenden. Gerade in der Dimensionsanalyse kann es sinnvoll sein, die Koordinaten von Vektoren oder Tensoren in unterschiedlichen Einheiten zu messen, siehe Kapitel 4.

15 Zur näheren Erläuterung des Dimensionsbegriffs siehe Abschnitt 1.4 Nr. 2.

Die Menge aller Größen, die sich in derselben Einheit messen lassen, bildet eine Dimension.

Wenn wir an das Beispiel des Rohres anknüpfen, so gehören also die Länge und der Durchmesser des Rohres, aber auch der Erddurchmesser und das Meter alle zur selben Dimension. Ein anderes Beispiel sind Kräfte: Die elektrische Kraft zwischen zwei elektrisch geladenen Körpern, die magnetische Kraft zwischen zwei stromdurchflossenen Drähten und die Gewichtskraft eines Körpers gehören ebenfalls zur selben Dimension, weil sie sich alle in der Einheit Newton[16] messen lassen.

Aufgabe 1.2. In der Physik war früher das sogenannte cgs-System verbreitet, in dem als Längeneinheit das Zentimeter (cm), als Zeiteinheit die Sekunde (s) und als Masseneinheit das Gramm (g) verwendet wurde. Die zugehörige Krafteinheit war das Dyn (dyn): $1\,\mathrm{dyn} = 1\,\mathrm{g\,cm\,s^{-2}}$. Drücken Sie 1 dyn in Newton aus.

1.3 Größenkalkül

1.3.1 Größengleichungen, physikalische Gleichungen, Größenarten

1. Um mit Größen rechnen zu können, muss man Rechenoperationen zwischen ihnen definieren. Dabei fordert man sinnvollerweise, dass die Invarianz gegen einen Einheitenwechsel, die für die Größen selbst gilt, beim Rechnen nicht verloren geht, m. a. W. dass Gleichungen zwischen Größen ebenfalls invariant gegen einen Einheitenwechsel sind. Statt Gleichung zwischen Größen sagen wir kurz auch *Größengleichung*.

2. Wenn eine Gleichung physikalische Größen miteinander verknüpft, spricht man auch von einer *physikalischen Gleichung*. Solche Gleichungen sind entweder Definitionen, wenn eine physikalische Größe neu aus bereits bekannten physikalischen Größen gebildet wird, oder sie stellen aus der Naturbeobachtung gewonnene physikalische Gesetze dar, d. h. wenn sich zeigt, dass bestimmte physikalische Größen in fester Beziehung zueinander stehen und die Ergebnisse dieser Beobachtungen in Form von Gleichungen festgehalten werden. Neben der Invarianz gegen einen Einheitenwechsel müssen physikalische Gleichungen noch weitere Bedingungen erfüllen: Sie dürfen weder vom Ort noch vom Zeitpunkt der Beobachtung abhängen, und sie müssen invariant gegen einen Wechsel des Koordinatensystems sein. Die Unabhängigkeit vom Ort und vom Zeitpunkt der Beobachtung ist bei Größengleichungen von selbst erfüllt, da Orte und Zeitpunkte keine Größen sind und deshalb

16 Die Krafteinheit Newton ($1\,\mathrm{N} = 1\,\mathrm{kg\,m\,s^{-2}}$) ist benannt nach dem englischen Physiker und Mathematiker Isaac Newton (1643–1727), einem der Begründer der klassischen Mechanik und der Infinitesimalrechnung.

in Größengleichungen nicht vorkommen können. Die Invarianz gegen einen Wechsel des Koordinatensystems ist durch die Regeln des Tensorkalküls gesichert. Insbesondere folgt daraus, dass in einer physikalischen Gleichung nur Terme addiert werden können, die dasselbe Transformationsgesetz aufweisen, d. h. alle Terme müssen dieselbe tensorielle Stufe und dieselbe Polarität[17] besitzen; diese Eigenschaft bezeichnet man auch als *tensorielle Homogenität* physikalischer Gleichungen. Beispielsweise darf man also einen Skalar nicht zu einer Vektorkoordinate und eine Vektorkoordinate nicht zu einer Koordinate eines Tensors zweiter Stufe addieren.

3. Alle Größen, die in einer physikalischen Gleichung formal addierbar sind, fassen wir unter dem Begriff *Größengruppe* zusammen:

Alle Größen einer Größengruppe müssen zur selben Dimension gehören und dieselbe tensorielle Stufe sowie dieselbe Polarität haben.

Die formale Addierbarkeit von Größen bedeutet nicht zwangsläufig, dass eine solche Addition auch physikalisch sinnvoll ist. Deshalb schränkt man die Größen einer Größengruppe üblicherweise noch weiter auf *Größenarten* ein:

Alle Größen einer Größengruppe, die sich auf physikalisch sinnvolle Weise addieren oder vergleichen lassen, bilden eine Größenart.

Energien und Arbeiten gehören damit zur selben Größenart, weil sie beide Skalare sind, wegen der gemeinsamen Einheit Joule[18] zur selben Dimension gehören und beispielsweise im mechanischen Energiesatz auch auf physikalisch sinnvolle Weise verknüpft sind. Arbeiten und Drehmomente gehören dagegen zwar zur selben Dimension, weil sie sich beide in der Einheit Newtonmeter[19] messen lassen, aber zu unterschiedlichen Größengruppen, weil Arbeiten Skalare und Drehmomente Vektoren sind.

---

17 Die Polarität eines Tensors kennzeichnet das Verhalten seiner Koordinaten bei einer Spiegelung des Tensors und seines Koordinatensystems, d. h. beim Wechsel zwischen einem Rechts- und einem Linkssystem. Die Koordinaten von Vektoren wie Geschwindigkeit oder Kraft, deren Richtung physikalisch gegeben ist, ändern sich bei einer Spiegelung nicht; solche Vektoren nennt man polare Vektoren. Die Koordinaten von Vektoren wie Winkelgeschwindigkeit oder Drehmoment, deren Richtung durch Konvention mit ihrem Drehsinn verbunden ist, ändern bei einer Spiegelung ihr Vorzeichen; solche Vektoren nennt man axiale Vektoren. .

18 Die Einheit Joule ($1\,\mathrm{J} = 1\,\mathrm{N\,m}$) ist benannt nach dem englischen Physiker James Prescott Joule (1818–1889), einem der Begründer der klassischen Thermodynamik.

19 Die Einheiten Joule (J) und Newtonmeter (Nm) stimmen wegen $1\,\mathrm{J} = 1\,\mathrm{N\,m} = 1\,\mathrm{kg\,m^2\,s^{-2}}$ überein, deshalb ist es grundsätzlich möglich, auch Drehmomente in der Einheit Joule anzugeben. Eine solche Angabe ist in der Physik aber nicht üblich.

Ein anderes Beispiel sind Drücke, Spannungsvektoren und Spannungstensoren: Sie gehören wegen der unterschiedlichen tensoriellen Stufe nicht zur selben Größengruppe, aber zur selben Dimension, da sie die gemeinsame Einheit Pascal[20] besitzen. Kinematische Zähigkeiten und Temperaturleitfähigkeiten sind beides Skalare, die sich in derselben Einheit $\mathrm{m}^2\,\mathrm{s}^{-1}$ messen lassen. Sie gehören damit zur selben Größengruppe, zur selben Größenart jedoch nur, wenn es auch eine physikalisch sinnvolle Gleichung gibt, in der sie als Summe vorkommen.

4. Wir werden im Folgenden voraussetzen, dass die Anforderungen des Tensorkalküls erfüllt sind. Dann brauchen wir beim Rechnen mit Größen, d. h. beim sogenannten Größenkalkül, nur noch den Aspekt der Dimension zu berücksichtigen. Wir entwickeln die Regeln des Größenkalküls zunächst für skalare Größen mit nichtnegativen Zahlenwerten. Diese Regeln lassen sich aber genauso auf Vektor- oder Tensorkoordinaten in einem gewählten Koordinatensystem oder auf skalare Größen mit negativen Zahlenwerten übertragen, wenn man zuvor den Betrag bildet und ein eventuelles Minuszeichen gesondert betrachtet.

Aufgabe 1.3. Entscheiden Sie, ob die folgenden Größen jeweils zur selben Größenart gehören:

A. Frequenzen, Kreisfrequenzen und Winkelgeschwindigkeiten,
B. spezielle Gaskonstanten, spezifische Wärmekapazitäten und spezifische Entropien.

1.3.2 Rechnen mit Größen derselben Dimension

1. Wir beginnen mit der Frage, wie man entscheiden kann, ob zwei Größen A und B gleich sind oder ob die eine größer bzw. kleiner als die andere ist. Bei Größen derselben Dimension ist diese Frage offenbar leicht zu beantworten: Man messe beide Größen in derselben Einheit $\breve{E}$,

$$A = \hat{A}\,\breve{E} \quad \text{und} \quad B = \hat{B}\,\breve{E},$$

dann gilt:

$$A \gtreqless B \quad \Leftrightarrow \quad \hat{A} \gtreqless \hat{B}.$$

Für Größen verschiedener Dimension ist die Frage dagegen nicht sinnvoll zu beantworten. Man kommt so auf die folgende Definition der Gleichheit zweier Größen:

---

20 Die Druckeinheit Pascal ($1\,\mathrm{Pa} = 1\,\mathrm{N\,m^{-2}}$) ist benannt nach dem französischen Philosophen, Mathematiker und Physiker Blaise Pascal (1623–1662).

Zwei Größen $A = \hat{A}\,\tilde{E}$ und $B = \hat{B}\,\tilde{E}$ derselben Dimension sind genau dann gleich, wenn ihre Zahlenwerte $\hat{A}$ und $\hat{B}$ in Bezug auf dieselbe Einheit $\tilde{E}$ gleich sind:

$$A = B \quad \Leftrightarrow \quad \hat{A} = \hat{B}. \tag{1.6}$$

2. Statt $A = B$ kann man bekanntlich $A - B = 0$ schreiben. Da die Gleichheit nur für Größen derselben Dimension definiert ist, kann man auch die Addition und die Subtraktion nur für Größen derselben Dimension definieren. Dann gilt:

Die Summe (Differenz) zweier Größen $A = \hat{A}\,\tilde{E}$ und $B = \hat{B}\,\tilde{E}$ derselben Dimension ist eine Größe $C = \hat{C}\,\tilde{E}$ mit dem Zahlenwert $\hat{C} = \hat{A} \pm \hat{B}$ in Bezug auf die gemeinsame Einheit $\tilde{E}$:

$$A \pm B = C \quad \Leftrightarrow \quad \hat{A} \pm \hat{B} = \hat{C}. \tag{1.7}$$

3. Eine Größe lässt sich mit einer reellen Zahl multiplizieren, indem der Zahlenwert mit dieser Zahl multipliziert wird. Man kann also definieren:

Das Produkt einer Größe $A = \hat{A}\,\tilde{E}$ mit einer reellen Zahl λ ist eine Größe $B = \hat{B}\,\tilde{E}$ mit dem Zahlenwert $\hat{B} = \lambda\hat{A}$ in Bezug auf dieselbe Einheit $\tilde{E}$:

$$\lambda A = B \quad \Leftrightarrow \quad \lambda\hat{A} = \hat{B}. \tag{1.8}$$

4. Aus den Regeln (1.6), (1.7) und (1.8) folgt, dass alle Glieder einer Größengleichung zur selben Dimension gehören müssen. Diese Forderung bezeichnet man auch als Forderung nach der *dimensionellen Homogenität* von Größengleichungen.

5. Bei Größen derselben Dimension ist außerdem eine Division möglich:

Der Quotient zweier Größen $A = \hat{A}\,\tilde{E}$ und $B = \hat{B}\,\tilde{E}$ derselben Dimension ist eine Zahl λ. Misst man beide Größen in derselben Einheit $\tilde{E}$, so gilt:

$$\frac{A}{B} = \lambda \quad \Leftrightarrow \quad \frac{\hat{A}}{\hat{B}} = \lambda. \tag{1.9}$$

Um den Quotienten zu bilden, benötigt man zwar eine Einheit, das Ergebnis ist jedoch unabhängig von der Wahl der Einheit, weil sich die Einheit bei der Division heraushebt. Dieser Sachverhalt wird in der Größenlehre manchmal Satz von der absoluten Bedeutung der relativen Größen genannt.

1.3.3 Rechnen mit dimensionslosen Größen

1. Ein Quotient aus Größen derselben Dimension kann ebenfalls als eine Größe aufgefasst werden, für die es eine Reihe äquivalenter Bezeichnungen gibt: *dimensionslose Größe*, Verhältnisgröße, Größe der Dimension Eins oder Größe der Dimension Zahl. Wir bevorzugen den Ausdruck dimensionslose Größe, da sich solche Größen von allen anderen Größen dadurch unterscheiden, dass man zu ihrer quantitativen Beschreibung keine Einheit benötigt. Diese Eigenschaft spielt bei Überlegungen in der Dimensionsanalyse eine besondere Rolle, deshalb ist es sinnvoll, den dimensionslosen Größen alle anderen Größen als *dimensionsbehaftete Größen* gegenüberzustellen.[21]

Dimensionslose Größen gehören zu unterschiedlichen Größengruppen, wenn sie nicht dieselbe tensorielle Stufe und Polarität haben. Man kann beispielsweise einen Spannungsvektor durch einen Druck dividieren, was sowohl nach den Regeln des Tensorkalküls als auch nach den zuvor aufgestellten Regeln des Größenkalküls erlaubt ist, und erhält dann einen dimensionslosen Vektor, während z. B. das Verhältnis zweier Massen ein dimensionsloser Skalar ist.[22]

Ein typisches Beispiel für eine dimensionslose Größe ist der ebene Winkel φ, den man als Verhältnis zweier Längen, nämlich der Bogenlänge eines beliebigen Kreisbogens um seinen Scheitel und des Radius dieses Kreisbogens, definieren kann. Für einen Viertelkreis beträgt dieses Verhältnis bekanntlich $\pi/2$, und deshalb gilt für den rechten Winkel $\varphi = \pi/2$. Auf ähnliche Weise ist der sogenannte Raumwinkel Ω festgelegt: Er ist das Verhältnis zwischen dem Flächeninhalt eines Teils einer Kugeloberfläche und dem Quadrat des Kugelradius; wählt man als Fläche speziell eine Kugelkalotte, so lässt sich der Raumwinkel in den Öffnungswinkel eines mit der Spitze vom Kugelmittelpunkt ausgehenden Kreiskegels umrechnen. Wie bereits erläutert, ist bei dimensionslosen Größen eine Einheit nicht erforderlich. Wenn wir aber alle Größen in dieser Hinsicht einheitlich behandeln und deshalb auch dimensionslose Größen als Produkt von Zahlenwert und Einheit schreiben wollen, so kann jede positive reelle Zahl als Einheit gewählt werden. Unter diesen Einheiten ist die Zahl Eins besonders ausgezeichnet, weil dann der Wert einer dimensionslosen Größe zugleich ihr Zahlenwert ist. Manchmal ist es üblich, der Einheit Eins einen besonderen Namen zu geben. Bei ebenen Winkeln nennt man sie Radiant (abgekürzt rad) und schreibt dann für den rechten Winkel auch $\varphi = \pi/2\,\mathrm{rad}$. Daneben werden noch andere Einheiten für den ebenen Winkel verwendet, insbesondere der dreihundertsechzigste Teil des Vollwinkels,

---

21 Der Ausdruck dimensionslose Größe wird in der Literatur manchmal abgelehnt, weil er dem Wortsinne nach eine Größe der Dimension Null bedeutet. Wir werden diesen Ausdruck trotzdem verwenden, da nach unserer Erfahrung kaum die Gefahr eines Missverständnisses besteht.

22 Wenn man zusätzlich berücksichtigt, dass Größen einer Größenart auf sinnvolle Weise addierbar sein müssen, entstehen bei der Quotientenbildung auch unterschiedliche Größenarten bei den Verhältnisgrößen, d. h. Längenverhältnisse bilden eine andere Größenart als Flächenverhältnisse.

der bekanntlich Grad heißt und mit ° abgekürzt wird. Für den dreihundertsechzigsten Teil des Vollwinkels gilt dann $1^\circ = \pi/180$ rad und für den rechten Winkel $90^\circ = \pi/2$ rad. Bei Raumwinkeln heißt die Einheit Eins Steradiant (abgekürzt sr), zu einer Halbkugel gehört dann beispielsweise der Raumwinkel 2π sr.[23]

2. Da dimensionslose Größen reelle Zahlen sind, kann man mit ihnen auch alle Rechenoperationen ausführen, die für reelle Zahlen definiert sind. Wichtiger ist die Umkehrung: Alle mathematischen Operationen, die nicht ausdrücklich für dimensionsbehaftete Größen erklärt sind, lassen sich nur auf dimensionslose Größen anwenden. Dazu gehört vor allem die Verwendung als Argument in transzendenten Funktionen wie Logarithmus, Exponential-, Kreis- oder Hyperbelfunktionen. Den Logarithmus eines Meters oder den Sinus einer Sekunde beispielsweise kann man nicht sinnvoll definieren, deshalb sind Ausdrücke wie $\ln(r)$ oder $\sin(t)$ (wobei r eine Länge und t eine Zeit ist) nach den Regeln der Größenlehre unzulässig.[24] Wir können also festhalten:

Argumente von transzendenten Funktionen müssen dimensionslos sein.

3. Wenn man den Wertebereich einer Größe über mehrere Zehnerpotenzen hinweg untersuchen möchte, liegt es nahe, statt der Größe selbst einen Logarithmus zu verwenden, um mit Zahlen derselben Größenordnung umgehen zu können. Wie wir gesehen haben, kann man aber von einer dimensionsbehafteten Größe keinen Logarithmus bilden; deshalb muss man zunächst eine Einheit wählen und darf anschließend nur noch die Zahlenwerte dieser Größe in Bezug auf die gewählte Einheit betrachten. Beim Logarithmieren dieser Zahlenwerte beschränkt man sich in der Regel auf den natürlichen oder den dekadischen Logarithmus und erhält dadurch die sogenannten *Pegel*.

Pegel sind u. a. in der Akustik weit verbreitet, da man es dort mit Schalldrücken und Schallleistungen sehr unterschiedlicher Größenordnung zu tun hat. Man wählt als Einheit des Schalldrucks $20\,\mu\text{Pa} = 2 \cdot 10^{-5}\,\text{Pa}$, was ungefähr der menschlichen Hörschwelle entspricht,[25] und als Einheit der Schallleistung $1\,\text{pW} = 10^{-12}\,\text{W}$.[26]

---

23 Einheiten für dimensionslose Größen werden immer nur für eine bestimmte Größenart verwendet, d. h. Radiant und Grad sind nur bei ebenen Winkeln gebräuchlich, Steradiant nur bei Raumwinkeln.

24 Die Argumente transzendenter Funktionen sind in der Regel dimensionslose Skalare. Über die Darstellung als Potenzreihe ist es aber auch möglich, beispielsweise die natürliche Exponentialfunktion oder den Sinus eines dimensionslosen Tensors 2. Stufe sinnvoll zu definieren.

25 Die Wahl dieser Druckeinheit hat den Vorteil, dass die Zahlenwerte der hörbaren Schalldrücke dann größer als eins und ihre Logarithmen positiv sind.

26 W ist das Zeichen für die Leistungseinheit Watt, $1\,\text{W} = 1\,\text{J}\,\text{s}^{-1} = 1\,\text{N}\,\text{m}\,\text{s}^{-1} = 1\,\text{m}^2\,\text{s}^{-3}\,\text{kg}$; diese Einheit ist benannt nach dem schottischen Ingenieur James Watt (1736–1819), dem Erfinder der Dampfmaschine.

Wie beim ebenen Winkel verwendet man auch bei den Schalldruckpegeln L_p und den Schallleistungspegeln L_P besondere Einheiten: gebräuchlich sind Neper (Np), Bel (B) und Dezibel (dB). Es gilt dann für den Schalldruckpegel (ln ist das Symbol für den natürlichen und lg das Symbol für den dekadischen Logarithmus)

$$L_p = \ln\left(\frac{p}{20\,\mu\text{Pa}}\right)\text{Np} = 2\lg\left(\frac{p}{20\,\mu\text{Pa}}\right)\text{B} = 20\lg\left(\frac{p}{20\,\mu\text{Pa}}\right)\text{dB} \tag{1.10}$$

und für den Schallleistungspegel

$$L_P = \frac{1}{2}\ln\left(\frac{P}{1\,\text{pW}}\right)\text{Np} = \lg\left(\frac{P}{1\,\text{pW}}\right)\text{B} = 10\lg\left(\frac{P}{1\,\text{pW}}\right)\text{dB}. \tag{1.11}$$

Die Einheit Neper[27] bedeutet also, dass der Pegel mit dem natürlichen Logarithmus gebildet wird, während die Einheit Bel[28] mit dem dekadischen Logarithmus verknüpft ist. Ein Dezibel ist der zehnte Teil eines Bels. Die unterschiedlichen Definitionen für L_p und L_P hängen damit zusammen, dass in der Akustik die Schallleistung P quadratisch mit dem Schalldruck p ansteigt. Man möchte jedoch gerne mit ähnlichen Zahlenwerten für L_p und L_P arbeiten und gleicht deshalb den Faktor 2, der beim Logarithmieren einer quadratischen Funktion entsteht, durch einen Faktor 1/2 in der Definition für L_P wieder aus.

Um Bel in Neper umzurechnen, gehen wir von (1.10) aus und setzen dort zunächst als Abkürzung $\widehat{p} = p/20\,\mu\text{Pa}$:

$$\ln(\widehat{p})\text{Np} = 2\lg(\widehat{p})\text{B}.$$

Dann ist

$$1\,\text{Np} = 2\frac{\lg(\widehat{p})}{\ln(\widehat{p})}\,\text{B}. \tag{1.12}$$

Aus der Identität

$$10^{\lg(\widehat{p})} = \text{e}^{\ln(\widehat{p})}$$

folgt durch Bildung des natürlichen Logarithmus weiterhin

$$\lg(\widehat{p})\ln(10) = \ln(\widehat{p}) \quad \Leftrightarrow \quad \frac{\lg(\widehat{p})}{\ln(\widehat{p})} = \frac{1}{\ln(10)}.$$

---

27 Die Einheit Neper ist benannt nach dem schottischen Mathematiker John Napier (1550–1617), einem der Erfinder der Logarithmenrechnung.

28 Die Einheit Bel ist benannt nach dem schottischen Erfinder Alexander Graham Bell (1847–1922), bekannt geworden durch den Bau des ersten funktionstüchtigen Telefons.

Beim Einsetzen in (1.12) ergibt sich deshalb

$$1\,\mathrm{Np} = \frac{2}{\ln(10)}\,\mathrm{B} \approx 0{,}8686\,\mathrm{B} = 8{,}686\,\mathrm{dB}. \tag{1.13}$$

Aufgabe 1.4. Transzendente Funktionen werden in der Mathematik üblicherweise durch Potenzreihen definiert.

Erläutern Sie am Beispiel der Potenzreihe für die Sinusfunktion, warum als Argumente transzendenter Funktionen nur dimensionslose Größen sinnvoll sind.

1.3.4 Rechnen mit Größen beliebiger Dimension

1. Größen verschiedener Dimension lassen sich nicht vergleichen, d. h. es ist nicht sinnvoll zu fragen, welche von beiden größer oder kleiner ist. Man kann jedoch häufig beobachten, dass zwischen Größen verschiedener Dimension Proportionalitäten existieren. Beispielsweise vergrößert sich der Flächeninhalt A eines Rechtecks um den Faktor λ, wenn eine der beiden Seiten a oder b um den Faktor λ größer wird. Der Flächeninhalt des Rechtecks ist also proportional zu den beiden Seitenlängen, hierfür schreibt man

$$A \sim a\,b.$$

Um aus einer Proportionalitätsbeziehung eine Gleichung zu machen, muss man eine Proportionalitätskonstante einführen. Im Fall des Flächeninhalts setzt man sie üblicherweise gleich eins[29] und erhält

$$A = a\,b.$$

Wenn wir auf diese Weise das Produkt zweier dimensionsbehafteter Größen einführen, müssen wir gleichzeitig erklären, wie es auszuwerten ist: Die Zahlenwerte und die Einheiten werden jeweils für sich multipliziert, wobei das Produkt der Einheiten als Einheit der neu gebildeten Größe zu verstehen ist. Der Flächeninhalt eines Rechtecks ist also das Produkt der beiden Seitenlängen, und wenn $\widetilde{L}$ eine beliebige Längeneinheit ist, dann ist $\widetilde{L}^2$ eine mögliche Flächeneinheit:

$$A = a\,b \quad\Leftrightarrow\quad \widehat{A}\widetilde{A} = \widehat{a}\widetilde{L}\,\widehat{b}\widetilde{L} \quad\Leftrightarrow\quad \widehat{A} = \widehat{a}\,\widehat{b} \wedge \widetilde{A} = \widetilde{L}^2.$$

Beispielsweise hat ein Rechteck mit den Seitenlängen $a = 3\,\mathrm{m}$ und $b = 5\,\mathrm{m}$ dann den Flächeninhalt $A = 15\,\mathrm{m}^2$. Dieses Ergebnis können wir zur folgenden Definition verallgemeinern:

---

29 Wir werden in Kapitel 6 genauer untersuchen, unter welchen Voraussetzungen das zulässig ist.

Das Produkt zweier Größen $A = \hat{A}\tilde{A}$ und $B = \hat{B}\tilde{B}$ ist eine Größe $C = \hat{C}\tilde{C}$, wobei $\tilde{C} = \tilde{A}\tilde{B}$ eine mögliche Einheit von C ist und der Zahlenwert $\hat{C}$ in Bezug auf diese Einheit den Wert $\hat{C} = \hat{A}\hat{B}$ hat:

$$AB = C \quad \Leftrightarrow \quad \tilde{A}\tilde{B} = \tilde{C} \wedge \hat{A}\hat{B} = \hat{C}. \tag{1.14}$$

Die Multiplikation zweier dimensionsbehafteter Größen führt also stets auf eine Größe einer anderen Dimension; dabei stellt die Bildungsvorschrift für die Einheiten sicher, dass die Forderung nach der dimensionellen Homogenität von Größengleichungen nicht verletzt wird.

2. Auch Quotienten von Größen kommen in Größengleichungen vor. Beispielsweise ist die mittlere Geschwindigkeit einer geradlinigen Bewegung gleich dem Quotienten aus dem zurückgelegten Weg Δs und der dabei verstrichenen Zeit Δt:

$$v = \frac{\Delta s}{\Delta t} = \frac{\Delta\hat{s}\,\tilde{s}}{\Delta\hat{t}\,\tilde{t}} = \frac{\Delta\hat{s}}{\Delta\hat{t}}\,\frac{\tilde{s}}{\tilde{t}}.$$

Dieser Quotient bedeutet, dass die Zahlenwerte und die Einheiten jeweils für sich dividiert werden, d. h. wenn $\tilde{s}$ eine beliebige Längeneinheit und $\tilde{t}$ eine beliebige Zeiteinheit ist, dann ist der Quotient $\tilde{s}/\tilde{t}$ eine mögliche Einheit für die Geschwindigkeit.

Wir können also definieren:

Der Quotient zweier Größen $A = \hat{A}\,\tilde{A}$ und $B = \hat{B}\,\tilde{B}$ ist eine Größe $C = \hat{C}\,\tilde{C}$, wobei $\tilde{C} = \tilde{A}/\tilde{B}$ eine mögliche Einheit von C ist und der Zahlenwert $\hat{C}$ in Bezug auf diese Einheit den Wert $\hat{C} = \hat{A}/\hat{B}$ hat:

$$\frac{A}{B} = C \quad \Leftrightarrow \quad \frac{\tilde{A}}{\tilde{B}} = \tilde{C} \wedge \frac{\hat{A}}{\hat{B}} = \hat{C}. \tag{1.15}$$

Auch die Division zweier dimensionsbehafteter Größen führt stets auf eine Größe einer anderen Dimension.

3. Ähnliche Überlegungen lassen sich für die Differentiation und die Integration von Größen anstellen. Beispielsweise ist die Momentangeschwindigkeit einer geradlinigen Bewegung definiert als Ableitung des Weges $s(t)$ nach der Zeit t:

$$v = \frac{\mathrm{d}s}{\mathrm{d}t}.$$

Die Ableitung $\mathrm{d}s/\mathrm{d}t$ ist der Grenzwert des Differenzenquotienten $\Delta s/\Delta t$ für $\Delta t \to 0$:

$$\frac{\mathrm{d}s}{\mathrm{d}t} = \lim_{\Delta t \to 0} \frac{\Delta s}{\Delta t}.$$

Da Einheiten konstante Bezugsgrößen sind, bezieht sich die Bildung des Grenzwertes nur auf die Zahlenwerte. Nach einer Aufspaltung der Größen in Zahlenwerte und Einheiten können wir für die rechte Seite deshalb schreiben:

$$\frac{\mathrm{d}s}{\mathrm{d}t} = \lim_{(\Delta\hat{t}\,\tilde{t})\to 0} \frac{\Delta\hat{s}\,\tilde{s}}{\Delta\hat{t}\,\tilde{t}} = \left(\lim_{\Delta\hat{t}\to 0} \frac{\Delta\hat{s}}{\Delta\hat{t}}\right)\frac{\tilde{s}}{\tilde{t}} = \frac{\mathrm{d}\hat{s}}{\mathrm{d}\hat{t}}\,\frac{\tilde{s}}{\tilde{t}}.$$

Eine Ableitung hat also dieselbe Einheit wie der zugehörige Differenzenquotient, deshalb können wir unsere Überlegungen wie folgt zusammenfassen:

Die Ableitung einer Größe $A = \hat{A}\,\tilde{A}$ nach einer Größe $B = \hat{B}\,\tilde{B}$ ist eine Größe $C = \hat{C}\,\tilde{C}$, wobei $\tilde{C} = \tilde{A}/\tilde{B}$ eine mögliche Einheit von C ist und der Zahlenwert $\hat{C}$ in Bezug auf diese Einheit den Wert $\hat{C} = \mathrm{d}\hat{A}/\mathrm{d}\hat{B}$ hat:

$$\frac{\mathrm{d}A}{\mathrm{d}B} = C \quad \Leftrightarrow \quad \frac{\tilde{A}}{\tilde{B}} = \tilde{C} \wedge \frac{\mathrm{d}\hat{A}}{\mathrm{d}\hat{B}} = \hat{C}. \tag{1.16}$$

Für die Integration als Umkehroperation zur Differentiation folgt daraus sofort:

Das Integral einer Größe $A = \hat{A}\tilde{A}$ über eine Größe $B = \hat{B}\tilde{B}$ ist eine Größe $C = \hat{C}\,\tilde{C}$, wobei $\tilde{C} = \tilde{A}\tilde{B}$ eine mögliche Einheit von C ist und der Zahlenwert $\hat{C}$ in Bezug auf diese Einheit den Wert $\hat{C} = \int \hat{A}\,\mathrm{d}\hat{B}$ hat:

$$\int A\,\mathrm{d}B = C \quad \Leftrightarrow \quad \tilde{A}\tilde{B} = \tilde{C} \wedge \int \hat{A}\,\mathrm{d}\hat{B} = \hat{C}. \tag{1.17}$$

4. Die Regeln zur Multiplikation und Division von Größen lassen sich zu einer umfassenderen Regel verallgemeinern. Zur Erläuterung betrachten wir zunächst ein einfaches Beispiel: ein Quadrat mit der Seitenlänge L und dem Flächeninhalt $A = L^2$. Aus dem letzten Unterabschnitt wissen wir bereits, dass $\tilde{A} = \tilde{L}^2$ eine mögliche Flächeneinheit darstellt, wenn $\tilde{L}$ eine Längeneinheit ist. Wir können jedoch genauso gut den Flächeninhalt A des Quadrates vorgeben und erhalten dann für die Seitenlänge $L = A^{1/2}$. Größen dürfen offenbar auch mit beliebigen rationalen Exponenten potenziert werden, und wenn wir in unserem Beispiel die Flächeneinheit $\tilde{A}$ vorgeben, dann muss konsequenterweise $\tilde{L} = \tilde{A}^{1/2}$ eine mögliche Längeneinheit sein.

Ein weniger triviales Beispiel ist die Ausbreitungsgeschwindigkeit von Schallwellen (oder kurz Schallgeschwindigkeit) in einem Gas. In der Thermodynamik leitet man her, dass die Schallgeschwindigkeit a gleich der Wurzel aus der Ableitung des Druckes p nach der Dichte ρ bei konstanter spezifischer Entropie s ist:

$$a = \sqrt{\left.\frac{\partial p}{\partial \rho}\right|_s}.$$

Wenn $\tilde{p}$ und $\tilde{\rho}$ Einheiten für Druck und Dichte sind, ist demnach $\tilde{a} = \tilde{p}^{1/2}\,\tilde{\rho}^{-1/2}$ eine mögliche Einheit der (Schall-)Geschwindigkeit, und für die Zahlenwerte in Bezug auf diese Einheiten gilt $\hat{a} = \sqrt{\partial\hat{p}/\partial\hat{\rho}|_{\hat{s}}}$.

Wir können die Rechenregeln (1.14) und (1.15) also zu einer Rechenregel für Potenzprodukte von Größen erweitern:

Ein mit beliebigen rationalen Exponenten α und β gebildetes Potenzprodukt der Größen $A = \widehat{A}\,\widetilde{A}$ und $B = \widehat{B}\,\widetilde{B}$ ist eine Größe $C = \widehat{C}\,\widetilde{C}$, wobei $\widetilde{C} = \widetilde{A}^{\alpha}\widetilde{B}^{\beta}$ eine mögliche Einheit von C ist und der Zahlenwert $\widehat{C}$ in Bezug auf diese Einheit den Wert $\widehat{C} = \widehat{A}^{\alpha}\widehat{B}^{\beta}$ hat:

$$A^{\alpha}B^{\beta} = C \quad \Leftrightarrow \quad \widetilde{A}^{\alpha}\widetilde{B}^{\beta} = \widetilde{C} \wedge \widehat{A}^{\alpha}\widehat{B}^{\beta} = \widehat{C}. \tag{1.18}$$

Für das Rechnen mit Potenzprodukten von Einheiten gelten dieselben Regeln wie bei Zahlen. Insbesondere ist es sinnvoll zu vereinbaren, dass eine beliebige Einheit $\widetilde{A}$ mit dem Exponenten Null immer gleich der Zahl Eins ist:

$$\widetilde{A}^{0} = 1. \tag{1.19}$$

Da sich der Wert einer Größe bei der Multiplikation mit der Zahl Eins nicht ändert, kann man Einheiten mit dem Exponenten Null in einem Potenzprodukt von Einheiten auch weglassen, d. h. es gilt:

$$\widetilde{A}^{0}\,\widetilde{B}^{\beta} = \widetilde{B}^{\beta}.$$

Zur Verdeutlichung betrachten wir ein Beispiel: Wenn man den Quotienten von zwei Größen derselben Dimension bildet (und die beteiligten Größen A und B dabei in Bezug auf dieselbe Einheit $\widetilde{E}$ misst), so ergibt sich gemäß (1.18):

$$\frac{A}{B} = A\,B^{-1} = \widehat{A}\,\widetilde{E}\,\widehat{B}^{-1}\,\widetilde{E}^{-1} = \widehat{A}\,\widehat{B}^{-1}\,\widetilde{E}\,\widetilde{E}^{-1} = \widehat{A}\,\widehat{B}^{-1}\,\widetilde{E}^{0} = \widehat{A}\,\widehat{B}^{-1} = \frac{\widehat{A}}{\widehat{B}},$$

also wie erwartet eine dimensionslose Größe.

Aufgabe 1.5. Gewinnen Sie die Regel (1.17) für das Integral einer Größe aus der Definition des (Riemannschen) Integrals.

1.4 Dimensionsgleichungen und Einheitengleichungen

1. Die Überlegungen des vorigen Abschnitts haben gezeigt, dass eine Größengleichung immer eine Gleichung zwischen möglichen Einheiten der vorkommenden Größen zur Folge hat. Da diese Einheiten jeweils für alle Größen derselben Dimension verwendbar sind, kann eine solche Gleichung zwischen den Einheiten auch als Gleichung zwischen den Dimensionen selbst interpretiert werden. Wenn wir die Dimension einer Größe G mit $\underset{\sim}{G}$ bezeichnen, gilt offenbar:

Es seien $B, C, \ldots, D$ Größen verschiedener Dimension, $\widetilde{B}, \widetilde{C}, \ldots, \widetilde{D}$ Einheiten dieser Größen und $\beta, \gamma, \ldots, \delta$ rationale Zahlen. Wenn

$$\widetilde{A} = \widetilde{B}^{\beta}\,\widetilde{C}^{\gamma}\ldots\widetilde{D}^{\delta} \tag{1.20}$$

eine mögliche Einheit einer weiteren Größe A ist, dann sagt man auch, dass zwischen den Dimensionen dieser Größen die Beziehung

$$\underset{\sim}{A} = \underset{\sim}{B}^{\beta}\, \underset{\sim}{C}^{\gamma} \ldots \underset{\sim}{D}^{\delta} \tag{1.21}$$

besteht.

Gleichungen der Form (1.20) heißen *Einheitengleichungen*, während Gleichungen der Form (1.21) zur Unterscheidung *Dimensionsgleichungen* oder auch *Dimensionsformeln* genannt werden.[30]

Statt der Symbole verwendet man manchmal die Namen der Dimensionen, dann wird beispielsweise für die Dimension der Dichte auch Masse·(Länge)$^{-3}$ geschrieben.[31] Die Exponenten in (1.20) und (1.21) nennt man *Dimensionsexponenten*.[32]

Es ist zweckmäßig, auch für die Dimension Eins ein eigenes Symbol zur Verfügung zu haben; wir wählen hierfür $\underset{\sim}{1}$. Die Dimension Eins lässt sich analog zu (1.19) durch eine beliebige andere Dimension mit dem Dimensionsexponenten Null ausdrücken:[33]

$$\underset{\sim}{1} = \underset{\sim}{A}^{0}. \tag{1.22}$$

2. Wir haben eine Dimension als eine Menge von Größen definiert, die sich in derselben Einheit messen lassen (siehe Abschnitt 1.2). Diese Definition unterscheidet sich im Wortlaut von der konventionellen Definition, wonach Dimension nicht eine Menge von Größen, sondern eine Eigenschaft dieser Menge bezeichnet, und zwar die Eigenschaft der Menge $\underset{\sim}{A}$ in Bezug auf die Mengen $\underset{\sim}{B}, \underset{\sim}{C}, \ldots, \underset{\sim}{D}$, die durch die Dimensionsgleichung (1.21) ausgedrückt wird.[34] Diese konventionelle Definition ist aus einer Verallgemeinerung des geometrischen Dimensionsbegriffes entstanden, wonach eine Ebene die Dimension 2 und ein Raum die Dimension 3 hat. Ein Flächeninhalt $A = a\,b$ in einer Ebene gehört also zur Dimension (Länge)^2 und ein Volumen $V = a\,b\,c$ im Raum zur Dimension (Länge)^3. Es liegt deshalb nahe, beispielsweise einer Dichte $\rho = m/V$ die Dimension Masse · (Länge)$^{-3}$ zuzuordnen. Die von uns verwendete Definition hat

---

30 Für die Dimension einer Größe A ist auch die Schreibweise dim A üblich, die Gleichung (1.21) lautet dann $\dim A = (\dim B)^{\beta} (\dim C)^{\gamma} \ldots (\dim D)^{\delta} = \dim(B^{\beta} C^{\gamma} \ldots D^{\delta})$.

31 Die Namen der Dimensionen werden auch durch große lateinische oder griechische Buchstaben in gerade stehender Schrift abgekürzt, z. B. M für die Dimension der Masse und L für die Dimension der Länge; für die Dimension der Dichte gilt dann $\dim \rho = \mathrm{M} \cdot \mathrm{L}^{-3}$.

32 In der Physik treten erfahrungsgemäß nur rationale Zahlen als Dimensionsexponenten auf. Aus mathematischer Sicht wären auch irrationale Dimensionsexponenten zulässig, wie sie beispielsweise in der fraktalen Geometrie zu finden sind.

33 An dieser Stelle lässt sich noch einmal auf andere Weise die Bezeichnung „dimensionslose Größe" für eine Größe der Dimension Eins begründen, wenn man nämlich die Verbindung zwischen „dimensionslos" und „null" auf den Exponenten bezieht.

34 DIN EN ISO 80000-1 verwendet ebenfalls den konventionellen Dimensionsbegriff.

dann auch eine andere Sprechweise zur Folge: Im konventionellen Sinn spricht man davon, dass eine Größe eine Dimension hat, während wir sagen, dass eine Größe zu einer Dimension gehört. Im Ergebnis sind beide Definitionen äquivalent; bei einem axiomatischen Aufbau des Größenkalküls erscheint es uns jedoch günstiger, die Definition als Menge an den Anfang zu stellen und eine Dimension nicht erst später durch ihre Eigenschaften in Bezug auf andere Dimensionen festzulegen.

1.5 Einheitenwechsel und kohärente Einheiten

1. Bei unseren bisherigen Überlegungen zum Größenkalkül sind wir stets von einer speziellen, zweckmäßigen Wahl der Einheiten ausgegangen, ohne die Erkenntnis aus Abschnitt 1.2 zu berücksichtigen, wonach eine Größe unendlich viele Einheiten besitzt. Wir müssen die Rechenregeln des Größenkalküls deshalb noch für den Fall erweitern, dass in ihnen beliebige Einheiten auftreten.

Ersetzt man in der Einheitengleichung (1.20)

$$\widetilde{A} = \widetilde{B}^{\beta}\,\widetilde{C}^{\gamma}\ldots\widetilde{D}^{\delta}$$

eine der Einheiten durch eine andere Einheit derselben Dimension, also beispielsweise $\widetilde{B}$ durch $\widetilde{B}_*$, so ergibt sich aufgrund der Umrechnungsformel $\widetilde{B} = b\,\widetilde{B}_*$ für die Einheit $\widetilde{A}$ der Größe A:

$$\widetilde{A} = b^{\beta}\,\widetilde{B}_*^{\beta}\,\widetilde{C}^{\gamma}\ldots\widetilde{D}^{\delta}.$$

Da b^{β} eine Zahl ist, ist offenbar auch

$$\widetilde{A}_* = \widetilde{B}_*^{\beta}\,\widetilde{C}^{\gamma}\ldots\widetilde{D}^{\delta}$$

eine mögliche Einheit der Größe A, und zwischen den Einheiten $\widetilde{A}$ und $\widetilde{A}_*$ gilt die Umrechnungsformel

$$\widetilde{A} = b^{\beta}\,\widetilde{A}_*.$$

Bei einem Wechsel der anderen Einheiten $\widetilde{C},\ldots,\widetilde{D}$ zu $\widetilde{C}_*,\ldots,\widetilde{D}_*$ treten entsprechend weitere Umrechnungsfaktoren $c^{\gamma},\ldots,d^{\delta}$ hinzu, d. h. es gilt dann:

$$\widetilde{A} = b^{\beta}\,c^{\gamma}\ldots d^{\delta}\,\widetilde{B}_*^{\beta}\,\widetilde{C}_*^{\gamma}\ldots\widetilde{D}_*^{\delta}.$$

Die Umrechnungsfaktoren $b^{\beta}, c^{\gamma},\ldots, d^{\delta}$ lassen sich zu einem einzigen Zahlenfaktor zusammenfassen, deshalb kann man die Menge aller möglichen Einheiten der

Größe A in Bezug auf die Menge aller möglichen Einheiten $\widetilde{B}, \widetilde{C}, \ldots, \widetilde{D}$ in der Form

$$\widetilde{A} = a\,\widetilde{B}^{\beta}\,\widetilde{C}^{\gamma}\ldots\widetilde{D}^{\delta} \tag{1.23}$$

darstellen. Hierbei ist a eine beliebige positiv-reelle Zahl.

2. Bei Verwendung beliebiger Einheiten treten die Umrechnungsfaktoren auch in den Rechenregeln des Größenkalküls auf.

Wenn man beispielsweise zwei Größen A und B derselben Dimension addieren will, wobei A und B jeweils in eigenen Einheiten $\widetilde{A}$ und $\widetilde{B}$ gemessen wurden und die Summe C in einer dritten Einheit $\widetilde{C}$ (derselben Dimension wie $\widetilde{A}$ und $\widetilde{B}$) angegeben werden soll, so muss man zunächst die Einheiten $\widetilde{A}$ und $\widetilde{B}$ in die Einheit $\widetilde{C}$ umrechnen:

$$\widetilde{A} = a\,\widetilde{C} \quad \text{und} \quad \widetilde{B} = b\,\widetilde{C}.$$

Für die Summe $C = A + B$ ergibt sich dann:

$$\widehat{C}\,\widetilde{C} = \widehat{A}\,\widetilde{A} + \widehat{B}\,\widetilde{B} = \widehat{A}\,a\,\widetilde{C} + B\,b\,\widetilde{C} = (a\,\widehat{A} + b\,\widehat{B})\widetilde{C}.$$

Die Regel (1.7) für die Addition oder Subtraktion von Größen derselben Dimension geht also über in

$$A \pm B = C \quad \Leftrightarrow \quad \widetilde{A} = a\,\widetilde{C} \wedge \widetilde{B} = b\,\widetilde{C} \wedge a\widehat{A} \pm b\,\widehat{B} = \widehat{C}. \tag{1.24}$$

Ähnliche Überlegungen gelten für die Bildung eines Potenzprodukts von Größen. Wenn man in Gleichung (1.18)

$$A^{\alpha}B^{\beta} = C \quad \Leftrightarrow \quad \widetilde{A}^{\alpha}\widetilde{B}^{\beta} = \widetilde{C} \wedge \widehat{A}^{\alpha}\widehat{B}^{\beta} = \widehat{C}$$

einen Einheitenwechsel vornimmt, d. h. wenn man gemäß (1.3), (1.4) schreibt

$$\begin{aligned} A &= \widehat{A}_*\,\widetilde{A}_* \quad \text{mit } \widetilde{A} = a\,\widetilde{A}_* \text{ bzw. } \widehat{A} = a^{-1}\,\widehat{A}_* \quad \text{und} \\ B &= \widehat{B}_*\,\widetilde{B}_* \quad \text{mit } \widetilde{B} = b\,\widetilde{B}_* \text{ bzw. } \widehat{B} = b^{-1}\,\widehat{B}_*, \end{aligned}$$

so ergibt sich anstelle von Gleichung (1.18) die Regel:

$$A^{\alpha}B^{\beta} = C \quad \Leftrightarrow \quad a^{\alpha}\,b^{\beta}\,\widetilde{A}_*^{\alpha}\widetilde{B}_*^{\beta} = \widetilde{C} \wedge a^{-\alpha}\,b^{-\beta}\,\widehat{A}_*^{\alpha}\widehat{B}_*^{\beta} = \widehat{C}. \tag{1.25}$$

3. Die Verwendung beliebiger Einheiten hat also den Nachteil, dass das Rechnen mit Größen infolge der Umrechnungsfaktoren umständlicher wird. Offenbar können wir jedoch in jeder Größengleichung Sätze von Einheiten wählen, bei denen alle Umrechnungsfaktoren den Wert eins haben, was wir bei der Aufstellung der Rechenregeln in

Abschnitt 1.3 bereits stillschweigend getan haben. Solche Sätze von Einheiten bezeichnet man als *kohärent*, alle anderen dagegen als *inkohärent*; dabei beziehen sich kohärent und inkohärent zunächst nur auf die jeweils betrachtete Größengleichung. Der Vergleich der Rechenregeln (1.25) und (1.18) zeigt darüber hinaus eine weitere Eigenschaft kohärenter Einheiten, die in der Dimensionsanalyse eine wichtige Rolle spielt:

Wenn alle Größen einer Größengleichung in zueinander kohärenten Einheiten gemessen werden, so besteht zwischen den Zahlenwerten der Größen die gleiche Beziehung wie zwischen den Größen selbst.

Eine entsprechende Aussage für die Einheiten gilt dagegen im allgemeinen Fall nicht: Einheiten sind durch Potenzprodukte, also durch algebraische Operationen, miteinander verknüpft, während bei Größen auch Differentiation und Integration erlaubt sind (siehe (1.16) und (1.17)).

Zur Erläuterung betrachten wir ein Beispiel. Die Geschwindigkeit υ einer gleichförmigen Bewegung ist definiert als Quotient $\upsilon = \Delta s/\Delta t$ aus der zurückgelegten Strecke Δs und der dabei verstrichenen Zeit Δt, und in einem konkreten Fall gelte $\Delta s = 3{,}6\,\mathrm{km} = 3\,600\,\mathrm{m}$ und $\Delta t = 0{,}1\,\mathrm{h} = 360\,\mathrm{s}$. Bei passender Wahl der Einheiten folgt dann für die Geschwindigkeit

$$\upsilon = \frac{3{,}6\,\mathrm{km}}{0{,}1\,\mathrm{h}} = \underbrace{\frac{3{,}6}{0{,}1}}_{=36} \frac{\mathrm{km}}{\mathrm{h}} = 36\,\mathrm{km\,h^{-1}}$$

oder

$$\upsilon = \frac{3\,600\,\mathrm{m}}{360\,\mathrm{s}} = \underbrace{\frac{3\,600}{360}}_{=10} \frac{\mathrm{m}}{\mathrm{s}} = 10\,\mathrm{m\,s^{-1}},$$

d. h. die Division der Zahlenwerte von Δs und Δt liefert jeweils die richtigen Zahlenwerte von υ. Bei einer anderen Kombination der Einheiten ist das jedoch nicht der Fall:

$$\upsilon = \frac{3{,}6\,\mathrm{km}}{360\,\mathrm{s}} = \underbrace{\frac{3{,}6}{360}}_{=0{,}01} \frac{\mathrm{km}}{\mathrm{s}} = 36\,\mathrm{km\,h^{-1}}$$

oder

$$\upsilon = \frac{3\,600\,\mathrm{m}}{0{,}1\,\mathrm{h}} = \underbrace{\frac{3\,600}{0{,}1}}_{=36\,000} \frac{\mathrm{m}}{\mathrm{h}} = 10\,\mathrm{m\,s^{-1}}.$$

Im Ergebnis sind also die Einheiten m, s, $\mathrm{m\,s^{-1}}$ und km, h, $\mathrm{km\,h^{-1}}$ zueinander kohärent, die Einheiten km, s, $\mathrm{km\,h^{-1}}$ und m, h, $\mathrm{m\,s^{-1}}$ dagegen nicht.

4. Bei Verwendung kohärenter Einheiten ist sichergestellt, dass Größengleichungen dimensionell homogen sind. Allerdings handelt es sich dabei nur um eine hinreichende, keine notwendige Bedingung, d. h. es ist durchaus möglich, die Forderung nach dimensioneller Homogenität mit inkohärenten Einheiten zu erfüllen. An dieser Stelle zeigt sich auch der grundlegende Unterschied zwischen Einheitengleichungen und Dimensionsgleichungen: Wie ein Vergleich von (1.20), (1.21) und (1.25) zeigt, stimmen beide Gleichungsarten nur bei kohärenten Einheiten formal überein, bei inkohärenten Einheiten treten in Einheitengleichungen noch zusätzliche Zahlenfaktoren auf. Dimensionsgleichungen sind also unabhängig von der Wahl der Einheiten, Einheitengleichungen nicht.

1.6 Basisdimensionen, Basiseinheiten, kohärente Einheitensysteme

1. Bei der Aufstellung der Rechenregeln des Größenkalküls haben wir angenommen, dass Größen unterschiedlicher Dimension auf sinnvolle Weise miteinander in Beziehung gesetzt werden können und dass als Folge auch die Dimensionen selbst über Dimensionsgleichungen in Verbindung stehen. Zur Erinnerung betrachten wir noch einmal das Beispiel der Schallgeschwindigkeit eines Gases; hierfür gilt einerseits aufgrund der thermodynamischen Beziehungen die Dimensionsgleichung

$$\text{Geschwindigkeit} = (\text{Druck})^{1/2} \cdot (\text{Dichte})^{-1/2},$$

andererseits aber wegen der kinematischen Definition die Dimensionsgleichung

$$\text{Geschwindigkeit} = \text{Länge} \cdot (\text{Zeit})^{-1}.$$

Durch Gleichsetzen der rechten Seiten folgt

$$\text{Länge} \cdot (\text{Zeit})^{-1} = (\text{Druck})^{1/2} \cdot (\text{Dichte})^{-1/2},$$

d. h. man kann beispielsweise die Dimension des Druckes durch die Dimensionen von Dichte, Länge und Zeit ausdrücken:

$$\text{Druck} = \text{Dichte} \cdot (\text{Länge})^{2} \cdot (\text{Zeit})^{-2}.$$

Die Existenz solcher Dimensionsformeln legt die Vermutung nahe, dass es für eine gegebene Menge von Größen eine minimale Anzahl von Dimensionen gibt, durch die sich die Dimensionen aller Größen dieser Menge ausdrücken lassen. Wir definieren deshalb eine Reihe weiterer Begriffe:

Für eine gegebene Menge von n Größen A_ν existiere eine minimale Anzahl von r Dimensionen $\underset{\sim}{B}, \underset{\sim}{C}, \ldots, \underset{\sim}{D}$ mit Einheiten $\widetilde{B}, \widetilde{C}, \ldots, \widetilde{D}$, sodass

$$\widetilde{A}_\nu = \widetilde{B}^{\beta_\nu}\, \widetilde{C}^{\gamma_\nu} \ldots \widetilde{D}^{\delta_\nu}, \qquad \nu = 1, \ldots, n \tag{1.26}$$

Einheiten der Größen A_ν sind. Dann nennt man:

- die Menge der Dimensionen $\underset{\sim}{B}, \underset{\sim}{C}, \ldots, \underset{\sim}{D}$ einen Satz von *Basisdimensionen* oder ein *Dimensionssystem* für die Größen A_ν,
- jede Menge von Einheiten $\widetilde{B}, \widetilde{C}, \ldots, \widetilde{D}$ dieser Basisdimensionen einen Satz von *Basiseinheiten* oder ein *Einheitensystem* für die Größen A_ν,
- die Menge der Einheiten $\widetilde{A}_\nu$ für irgendein Einheitensystem einen Satz von *kohärenten Einheiten* oder ein *kohärentes Einheitensystem* für die Größen A_ν.

Wenn die Basisdimensionen $\underset{\sim}{B}, \underset{\sim}{C}, \ldots, \underset{\sim}{D}$ eine minimale Anzahl umfassen, sind sie zugleich unabhängig, d. h. keine der Einheiten $\widetilde{B}, \widetilde{C}, \ldots, \widetilde{D}$ lässt sich in der Form (1.26) durch die anderen Einheiten dieser Menge darstellen.

2. Zur Erläuterung betrachten wir ein Beispiel aus der Mechanik. Es seien mit einem Durchmesser D, einer Geschwindigkeit (vom Betrag) U, einer Dichte ρ, einer kinematischen Zähigkeit ν und einer Kraft (vom Betrag) F insgesamt $n = 5$ mechanische Größen gegeben, deren Dimensionen man erfahrungsgemäß in Bezug auf $r = 3$ Basisdimensionen darstellen kann. Üblicherweise wählt man Länge, Zeit und Masse als Basisdimensionen; wenn wir sie hier mit $\underset{\sim}{L}$, $\underset{\sim}{T}$ und $\underset{\sim}{M}$ bezeichnen, dann gilt für die Dimensionen der genannten Größen:

$$\begin{aligned}
\underset{\sim}{D} &= \underset{\sim}{L}^1\, \underset{\sim}{T}^0\, \underset{\sim}{M}^0, \\
\underset{\sim}{U} &= \underset{\sim}{L}^1\, \underset{\sim}{T}^{-1}\, \underset{\sim}{M}^0, \\
\underset{\sim}{\rho} &= \underset{\sim}{L}^{-3}\, \underset{\sim}{L}^0\, \underset{\sim}{M}^1, \\
\underset{\sim}{\nu} &= \underset{\sim}{L}^2\, \underset{\sim}{T}^{-1}\, \underset{\sim}{M}^0, \\
\underset{\sim}{F} &= \underset{\sim}{L}^1\, \underset{\sim}{T}^{-2}\, \underset{\sim}{M}^1.
\end{aligned}$$

Wir können weiterhin eine beliebige Längeneinheit $\widetilde{L}$, eine beliebige Zeiteinheit $\widetilde{T}$ und eine beliebige Masseneinheit $\widetilde{M}$ als Basiseinheiten vorgeben und daraus ein kohärentes Einheitensystem für die Größen D, U, ρ, ν und F bilden. Formal gesehen müssen wir hierzu in den Dimensionsgleichungen lediglich das Dimensionssymbol (_) gegen das Einheitensymbol (~) austauschen:

$$\begin{aligned}
\widetilde{D} &= \widetilde{L}^1\, \widetilde{T}^0\, \widetilde{M}^0, \\
\widetilde{U} &= \widetilde{L}^1\, \widetilde{T}^{-1}\, \widetilde{M}^0, \\
\widetilde{\rho} &= \widetilde{L}^{-3}\, \widetilde{T}^0\, \widetilde{M}^1, \\
\widetilde{\nu} &= \widetilde{L}^2\, \widetilde{T}^{-1}\, \widetilde{M}^0, \\
\widetilde{F} &= \widetilde{L}^1\, \widetilde{T}^{-2}\, \widetilde{M}^1.
\end{aligned}$$

In der Regel verwendet man das Meter (m) als Basiseinheit für die Länge, die Sekunde (s) als Basiseinheit für die Zeit und das Kilogramm (kg) als Basiseinheit für die Masse; dann lautet das zugehörige kohärente Einheitensystem:

$$\widetilde{D} = \mathrm{m},$$
$$\widetilde{U} = \mathrm{m\,s^{-1}},$$
$$\widetilde{\rho} = \mathrm{m^{-3}\,kg},$$
$$\widetilde{\nu} = \mathrm{m^{2}\,s^{-1}},$$
$$\widetilde{F} = \mathrm{m\,s^{-2}\,kg}.$$

Einheiten mit dem Exponenten Null wurden dabei der Einfachheit halber weggelassen. Die Krafteinheit $\mathrm{m\,s^{-2}\,kg}$ heißt bekanntlich auch Newton (N).

3. Die Anzahl und die Art der benötigten Basisdimensionen lässt sich nur unter Rückgriff auf die Physik festlegen, und diese Festlegung ist darüber hinaus durch Konventionen geprägt. Es ist im vorstehenden Beispiel ohne Weiteres möglich, die Basisdimensionen Länge, Zeit und Masse gegen Länge, Geschwindigkeit und Dichte auszutauschen, und auch die Verwendung von drei mechanischen Basisdimensionen hat sich im Laufe der Zeit lediglich als zweckmäßig erwiesen, ohne dass es hierfür einen naturgesetzlichen Grund gibt.

4. Im Beispiel des vorletzten Absatzes haben wir ein Dimensionssystem betrachtet, das nur eine kleine Anzahl von Größen und Basisdimensionen umfasst. Man könnte nun vermuten, dass die Anzahl der benötigten Basisdimensionen immer weiter steigt, wenn die Menge der betrachteten Größen größer wird. Das ist jedoch nicht der Fall, man kommt in Naturwissenschaft und Technik üblicherweise mit sieben Basisdimensionen aus.[35] Aufgrund internationaler Vereinbarungen verwendet man in der Regel ein Dimensionssystem mit den Basisdimensionen (in Klammern die dafür üblichen Symbole) Länge (L), Zeit (T), Masse (M), Temperatur (Θ), Stromstärke (I), Stoffmenge (N) und Lichtstärke (J); es wird als Internationales Dimensionssystem und das darauf aufbauende Einheitensystem als Internationales Einheitensystem (abgekürzt SI für „Système International d'Unités") bezeichnet. Die im Internationalen System verwendeten Basiseinheiten lauten (in der Reihenfolge der genannten Basisdimensionen)

35 Die Frage nach der Anzahl der benötigten Basisdimensionen werden wir in Kapitel 6 näher untersuchen.

Meter, Sekunde, Kilogramm, Kelvin, Ampere,[36] Mol[37] und Candela;[38] für alle übrigen Dimensionen werden dazu kohärente Einheiten abgeleitet, d. h. die SI-Einheiten bilden ein kohärentes Einheitensystem, das sich über den gesamten Bereich von Naturwissenschaft und Technik erstreckt. Dimensionslose Größen sind im Internationalen Einheitensystem nicht explizit vorgesehen; sie lassen sich jedoch problemlos integrieren, wenn man sie in der Einheit Eins misst, da die Einheit Eins zu allen Einheiten dimensionsbehafteter Größen kohärent ist.

5. Die Definition der SI-Basiseinheiten durch willkürlich gewählte Referenzobjekte wie das Urkilogramm hat zur Folge, dass universelle Konstanten[39] der Physik (Planck-Konstante, Boltzmann-Konstante usw.) im SI-Einheitensystem neue Zahlenwerte erhalten, sobald die Genauigkeit physikalischer Messverfahren steigt. Diese Änderung widerspricht dem Charakter von Konstanten, deshalb beschloss das *Bureau International des Poids et Mesures (BIPM)* (deutsch: Internationales Büro für Maß und Gewicht) vor einigen Jahren, die Definition der SI-Basiseinheiten auf universelle Konstanten umzustellen. Hierzu wurden sieben geeignete universelle Konstanten (entsprechend den sieben SI-Basiseinheiten) ausgewählt, ihre Werte im SI-Einheitensystem nach dem geltenden Stand der Technik so genau wie möglich gemessen und diese Messwerte dann verbindlich festgelegt, um daraus die vertrauten SI-Basiseinheiten zu errechnen. Für das praktische Leben und auch für die meisten Felder von Wissenschaft und Technik hat diese Neudefinition keine Auswirkungen,

---

36 Die Stromstärkeeinheit Ampere war ursprünglich festgelegt als Stromstärke eines zeitlich konstanten elektrischen Stromes, der aus einer wässrigen Silbernitratlösung durch Elektrolyse innerhalb von einer Sekunde 1,118 mg Silber abscheidet. Später wurde diese Definition geändert auf die Stromstärke durch zwei dünne, parallele, unendlich lange Leiter, die im Vakuum im Abstand von einem Meter eine Kraft von $2 \cdot 10^{-7}$ Newton je Meter Länge aufeinander ausüben. Heute wird das Ampere mithilfe der Elementarladung e definiert: $1\,\text{A} = e/(1{,}602\,176\,634 \cdot 10^{-19})\,\text{s}^{-1}$. Die Einheit Ampere ist benannt nach dem französischen Physiker André Marie Ampère (1775–1836), bekannt durch seine Untersuchungen zu Phänomenen des Elektromagnetismus.

37 Die Stoffmengeneinheit Mol (abgeleitet von Molekül) ist die Stoffmenge eines Systems, das aus ebenso vielen Teilchen (Atomen, Molekülen) besteht, wie Atome in 0,012 Kilogramm des Kohlenstoffisotops ^{12}C enthalten sind. Nach neuesten Messungen sind das $6{,}022\,140\,76 \cdot 10^{23}$ Teilchen; diese Zahl, versehen mit der Einheit mol^{-1}, heißt Avogadro-Konstante N_A und ist benannt nach dem italienischen Physiker und Chemiker Amadeo Avogadro (1776–1856). .

38 Die Lichtstärkeeinheit Candela (Betonung auf der zweiten Silbe, lateinisch für Kerze) entspricht ungefähr der Lichtstärke einer einzelnen Wachskerze. Die ursprüngliche Definition der Candela bezog sich auf die Lichtstärke, mit der ein schwarzer Strahler der Oberfläche $1/600\,000\,\text{m}^2$ bei einer bestimmten Temperatur (realisiert durch erstarrendes Platin bei einem Druck von 1,01325 bar) leuchtet. Heute ist eine Candela definiert als die Lichtstärke einer Strahlungsquelle, die eine monochromatische Strahlung mit der Frequenz $540 \cdot 10^{12}$ Hertz in einer bestimmten Raumrichtung aussendet und dabei eine Strahlungsintensität von 1/683 Watt pro Steradiant erzeugt.

39 Zum Begriff der universellen Konstante vergleiche auch die Ausführungen in Abschnitt 6.1 Nr. 3.

das gilt selbst dann, wenn sich die Genauigkeit von Messungen weiter verbessert. Wenn beispielsweise die Lichtgeschwindigkeit zukünftig genauer bestimmbar sein sollte, wäre davon auch die Länge 1 Meter betroffen, diese Änderung würde sich aber im Bereich von Nanometern abspielen und in den allermeisten Fällen keine Rolle spielen.

Die vom BIPM ausgewählten universellen Konstanten und ihre festgelegten Werte in SI-Basiseinheiten sind:

- die *Frequenz des Hyperfeinstrukturübergangs* (der Strahlung beim Übergang zwischen den beiden Hyperfeinstrukturen) im Grundzustand des Cäsium-Isotops $^{133}\mathrm{Cs}$

$$\Delta\nu_{\mathrm{Cs}} = 9\,192\,631\,770\,\mathrm{s}^{-1},$$

- die *Vakuumlichtgeschwindigkeit*

$$c = 299\,792\,458\,\mathrm{m\,s}^{-1},$$

- die *Planck-Konstante*

$$h = 6{,}626\,070\,15 \cdot 10^{-34}\,\mathrm{J\,s} \quad (\text{mit } \mathrm{J\,s} = \mathrm{m}^2\,\mathrm{s}^{-1}\,\mathrm{kg}),$$

- die *Elementarladung*

$$e = 1{,}602\,176\,634 \cdot 10^{-19}\,\mathrm{C} \quad (\text{mit } \mathrm{C} = \mathrm{A\,s}),$$ [40]

- die *Boltzmann-Konstante*

$$k_{\mathrm{B}} = 1{,}380\,649 \cdot 10^{-23}\,\mathrm{J\,K}^{-1} \quad (\text{mit } \mathrm{J\,K}^{-1} = \mathrm{m}^2\,\mathrm{s}^{-2}\,\mathrm{kg\,K}^{-1}),$$

- die *Avogadro-Konstante*

$$N_{\mathrm{A}} = 6{,}022\,140\,76 \cdot 10^{23}\,\mathrm{mol}^{-1},$$

- das *photometrische Strahlungsäquivalent* einer monochromatischen Strahlung der Frequenz $540 \cdot 10^{12}$ Hertz

$$K_{\mathrm{cd}} = 683\,\mathrm{lm\,W}^{-1} \quad (\text{mit } \mathrm{lm\,W}^{-1} = \mathrm{cd\,sr\,m}^{-2}\,\mathrm{s}^3\,\mathrm{kg}^{-1}).$$ [41]

40 C ist das Zeichen für die Ladungseinheit Coulomb; sie ist benannt nach dem französischen Physiker Charles Augustin de Coulomb (1736–1806), bekannt vor allem durch seine Untersuchungen zur Kraftwirkung zwischen elektrischen Ladungen.

41 lm ist das Zeichen für die Lichtstromeinheit Lumen (lat. für Leuchte, Licht); sie ist mithilfe der Lichtstärkeeinheit Candela definiert als $1\,\mathrm{lm} = 1\,\mathrm{cd\,sr}$.

Daraus ergeben sich umgekehrt die folgenden Definitionen der SI-Basiseinheiten:

- *Sekunde*

$$1\,\mathrm{s} = 9\,192\,631\,770/\Delta\nu_{\mathrm{Cs}},$$

- *Meter*

$$1\,\mathrm{m} = (c/299\,792\,458)\,\mathrm{s} \approx 30{,}663\,319\,c/\Delta\nu_{\mathrm{Cs}},$$

- *Kilogramm*

$$1\,\mathrm{kg} = (h/6{,}626\,070\,25 \cdot 10^{-34})\,\mathrm{m}^{-2}\,\mathrm{s} \approx 1{,}475\,5214 \cdot 10^{40}\,\Delta\nu_{\mathrm{Cs}}\,h/c^2,$$

- *Ampere*

$$1\,\mathrm{A} = e/(1{,}602\,176\,634 \cdot 10^{-19})\,\mathrm{s}^{-1} \approx 6{,}789\,6868 \cdot 10^{8}\,\Delta\nu_{\mathrm{Cs}}\,e,$$

- *Kelvin*

$$1\,\mathrm{K} = (1{,}380\,649 \cdot 10^{-23}/k_{\mathrm{B}})\,\mathrm{m}^2\,\mathrm{s}^{-2}\,\mathrm{kg} \approx 2{,}266\,6653\,\Delta\nu_{\mathrm{Cs}}\,h/k_{\mathrm{B}},$$

- *Mol*

$$1\,\mathrm{mol} = 6{,}022\,140\,76 \cdot 10^{23}/N_{\mathrm{A}},$$

- *Candela*

$$1\,\mathrm{cd} = (K_{\mathrm{cd}}/683)\,\mathrm{m}^2\,\mathrm{s}^{-3}\,\mathrm{kg}\,\mathrm{sr}^{-1} \approx 2{,}614\,8305 \cdot 10^{10}\,(\Delta\nu_{\mathrm{Cs}})^2\,h\,K_{\mathrm{cd}}.$$

Diese Definition der SI-Basiseinheiten wurde von der Generalkonferenz für Maß und Gewicht des BIPM im November 2018 beschlossen und trat mit Wirkung vom 20. Mai 2019[42] in Kraft. Man kann sich leicht durch Einsetzen der universellen Konstanten von der Richtigkeit der Definitionen überzeugen. Wir werden jedoch in Abschnitt 6.4 noch einmal eine systematische Methode kennenlernen, wie die SI-Einheiten und die universellen Konstanten ineinander umgerechnet werden können.

6. Mithilfe der linearen Algebra kann man zeigen (siehe Aufgabe 1.8):

> Die Menge der Dimensionen bildet einen Vektorraum über dem Körper der rationalen Zahlen, wenn die Multiplikation zweier Dimensionen als Vektoraddition und die Potenz einer Dimension als Multiplikation eines Vektors mit einem Skalar definiert wird.

---

42 Das BIPM wurde am 20. Mai 1875 mit der Meterkonvention gegründet, deshalb wird der 20. Mai heute als Tag des Messens gefeiert.

Mithilfe der linearen Algebra lassen sich auch die Überlegungen zur dimensionellen Unabhängigkeit präzisieren, indem man den Begriff der linearen Unabhängigkeit von Vektoren überträgt:

Ein Satz von r Dimensionen $\underset{\sim}{B}_\mu$, $\mu = 1, \ldots, r$ heißt unabhängig, wenn die Gleichung

$$\underset{\sim}{B}_1^{\nu_1}\,\underset{\sim}{B}_2^{\nu_2}\,\ldots\,\underset{\sim}{B}_r^{\nu_r} = 1 \qquad (1.27)$$

nur auf triviale Weise für $\nu_i = 0$, $i = 1, \ldots, r$ erfüllt ist.

Wenn sich ein Satz von Dimensionen als unabhängig herausstellt, so ist damit allerdings noch nicht bekannt, ob er bereits die Minimalzahl von benötigten Dimensionen für eine gegebene Menge von Größen umfasst und damit einen Satz von Basisdimensionen für diese Menge von Größen bildet. Diese Entscheidung lässt sich ebenfalls mithilfe der linearen Algebra treffen:

Ein Satz von r Dimensionen $\underset{\sim}{B}_\mu$, $\mu = 1, \ldots, r$ bildet einen Satz von Basisdimensionen, wenn es r, aber keine $r+1$ unabhängigen Dimensionen gibt.

In der Sprache der linearen Algebra stellen die Basisdimensionen eine Basis des entsprechenden Vektorraumes dar.

Aufgabe 1.6. In der Physik waren früher noch andere Einheitensysteme als das SI gebräuchlich. Hierzu gehören das bereits erwähnte cgs-System (siehe Aufgabe 1.2) und das technische Maßsystem.

A. Das cgs-System ist ein kohärentes Einheitensystem mit den drei Basiseinheiten Zentimeter (cm) für Längen, Gramm (g) für Massen und Sekunde (s) für Zeiten. Die kohärente Einheit der Energie heißt im cgs-System Erg (erg). Bestimmen Sie den Wert von 1 erg im Internationalen Einheitensystem.
B. Das technische Maßsystem ist ein Dimensionssystem mit Länge, Zeit und Kraft als Basisdimensionen und Meter (m), Sekunde (s) und Kilopond (kp) als zugehörigen Basiseinheiten. Die Krafteinheit Kilopond ist dabei als die Gewichtskraft definiert, die ein Körper mit der Masse 1 kg erfährt. Bestimmen Sie den Wert von 1 kp im Internationalen Einheitensystem.

Aufgabe 1.7. Das Internationale Einheitensystem (SI) umfasst insgesamt sieben Basiseinheiten, deren Festlegung wie zuvor erläutert eine Konvention ist. Bei dimensionsanalytischen Untersuchungen kann es zweckmäßig sein, einige oder alle der beteiligten SI-Basiseinheiten durch abgeleitete Einheiten zu ersetzen. Ein solcher Wechsel der Basiseinheiten ist immer dann möglich, wenn die zugehörigen Dimensionen voneinander unabhängig sind.

A. Beschreiben Sie ein Verfahren, um einen Satz von SI-Einheiten auf Unabhängigkeit zu prüfen.

B. Prüfen Sie mit dem Verfahren aus Teil A, ob man anstelle der üblichen SI-Basiseinheiten Meter, Sekunde und Kilogramm auch folgende Einheiten als Basiseinheiten verwenden kann:
   - die Frequenzeinheit Hertz (Hz), die Krafteinheit Newton (N) und die Energieeinheit Joule (J),
   - die Längeneinheit Meter (m), die Krafteinheit Newton (N) und die Energieeinheit (J).

Hinweis: Gehen Sie von (1.27) aus, ersetzen Sie dort die Dimensionen durch die zugehörigen Einheiten und drücken Sie diese Einheiten anschließend durch die beteiligten SI-Basiseinheiten aus.

Aufgabe 1.8. Beweisen Sie, dass die Menge der Dimensionen einen Vektorraum über dem Körper der rationalen Zahlen bildet, wenn die Multiplikation zweier Dimensionen als Vektoraddition und die Potenz einer Dimension als Multiplikation eines Vektors mit einem Skalar definiert wird. Stellen Sie dazu die Axiome eines solchen Vektorraumes zusammen und zeigen Sie, dass sie für Dimensionen erfüllt sind.

2 Klassische Dimensionsanalyse

2.1 Relevanzfunktion und Kennzahlenfunktion

1. Eine klassische Dimensionsanalyse hat das Ziel, einen funktionalen Zusammenhang zwischen physikalischen Größen in einer dem Größenkalkül angepassten Form darzustellen. Voraussetzung hierfür ist die Kenntnis oder zumindest die Vermutung, dass eine bestimmte physikalische Größe A in einem zu untersuchenden Problem eindeutig durch eine Anzahl n anderer Größen $A_1, \dots, A_n$ festgelegt ist. In mathematischer Form muss sich die Größe A also als Funktion der Größen A_ν ($\nu = 1, \dots, n$) ausdrücken lassen:

$$A = f(A_1, A_2, \dots, A_n) \tag{2.1}$$

Eine solche Funktion nennen wir *Relevanzfunktion*, die Größen A_ν auf der rechten Seite *Einflussgrößen* und die Größe A auf der linken Seite *gesuchte Größe*. Einflussgrößen und gesuchte Größe fassen wir auch unter dem Oberbegriff *vorkommende Größen* zusammen.

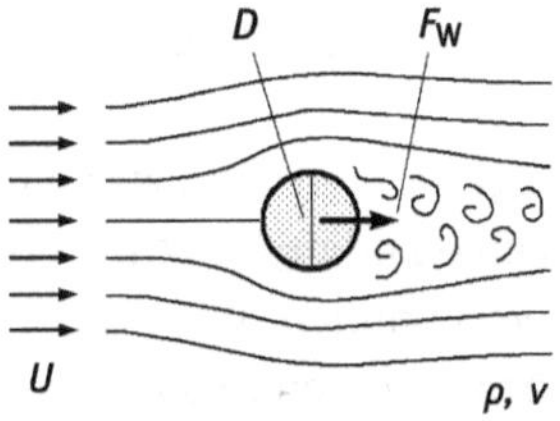

Abb. 2.1: Umströmung einer Kugel.

Zur näheren Erläuterung wählen wir ein Beispiel aus der Strömungsmechanik: den Strömungswiderstand einer Kugel (siehe Abb. 2.1). Wir nehmen an, dass der Betrag F_W der Widerstandskraft vom Kugeldurchmesser D, vom Betrag U der Anströmgeschwindigkeit, von der Dichte ρ und von der kinematischen Zähigkeit ν des anströmenden Fluids abhängt, d. h. dass eine Beziehung der folgenden Form existiert:

$$F_W = f(D, U, \rho, \nu). \tag{2.2}$$

Eine solche Relevanzfunktion enthält stets physikalische Annahmen darüber, welche physikalischen Phänomene für das zu untersuchende Problem von Bedeutung (oder „relevant") sind, m. a. W. sie hat immer nur einen begrenzten Gültigkeitsbereich. Die Relevanzfunktion (2.2) berücksichtigt beispielsweise die Trägheit und die Zähigkeit des Fluids, nicht aber dessen Kompressibilität. Aus der Strömungsmechanik ist bekannt, dass diese Annahme bei Flüssigkeiten sinnvoll ist, bei Gasen jedoch nur,

https://doi.org/10.1515/9783110795745-002

solange die Anströmgeschwindigkeit klein im Vergleich zur Schallgeschwindigkeit des Gases ist. Die Relevanzfunktion (2.2) setzt weiter voraus, dass die Zähigkeit des Fluids durch eine einzige Materialkonstante beschrieben werden kann; das gilt z. B. für Wasser und Luft, nicht aber für hochpolymere Flüssigkeiten, die im Gegensatz zu Wasser und Luft aus langkettigen Molekülen bestehen.

2. Anders als eine Funktion in der Mathematik stellt eine Relevanzfunktion keine Beziehung zwischen Zahlen dar, sondern sie beschreibt einen Zusammenhang zwischen physikalischen Größen. Eine Relevanzfunktion muss deshalb auch den Anforderungen des Größenkalküls genügen, d. h. es sind nur solche Beziehungen erlaubt, die dimensionell homogen und damit invariant gegen einen Einheitenwechsel sind.

Zur Erläuterung betrachten wir zwei Beispiele für die Kugelumströmung:[1] $F_W = f_1(D, U, \rho, \nu) = D + U + \rho + \nu$ und $F_W = f_2(D, U, \rho, \nu) = D\,U\,\rho\,\nu$. Die erste Funktion verletzt die Forderung nach dimensioneller Homogenität, da man Größen unterschiedlicher Dimension nicht addieren kann. f_1 ist also mit Sicherheit physikalisch falsch und kann deshalb keine Relevanzfunktion sein. Die zweite Funktion ist dagegen dimensionell homogen, da das Produkt der Größen auf der rechten Seite zur Dimension Kraft gehört. f_2 stellt deshalb eine mögliche Relevanzfunktion dar – ob sie physikalisch richtig ist, lässt sich erst nach einer genaueren Untersuchung im Rahmen der Strömungsmechanik entscheiden.[2]

Wenn man die vorstehenden Überlegungen weiterverfolgt, kommt man zu dem Ergebnis, dass eine Relevanzfunktion (2.1) äquivalent durch eine andere Funktion ersetzbar sein muss, in der nur noch dimensionslose Größen vorkommen. Wir werden diese Aussage in Abschnitt 2.2 ausführlich begründen und beschränken uns hier zunächst darauf, das Ergebnis mitzuteilen.

Die zur Relevanzfunktion (2.1) äquivalente Beziehung lautet

$$P = f(P_1, P_2, \dots, P_m). \tag{2.3}$$

Hierbei sind P_ν ($\nu = 1, \dots, m$) und P dimensionslose Größen, die sich als Potenzprodukte der A_ν bzw. der A_ν und A darstellen lassen:

1 Wenn nicht ausdrücklich etwas anderes gesagt ist, bedeutet das Funktionssymbol f jedes Mal einen anderen funktionalen Zusammenhang, also z. B. in (2.1) einen anderen als in (2.2). Falls es innerhalb eines Gedankenganges sinnvoll ist, die Gleichheit oder Unterschiedlichkeit von Funktionen besonders zu kennzeichnen, oder wenn eine bestimmte Funktion herausgehoben werden soll, gebrauchen wir Indizes (z. B. f_1).

2 Eine solche Untersuchung führt zu dem Ergebnis, dass f_2 bei sehr langsamen Bewegungen tatsächlich bis auf eine Konstante richtig ist, genau genommen gilt in diesem Fall $F_W = 3\pi\,D\,U\,\rho\,\nu$.

$$\begin{aligned}
P_1 &= A_1^{\alpha_1}\ A_2^{\beta_1}\ \dots\ A_n^{\lambda_1},\\
P_2 &= A_1^{\alpha_2}\ A_2^{\beta_2}\ \dots\ A_n^{\lambda_2},\\
&\vdots\\
P_m &= A_1^{\alpha_m}\ A_2^{\beta_m}\ \dots\ A_n^{\lambda_m},\\
P &= A_1^{\alpha}\ A_2^{\beta}\ \dots\ A_n^{\lambda}\ A^{\mu}.
\end{aligned} \tag{2.4}$$

Die Dimensionsexponenten $\alpha, \alpha_i, \beta, \beta_i, \dots, \lambda, \lambda_i, \mu$ sind rationale Zahlen. Wir nennen eine Beziehung der Form (2.3) eine zur Relevanzfunktion (2.1) gehörige *Kennzahlenfunktion*, die dimensionslosen Größen darin *Kennzahlen*, speziell die Kennzahlen P_ν auf der rechten Seite *Parameter* und die Kennzahl P auf der linken Seite *gesuchte Kennzahl.*

Der entscheidende Vorteil von (2.3) gegenüber (2.1) besteht darin, dass die Anzahl m der Parameter P_ν in (2.3) höchstens gleich und in der Regel kleiner als die Anzahl n der Einflussgrößen A_ν in (2.1) ist; und zwar ist m genau dann gleich n, wenn bereits alle A_ν dimensionslos sind.

In unserem Beispiel kann man zeigen (siehe Abschnitt 2.3), dass es zwei wesentlich verschiedene Kennzahlenfunktionen gibt, nämlich

$$\frac{F_W}{D^2U^2\rho} = f_1\left(\frac{\nu}{D\,U}\right) \quad \text{und} \quad \frac{F_W}{\nu^2\rho} = f_2\left(\frac{D\,U}{\nu}\right). \tag{2.5}$$

Dabei heißt wesentlich verschieden, dass jeweils verschiedene Größen dazu benutzt werden, um die übrigen dimensionslos zu machen: hier werden links F_W und ν mit D, U und ρ und rechts F_W und U mit D, ν und ρ (oder F_W und D mit U, ν und ρ) dimensionslos gemacht. Wesentlich verschieden heißt nicht, dass die Gleichungen voneinander unabhängig sind; man kann vielmehr alle zu einer Relevanzfunktion gehörigen Kennzahlenfunktionen ineinander überführen. In unserem Beispiel gilt

$$\frac{F_W}{D^2U^2\rho} = \left(\frac{\nu}{D\,U}\right)^2 \frac{F_W}{\nu^2\rho} \quad \text{oder} \quad f_1\left(\frac{\nu}{D\,U}\right) = \left(\frac{\nu}{D\,U}\right)^2 f_2\left(\frac{D\,U}{\nu}\right).$$

Deshalb stimmt auch die Anzahl der Parameter in allen Kennzahlenfunktionen, die zur selben Relevanzfunktion gehören, überein.

Statt $\nu/D\,U$ hätten wir in der linken Kennzahlenfunktion von (2.5) auch $D\,U/\nu$ oder $D^2\,U^2/\nu^2$ als Parameter wählen können, was dann jeweils eine andere Funktion f_1 zur Folge hätte. Solche Kennzahlenfunktion, die sich in ihren Argumenten nur durch Anwendung mathematischer Operationen wie Potenzieren oder Kehrwertbildung unterscheiden, wollen wir unwesentlich verschieden nennen. Es ist außerdem zweckmäßig, die (wesentlich verschiedenen) Kennzahlenfunktionen in einer Standardform anzugeben, also z. B. so, wie man es häufig in der Literatur findet, dass die Exponenten in den Kennzahlen vom Betrage her möglichst kleine ganze Zahlen sind. Wir werden die Kennzahlen in der Regel wie in (2.5) notieren, d. h. so, dass die dimensionslos gemachten Größen im Zähler mit der Potenz eins erscheinen.

In unserem Beispiel enthalten die Kennzahlenfunktionen (2.5) nur einen Parameter, während in der Relevanzfunktion (2.2) vier Einflussgrößen auftreten. Hinge F_W nur von einer Größe ab, brauchte man zur Dokumentation der Beziehung eine Kurve. Bei zwei Größen wäre zur vollständigen Dokumentation ein Blatt Papier mit einer Kurvenschar, bei drei Größen ein Buch (mehrere Blätter mit jeweils einer Kurvenschar) und bei vier Größen, also in unserem Beispiel, ein Regal mit mehreren Büchern erforderlich. Zur vollständigen Dokumentation einer zugehörigen Kennzahlenfunktion reicht dagegen eine einzige Kurve aus. Die Äquivalenz von Relevanzfunktion und Kennzahlenfunktion bedeutet also, dass eine einzelne Kurve die gleiche Information wie ein Bücherregal enthält.

Abbildung 2.2 zeigt eine Zusammenfassung der Strömungswiderstände von Kugeln aus unterschiedlichen Experimenten (nach Schlichting: Grenzschichttheorie, Bild 1.7. Karlsruhe: G. Braun, 8. Aufl. 1982). Bei einer Darstellung in der Form $F_W/(D^2U^2\rho) = f(\nu/D\,U)$ ordnen sich die Daten tatsächlich auf einer einzigen Kurve an und bestätigen dadurch sowohl die Annahmen über die Relevanzfunktion als auch die Ergebnisse der Dimensionsanalyse.[3]

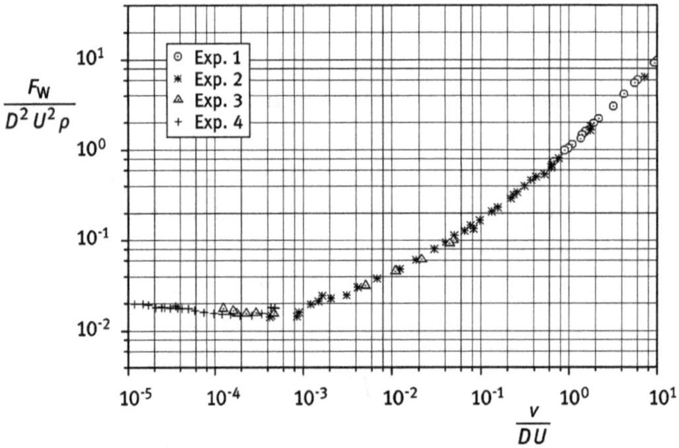

Abb. 2.2: Strömungswiderstand von Kugeln.

3 In der Strömungsmechanik ist es üblich, den Strömungswiderstand eines Körpers in Form des sogenannten c_W-Werts anzugeben und als Funktion einer Reynolds-Zahl Re aufzutragen. Der c_W-Wert ist definiert als Quotient aus dem Betrag F_W der Widerstandskraft und dem Produkt von Staudruck $\frac{1}{2}\rho U^2$ und der der Strömung zugewandten Querschnittsfläche A, d. h. bei einer Kugel ist $c_W = F_W/(\frac{1}{2}\rho U^2 \frac{\pi}{4} D^2)$. Der c_W-Wert unterscheidet sich also nur um den Faktor $8/\pi$ von der Kennzahl $F_W/(D^2U^2\rho)$. Die Reynolds-Zahl $\mathrm{Re} = U\,D/\nu$ ist der Kehrwert der Kennzahl $\nu/(D\,U)$. Im Vergleich zur Darstellung bei Schlichting ist die Kurve in Abb. 2.2 deshalb vertikal nach unten verschoben und horizontal gespiegelt.

3. Ziel einer Dimensionsanalyse ist es, die Kennzahlenfunktionen zu bestimmen, die zu einer gegebenen Relevanzfunktion gehören. Die Aufstellung der Relevanzfunktion selbst gehört nicht zur Dimensionsanalyse im eigentlichen Sinne; man gewinnt eine Relevanzfunktion vielmehr durch Kenntnisse über das physikalische Teilgebiet, in dem das betrachtete Problem angesiedelt ist. Hierzu stehen grundsätzlich zwei Methoden zur Verfügung:

- die physikalische Intuition, d. h. die Erfahrung mit Problemen ähnlicher Art oder eine Betrachtung aus übergeordneter Sicht,
- die mathematische Formulierung des Problems, meist ein Satz von Differentialgleichungen mit zugehörigen Anfangs- und Randbedingungen (da die Lösung eines solchen Problems höchstens[4] die Größen enthalten kann, die in den Ausgangsgleichungen vorkommen).

Beide Methoden haben ihre Nachteile: Die Intuition kann irren, die exakte mathematische Formulierung des Problems kann unbekannt sein. Wir werden in diesem Kapitel nur Beispiele betrachten, bei denen die Relevanzfunktion mithilfe der physikalischen Intuition gewonnen wurde. Das Vorliegen einer vollständigen mathematischen Formulierung des Problems eröffnet noch einen anderen Zugang zur Dimensionsanalyse, den wir gesondert im vierten Kapitel behandeln werden.

4. In der Praxis lassen sich die Aufstellung der Relevanzfunktion, die Durchführung der Dimensionsanalyse und die Interpretation der Kennzahlenfunktion nicht immer streng voneinander trennen; manchmal wird man diese Schritte auch in mehreren Zyklen durchlaufen müssen. Insbesondere kann eine Dimensionsanalyse aus einer falsch oder unpassend gewählten Relevanzfunktion auch keine sinnvolle Kennzahlenfunktion erzeugen, da beide Funktionen zueinander äquivalent sind. Wir werden im weiteren Verlauf deshalb einige allgemeine Regeln formulieren, die bei der Aufstellung einer Relevanzfunktion zu beachten sind. Eine unmittelbar einsichtige Grundforderung ist, dass die Einflussgrößen voneinander unabhängig sind und einen vollständigen Satz bilden. Wir halten also fest:

Bei der Aufstellung einer Relevanzfunktion kommt es darauf an,

- dass die Einflussgrößen A_v alle unabhängig voneinander gewählt werden können, dass also keine von ihnen durch die Wahl anderer bereits festgelegt ist, und
- dass der Satz der Einflussgrößen A_v vollständig ist, dass es also nicht noch andere physikalische Größen gibt, die für die gesuchte Größe A relevant sind.

---

4 Die Anzahl der Größen kann auch geringer sein; beispielsweise besitzt die Navier–Stokes-Gleichung, die die Kugelumströmung beschreibt, auch Lösungen, die nicht von der kinematischen Zähigkeit ν abhängen, nämlich die Potentialströmungen.

Einflussgrößen sind insbesondere alle Material- und Gerätekonstanten des Problems, deren Änderung (beim Festhalten der übrigen) die gesuchte Größe A beeinflusst. Zu den Einflussgrößen können aber auch solche Größen gehören, die sich unter den Versuchsbedingungen gar nicht ändern lassen, wie z. B. die Fallbeschleunigung oder universelle Konstanten wie die Gravitationskonstante, falls im betrachteten Problem Gewichts- oder Gravitationskräfte eine Rolle spielen.[5] Wenn die gesuchte Größe A eine Funktion von Ort oder Zeit ist, umfassen die Einflussgrößen auch die Ortskoordinaten und die Zeit.

Aufgabe 2.1. Erläutern Sie den Unterschied zwischen dem Zahlenwert einer Größe und einer Kennzahl beim Wechsel des verwendeten (kohärenten) Einheitensystems.

Aufgabe 2.2. Zwei ebene Metallplatten mit gleicher Form und gleichem Flächeninhalt A sind im Abstand d parallel zueinander aufgestellt. Im Spalt zwischen den Metallplatten hängt an einem dünnen Faden der Länge L eine kleine, homogene Metallkugel (Durchmesser D, Dichte ρ bzw. Masse m) unter dem Einfluss der Erdanziehung (Gewichtskraft G bzw. Fallbeschleunigung g) zunächst senkrecht nach unten. Wenn man die Metallkugel elektrisch auflädt (Flächenladungsdichte σ bzw. elektrische Ladung Q) und die Metallplatten mit einer Hochspannungsquelle (elektrische Spannung U) verbindet, wird der Faden um den Winkel α zur Vertikalen ausgelenkt. Die Metallkugel soll die Metallplatten dabei nicht berühren.

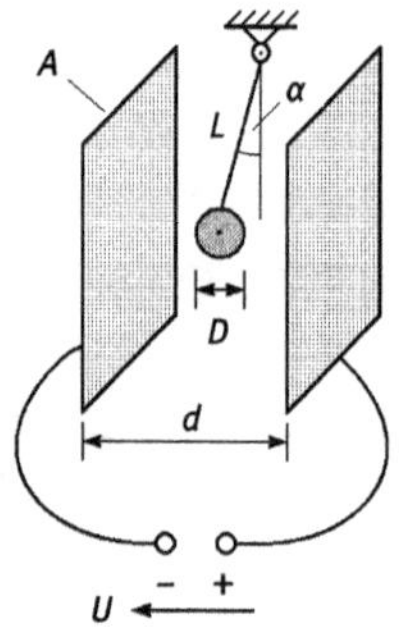

Stellen Sie eine Relevanzfunktion für den Auslenkungswinkel α auf. Achten Sie darauf, dass alle Einflussgrößen voneinander unabhängig sind.

2.2 Universelle und natürliche Basiseinheiten. Das Π-Theorem

1. Dimensionell homogene Gleichungen haben gemäß Abschnitt 1.5 Nr. 3 die Eigenschaft, dass man bei Verwendung kohärenter Einheiten die Einheiten herauskürzen kann, d. h. dass die Zahlenwerte durch dieselbe Gleichung verknüpft sind wie die Größen selbst. Deshalb ändert sich eine Relevanzfunktion nicht, wenn man die vorkommenden Größen durch ihre Zahlenwerte in einem kohärenten Einheitensystem ersetzt. Die Zahlenwerte lassen sich auch als Quotient der Größen und ihrer jeweiligen Einheiten ausdrücken, dann folgt in unserem Beispiel für den Strömungswiderstand einer Kugel

$$F_{\mathrm{W}} = f_0(D, U, \rho, \nu) \quad \Leftrightarrow \quad \frac{F_{\mathrm{W}}}{\overline{\overline{F_{\mathrm{W}}}}} = f_0\left(\frac{D}{\overline{\overline{D}}}, \frac{U}{\overline{\overline{U}}}, \frac{\rho}{\overline{\overline{\rho}}}, \frac{\nu}{\overline{\overline{\nu}}}\right). \tag{2.6}$$

5 Zum Einfluss der universellen Konstanten siehe auch die Ausführungen in Abschnitt 6.1.

Wir haben in beiden Fällen f_0 geschrieben, um zu betonen, dass es sich jeweils um dieselbe Funktion handelt.

Die Einheiten $\widetilde{D}, \widetilde{U}, \widetilde{\rho}, \widetilde{\nu}, \widetilde{F_\mathrm{W}}$ im rechten Teil von (2.6) sind allerdings nicht frei wählbar, sondern sie müssen bestimmte Bedingungen erfüllen, um kohärent zu sein; solche Bedingungen nennen wir *Kohärenzbedingungen* für die vorkommenden Größen.

Zur Bestimmung der Kohärenzbedingungen kann man von einem beliebigen Satz kohärenter Einheiten ausgehen, z. B. von den SI-Einheiten, die nach den Erläuterungen in Abschnitt 1.6 ein kohärentes Einheitensystem bilden. Für die Einheiten in unserem Beispiel gilt dann:

$$\begin{aligned} \widetilde{D} &= \mathrm{m}, \\ \widetilde{U} &= \mathrm{m\,s^{-1}}, \\ \widetilde{\rho} &= \mathrm{m^{-3}\,kg}, \\ \widetilde{\nu} &= \mathrm{m^2\,s^{-1}}, \\ \widetilde{F_\mathrm{W}} &= \mathrm{m\,s^{-2}\,kg}. \end{aligned} \tag{2.7}$$

Aus diesen Einheitengleichungen lassen sich die SI-Einheiten eliminieren. Wenn wir die ersten drei Gleichungen aus (2.7) benutzen, ergibt sich zunächst:

$$\begin{aligned} \mathrm{m} &= \widetilde{D}, \\ \mathrm{s} &= \mathrm{m}\,\widetilde{U}^{-1} = \widetilde{D}\,\widetilde{U}^{-1}, \\ \mathrm{kg} &= \mathrm{m}^3\,\widetilde{\rho} = \widetilde{D}^3\,\widetilde{\rho}. \end{aligned}$$

Dann folgt beim Einsetzen in die letzten zwei Gleichungen von (2.7)

$$\begin{aligned} \widetilde{\nu} &= \widetilde{D}^2\left(\widetilde{D}\,\widetilde{U}^{-1}\right)^{-1} = \widetilde{D}^2\,\widetilde{D}^{-1}\,\widetilde{U} = \widetilde{D}\,\widetilde{U}, \\ \widetilde{F_\mathrm{W}} &= \widetilde{D}\left(\widetilde{D}\,\widetilde{U}^{-1}\right)^{-2}\widetilde{D}^3\,\widetilde{\rho} = \widetilde{D}\,\widetilde{D}^{-2}\,\widetilde{U}^2\,\widetilde{D}^3\,\widetilde{\rho} = \widetilde{D}^2\,\widetilde{U}^2\,\widetilde{\rho}. \end{aligned}$$

Die gesuchten Kohärenzbedingungen lauten also

$$\begin{aligned} \widetilde{\nu} &= \widetilde{D}\,\widetilde{U}, \\ \widetilde{F_\mathrm{W}} &= \widetilde{D}^2\,\widetilde{U}^2\,\widetilde{\rho}. \end{aligned} \tag{2.8}$$

Zugleich entsteht dadurch neben den SI-Einheiten in (2.7) ein zweiter Satz kohärenter Einheiten:[6]

---

6 In einem gewissen Sinne stellen auch die SI-Einheitengleichungen (2.7) Kohärenzbedingungen dar: Wenn sie erfüllt sind, dann sind die Einheiten $\widetilde{D}, \widetilde{U}, \widetilde{\rho}, \widetilde{\nu}, \widetilde{F_\mathrm{W}}$ kohärent. Allerdings handelt es sich dabei nur um hinreichende Bedingungen, während die Bedingungen (2.8) hinreichend und notwendig sind, d. h. dann und nur dann, wenn diese Gleichungen gelten, sind die dort vorkommenden Einheiten

$$
\begin{aligned}
\widetilde{D} &= \widetilde{D},\\
\widetilde{U} &= \widetilde{U},\\
\widetilde{\rho} &= \widetilde{\rho},\\
\widetilde{\nu} &= \widetilde{D}\,\widetilde{U},\\
\widetilde{F_W} &= \widetilde{D}^2\,\widetilde{U}^2\,\widetilde{\rho}.
\end{aligned}
\tag{2.9}
$$

An die Stelle der universellen, problemunabhängigen Basiseinheiten m, s, kg sind also die *problembezogenen Basiseinheiten* $\widetilde{D}$, $\widetilde{U}$, $\widetilde{\rho}$ getreten. Offenbar kann man aber noch über die Werte dieser Basiseinheiten verfügen, und es liegt nahe, hierfür die im Problem selbst auftretenden Größen zu wählen, d. h. $\widetilde{D} = D$, $\widetilde{U} = U$ und $\widetilde{\rho} = \rho$ zu setzen. Einen solchen Satz von Basiseinheiten, der aus der Menge der Einflussgrößen des betrachteten Problems stammt, nennen wir einen Satz *natürlicher Basiseinheiten* des Problems. Gleichzeitig erhalten wir damit einen dritten Satz kohärenter Einheiten:

$$
\begin{aligned}
\widetilde{D} &= D,\\
\widetilde{U} &= U,\\
\widetilde{\rho} &= \rho,\\
\widetilde{\nu} &= D\,U,\\
\widetilde{F_W} &= D^2\,U^2\,\rho.
\end{aligned}
\tag{2.10}
$$

Jeden der Sätze (2.7), (2.9) und (2.10) kann man in den rechten Teil von (2.6) einsetzen und damit eine Beziehung gewinnen, in der die Bedingung kohärenter Einheiten erfüllt ist. Bei Verwendung der universellen Basiseinheiten m, s, kg erhält man

$$
\frac{F_W}{\mathrm{m\,s^{-2}\,kg}} = f_0\left(\frac{D}{\mathrm{m}}, \frac{U}{\mathrm{m\,s^{-1}}}, \frac{\rho}{\mathrm{m^{-3}\,kg}}, \frac{\nu}{\mathrm{m^2\,s^{-1}}}\right)
\tag{2.11}
$$

und bei Verwendung der natürlichen Basiseinheiten D, U, ρ

$$
\frac{F_W}{D^2\,U^2\,\rho} = f_0\left(\frac{D}{D}, \frac{U}{U}, \frac{\rho}{\rho}, \frac{\nu}{D\,U}\right).
\tag{2.12}
$$

Dabei ist die Funktion f_0 in den beiden Gleichungen (2.11) und (2.12) wieder dieselbe Funktion wie in (2.6). Die ersten drei Argumente haben in der Form (2.12) aber den Wert eins und sind damit keine Variablen mehr, man kann also mit einer anderen Funktion f_1 statt (2.12) auch schreiben

$$
\frac{F_W}{D^2\,U^2\,\rho} = f_1\left(\frac{\nu}{D\,U}\right).
\tag{2.13}
$$

---

kohärent. Wir werden im Folgenden den Begriff Kohärenzbedingungen nur für solche hinreichenden und notwendigen Bedingungen verwenden.

Damit haben wir die Kennzahlenfunktion im linken Teil von (2.5) ermittelt und gleichzeitig die allgemeine Methode kennengelernt, wie man aus einer Relevanzfunktion eine Kennzahlenfunktion gewinnt:

Wenn man statt der üblichen universellen Basiseinheiten einen geeigneten Satz von Einflussgrößen als natürliche Basiseinheiten wählt und die übrigen vorkommenden Größen in dazu kohärenten Einheiten misst, entsteht aus der Relevanzfunktion eine Kennzahlenfunktion. Dabei verringert sich die Anzahl der Argumente in der Kennzahlenfunktion um die Anzahl der Einflussgrößen, die man zu natürlichen Basiseinheiten wählen kann.

2. Die vorstehende Aussage stellt bereits den grundlegenden Satz der Dimensionsanalyse dar. Dieser Satz wird *Buckingham'sches Π-Theorem* genannt und üblicherweise so formuliert:

Es sei:

n die Anzahl der vorkommenden Größen eines Problems,
b die Anzahl der zugehörigen natürlichen Basiseinheiten und
m die Anzahl der Kennzahlen,

dann gilt:

$$m = n - b. \tag{2.14}$$

Die Anzahl der Kennzahlen ist gleichzeitig die Anzahl der Kohärenzbedingungen.

Manchmal definiert man n auch als die Anzahl der Einflussgrößen und m als die Anzahl der Parameter eines Problems; das führt offenbar auf dieselbe Gleichung.

3. Wir weisen darauf hin, dass die Verwendung kohärenter Einheiten zur Begründung der Dimensionsanalyse zwar hinreichend, aber nicht notwendig ist. Entscheidend ist die Forderung nach der Invarianz von Größengleichungen gegen einen Einheitenwechsel, und diese Forderung lässt sich auch mit inkohärenten Einheiten erfüllen. Im Zuge der Herleitung würden dann zusätzliche Umrechnungsfaktoren auftreten, die in unserem Beispiel zunächst eine Kennzahlenfunktion der Form

$$a\,\frac{F_W}{D^2 U^2 \rho} = f\left(b\,\frac{\nu}{D\,U}\right)$$

zur Folge hätten. Für den grundsätzlichen funktionalen Zusammenhang sind die Zahlenfaktoren a und b jedoch ohne Bedeutung, weil man sie in die Definition der Kennzahlen einbeziehen kann.

2.3 Die praktische Durchführung einer Dimensionsanalyse

1. Für die praktische Anwendung ist es sinnvoll, das im letzten Abschnitt beschriebene Verfahren der Dimensionsanalyse, also die Bestimmung der Anzahl und der Art der Kennzahlen, in eine algorithmische Form zu bringen.

Nach der Auswahl der problembezogenen Basiseinheiten besteht die Aufgabe darin, die übrigen vorkommenden Einheiten durch die gewählten Basiseinheiten auszudrücken; das ist stets in allgemeiner Weise durch Potenzprodukte dieser Basiseinheiten möglich. Wenn wir im Beispiel des Strömungswiderstandes einer Kugel $\widetilde{D}$, $\widetilde{U}$, $\widetilde{\rho}$ als Basiseinheiten wählen, können wir für $\widetilde{\nu}$ und $\widetilde{F_\mathrm{W}}$ deshalb ansetzen:

$$\begin{aligned} \widetilde{\nu} &= \widetilde{D}^{\alpha_1}\,\widetilde{U}^{\alpha_2}\,\widetilde{\rho}^{\alpha_3}, \\ \widetilde{F_\mathrm{W}} &= \widetilde{D}^{\beta_1}\,\widetilde{U}^{\beta_2}\,\widetilde{\rho}^{\beta_3}. \end{aligned} \tag{2.15}$$

Um die Exponenten α_1, α_2, α_3 und β_1, β_2, β_3 zu bestimmen, kann man auf ein bekanntes, kohärentes Einheitensystem zurückgreifen, also beispielsweise auf die SI-Einheiten, und für alle vorkommenden Einheiten die zugehörigen Basiseinheiten einsetzen.

Für $\widetilde{\nu}$ folgt dann aus der ersten Gleichung von (2.15)

$$\underbrace{\mathrm{m}^2\,\mathrm{s}^{-1}}_{\widetilde{\nu}} = \underbrace{\mathrm{m}^{\alpha_1}}_{\widetilde{D}^{\alpha_1}}\ \underbrace{\mathrm{m}^{\alpha_2}\,\mathrm{s}^{-\alpha_2}}_{\widetilde{U}^{\alpha_2}}\ \underbrace{\mathrm{m}^{-3\alpha_3}\,\mathrm{kg}^{\alpha_3}}_{\widetilde{\rho}^{\alpha_3}}$$

oder sortiert nach den SI-Basiseinheiten

$$\mathrm{m}^2\,\mathrm{s}^{-1}\,\mathrm{kg}^0 = m^{\alpha_1+\alpha_2-3\alpha_3}\,\mathrm{s}^{-\alpha_2}\,\mathrm{kg}^{\alpha_3}.$$

Diese Gleichung ist erfüllt, wenn die Exponenten von m, s und kg auf der linken und rechten Seite jeweils für sich übereinstimmen, d. h. es muss gelten:

$$\begin{aligned} &\text{für m:} && \alpha_1 + \alpha_2 - 3\alpha_3 = 2, \\ &\text{für s:} && -\alpha_2 = -1, \\ &\text{für kg:} && \alpha_3 = 0. \end{aligned} \tag{2.16}$$

Im Ergebnis ist also ein lineares Gleichungssystem für α_1, α_2, α_3 entstanden. Als Lösung folgt sofort $\alpha_3 = 0$, $\alpha_2 = 1$, $\alpha_1 = 1$ und daraus die zuvor auf etwas andere Art hergeleitete Kohärenzbedingung $\widetilde{\nu} = \widetilde{D}\,\widetilde{U}$.

Für $\widetilde{F_\mathrm{W}}$ erhält man aus der zweiten Gleichung von (2.15) entsprechend

$$\underbrace{\mathrm{m}\,\mathrm{s}^{-2}\,\mathrm{kg}}_{\widetilde{F_\mathrm{W}}} = \underbrace{\mathrm{m}^{\beta_1}}_{\widetilde{D}^{\beta_1}}\ \underbrace{\mathrm{m}^{\beta_2}\,\mathrm{s}^{-\beta_2}}_{\widetilde{U}^{\beta_2}}\ \underbrace{\mathrm{m}^{-3\beta_3}\,\mathrm{kg}^{\beta_3}}_{\widetilde{\rho}^{\beta_3}}$$

oder

$$\mathrm{m}^1\,\mathrm{s}^{-2}\,\mathrm{kg}^1 = \mathrm{m}^{\beta_1+\beta_2-3\beta_3}\,\mathrm{s}^{-\beta_2}\,\mathrm{kg}^{\beta_3}.$$

Aus dem Vergleich der Exponenten folgt:

$$\begin{aligned} &\text{für m:} && \beta_1 + \beta_2 - 3\beta_3 = 1, \\ &\text{für s:} && -\beta_2 = -2, \\ &\text{für kg:} && \beta_3 = 1. \end{aligned} \tag{2.17}$$

Als Lösung dieses linearen Gleichungssystems ergibt sich $\beta_3 = 1, \beta_2 = 2, \beta_1 = 2$ und damit die ebenfalls schon auf andere Art ermittelte Kohärenzbedingung $\widetilde{F_W} = \widetilde{D}^2\,\widetilde{U}^2\,\widetilde{\rho}$.

Ersetzt man die problembezogenen Basiseinheiten zum Schluss noch durch die natürlichen Basiseinheiten, entstehen wie zuvor die Kennzahlen

$$\frac{\nu}{\widetilde{\nu}} = \frac{\nu}{D\,U} \quad \text{und} \quad \frac{F_W}{\widetilde{F_W}} = \frac{F_W}{D^2\,U^2\,\rho}.$$

Aus mathematischer Sicht ist die Bestimmung von Kennzahlen also gleichbedeutend mit der Lösung von linearen Gleichungssystemen.

2. In der linearen Algebra ist es üblich, die Koeffizienten und die rechten Seiten eines linearen Gleichungssystems in Matrizen zusammenzufassen. In der Matrixschreibweise lauten die Gleichungssysteme (2.16) und (2.17) dann:

$$\begin{pmatrix} 1 & 1 & -3 \\ 0 & -1 & 0 \\ 0 & 0 & 1 \end{pmatrix} \begin{pmatrix} \alpha_1 \\ \alpha_2 \\ \alpha_3 \end{pmatrix} = \begin{pmatrix} 2 \\ -1 \\ 0 \end{pmatrix}, \tag{2.18}$$

$$\begin{pmatrix} 1 & 1 & -3 \\ 0 & -1 & 0 \\ 0 & 0 & 1 \end{pmatrix} \begin{pmatrix} \beta_1 \\ \beta_2 \\ \beta_3 \end{pmatrix} = \begin{pmatrix} 1 \\ -2 \\ 1 \end{pmatrix}. \tag{2.19}$$

Beide Gleichungssysteme haben dieselbe Koeffizientenmatrix und unterscheiden sich nur durch die rechten Seiten. Man kann die Matrizen deshalb zu einer einzigen Matrix zusammenfassen, in der die ersten drei Spalten die Koeffizienten und die letzten zwei Spalten die rechten Seiten der Gleichungssysteme enthalten:

$$\begin{array}{c} \\ \text{m} \\ \text{s} \\ \text{kg} \end{array} \begin{array}{c} \begin{array}{ccc|cc} \widetilde{D} & \widetilde{U} & \widetilde{\rho} & \widetilde{\nu} & \widetilde{F_W} \end{array} \\ \left(\begin{array}{ccc|cc} 1 & 1 & -3 & 2 & 1 \\ 0 & -1 & 0 & -1 & -2 \\ 0 & 0 & 1 & 0 & 1 \end{array}\right) \end{array}. \tag{2.20}$$

Man bezeichnet eine solche Matrix als *Dimensionsmatrix*. Eine Dimensionsmatrix lässt sich auch auf direktem Weg aufstellen, ohne vorher die linearen Gleichungssysteme aufzuschreiben. Man bestimmt zunächst die Einheiten der vorkommenden Größen in Bezug auf ein kohärentes Einheitensystem (üblicherweise die SI-Einheiten) und ordnet dann die Exponenten in den entsprechenden Einheitengleichungen (bei unserem

Tab. 2.1: Erstellung der Dimensionsmatrix aus den SI-Einheitengleichungen.

SI-Einheitengleichungen	Dimensionsmatrix
$\widetilde{D} = \mathrm{m}^1\ \mathrm{s}^0\ \mathrm{kg}^0$ $\widetilde{U} = \mathrm{m}^1\ \mathrm{s}^{-1}\ \mathrm{kg}^0$ $\widetilde{\rho} = \mathrm{m}^{-3}\ \mathrm{s}^0\ \mathrm{kg}^1$ $\widetilde{v} = \mathrm{m}^2\ \mathrm{s}^{-1}\ \mathrm{kg}^0$ $\widetilde{F_W} = \mathrm{m}^1\ \mathrm{s}^{-2}\ \mathrm{kg}^1$	$\begin{array}{c} \\ \mathrm{m} \\ \mathrm{s} \\ \mathrm{kg} \end{array} \begin{array}{c} \begin{array}{ccccc} \widetilde{D} & \widetilde{U} & \widetilde{\rho} & \widetilde{v} & \widetilde{F_W} \end{array} \\ \left(\begin{array}{ccc\|cc} 1 & 1 & -3 & 2 & 1 \\ 0 & -1 & 0 & -1 & -2 \\ 0 & 0 & 1 & 0 & 1 \end{array} \right) \end{array}$ Basiseinheiten
Zeilen →	Spalten

Beispiel also (2.7)) spaltenweise zu einer Dimensionsmatrix an; dabei muss in jeder Spalte die gleiche Reihenfolge der Basiseinheiten gewählt werden (siehe Tab. 2.1).

Anhand der Dimensionsmatrix lässt sich auch die Frage abschließend beantworten, wie viele Kennzahlen zu einer gegebenen Relevanzfunktion gehören und welche Größen als natürliche Basiseinheiten geeignet sind: Man bestimmt zunächst den Rang[7] r der Dimensionsmatrix und wählt anschließend r Spalten so aus, dass die Koeffizientenmatrix den gleichen Rang wie die Dimensionsmatrix hat; andernfalls wäre das lineare Gleichungssystem nicht lösbar.

Im vorliegenden Beispiel erkennt man leicht anhand der oberen Dreiecksform mit lauter von null verschiedenen Hauptdiagonalelementen, dass die Dimensionsmatrix ebenso wie die aus den Spalten für $\widetilde{D}$, $\widetilde{U}$, $\widetilde{\rho}$ gebildete Untermatrix den Rang 3 hat, deshalb können wir $\widetilde{D}$, $\widetilde{U}$, $\widetilde{\rho}$ zu problembezogenen Basiseinheiten und anschließend D, U, ρ zu natürlichen Basiseinheiten wählen.

Damit folgt:

- Der Rang r der Dimensionsmatrix stimmt mit der Anzahl b der natürlichen Basiseinheiten des Problems überein (hier $r = b = 3$).
- Aus dem Buckingham'schen Π-Theorem folgt die Anzahl m der Kennzahlen jeder Kennzahlenfunktion: $m = n - b$, hier also bei $n = 5$ vorkommenden Größen $m = 5 - 3 = 2$.
- Jeder Satz von Einflussgrößen, zu dem eine Untermatrix mit dem Rang der Dimensionsmatrix gehört, ist als Satz natürlicher Basiseinheiten geeignet. In unserem Beispiel gibt es 4 Einflussgrößen D, U, ρ, v. Daraus lassen sich 4 Sätze von je 3 Größen bilden (einer ohne v, einer ohne ρ, einer ohne U und einer ohne D), nämlich

$$D, U, \rho, \quad D, U, v, \quad D, \rho, v, \quad U, \rho, v.$$

7 Eine Matrix hat den Rang r, wenn sie r linear unabhängige Zeilen und Spalten besitzt; das ist gleichzeitig die Zeilen- und Spaltenzahl der größten quadratischen Untermatrix, deren Determinante von null verschieden ist.

Zu allen Sätzen, in denen ρ vorkommt, gehört dabei eine Untermatrix mit dem Rang 3; nur die zu D, U, v gehörende Untermatrix hat den Rang 2. Damit sind

$$D, U, \rho, \quad D, \rho, v, \quad U, \rho, v \tag{2.21}$$

mögliche Sätze natürlicher Basiseinheiten.
Im Allgemeinen gehört zu jedem Satz natürlicher Basiseinheiten eine andere Kennzahlenfunktion.

Diese Ergebnisse können wir zu einer alternativen Formulierung des Buckingham'schen Π-Theorems zusammenfassen:

Es sei:
- n die Anzahl der vorkommenden Größen eines Problems,
- r der Rang der Dimensionsmatrix,
- b die Anzahl der zugehörigen natürlichen Basiseinheiten und
- m die Anzahl der Kennzahlen,

dann gilt:

$$m = n - r, \quad b = r. \tag{2.22}$$

Die Anzahl der Kohärenzbedingungen stimmt mit der Anzahl der Kennzahlen überein.
Die natürlichen Basiseinheiten müssen so gewählt werden, dass die zugehörige Untermatrix den gleichen Rang wie die Dimensionsmatrix hat.

3. Die lineare Algebra stellt mit dem *Gauß'schen Algorithmus* ein allgemeines Verfahren zur Lösung linearer Gleichungssysteme zur Verfügung. Dieses Verfahren lässt sich leicht auf eine Dimensionsmatrix anwenden, indem man zunächst die gewählten Basiseinheiten im linken Teil der Dimensionsmatrix sammelt und anschließend die Zeilen so lange linear kombiniert, bis im linken Teil eine Einheitsmatrix entstanden ist.[8] Das Ergebnis einer solchen Umformung bezeichnet man als *reduzierte Zeilenstufenform*[9] der Matrix. Entsprechend nennen wir die Dimensionsmatrix nach der Umwandlung in die reduzierte Zeilenstufenform auch *reduzierte Dimensionsmatrix* und sprechen bei der Umwandlung selbst von der *Reduktion der Dimensionsmatrix.*

---

8 Der Gauß'sche Algorithmus beruht darauf, dass sich die Lösung eines Gleichungssystems nicht ändert, wenn einzelne Gleichungen mit einer Zahl (außer Null) multipliziert und zu einer anderen Gleichung addiert werden.

9 In der linearen Algebra wird die reduzierte Zeilenstufenform so definiert, dass bei den mit Eins besetzten Elementen im linken Teil auch Stufen möglich sind, die mehr als eine Spalte umfassen. Diese Situation tritt bei einer Dimensionsmatrix nicht auf, weil die vom linken Teil gebildete Untermatrix den gleichen Rang haben muss wie die Dimensionsmatrix selbst und die Spalten vorher gegebenenfalls entsprechend umsortiert werden müssen.

Wir wählen in unserem Beispiel jetzt anders als zuvor $\widetilde{v}$, $\widetilde{U}$, $\widetilde{\rho}$ als Basiseinheiten und müssen deshalb in der Dimensionsmatrix (2.20) die Spalten für $\widetilde{D}$ und $\widetilde{v}$ vertauschen. Dann ergibt die Rechnung gemäß dem Gauß'schen Algorithmus[10] (die vorzunehmenden Zeilenumformungen sind jeweils am Rande vermerkt):

$$
\begin{array}{cccc}
 & \begin{array}{ccccc} \widetilde{v} & \widetilde{U} & \widetilde{\rho} & \widetilde{D} & \widetilde{F_\mathrm{W}} \end{array} & & \\
\begin{array}{c} \mathrm{m}\\ \mathrm{s}\\ \mathrm{kg}\end{array} & \left(\begin{array}{ccc|cc} 2&1&-3&1&1\\ -1&-1&0&0&-2\\ 0&0&1&0&1\end{array}\right) & \begin{array}{l} |\cdot 1\\ |\cdot 2 \\ \ \end{array} & \begin{array}{l} \downarrow + \\ \ \\ \ \end{array} \\
 & \left(\begin{array}{ccc|cc} 2&1&-3&1&1\\ 0&-1&-3&1&-3\\ 0&0&1&0&1\end{array}\right) & \begin{array}{l} |\cdot 1\\ |\cdot 1 \\ \ \end{array} & \begin{array}{l} \uparrow + \\ \ \\ \ \end{array} \\
 & \left(\begin{array}{ccc|cc} 2&0&-6&2&-2\\ 0&-1&-3&1&-3\\ 0&0&1&0&1\end{array}\right) & \begin{array}{l} |\cdot 1\\ \ \\ |\cdot 6 \end{array} & \begin{array}{l} \uparrow + \qquad \ \\ \qquad |\cdot 1 \ \uparrow + \\ \qquad |\cdot 3 \end{array} \\
 & \left(\begin{array}{ccc|cc} 2&0&0&2&4\\ 0&-1&0&1&0\\ 0&0&1&0&1\end{array}\right) & \begin{array}{l} |\cdot 1/2\\ \ \\ \ \end{array} & \begin{array}{l} \ \\ |\cdot(-1) \\ \ \end{array} \\
 & \left(\begin{array}{ccc|cc} 1&0&0&1&2\\ 0&1&0&-1&0\\ 0&0&1&0&1\end{array}\right) & &
\end{array}
$$

Wenn man berücksichtigt, dass die Spalten der Dimensionsmatrix von links nach rechts mit den Unbekannten α_1, α_2, α_3 bzw. β_1, β_2, β_3 der ursprünglichen linearen Gleichungssysteme verknüpft sind, bedeutet das Ergebnis der Umformung ausführlich geschrieben

$$
\begin{array}{rcl}
1\cdot\alpha_1 + 0\cdot\alpha_2 + 0\cdot\alpha_3 = \ \ 1 & & 1\cdot\beta_1 + 0\cdot\beta_2 + 0\cdot\beta_3 = 2\\
0\cdot\alpha_1 + 1\cdot\alpha_2 + 0\cdot\alpha_3 = -1 & \text{und} & 0\cdot\beta_1 + 1\cdot\beta_2 + 0\cdot\beta_3 = 0\ .\\
0\cdot\alpha_1 + 0\cdot\alpha_2 + 1\cdot\alpha_3 = \ \ 0 & & 0\cdot\beta_1 + 0\cdot\beta_2 + 1\cdot\beta_3 = 1
\end{array}
$$

Daraus folgt sofort $\alpha_1 = 1$, $\alpha_2 = -1$, $\alpha_3 = 0$ und $\beta_1 = 2$, $\beta_2 = 0$, $\beta_3 = 1$.

Bei der Wahl von $\widetilde{v}$, $\widetilde{U}$, $\widetilde{\rho}$ als Basiseinheiten lautet der zugehörige Potenzansatz für die Einheiten $\widetilde{D}$ und $\widetilde{F_\mathrm{W}}$

$$
\begin{aligned}
\widetilde{D} &= \widetilde{v}^{\alpha_1}\,\widetilde{U}^{\alpha_2}\,\widetilde{\rho}^{\alpha_3},\\
\widetilde{F_\mathrm{W}} &= \widetilde{v}^{\beta_1}\,\widetilde{U}^{\beta_2}\,\widetilde{\rho}^{\beta_3}.
\end{aligned}
$$

10 In der mathematischen Literatur verwendet man den Begriff des Gauß-Verfahrens manchmal in einem engeren Sinne, der nur die Umwandlung einer Matrix in Dreiecksgestalt umfasst. Die weitergehende Umformung der Dreiecksmatrix in eine Einheitsmatrix heißt dann Gauß–Jordan-Verfahren.

Zu den natürlichen Basiseinheiten v, U, ρ gehören deshalb die Kohärenzbedingungen

$$\widetilde{D} = \widetilde{v}\,\widetilde{U}^{-1},$$
$$\widetilde{F_W} = \widetilde{v}^2\,\widetilde{\rho}$$

und die rechte Kennzahlenfunktion von (2.5):

$$\frac{F_W}{v^2\rho} = f_2\left(\frac{D\,U}{v}\right).$$

Die Kohärenzbedingungen und die Kennzahlen lassen sich auch direkt aus der reduzierten Dimensionsmatrix ablesen, ohne noch einmal die Gleichungssysteme aufzuschreiben. Die Spalten im rechten Teil enthalten offenbar die Exponenten in den gesuchten Kohärenzbedingungen für $\widetilde{D}$ und $\widetilde{F_W}$; beim Ablesen der Zeilen muss man dabei die gleiche Reihenfolge wählen, in der die Basiseinheiten im linken Teil angeordnet sind (siehe Tab. 2.2).

Tab. 2.2: Ablesen der Kennzahlen aus der reduzierten Dimensionsmatrix.

Reduzierte Dimensionsmatrix		Kohärenzbedingungen	Kennzahlen
$\begin{array}{ccc|cc} \widetilde{v} & \widetilde{U} & \widetilde{\rho} & \widetilde{D} & \widetilde{F_W} \\ 1 & 0 & 0 & 1 & 2 \\ 0 & 1 & 0 & -1 & 0 \\ 0 & 0 & 1 & 0 & 1 \end{array}$		$\widetilde{D} = \widetilde{v}^1\,\widetilde{U}^{-1}\,\widetilde{\rho}^0$ $\widetilde{F_W} = \widetilde{v}^2\,\widetilde{U}^0\,\widetilde{\rho}^1$	$\frac{D}{v^1\,U^{-1}\,\rho^0}$ $\frac{F_W}{v^2\,U^0\,\rho^1}$
Spalten	$\rightarrow$	Zeilen	

4. Die Gewinnung der Kohärenzbedingungen mithilfe des Gauß'schen Algorithmus beruht auf einer zeilenbezogenen Umformung der Dimensionsmatrix. Alternativ dazu lassen sich die Kennzahlen auch durch ein spaltenbezogenes Verfahren bestimmen. Bei diesem Verfahren werden Linearkombinationen der Spalten gebildet, bis am Ende nur noch Spalten mit lauter Nullen übrigbleiben und die dadurch entstandenen Einheitenkombinationen dimensionslos sind. Da hierbei Spalten der ursprünglichen Dimensionsmatrix zusammengezogen werden und am Ende eine Matrix mit weniger Spalten entsteht, sprechen wir bei diesem Verfahren auch von einer *Kontraktion der Dimensionsmatrix.*

Zur näheren Erläuterung wählen wir in unserem Beispiel den dritten Satz problembezogener Basiseinheiten, also $\widetilde{D}$, $\widetilde{v}$, $\widetilde{\rho}$. Die entsprechend umsortierte Dimensionsmatrix (2.20) lautet in diesem Fall:

$$\begin{array}{c} \\ \mathrm{m} \\ \mathrm{s} \\ \mathrm{kg} \end{array} \begin{array}{c} \begin{array}{ccccc} \widetilde{D} & \widetilde{v} & \widetilde{\rho} & \widetilde{U} & \widetilde{F_\mathrm{W}} \end{array} \\ \left(\begin{array}{ccc|cc} 1 & 2 & -3 & 1 & 1 \\ 0 & -1 & 0 & -1 & -2 \\ 0 & 0 & 1 & 0 & 1 \end{array}\right). \end{array}$$

Von den vorkommenden Einheiten enthalten nur $\widetilde{F_\mathrm{W}}$ und $\widetilde{\rho}$ die Basiseinheit Kilogramm. Da am Ende der Untersuchung dimensionslose Kennzahlen entstehen sollen, können $\widetilde{F_\mathrm{W}}$ und $\widetilde{\rho}$ deshalb nur in einer Kombination eingehen, bei der die Einheit Kilogramm herausfällt. Wie diese Kombination zu bilden ist, entnimmt man der Dimensionsmatrix: Es muss eine geeignete Linearkombination der Spalten für $\widetilde{F_\mathrm{W}}$ und $\widetilde{\rho}$ gebildet werden, sodass in der kg-Zeile nur Nullen stehen und die $\widetilde{\rho}$-Spalte überflüssig wird, hier also einfach die Differenz der Spalten für $\widetilde{F_\mathrm{W}}$ und $\widetilde{\rho}$. Für F_W und ρ selbst bedeutet das, dass sie nur in Form des Quotienten F_W/ρ in die Kennzahlen eingehen können, oder mit anderen Worten, dass die Relevanzfunktion $F_\mathrm{W} = f(D, U, \rho, v)$ die speziellere Gestalt $F_\mathrm{W}/\rho = f(D, U, v)$ haben muss. Stellt man die zu der neuen Relevanzfunktion gehörige Dimensionsmatrix auf, so hat sie folgerichtig den Rang $r = 2$ und erlaubt nur noch die Wahl von zwei problembezogenen Basiseinheiten, hier also D und v:

$$\begin{array}{c} \\ \mathrm{m} \\ \mathrm{s} \\ \mathrm{kg} \end{array} \begin{array}{c} \begin{array}{cccc} \widetilde{D} & \widetilde{v} & \widetilde{U} & \widetilde{F_\mathrm{W}}/\widetilde{\rho} \end{array} \\ \left(\begin{array}{cc|cc} 1 & 2 & 1 & 4 \\ 0 & -1 & -1 & -2 \\ 0 & 0 & 0 & 0 \end{array}\right). \end{array}$$

Nach dem gleichen Muster kann man fortfahren und auch die Basiseinheit Sekunde aus der Dimensionsmatrix herausrechnen. Damit in der s-Zeile nur noch Nullen auftreten und die $\widetilde{v}$-Spalte wegfällt, muss offenbar von der $\widetilde{U}$-Spalte das Einfache und von der $(\widetilde{F_\mathrm{W}}/\widetilde{\rho})$-Spalte das Zweifache der $\widetilde{v}$-Spalte subtrahiert werden. Daraus folgt, dass v in den Kennzahlen nur in den Kombinationen U/v bzw. $F_\mathrm{W}/(v^2\rho)$ erscheinen kann und dass die Relevanzfunktion die Form $F_\mathrm{W}/(v^2\rho) = f(D, U/v)$ annimmt. Die zugehörige Dimensionsmatrix hat dann den Rang $r = 1$ und lautet

$$\begin{array}{c} \\ \mathrm{m} \\ \mathrm{s} \\ \mathrm{kg} \end{array} \begin{array}{c} \begin{array}{ccc} \widetilde{D} & \widetilde{U}/\widetilde{v} & \widetilde{F_\mathrm{W}}/(\widetilde{v}^2\widetilde{\rho}) \end{array} \\ \left(\begin{array}{c|cc} 1 & -1 & 0 \\ 0 & 0 & 0 \\ 0 & 0 & 0 \end{array}\right). \end{array}$$

Im letzten Schritt muss nur noch die Basiseinheit Meter eliminiert und hierzu die $\widetilde{D}$-Spalte zur $(\widetilde{U}/\widetilde{v})$-Spalte addiert werden. Dann stehen auch in der m-Zeile überall Nullen, und die verbleibende Dimensionsmatrix hat den Rang $r = 0$:

$$\begin{array}{c} \\ \text{m} \\ \text{s} \\ \text{kg} \end{array} \begin{array}{cc} \widetilde{D}\widetilde{U}/\widetilde{v} & \widetilde{F_W}/(\widetilde{v}^2\widetilde{\rho}) \\ \left(\begin{array}{c} 0 \\ 0 \\ 0 \end{array}\right. & \left.\begin{array}{c} 0 \\ 0 \\ 0 \end{array}\right) \end{array}.$$

Die zugehörigen Größenkombinationen $D\,U/v$ und $F_W/(v^2\rho)$ sind deshalb dimensionslos und stellen die gesuchten Kennzahlen dar. Die Wahl von D, v, ρ als natürliche Basiseinheiten führt also erneut zur Kennzahlenfunktion

$$\frac{F_W}{v^2\rho} = f_2\left(\frac{D\,U}{v}\right)$$

auf der rechten Seite von (2.5).

5. Die Überlegungen dieses Abschnitts haben gezeigt, dass es für das Problem des Strömungswiderstandes einer Kugel drei zulässige Sätze natürlicher Basiseinheiten und zwei wesentlich verschiedene Kennzahlenfunktionen gibt. Diese Ergebnisse sind noch einmal in der Tab. 2.3 zusammengefasst.

Tab. 2.3: Dimensionsanalyse für den Strömungswiderstand einer Kugel.

Relevanzfunktion $F_W = f(D, U, \rho, v)$	
natürliche Basiseinheiten	**Kennzahlenfunktion**
D, U, ρ	$\frac{F_W}{D^2U^2\rho} = f\left(\frac{v}{D\,U}\right)$
D, v, ρ U, v, ρ	$\frac{F_W}{v^2\rho} = f\left(\frac{D\,U}{v}\right)$

6. Die Dimensionsanalyse stellt ein Rechenverfahren bereit, um aus einer gegebenen Relevanzfunktion und einem (zulässigen) Satz von Basiseinheiten eine Kennzahlenfunktion zu gewinnen. Mithilfe der Dimensionsanalyse lässt sich jedoch nicht eindeutig entscheiden, welchen der zulässigen Sätze von Basiseinheiten man in der Praxis tatsächlich wählen sollte. Diese Wahl hängt vom konkreten Problem ab, häufig ist dafür aber folgende Tatsache ausschlaggebend: Die Einflussgrößen, die als natürliche Basiseinheiten gewählt werden, können prinzipiell in allen Kennzahlen einer Kennzahlenfunktion vorkommen, während die übrigen Einflussgrößen jeweils nur in einer Kennzahl auftreten. Daraus lassen sich mehrere Regeln ableiten:

- Eine Einflussgröße, deren Auswirkungen auf die gesuchte Größe von besonderem Interesse ist, sollte nicht als natürliche Basiseinheit gewählt werden, da sich die Untersuchungen dann auf einen Parameter konzentrieren lassen.

- Die Einflussgrößen eines Problems sind häufig in zwei Gruppen einteilbar: solche, die für das Zustandekommen des zu untersuchenden Phänomens notwendig sind, und solche, deren Veränderung zwar Auswirkungen auf die gesuchte Größe hat (sonst wären sie keine Einflussgrößen), ohne die das Phänomen aber trotzdem zustande kommt. Die Einflussgrößen der ersten Gruppe nennen wir *konstitutiv*, die der zweiten Gruppe entsprechend *nichtkonstitutiv*. Falls ein Problem eine solche Gruppeneinteilung erlaubt, ist es ratsam, nur konstitutive Einflussgrößen als natürliche Basiseinheiten zu wählen, da sich dann auch die Parameter in eine konstitutive und eine nichtkonstitutive Gruppe einteilen lassen.
  Ob eine Einflussgröße konstitutiv für das betrachtete Phänomen ist oder nicht, kann man häufig mit einem Gedankenexperiment entscheiden, indem man den Zahlenwert der betreffenden Größe gegen null oder unendlich gehen lässt. Zur Erläuterung betrachten wir ein Beispiel: die periodische Wirbelbildung, die man unter bestimmten Voraussetzungen hinter einem quer zu seiner Achse angeströmten Kreiszylinder beobachten kann.[11] Diese Wirbelbildung wird sowohl vom Durchmesser als auch von der Länge des Zylinders beeinflusst, der Einfluss dieser Größen hat jedoch unterschiedlichen Charakter. Wenn der Durchmesser gegen null oder unendlich strebt, kann das Phänomen der Wirbelbildung nicht auftreten, weil dann entweder kein Draht vorhanden ist (Durchmesser null) oder eine Umströmung verhindert wird (Durchmesser unendlich), d. h. der Durchmesser ist für das Phänomen der Wirbelbildung offensichtlich konstitutiv. Bei der Zylinderlänge handelt es sich dagegen um eine nichtkonstitutive Einflussgröße, denn eine Wirbelbildung tritt auch dann auf, wenn der Zylinder unendlich lang ist (und die Länge dann nicht mehr zu den Einflussgrößen gehört).
- Bei experimentellen Untersuchungen lassen sich manche Einflussgrößen wie z. B. die Anströmgeschwindigkeit in einem Windkanal leicht, andere Einflussgrößen wie die Dichte oder die Zähigkeit der Luft dagegen nur schwer ändern. In solchen Fällen ist die Auswertung von Messungen besonders einfach, wenn man die im Experiment konstant gehaltenen Größen als natürliche Basiseinheiten wählt, denn dann verändert sich bei der Variation einer der übrigen Einflussgrößen auch nur ein Parameter der Kennzahlenfunktion.

Es liegt auf der Hand, dass sich diese Forderungen häufig nicht alle gleichzeitig erfüllen lassen, man muss dann Prioritäten setzen.

7. Wir beenden diesen Abschnitt mit einer Zusammenfassung, wie eine Dimensionsanalyse in der Praxis ausgeführt wird:

---

11 Als Folge dieser Wirbelbildung kann man an dünnen Drähten oder gespannten Seilen häufig sirrende Töne hören.

Voraussetzung für eine Dimensionsanalyse ist eine physikalisch korrekte Relevanzfunktion des betrachteten Problems:

1. Man gewinnt aus den Einheitengleichungen eines kohärenten Einheitensystems (d. h. in der Regel aus den SI-Einheitengleichungen) die Dimensionsmatrix des Problems.
2. Man bestimmt den Rang der Dimensionsmatrix und damit die Anzahl der natürlichen Basiseinheiten.
3. Man ermittelt die zu den Einflussgrößen gehörenden Untermatrizen, die den gleichen Rang wie die gesamte Dimensionsmatrix haben, und erhält daraus die möglichen Sätze natürlicher Basiseinheiten.
4. Man entscheidet sich für einen Satz natürlicher Basiseinheiten und ordnet die Dimensionsmatrix so um, dass die gewählten Basiseinheiten in den vorderen linken Spalten erscheinen.
5. Man berechnet die zugehörigen Kohärenzbedingungen und damit die zugehörige Kennzahlenfunktion.

Die Kohärenzbedingungen ergeben sich aus der Lösung eines linearen Gleichungssystems. Zur Bestimmung dieser Lösung stehen zwei Verfahren zur Verfügung: die Reduktion der Dimensionsmatrix mithilfe des Gauß'schen Algorithmus oder die Kontraktion der Dimensionsmatrix. Der Gauß'sche Algorithmus eignet sich besser zur computergestützten Untersuchung großer Dimensionsmatrizen, während bei kleinen Dimensionsmatrizen häufig die Kontraktion der Dimensionsmatrix mit Stift und Papier schneller zum Ziel führt.

Aufgabe 2.3. Erweitern Sie die Überlegungen dieses Abschnitts für den Fall, dass die natürlichen Basiseinheiten nicht nur Einflussgrößen, sondern auch die gesuchte Größe umfassen. Welche Form nimmt dann die Kennzahlenfunktion an? Ist eine solche Wahl aus praktischer Sicht sinnvoll? Erläutern Sie das Ergebnis am Beispiel des Strömungswiderstands einer Kugel mit den natürlichen Basiseinheiten F_W, ρ, D.

Aufgabe 2.4. Für den Auslenkungswinkel einer an einem Faden befestigten, geladenen Metallkugel zwischen zwei parallelen und an eine Hochspannungsquelle angeschlossenen Metallplatten ergab sich in Aufgabe 2.2 die Relevanzfunktion $\alpha = f(Q, U, G, D, d, A, L)$.

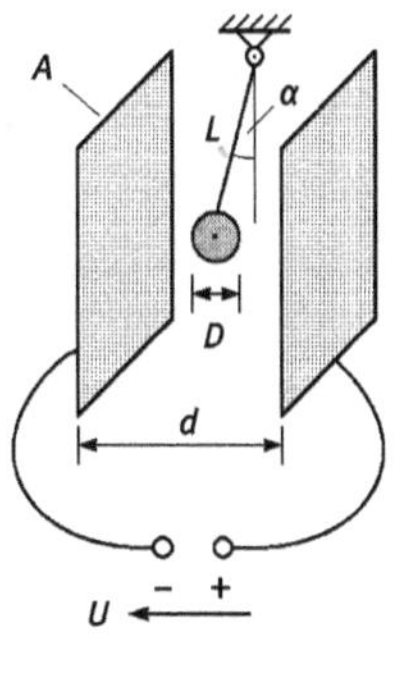

A. Teilen Sie die Einflussgrößen in eine konstitutive und eine nichtkonstitutive Gruppe ein.
B. Vernachlässigen Sie die nichtkonstitutiven Einflussgrößen und gewinnen Sie aus der vereinfachten Relevanzfunktion die zugehörige Kennzahlenfunktion.

Hinweis: Verwenden Sie bei der Aufstellung der Dimensionsmatrix anstelle der Masseneinheit Kilogramm die Krafteinheit Newton, dann lässt sich der Rang der Dimensionsmatrix leicht erkennen.

2.4 Zwei lehrreiche Beispiele

2.4.1 Die Zugkraft am Tragseil einer Hängelampe

1. In der Mitte zwischen zwei Wänden mit dem Abstand a hängt an einem Tragseil der Länge L eine Lampe vom Gewicht G (siehe Abb. 2.3); wir fragen nach dem Betrag F_Z der Zugkraft, die von der Lampe im Tragseil hervorgerufen wird. Wir nehmen an, dass F_Z eine Funktion des Gewichts G der Lampe und des vom Tragseil gebildeten gleichschenkligen Dreiecks ist. Dieses Dreieck lässt sich entweder durch zwei Seiten (die Basis a und den Schenkel $L/2$) oder durch eine Seite und einen Winkel (z. B. die Basis a und den Basiswinkel φ) beschreiben.

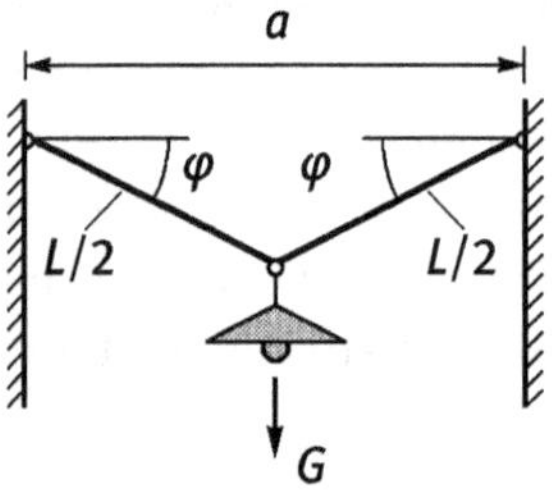

Abb. 2.3: Hängelampe.

Es ergeben sich also zwei auf den ersten Blick gleichwertige Relevanzfunktionen mit unterschiedlichen Sätzen von Einflussgrößen:

$$F_Z = f_1(G, a, L) \quad \text{oder} \quad F_Z = f_2(G, a, \varphi). \tag{2.23}$$

2. In Bezug auf die SI-Basiseinheiten Meter (m), Sekunde (s) und Kilogramm (kg) lautet die Dimensionsmatrix zur linken Relevanzfunktion (2.23)

$$\begin{array}{c} \\ \mathrm{m} \\ \mathrm{s} \\ \mathrm{kg} \end{array} \begin{array}{c} \begin{array}{cccc} \widetilde{G} & \widetilde{a} & \widetilde{L} & \widetilde{F_Z} \end{array} \\ \left(\begin{array}{cc|cc} 1 & 1 & 1 & 1 \\ -2 & 0 & 0 & -2 \\ 1 & 0 & 0 & 1 \end{array}\right) \end{array}.$$

Diese Matrix hat offenkundig den Rang $r = 2$, da die Spalten für $\widetilde{a}$ und $\widetilde{L}$ und für $\widetilde{F_Z}$ und $\widetilde{G}$ jeweils identisch sind. Man kann also $b = r = 2$ natürliche Basiseinheiten wählen und erhält dann bei $n = 4$ vorkommenden Größen gemäß dem Π-Theorem $m = n - r = 2$ Kennzahlen. Diese Kennzahlen ergeben sich leicht aus der Kontraktion der Dimensionsmatrix, wenn man die Spalten für $\widetilde{a}$ und $\widetilde{L}$ bzw. für $\widetilde{F_Z}$ und $\widetilde{G}$ voneinander subtrahiert, d. h. die Quotienten $\widetilde{a}/\widetilde{L}$ und $\widetilde{F_Z}/\widetilde{G}$ bildet:

$$
\begin{array}{c} \\ \mathrm{m} \\ \mathrm{s} \\ \mathrm{kg} \end{array}
\begin{array}{c}
\begin{array}{cc} \widetilde{a}/\widetilde{L} & \widetilde{F_Z}/\widetilde{G} \end{array} \\
\left(\begin{array}{cc} 0 & 0 \\ 0 & 0 \\ 0 & 0 \end{array}\right)
\end{array}
$$

Die Kennzahlenfunktion, die zur linken Relevanzfunktion von (2.23) gehört, lautet demnach

$$\frac{F_Z}{G} = f_1\left(\frac{a}{L}\right). \tag{2.24}$$

Die Zugkraft im Tragseil ist also proportional zum Gewicht der Lampe und hängt im Übrigen nur vom Verhältnis der Seillänge zum Wandabstand ab.

3. Zur rechten Relevanzfunktion von (2.23) gehört die Dimensionsmatrix

$$
\begin{array}{c} \\ \mathrm{m} \\ \mathrm{s} \\ \mathrm{kg} \end{array}
\begin{array}{c}
\begin{array}{cccc} \widetilde{G} & \widetilde{a} & \widetilde{\varphi} & \widetilde{F_Z} \end{array} \\
\left(\begin{array}{cc|cc} 1 & 1 & 0 & 1 \\ -2 & 0 & 0 & -2 \\ 1 & 0 & 0 & 1 \end{array}\right).
\end{array}
$$

Da der Winkel φ dimensionslos ist, stehen in der Spalte für $\widetilde{\varphi}$ nur Nullen, d. h. der Winkel φ ist bereits (wie jede andere dimensionslose Größe auch) eine Kennzahl und muss unverändert in die Kennzahlenfunktion übernommen werden. Man sieht außerdem leicht, dass der Abstand a mit keiner der übrigen vorkommenden Größen zu einer dimensionslosen Größe kombiniert werden kann. Der Abstand a ist also in Wirklichkeit keine Einflussgröße, sodass die Relevanzfunktion vereinfacht werden kann zu

$$F_Z = f_2(G, \varphi). \tag{2.25}$$

Die zugehörige Dimensionmatrix lautet dann

$$
\begin{array}{c} \\ \mathrm{m} \\ \mathrm{s} \\ \mathrm{kg} \end{array}
\begin{array}{c}
\begin{array}{ccc} \widetilde{G} & \widetilde{\varphi} & \widetilde{F_Z} \end{array} \\
\left(\begin{array}{cc|c} 1 & 0 & 1 \\ -2 & 0 & -2 \\ 1 & 0 & 1 \end{array}\right).
\end{array}
$$

Diese Matrix hat den Rang $r = 1$, d. h. es gibt bei $n = 3$ vorkommenden Größen $m = n - r = 2$ Kennzahlen: den unverändert aus der Relevanzfunktion zu übernehmenden dimensionslosen Winkel φ und das Kräfteverhältnis F_Z/G. Die Kennzahlenfunktion, die zur rechten Relevanzfunktion von (2.23) gehört, lautet also

$$\frac{F_Z}{G} = f_2(\varphi). \tag{2.26}$$

Da a, l und φ über eine trigonometrische Funktion in Verbindung stehen, ist die Kennzahlenfunktionen f_2 in (2.26) äquivalent zur Kennzahlenfunktion f_1 in (2.24), denn wegen $a/L = \cos(\varphi)$ gilt $f_1(a/L) = f_1(\cos(\varphi)) = f_2(\varphi)$.

Die Dimensionsanalyse kann also zu dem Ergebnis führen, dass einzelne zunächst als Einflussgrößen angenommene Größen (jedenfalls in Verbindung mit den übrigen angesetzten Einflussgrößen) nicht in das Problem eingehen. Bei der Interpretation solcher Ergebnisse ist allerdings Vorsicht geboten.

Wenn eine bestimmte Größe dimensionell nicht zu den anderen Größen einer Relevanzfunktion passt, kann das genauso gut ein Hinweis darauf sein, dass die zunächst angenommene Relevanzfunktion unvollständig ist und in Wirklichkeit um zusätzliche Größen erweitert werden muss. Umgekehrt bedeutet die Tatsache, dass alle angesetzten Größen sich zu Parametern umformen lassen, natürlich noch nicht, dass sie das betrachtete Problem auch tatsächlich beeinflussen.

4. Wir fassen die anhand des Beispiels gewonnenen Erkenntnisse noch einmal zu allgemeinen Aussagen zusammen:

- Dimensionslose Einflussgrößen sind bereits Parameter und können nicht als natürliche Basiseinheiten gewählt werden.
- Die Anzahl der Einflussgrößen eines Problems hängt u. U. davon ab, welcher Satz von Einflussgrößen gewählt wird, die Anzahl der Parameter nicht.
- Tritt in der Dimensionsmatrix eine dimensionsbehaftete Größe auf, die mit den übrigen vorkommenden Größen nicht zu einer dimensionslosen Größe kombiniert werden kann, so gibt es zwei Möglichkeiten: entweder ist diese Größe in Wirklichkeit keine Einflussgröße und gehört damit nicht zur Relevanzfunktion, oder der angenommene Satz von Einflussgrößen ist unvollständig und um mindestens eine zusätzliche Größe zu erweitern.

Wir betonen noch einmal, dass die Aufstellung einer (aus physikalischer Sicht) korrekten Relevanzfunktion nicht Gegenstand der Dimensionsanalyse ist, sondern zu der physikalischen Teildisziplin gehört, aus der das betrachtete Problem stammt. Deshalb sollte auch das Ergebnis einer Dimensionsanalyse immer auf physikalische Plausibilität überprüft werden, um mögliche Fehler bei der Aufstellung der Relevanzfunktion zu erkennen. Die Dimensionsanalyse kann allerdings Hinweise geben, dass ein Satz von Einflussgrößen unvollständig oder fehlerhaft ist.

Aufgabe 2.5. Gehen Sie von der rechten Relevanzfunktion in (2.23) aus, also von $F_Z = f_2(G, a, \varphi)$, und gewinnen Sie die zugehörige Kennzahlenfunktion durch formale Anwendung des Gauß'schen Algorithmus, d. h. ohne vorherige Überlegung, ob die Einflussgrößen zueinander passen oder nicht.

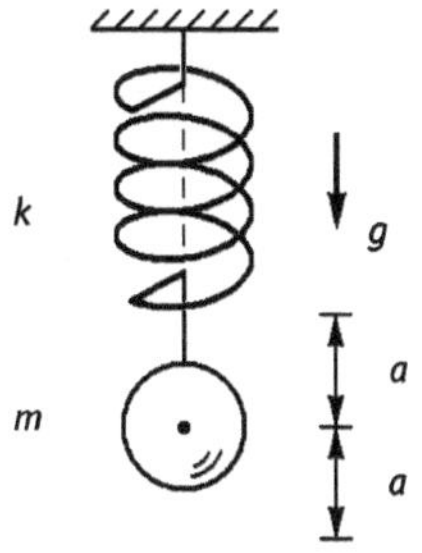

Aufgabe 2.6. Eine Schraubenfeder (Federkonstante k) ist an einer Decke befestigt und anfangs unbelastet. Eine Kugel (Masse m), die an das freie Ende gehängt und losgelassen wird, fällt unter dem Einfluss der Schwerkraft (Fallbeschleunigung g) zunächst nach unten, wird dann von der Feder wieder nach oben gezogen und schwingt anschließend um die statische Gleichgewichtslage hin und her.

A. Stellen Sie eine Relevanzfunktion für die Amplitude a der Schwingung auf und gewinnen Sie daraus die zugehörige Kennzahlenfunktion.
B. Stellen Sie eine Relevanzfunktion für die Kreisfrequenz ω der Schwingung auf und gewinnen Sie daraus die zugehörige Kennzahlenfunktion. Beachten Sie dabei auch das Ergebnis aus Teil A.

Reibungskräfte können vernachlässigt werden.

Aufgabe 2.7. In einem geschlossenen Behälter befindet sich ein Gas mit gegebener Masse und gegebener chemischer Zusammensetzung. Die Erfahrung zeigt, dass der Druck p des Gases sowohl von seiner Temperatur T als auch vom Volumen V des Behälters abhängig ist.

A. Die Erfahrung legt die Vermutung nahe, dass der Druck p durch die Relevanzfunktion $p = f(T, V)$ bestimmt ist. Begründen Sie jedoch anhand einer Dimensionsbetrachtung, dass diese Vermutung falsch ist.
B. Begründen Sie, dass man die Relevanzfunktion aus Teil A durch Hinzunahme der Boltzmann-Konstante k_B vervollständigen kann. Gewinnen Sie aus der ergänzten Relevanzfunktion $p = f(V, T, k_B)$ die zugehörige Kennzahlenfunktion und vergleichen Sie das Ergebnis mit dem idealen Gasgesetz.

2.4.2 Der Volumenstrom einer laminaren Rohrströmung

1. In einem kreisrunden Rohrstück (Durchmesser D, Länge L) fließt wie in Abb. 2.4 als Folge einer Druckdifferenz Δp zwischen Eintritt und Austritt eine zähe Flüssigkeit (Dichte ρ, kinematische Zähigkeit ν bzw. dynamische Zähigkeit η).Wir fragen nach dem Volumenstrom $\dot{V}$ (also nach dem in der Zeiteinheit durch die Querschnittsfläche hindurchtretenden Volumen) der Rohrströmung, die außerdem laminar und stationär sein soll.

Wir wollen anhand dieses Beispiels demonstrieren, wie man üblicherweise bei der Aufstellung von Relevanzfunktionen vorgeht und welche Konsequenzen es haben kann, wenn man sich für den einen oder anderen Satz von Einflussgrößen entscheidet.

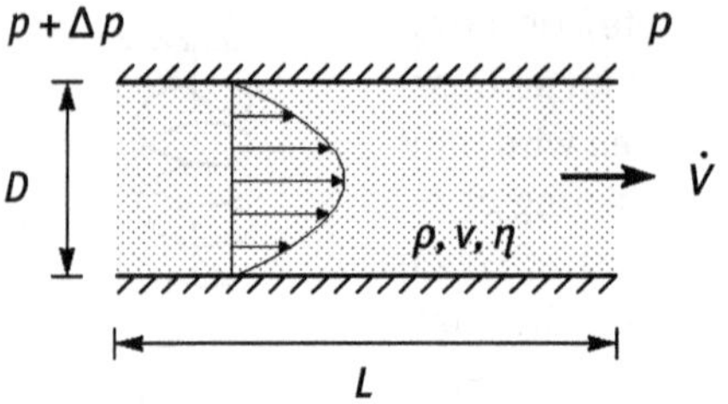

Abb. 2.4: Rohrströmung.

2. Bei der Aufstellung der Relevanzfunktion gehen wir davon aus, dass der Durchmesser D mit Sicherheit zu den Einflussgrößen gehört, weil er den Inhalt der Querschnittsfläche und damit das Volumen bestimmt. Genauso muss die Druckdifferenz Δp berücksichtigt werden, da ohne Druckunterschied zwischen Eintritt und Austritt keine Strömung im Rohr zustande kommt. Der Druckunterschied ist erforderlich, um die Reibungskräfte im Rohr zu überwinden, die durch die Zähigkeit des Fluids hervorgerufen werden und mit zunehmender Länge des Rohres anwachsen. Deshalb muss die Relevanzfunktion auch die Rohrlänge L sowie eine der Zähigkeiten η oder ν umfassen – welche, lassen wir zunächst offen und untersuchen stattdessen beide Möglichkeiten. Schließlich bleibt noch die Dichte ρ übrig. Da beim Volumenstrom nach einer kinematischen Größe gefragt ist, entscheiden wir uns dafür, die Dichte nicht zu berücksichtigen, behalten uns aber vor, diese Entscheidung bei Bedarf wieder rückgängig zu machen.

Wir gehen bei der nachfolgenden Dimensionsanalyse also von zwei unterschiedlichen Relevanzfunktionen

$$\dot{V} = f_1(D, \Delta p, \nu, L) \quad \text{oder} \quad \dot{V} = f_2(D, \Delta p, \eta, L) \tag{2.27}$$

aus, die wir zunächst als gleichwertig vermuten.

Zu den Relevanzfunktionen in (2.27) gehören die Dimensionsmatrizen

$$\begin{array}{c} \\ \text{m} \\ \text{s} \\ \text{kg} \end{array} \begin{array}{c} \begin{array}{ccccc} \widetilde{D} & \widetilde{\Delta p} & \widetilde{\nu} & \widetilde{L} & \widetilde{\dot{V}} \end{array} \\ \left(\begin{array}{ccc|cc} 1 & -1 & 2 & 1 & 3 \\ 0 & -2 & -1 & 0 & -1 \\ 0 & 1 & 0 & 0 & 0 \end{array}\right) \end{array} \quad \text{bzw.} \quad \begin{array}{c} \\ \text{m} \\ \text{s} \\ \text{kg} \end{array} \begin{array}{c} \begin{array}{ccccc} \widetilde{D} & \widetilde{\Delta p} & \widetilde{\eta} & \widetilde{L} & \widetilde{\dot{V}} \end{array} \\ \left(\begin{array}{ccc|cc} 1 & -1 & -1 & 1 & 3 \\ 0 & -2 & -1 & 0 & -1 \\ 0 & 1 & 1 & 0 & 0 \end{array}\right) \end{array} .$$

Diese Matrizen haben jeweils den Rang $r = 3$, d. h. man muss jeweils $b = r = 3$ Einflussgrößen als natürliche Basiseinheiten wählen. Hierzu gehören in jedem Fall die Druckdifferenz Δp und eine der Zähigkeiten ν oder η sowie eine der Längen L oder D; wir entscheiden uns für den Durchmesser D.

Die Reduktion der Dimensionsmatrizen ergibt

$$\begin{array}{ccccc} \widetilde{D} & \widetilde{\Delta p} & \widetilde{\nu} & \widetilde{L} & \widetilde{\dot{V}} \end{array} \qquad \begin{array}{ccccc} \widetilde{D} & \widetilde{\Delta p} & \widetilde{\eta} & \widetilde{L} & \widetilde{\dot{V}} \end{array}$$

$$\left(\begin{array}{ccc|cc} 1 & 0 & 0 & 1 & 1 \\ 0 & 1 & 0 & 0 & 0 \\ 0 & 0 & 1 & 0 & 1 \end{array}\right) \quad \text{bzw.} \quad \left(\begin{array}{ccc|cc} 1 & 0 & 0 & 1 & 3 \\ 0 & 1 & 0 & 0 & 1 \\ 0 & 0 & 1 & 0 & -1 \end{array}\right)$$

und führt auf die Kohärenzbedingungen

$$\widetilde{\dot{V}} = \widetilde{D}\,\widetilde{\nu},\ \widetilde{L} = \widetilde{D} \quad \text{bzw.} \quad \widetilde{\dot{V}} = \widetilde{D}^3\,\widetilde{\Delta p}\,\widetilde{\eta}^{-1},\ \widetilde{L} = \widetilde{D}.$$

In den Kohärenzbedingungen, die aus der linken Relevanzfunktion von (2.27) entstehen, kommt $\widetilde{\Delta p}$ nicht vor. Dieses Fehlen lässt sich bereits an der zugehörigen Dimensionsmatrix erkennen, da die kg-Zeile außer einer Eins bei $\widetilde{\Delta p}$ nur Nullen enthält. Die Druckdifferenz Δp lässt sich also mit keiner der übrigen beteiligten Größen zu einer dimensionslosen Kombination zusammenfassen, d. h. wir könnten die linke Relevanzfunktion von (2.27) auch vereinfachen zu $\dot{V} = f_1(D,\ \nu, L)$ und dann die kg-Zeile aus der ursprünglichen Dimensionsmatrix streichen.

Die Dimensionsanalyse führt also auf zwei sehr unterschiedliche Kennzahlenfunktionen

$$\frac{\dot{V}}{D\,\nu} = f\left(\frac{L}{D}\right) \quad \text{bzw.} \quad \frac{\dot{V}\,\eta}{D^3\,\Delta p} = f\left(\frac{L}{D}\right), \tag{2.28}$$

von denen höchstens eine richtig sein kann. Die physikalische Anschauung spricht gegen die Kennzahlenfunktion $\dot{V}/(D\,\nu) = f(L/D)$: Gemäß dieser Kennzahlenfunktion wäre der Volumenstrom von der antreibenden Druckdifferenz Δp unabhängig, außerdem müsste der Volumenstrom dann mit steigender kinematischer Zähigkeit zunehmen.

3. Wenn man bei der Zusammenstellung der Einflussgrößen unsicher ist, ob eine Größe zu den Einflussgrößen gehört oder nicht, liegt es nahe, grundsätzlich alle in Erwägung gezogenen Größen in die Relevanzfunktion aufzunehmen. Die Konsequenzen einer solchen Vorgehensweise erläutern wir am Beispiel der linken Relevanzfunktion von (2.27). Diese Relevanzfunktion ist offenkundig unvollständig, weil die Dimension der Masse nur in der Druckdifferenz Δp vertreten ist und mit Δp keine dimensionslosen Kombinationen gebildet werden können. Wir nehmen deshalb auch die Dichte ρ in den Satz der Einflussgrößen auf und beginnen unsere Überlegungen mit der Relevanzfunktion

$$\dot{V} = f(D,\ \Delta p,\ \nu,\ L,\ \rho). \tag{2.29}$$

Die zugehörige Dimensionsmatrix lautet

$$\begin{array}{c} \\ \mathrm{m} \\ \mathrm{s} \\ \mathrm{kg} \end{array} \begin{array}{c} \begin{array}{cccccc} \widetilde{D} & \widetilde{\Delta p} & \widetilde{v} & \widetilde{L} & \widetilde{\rho} & \widetilde{\dot{V}} \end{array} \\ \left(\begin{array}{ccc|ccc} 1 & -1 & 2 & 1 & -3 & 3 \\ 0 & -2 & -1 & 0 & 0 & -1 \\ 0 & 1 & 0 & 0 & 1 & 0 \end{array}\right). \end{array}$$

Diese Matrix hat den Rang $r = 3$, und wir können D, Δp und v als natürliche Basiseinheiten wählen. Die Umwandlung in die reduzierte Dimensionsmatrix ergibt

$$\begin{array}{c} \begin{array}{cccccc} \widetilde{D} & \widetilde{\Delta p} & \widetilde{v} & \widetilde{L} & \widetilde{\rho} & \widetilde{\dot{V}} \end{array} \\ \left(\begin{array}{ccc|ccc} 1 & 0 & 0 & 1 & 2 & 1 \\ 0 & 1 & 0 & 0 & 1 & 0 \\ 0 & 0 & 1 & 0 & -2 & 1 \end{array}\right). \end{array}$$

Daraus entnehmen wir die Kohärenzbedingungen

$$\widetilde{\dot{V}} = \widetilde{D}\,\widetilde{v}, \quad \widetilde{L} = \widetilde{D}, \quad \widetilde{\rho} = \widetilde{D}^2\,\widetilde{\Delta p}\,\widetilde{v}^{-2}$$

und die Kennzahlenfunktion

$$\frac{\dot{V}}{D\,v} = f\left(\frac{\rho\,v^2}{D^2 \Delta p}, \frac{L}{D}\right). \tag{2.30}$$

In Übereinstimmung mit dem Buckingham'schen Π-Theorem führt eine größere Anzahl von Einflussgrößen bei gleicher Anzahl der universellen Basiseinheiten zu einer entsprechend größeren Anzahl der Parameter. Solange in der Relevanzfunktion keine Einflussgrößen fehlen, bleibt das Ergebnis der Dimensionsanalyse richtig in dem Sinne, dass die tatsächliche Kennzahlenfunktion darin als Spezialfall enthalten ist: Wenn wir annehmen, dass die Funktion auf der rechten Seite von (2.30) die spezielle Form

$$f\left(\frac{\rho\,v^2}{D^2 \Delta p}, \frac{L}{D}\right) = \frac{D^2 \Delta p}{\rho\,v^2}\, f\left(\frac{L}{D}\right)$$

hat, geht (2.30) über in

$$\frac{\dot{V}\rho\,v}{D^3\,\Delta p} = f\left(\frac{L}{D}\right),$$

das ist aber wegen $\rho\,v = \eta$ die rechte Kennzahlenfunktion von (2.28). Aus praktischer Sicht wird der Nutzen der Dimensionsanalyse also durch die Hinzunahme zusätzlicher Einflussgrößen erheblich schwächer, denn wir müssten uns darauf einstellen, statt eines einparametrigen nun einen zweiparametrigen Funktionsverlauf experimentell zu bestimmen.

4. Der offenkundige Nachteil, den eine Erhöhung der Anzahl der Einflussgrößen mit sich bringt, legt die Frage nahe, ob man auch die Anzahl der universellen Basiseinheiten erhöhen kann, denn dann würde nach dem Π-Theorem die Anzahl der Parameter wieder sinken. Im vorliegenden Beispiel ist eine solche Vorgehensweise tatsächlich möglich, wenn wir neben der Masseneinheit noch eine unabhängige Krafteinheit einführen.

Wir wählen als universelle Basiseinheiten also eine Längeneinheit $\tilde{x}$, eine Zeiteinheit $\tilde{t}$, eine Masseneinheit $\tilde{m}$ und eine Krafteinheit $\tilde{F}$. Im ersten Schritt müssen wir uns dabei überlegen, wie die Einheiten der vorkommenden Größen in Bezug auf diese Basiseinheiten darzustellen sind. Beim Volumenstrom $\tilde{\dot{V}}$ und bei der Dichte $\tilde{\rho}$ sind diese Überlegungen einfach. Wie gehen weiterhin von den Definitionen des Volumenstroms als Volumen pro Zeit sowie der Dichte als Masse pro Volumen aus und erhalten

$$\tilde{\dot{V}} = \tilde{x}^3\,\tilde{t}^{-1} \quad \text{bzw.} \quad \tilde{\rho} = \tilde{x}^{-3}\,\tilde{m}.$$

Entsprechend müssen wir uns beim Druck p an die Definition Kraft pro Fläche halten, d. h. es gilt:

$$\tilde{p} = \tilde{x}^{-2}\,\tilde{F}.$$

Die dynamische Zähigkeit tritt im Newton'schen Reibungsgesetz $\tau = \eta\, \mathrm{d}u/\mathrm{d}r$ auf und verbindet die Schubspannung τ mit dem Geschwindigkeitsgradienten $\mathrm{d}u/\mathrm{d}r$. Die Schubspannung gehört zur selben Dimension wie der Druck (Kraft pro Fläche), d. h. für die Einheit ergibt sich wieder

$$\tilde{\tau} = \tilde{p} = \tilde{x}^{-2}\,\tilde{F}.$$

Dann können wir aus dem Newton'schen Reibungsgesetz zunächst die Einheit der dynamischen Zähigkeit η, also

$$\tilde{\eta} = \tilde{\tau}\,\tilde{r}\,\tilde{u}^{-1} = \tilde{x}^{-2}\tilde{F}\,\tilde{x}\,\tilde{x}^{-1}\tilde{t} = \tilde{x}^{-2}\tilde{t}\tilde{F},$$

und anschließend aus $\eta = \rho\,\nu$ die Einheit der kinematischen Zähigkeit ν gewinnen:

$$\tilde{\nu} = \tilde{\eta}\,\tilde{\rho}^{-1} = \tilde{x}^{-2}\tilde{t}\,\tilde{F}\,\tilde{x}^3\,\tilde{m}^{-1} = \tilde{x}\,\tilde{t}\,\tilde{m}^{-1}\,\tilde{F}.$$

Wenn wir wieder von der Relevanzfunktion $\dot{V} = f(D, \Delta p, \nu, \rho, L)$ ausgehen, lautet die Dimensionsmatrix in Bezug auf die vier universellen Basiseinheiten $\tilde{x}, \tilde{t}, \tilde{m}, \tilde{F}$:

$$\begin{array}{c} \\ \tilde{x} \\ \tilde{t} \\ \tilde{m} \\ \tilde{F} \end{array}
\begin{array}{c} \begin{array}{cccccc} \tilde{D} & \widetilde{\Delta p} & \tilde{\nu} & \tilde{\rho} & \tilde{L} & \tilde{\dot{V}} \end{array} \\ \left(\begin{array}{cccc|cc} 1 & -2 & 1 & -3 & 1 & 3 \\ 0 & 0 & 1 & 0 & 0 & -1 \\ 0 & 0 & -1 & 1 & 0 & 0 \\ 0 & 1 & 1 & 0 & 0 & 0 \end{array}\right). \end{array}$$

Diese Matrix hat den Rang $r = 4$. Nach der Umwandlung in die reduzierte Dimensionsmatrix

$$\begin{array}{cccc|cc} \widetilde{D} & \widetilde{\Delta p} & \widetilde{\nu} & \widetilde{\rho} & \widetilde{L} & \widetilde{\dot V} \\ \end{array}$$
$$\left(\begin{array}{cccc|cc} 1 & 0 & 0 & 0 & 1 & 3 \\ 0 & 1 & 0 & 0 & 0 & 1 \\ 0 & 0 & 1 & 0 & 0 & -1 \\ 0 & 0 & 0 & 1 & 0 & -1 \end{array}\right)$$

erhalten wir die Kohärenzbedingungen

$$\widetilde{\dot V} = \widetilde{D}^3\, \widetilde{\Delta p}\, \widetilde{\rho}^{-1}\, \widetilde{\nu}^{-1}, \quad \widetilde{L} = \widetilde{D}$$

und die Kennzahlenfunktion

$$\frac{\dot V \rho \nu}{D^3 \Delta p} = f\left(\frac{L}{D}\right),$$

also wegen $\eta = \rho\, \nu$ wieder die rechte Kennzahlenfunktion von (2.28).

Die Frage, unter welchen Umständen es sinnvoll ist, in der Mechanik vier statt drei universelle Basiseinheiten zu verwenden, werden wir in Abschnitt 6.2 Nr. 4 wieder aufgreifen. In unserem Beispiel führt die Einführung einer unabhängigen Krafteinheit deshalb zum Erfolg, weil die Rohrströmung unbeschleunigt ist und das Newton'sche Bewegungsgesetz, das Kräfte und Massen miteinander in Beziehung setzt, keine Bedeutung hat.

5. Aus praktischen Erwägungen ist man meist daran interessiert, die Zahl der Parameter zu reduzieren, um den Aufwand für die nachfolgenden Untersuchungen gering zu halten. Manchmal lässt sich dieses Ziel durch physikalische Zusatzüberlegungen erreichen, wenn man beispielsweise argumentieren kann, dass zwei oder mehr Einflussgrößen nicht einzeln, sondern nur in einer bestimmten Kombination in die Relevanzfunktion eingehen können. Bei der Rohrströmung ist eine solche Argumentation tatsächlich möglich, weil die Druckdifferenz zur Kompensation der zähigkeitsbedingten Reibungsverluste erforderlich ist und diese Reibungsverluste proportional zur Rohrlänge anwachsen. Man kann deshalb erwarten, dass der Volumenstrom $\dot V$ weder von der Druckdifferenz Δp noch von der Rohrlänge L allein abhängt, sondern nur vom sogenannten Druckgradienten $\Delta p/L$, also der Druckdifferenz pro Länge. Mit dieser Zusatzinformation vereinfacht sich die rechte Relevanzfunktion von (2.27) zu

$$\dot V = f(D, \Delta p/L, \eta). \tag{2.31}$$

Hierzu gehört die Dimensionsmatrix

$$\begin{array}{c} \\ \mathrm{m} \\ \mathrm{s} \\ \mathrm{kg} \end{array} \begin{array}{c} \begin{array}{cccc} \widetilde{D} & \widetilde{\Delta p/L} & \widetilde{\eta} & \widetilde{\dot{V}} \end{array} \\ \left(\begin{array}{ccc|c} 1 & -2 & -1 & 3 \\ 0 & -2 & -1 & -1 \\ 0 & 1 & 1 & 0 \end{array}\right). \end{array}$$

Diese Matrix hat weiterhin den Rang $r = 3$, sodass sich nach der Umwandlung in die reduzierte Dimensionsmatrix

$$\begin{array}{c} \begin{array}{cccc} \widetilde{D} & \widetilde{\Delta p/L} & \widetilde{\eta} & \widetilde{\dot{V}} \end{array} \\ \left(\begin{array}{ccc|c} 1 & 0 & 0 & 4 \\ 0 & 1 & 0 & 1 \\ 0 & 0 & 1 & -1 \end{array}\right) \end{array}$$

nur noch eine Kohärenzbedingung

$$\widetilde{\dot{V}} = \widetilde{D}^4 \, (\widetilde{\Delta p}/\widetilde{L})^1 \, \widetilde{\eta}^{-1}$$

und damit eine besonders einfache Kennzahlenfunktion

$$\frac{\dot{V}\,\eta}{D^4\,(\Delta p/L)} = \text{const} \tag{2.32}$$

ergibt.

6. Die Ausführungen im letzten Paragraphen wecken möglicherweise Zweifel am praktischen Nutzen der Dimensionsanalyse, da die Brauchbarkeit ihrer Ergebnisse offensichtlich von einer geschickten Wahl der Einflussgrößen abhängt. Für eine große Klasse von Problemen gibt es jedoch eine Möglichkeit, mit Sicherheit den richtigen und vollständigen Satz von Einflussgrößen zu ermitteln, nämlich immer dann, wenn man das betrachtete Problem mathematisch (z. B. als Anfangsrandwertproblem) formulieren kann. Die Relevanzfunktion umfasst dann alle Größen, die in dieser Formulierung (also z. B. im Differentialgleichungssystem und den zugehörigen Rand- oder Anfangsbedingungen) auftreten, denn die Lösung kann nur von solchen Größen abhängen, die auch in der Formulierung des Problems vorkommen. Zur Aufstellung der Kohärenzbedingungen ist dann auch kein universelles Einheitensystem wie die SI-Einheiten mehr erforderlich, sondern die Kohärenzbedingungen lassen sich direkt aus den Gleichungen gewinnen, die das Problem beschreiben. Dieses Verfahren nennen wir erweiterte Dimensionsanalyse und beschreiben seine Einzelheiten im Kapitel 4. Aus dem Vergleich mit dem Ergebnis einer erweiterten Dimensionsanalyse folgt, dass (2.32) tatsächlich die richtige Kennzahlenfunktion für den Volumenstrom in einem horizontal liegenden Rohr ist, das laminar und stationär durchströmt wird.

Aufgabe 2.8. Nehmen Sie an, dass bei der in diesem Abschnitt behandelten Rohrströmung nicht nach dem Volumenstrom $\dot{V}$, sondern nach dem Massenstrom $\dot{m}$ gefragt ist. Stellen Sie eine Relevanzfunktion für $\dot{m}$ auf und gewinnen Sie daraus die zugehörige(n) Kennzahlenfunktion(en).

Hinweis: Setzen Sie die Ergebnisse für den Volumenstrom nicht als bekannt voraus, sondern führen Sie die Überlegungen noch einmal von Anfang an neu durch. Vergleichen Sie die Ergebnisse erst am Ende mithilfe der Information, dass Massen- und Volumenstrom gemäß $\dot{m} = \rho \dot{V}$ zusammenhängen. Sie können dabei wie in Abschnitt 2.4.2 Nr. 5 voraussetzen, dass die Druckdifferenz Δp und die Rohrlänge L in der Relevanzfunktion nicht einzeln, sondern nur in Form des Druckgradienten $\Delta p/L$ auftreten.

Aufgabe 2.9. Ein großer Behälter ist bis zur Höhe h mit einer Flüssigkeit (Dichte ρ, kinematische Zähigkeit ν bzw. dynamische Zähigkeit η) gefüllt. Am unteren Ende des Behälters befindet sich in horizontaler Lage ein kreisrundes Rohr (Durchmesser D, Länge L), aus dem die Flüssigkeit infolge der Schwerkraft (Fallbeschleunigung g) mit einer (über dem Rohrquerschnitt gemittelten) Geschwindigkeit c austritt.

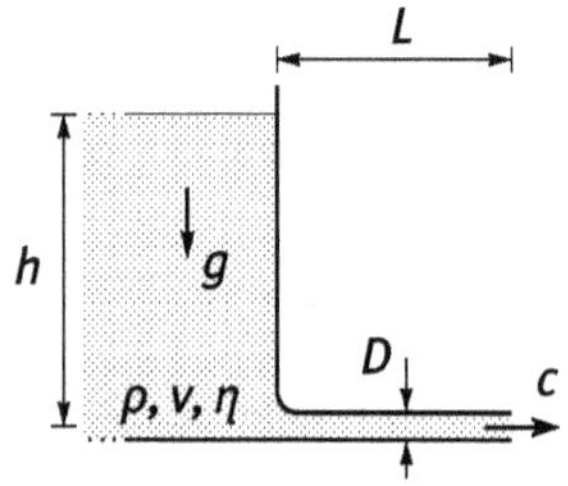

A. Stellen Sie eine Relevanzfunktion für die Austrittsgeschwindigkeit c auf, entscheiden Sie sich für einen Satz von problembezogenen Basiseinheiten und geben Sie die zugehörige Kennzahlenfunktion an.
B. Prüfen Sie durch physikalische Zusatzüberlegungen, inwieweit sich die Relevanzfunktion durch Zusammenfassung von Einflussgrößen vereinfachen lässt. Führen Sie für die vereinfachte Relevanzfunktion erneut eine Dimensionsanalyse durch und geben Sie die zugehörige(n) Kennzahlenfunktion(en) an.
C. Ist es möglich, durch Einführung einer unabhängigen Krafteinheit eine noch schärfere Aussage als in Teil B zu gewinnen?

Hinweise: Wenn der Behälter sehr groß ist, kann man die Absenkung des Flüssigkeitsspiegels vernachlässigen und die Austrittsgeschwindigkeit als konstant annehmen. Beachten Sie, dass in der Aufgabe (anders als im zuvor betrachteten Beispiel) keine Druckdifferenz am Rohr vorgegeben ist, sondern dass die Strömung durch die potentielle Energie der Flüssigkeit im Behälter hervorgerufen wird. Ein Teil dieser potentiellen Energie gleicht die Reibungsverluste im Rohr aus, der andere Teil wird in kinetische Energie umgewandelt.

2.5 Reihenentwicklung, Ausnutzung von Symmetrien

1. Manchmal weiß man von einem physikalischen Problem nicht nur, wie viele und welche Einflussgrößen vorhanden sind, sondern es sind weitere Eigenschaften der Relevanzfunktion bekannt, z. B. bestimmte Symmetrien, oder dass die gesuchte Größe den Wert null haben muss, wenn ausgewählte Einflussgrößen null sind. Diese Eigenschaften übertragen sich auf die Kennzahlenfunktion(en); dann kann man zusätzlich versuchen, die Kennzahlenfunktion(en) durch Reihenentwicklung näher zu bestimmen. Die Einzelheiten einer solchen Vorgehensweise erläutern wir wieder am Beispiel des Strömungswiderstandes einer Kugel.

2. Bei einer Kugel tritt eine Widerstandskraft nur dann auf, wenn die Kugel auch tatsächlich angeströmt wird: ohne Anströmgeschwindigkeit U gibt es auch keine Widerstandskraft F_{W}. Die Relevanzfunktion (2.2)

$$F_{\mathrm{W}} = f(D, U, \rho, \nu)$$

besitzt also die zusätzliche Eigenschaft

$$f(D, U = 0, \rho, \nu) = 0.$$

Außerdem sind die Anströmgeschwindigkeit U und die Widerstandskraft F_{W} streng genommen keine Beträge, sondern Vektorkoordinaten, die auch negative Werte annehmen können. Dann lässt sich argumentieren, dass die Relevanzfunktion bezüglich der Einflussgröße U ungerade sein muss, denn wenn man die Anströmrichtung umkehrt, kehrt sich auch die Richtung der Widerstandskraft um, d. h. es muss weiterhin gelten:

$$f(D, -U, \rho, \nu) = -f(D, U, \rho, \nu).$$

Die genannten Eigenschaften legen eine Potenzreihenentwicklung der zugehörigen Kennzahlenfunktionen um $U = 0$ nahe. Von den Kennzahlenfunktionen in (2.5) ist hierfür allerdings nur die zweite Kennzahlenfunktion, also

$$\frac{F_{\mathrm{W}}}{\nu^2 \rho} = f\left(\frac{D\,U}{\nu}\right)$$

geeignet, da sich die erste Kennzahlenfunktion wegen des Auftretens von U im Nenner der Kennzahlen nicht für $U = 0$ auswerten lässt.

Wir bezeichnen den Parameter der zweiten Kennzahlenfunktion vorübergehend mit π, also

$$\pi = \frac{D\,U}{\nu},$$

dann bedeutet $U = 0$ auch $\pi = 0$, und durch Potenzreihenentwicklung für kleine Werte $|\pi| \ll 1$ folgt

$$f(\pi) = k_0 + k_1\pi + k_2\pi^2 + k_3\pi^3 + \cdots .$$

Wenn $f(0) = 0$ ist, muss $k_0 = 0$ sein, und wenn $f(\pi)$ ungerade ist, auch $k_2 = 0$. Eine Näherung für die Kennzahlenfunktion $(2.5)_2$ für kleine Werte des Parameters $|\pi| = |DU/\nu| \ll 1$ lautet also

$$\frac{F_W}{v^2\rho} = k_1\frac{DU}{\nu} + k_3\left(\frac{DU}{\nu}\right)^3 + \cdots . \tag{2.33}$$

Wird diese Reihenentwicklung nach dem ersten Term abgebrochen, ergibt sich

$$\frac{F_W}{v^2\rho} \approx k_1\frac{DU}{\nu}$$

oder

$$\frac{F_W}{DU\rho\nu} \approx k_1 = \text{const.} \tag{2.34}$$

Diese Näherung gilt gemäß ihrer Herleitung zunächst nur für kleine Anströmgeschwindigkeiten U. Die Dimensionsanalyse zeigt jedoch, dass das Ergebnis auch auf kleine Kugeldurchmesser D und große kinematische Zähigkeiten ν übertragbar ist, solange der Parameter DU/ν klein bleibt. Da in der Reihenentwicklung (2.33) der quadratische Term fehlt, kann man außerdem erwarten, dass der Gültigkeitsbereich von (2.34) in der Praxis größer ist als die Bedingung $|DU/\nu| \ll 1$ vermuten lässt.[12]

3. Bei unbedachter Anwendung kann eine Potenzreihenentwicklung zu unrealistischen Ergebnissen führen, u. a. weil bei einer Reihenentwicklung grundsätzlich auch negative Exponenten denkbar sind, die sich über einen Potenzreihenansatz nicht erfassen lassen. Um Fehlinterpretationen zu vermeiden, ist es deshalb ratsam, die Reihendarstellung einer Kennzahlenfunktion immer auf physikalische Plausibilität zu prüfen, vergleiche hierzu auch die nachfolgenden Aufgaben.

Aufgabe 2.10. Bei einer stationären, laminaren Rohrströmung kann man annehmen, dass bei verschwindendem Rohrdurchmesser D auch kein Volumenstrom $\dot{V}$ auftritt. Die rechte Relevanzfunktion in (2.27) muss also die zusätzliche Eigenschaft

---

12 In der Strömungsmechanik bezeichnet man Strömungen, die die Bedingung $DU/\nu \ll 1$ erfüllen, als schleichende Strömungen. Speziell bei der Kugelumströmung ergibt sich für die Konstante k_1 in (2.34) der Wert $k_1 = 3\pi$; das ist die bereits in der Fußnote 2 von Abschnitt 2.1 erwähnte Stokes'sche Formel.

$$f(D = 0, \Delta p, \eta, L) = 0 \tag{a}$$

besitzen.

A. Geben Sie eine Kennzahlenfunktion an, bei der man die Eigenschaft (a) für eine Potenzreihenentwicklung um $D = 0$ ausnutzen kann.
B. Geben Sie an, mit welchem Term die Potenzreihenentwicklung starten muss, um ein physikalisch plausibles Ergebnis zu erhalten.

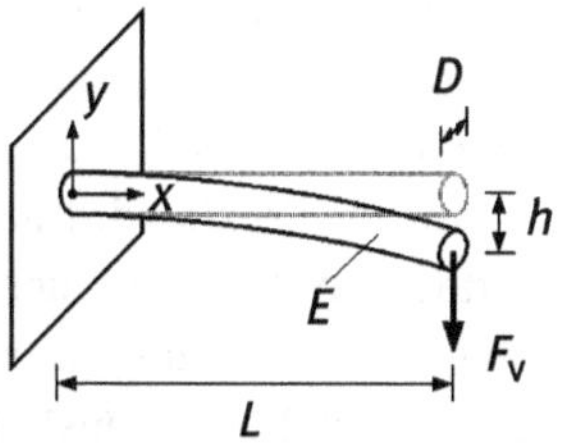

Aufgabe 2.11. Ein Balken aus elastischem Material (Elastizitätsmodul E) hat eine Länge L und eine kreisförmige Querschnittsfläche mit dem Durchmesser D. Der Balken ist am linken Ende fest in einer Wand eingespannt und am rechten Ende durch eine vertikal nach unten wirkende Kraft F_v belastet. Wegen der Elastizität des Materials verschiebt sich dabei das rechte Ende des Balkens um eine Höhe h nach unten. Das Eigengewicht des Balkens kann vernachlässigt werden.

A. Die Relevanzfunktion für die Verschiebung des Balkenendes lautet

$$h = f(E, F_v, L, D). \tag{a}$$

Geben Sie die Symmetrien dieser Relevanzfunktion bezüglich der Kraft F_v und der Länge L an. Überlegen Sie hierzu, wie sich der Balken bei Spiegelungen bezüglich der eingezeichneten Koordinatenachsen verhält.
B. Eine mögliche Kennzahlenfunktion zu (a) ist:

$$\frac{h}{L} = f\left(\frac{F_v}{E L^2}, \frac{D}{L} \right). \tag{b}$$

Wenn keine Kraft wirkt, tritt auch keine Absenkung des Balkenendes auf. Nutzen Sie diese Information für eine Potenzreihenentwicklung um $F_v = 0$ und berücksichtigen Sie dabei nur den führenden Term.
C. Wenn der Balken sehr dick ist und sein Eigengewicht vernachlässigt wird, kann man erwarten, dass sich das Balkenende trotz Belastung nicht verschiebt. Formulieren Sie das Ergebnis aus Teil B so um, dass sich die Zusatzinformation $h \to 0$ für $D \to \infty$ in einer Potenzreihenentwicklung nutzen lässt. Bestimmen Sie den ersten Term dieser Reihenentwicklung so, dass physikalisch plausible Ergebnisse entsteht. Nutzen Sie dabei auch das Ergebnis der Symmetriebetrachtung in Teil A.

2.6 Dimensionslose oder dimensionsbehaftete Darstellung

In Naturwissenschaft und Technik ist es weitgehend üblich, Ergebnisse von Messungen oder Rechnungen grafisch in Diagrammen darzustellen. Auf den Koordinatenachsen eines Diagramms lassen sich allerdings nur Längen auftragen; andere Größen müssen deshalb zunächst mithilfe eines passenden Maßstabsfaktors in Längen umgerechnet werden. Um beispielsweise die Ergebnisse von Kraftmessungen zwischen 0 und 50 Newton grafisch darzustellen, kann man den Maßstabsfaktor $k_F = 5\,\mathrm{N/cm}$ wählen. Dann entspricht einer Kraft von 5 Newton eine Länge von 1 Zentimeter im Diagramm; strenggenommen stellt man also nicht die Kraft F selbst dar, sondern die zugehörige Länge $l_F = F/k_F$.

In der Praxis wird auf die Angabe solcher Maßstabsfaktoren meist verzichtet, stattdessen hält man sich an die Übereinkunft, auf den Achsen nur Zahlen aufzutragen und das auch durch eine entsprechende Bezeichnung der Achsen deutlich zu machen. Bei dimensionslosen Kennzahlen ist diese Regel automatisch erfüllt, bei dimensionsbehafteten Größen muss man eine Achse dann mit dem Quotienten der Größe und der gewählten Einheit bezeichnen.

Welche Art der Auftragung man bevorzugt, hängt von den Umständen ab. Eine dimensionslose Auftragung ist sinnvoll bei der Untersuchung allgemeingültiger physikalischer Zusammenhänge, für die sich eine Relevanzfunktion formulieren lässt, denn dann gibt die zugehörige Kennzahlenfunktion die gewonnenen Erkenntnisse auf die ökonomischste Weise wieder. Das bedeutet, nicht nur für die Koordinatenachsen einer grafischen Darstellung, sondern etwa auch für den Scharparameter einer Kurvenschar oder für Größen, die für das gesamte Diagramm konstant gehalten werden, dimensionslose Kennzahlen zu wählen.

Wenn es dagegen um die Eigenschaften spezieller Geräte oder Versuchsaufbauten geht, etwa um die Kennlinie eines bestimmten Ventilators, die Kalibrationskurve eines Messgerätes oder ein Nomogramm zur Bestimmung der Dichte der Luft aus dem äußeren Luftdruck und der Temperatur, ist die Verwendung der praktisch anfallenden dimensionsbehafteten Größen sinnvoller.

Beim Strömungswiderstand einer Kugel beschreiben die linke Kennzahlenfunktion von (2.5) und die zugehörige Kurve in Abb. 2.2 in dimensionsloser Form den allgemeinen Zusammenhang zwischen der Widerstandkraft F_W und den Einflussgrößen ρ, ν, U und D; ein Teil dieses Zusammenhangs ist noch einmal im linken Diagramm der Abb. 2.5 dargestellt. Wenn man jedoch immer nur das gleiche Fluid (z. B. Luft bei einer Temperatur von 15 °C und einem Druck von 1,013 bar) und wenige Kugeln mit unterschiedlichen Durchmessern betrachtet, kann es günstiger sein, den Zusammenhang zwischen der Widerstandskraft F_W und der Anströmgeschwindigkeit U in dimensionsbehafteter Form darzustellen, weil sich dann wie im rechten Diagramm von Abb. 2.5 aus einem Zahlenwert der Geschwindigkeit U direkt der zugehörige Zahlenwert für die Widerstandskraft F_W ablesen lässt.

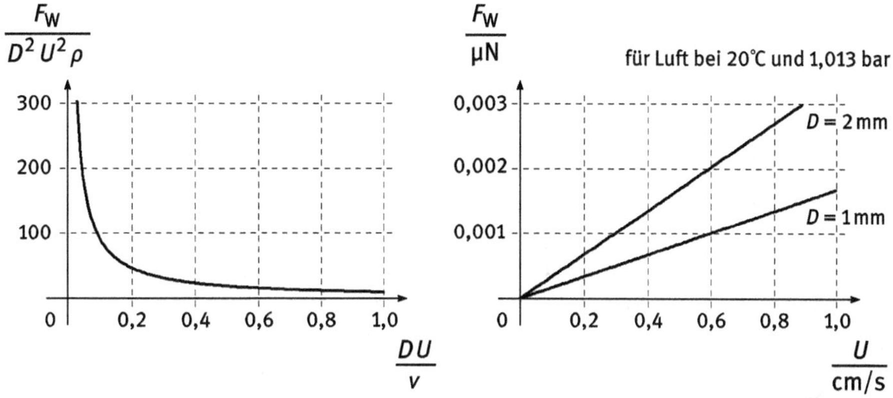

Abb. 2.5: Dimensionslose und dimensionsbehaftete Darstellung des Strömungswiderstands einer Kugel.

3 Ähnlichkeitslehre

3.1 Die Modellgesetze

1. Technische Versuche werden oft an einem verkleinerten oder vergrößerten Modell durchgeführt, weil Versuchseinrichtungen nur eine begrenzte Größe haben oder Messsonden nicht beliebig klein gebaut werden können. Dann stellt sich die Frage, wie man die am Modell gemessenen Größen auf das Original umrechnen kann, also z. B. den an einem Automodell im Windkanal gemessenen Luftwiderstand auf das Auto auf der Straße. Die Antwort ergibt sich aus der *Ähnlichkeitslehre*; ihre Gesetze beruhen auf den dimensionslosen Kennzahlen, die das jeweilige Problem beschreiben.

2. Es ist in der Regel sinnlos, Messergebnisse von einem Modell auf ein anders geformtes Original zu übertragen, also beispielsweise den Luftwiderstand eines Pkw-Modells auf einen Lieferwagen. Grundvoraussetzung für die Umrechnung von Messergebnissen ist deshalb die *geometrische Ähnlichkeit* von Modell und Original, d. h. Modell und Original müssen die gleiche geometrische Form besitzen und in allen Winkeln und Längenverhältnissen übereinstimmen.

3. Zur Einführung in die Ähnlichkeitslehre betrachten wir den Strömungswiderstand einer Kugel, der bereits in Kapitel 2 ausführlich untersucht wurde. Dieses Problem wird durch die Relevanzfunktion (2.2) beschrieben, also

$$F_W = f(D, U, \rho, \nu),$$

aus der sich die Kennzahlenfunktionen (2.5) ergeben, also

$$\frac{F_W}{D^2U^2\rho} = f_1\left(\frac{\nu}{D\,U}\right) \quad \text{und} \quad \frac{F_W}{\nu^2\rho} = f_2\left(\frac{D\,U}{\nu}\right).$$

Wenn in einem Windkanal unter bestimmten Versuchsbedingungen, d. h. für bestimmte Werte von Durchmesser D, Anströmgeschwindigkeit U, Dichte ρ und kinematischer Zähigkeit ν, eine bestimmte Widerstandskraft F_W gemessen wurde, so ist dadurch ein Punkt auf dem Graphen der Kennzahlenfunktion festgelegt. Derselbe Punkt beschreibt auch andere Strömungen um Kugeln, nämlich alle diejenigen, für die der Parameter $D\,U/\nu$ denselben Wert wie beim Modellversuch hat. Wenn man also von einem Modell auf das Original schließen will, müssen beide in dem hier einzigen Parameter $D\,U/\nu$ übereinstimmen. Diese Überlegung lässt sich entsprechend auf andere Kennzahlenfunktionen mit mehreren Parametern übertragen, wobei stets vorausgesetzt ist, dass Modell und Original geometrisch ähnlich sind. Wir können damit das 1. Modellgesetz formulieren:

https://doi.org/10.1515/9783110795745-003

Um Messergebnisse von einem Modell auf das Original zu übertragen, müssen beide geometrisch ähnlich sein und in allen Parametern des Problems übereinstimmen; man nennt Modell und Original dann *physikalisch ähnlich*.

4. Wir unterscheiden die vorkommenden Größen in Modell und Original durch die Indizes M und O. Dann folgt in unserem Beispiel aus der linken Kennzahlenfunktion von (2.5), also bei der Wahl von D, U, ρ als natürliche Basiseinheiten, als Bedingung für physikalische Ähnlichkeit

$$\frac{\nu_M}{D_M U_M} = \frac{\nu_O}{D_O U_O} \quad \text{oder} \quad \frac{\nu_M}{\nu_O} = \frac{D_M}{D_O}\frac{U_M}{U_O}. \tag{3.1}$$

Wenn aber Modell und Original in allen Parametern übereinstimmen, dann sind aufgrund der Kennzahlenfunktion auch die gesuchten Kennzahlen gleich. In unserem Beispiel folgt deshalb für das Verhältnis der Strömungswiderstände

$$\frac{F_{WM}}{D_M^2 U_M^2 \rho_M} = \frac{F_{WO}}{D_O^2 U_O^2 \rho_O} \quad \text{oder} \quad \frac{F_{WM}}{F_{WO}} = \left(\frac{D_M}{D_O}\right)^2 \left(\frac{U_M}{U_O}\right)^2 \frac{\rho_M}{\rho_O}. \tag{3.2}$$

Analoge Überlegungen lassen sich für die rechte Kennzahlenfunktion von (2.5) anstellen, also z. B. bei der Wahl von D, ν, ρ als natürliche Basiseinheiten. Als Bedingung für physikalische Ähnlichkeit folgt dann

$$\frac{D_M U_M}{\nu_M} = \frac{D_O U_O}{\nu_O} \quad \text{oder} \quad \frac{U_M}{U_O} = \left(\frac{D_M}{D_O}\right)^{-1} \frac{\nu_M}{\nu_O}, \tag{3.3}$$

und für das Verhältnis der Strömungswiderstände ergibt sich

$$\frac{F_{WM}}{\nu_M^2 \rho_M} = \frac{F_{WO}}{\nu_O^2 \rho_O} \quad \text{oder} \quad \frac{F_{WM}}{F_{WO}} = \left(\frac{\nu_M}{\nu_O}\right)^2 \frac{\rho_M}{\rho_O}. \tag{3.4}$$

Die Gleichungen im rechten Teil von (3.1) und (3.2) bzw. (3.3) und (3.4) enthalten auf den rechten Seiten jeweils die Verhältnisse der Größen, die als natürliche Basiseinheiten gewählt wurden. Diese Verhältnisse sind offenbar beliebig wählbar; nach der Entscheidung für bestimmte Werte sind dann auch die Größenverhältnisse auf den linken Seiten festgelegt. Die Verhältnisse für die gewählten natürlichen Basiseinheiten in Modell und Original bilden den sogenannten *Modellmaßstab*; damit können wir das 2. Modellgesetz formulieren:

Bei einem Modellversuch ist ein Satz von Verhältnissen natürlicher Basiseinheiten in Modell und Original frei wählbar. Ein Satz solcher Verhältnisse bestimmt den Modellmaßstab zwischen Modell und Original.

5. Durch die Wahl des Modellfluids sind die Verhältnisse von Dichte ρ und kinematischer Zähigkeit ν bereits festgelegt. Diese Größen lassen sich entweder durch den Durchmesser D oder die Anströmgeschwindigkeit U zu einem Satz natürlicher Basiseinheiten ergänzen. Die Messung an einem verkleinerten oder vergrößerten Modell setzt voraus, dass auch das Längenverhältnis wählbar sein muss, d. h. als natürliche Basiseinheiten kommen nur D, ρ, ν in Frage.

Wenn wir Größenverhältnisse mit λ bezeichnen, lautet der Modellmaßstab also

$$\lambda_D = \frac{D_\mathrm{M}}{D_\mathrm{O}}, \quad \lambda_\nu = \frac{\nu_\mathrm{M}}{\nu_\mathrm{O}}, \quad \lambda_\rho = \frac{\rho_\mathrm{M}}{\rho_\mathrm{O}}. \tag{3.5}$$

Das Geschwindigkeitsverhältnis muss gemäß dem rechten Teil von (3.3) eingestellt werden, und das Kraftverhältnis ist durch den rechten Teil von (3.4) festgelegt. Der linke Teil von (3.4) bedeutet dann, dass die Kraft F_W, gemessen in den natürlichen Basiseinheiten ρ und ν, in Modell und Original den gleichen Zahlenwert hat. Diese Erkenntnisse lassen sich zum 3. Modellgesetz verallgemeinern:

Wenn die gesuchte Größe in den zum Modellmaßstab gehörenden natürlichen Basiseinheiten gemessen wird, stimmen ihre Zahlenwerte bei physikalischer Ähnlichkeit in Modell und Original überein.

Aufgabe 3.1. In einem Modellversuch sollen die aerodynamischen Kräfte untersucht werden, die Insekten mit dem Schlag ihrer Flügel erzeugen. Um mit konventionellen Messsonden arbeiten zu können, wurde hierzu ein im Maßstab 100:1 vergrößertes Modell des Flügelpaares einer Fruchtfliege gebaut. Die Flügel haben eine Spannweite von L_M = 25 cm und können eine ebene Schlagbewegung mit dem Winkel φ_M und der Frequenz f_M ausführen. Um die tatsächliche Flügelbewegung möglichst realistisch nachzubilden, sorgt ein Getriebe außerdem dafür, dass sich die Flügel während der Schlagbewegung mit dem Winkel α_M um ihre Längsachse hin- und her drehen. Kraftsensoren messen die Kraft, die die Flügel bei ihrer Bewegung erzeugen. Das Flügelmodell kann wahlweise in Luft, Wasser oder Öl eingesetzt werden.[1]

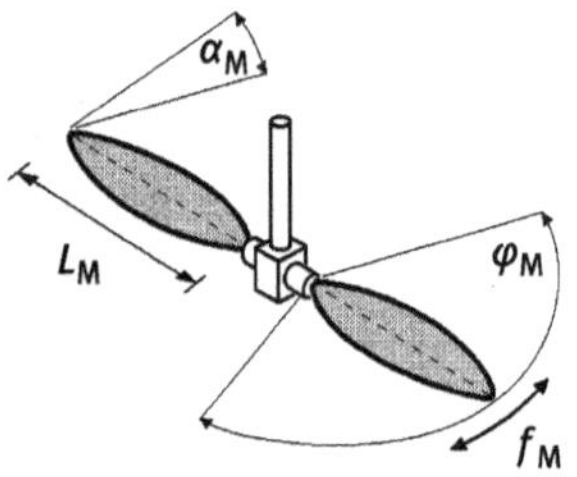

A. Stellen Sie die Relevanzfunktion für die von einem Flügel erzeugte Kraft auf und ermitteln Sie eine für die Versuchsauswertung zweckmäßige Kennzahlenfunktion.

B. Geben Sie die Bedingungen für physikalische Ähnlichkeit an, damit die am Flügelmodell ermittelten Kräfte auf die Fruchtfliege übertragbar sind.

1 Diese Aufgabe wurde angeregt durch Michael Dickinson: Die Kunst des Insektenflugs. Spektrum der Wissenschaft 9, 2001.

C. Für die Dichte und die kinematische Zähigkeit der im Modellversuch zur Verfügung stehenden Fluide gilt bei Umgebungstemperatur (20 °C):[2]

	Luft	Wasser	Öl
$\rho/\text{kg}\,\text{m}^{-3}$	1,20	998	875
$\nu \cdot 10^6/\text{m}^2\,\text{s}^{-1}$	15	1,0	32

Bestimmen Sie für alle drei Fluide das Kraftverhältnis zwischen Modell und Original.

D. Fruchtfliegen müssen mit ihren Flügeln eine Auftriebskraft erzeugen, die mindestens so groß wie ihre Gewichtskraft ist. Nehmen Sie an, dass die Masse einer Fruchtfliege in der Größenordnung von 1 mg liegt, und bestimmen Sie für die in Teil C aufgeführten Fluide jeweils die Kraft, die am Flügelmodell zu erwarten ist. Wählen Sie anschließend das Fluid aus, das für den Modellversuch am besten geeignet ist.

E. Anhand von Videoaufnahmen mit einer Hochgeschwindigkeitskamera lässt sich abschätzen, dass die Schlagfrequenz von Fruchtfliegen im Bereich von 200 Hz liegt. Bestimmen Sie die Schlagfrequenz, mit der das Flügelmodell im Fluid aus Teil D bewegt werden muss, um die Bedingung für physikalische Ähnlichkeit einzuhalten.

Aufgabe 3.2. Ein Planet (Masse m_P) bewegt sich unter dem Einfluss der Gravitationskraft (Gravitationskonstante Γ) auf einer elliptischen Bahnkurve (Halbachsen a, b) um die Sonne (Masse m_S). Der Einfluss der übrigen Planeten kann vernachlässigt werden.

A. Stellen Sie die Relevanzfunktion für die Umlaufzeit T eines Planeten auf, d. h. die Zeit für ein einmaliges, vollständiges Durchlaufen der Bahnkurve, und ermitteln Sie eine zugehörige Kennzahlenfunktion.

B. Die Umlaufzeit der Erde beträgt ungefähr 365,25 Tage (d), die große Halbachse der Erdbahn hat eine Länge von $149{,}6 \cdot 10^6$ Kilometern. Die Umlaufzeiten der übrigen Planeten sind (auf ganze Tage gerundet):[3]

Planet	Merkur	Venus	Mars	Jupiter	Saturn	Uranus	Neptun
T/d	88	225	687	4 335	10 822	30 924	60 445

Die Masse der Planeten ist im Vergleich zur Masse der Sonne sehr klein, außerdem sind die Planetenbahnen (mit Ausnahme des Merkurs) annähernd kreisförmig. Nutzen Sie diese Informationen zur Vereinfachung der Kennzahlenfunktion aus Teil A und bestimmen Sie anschließend die großen Halbachsen der Planetenbahnen.

---

2 Materialwerte für Wasser und Luft gemäß Schade, Kunz et al.: Strömungslehre, Anhang Abschnitt 4, Tabelle 1. Berlin: W. de Gruyter, 4. Aufl., 2014; für Öl eigene Werte.

3 Daten gemäß Wikipedia: Anomalistische Periode, abgerufen am 20. September 2019.

3.2 Reynolds-Ähnlichkeit

1. Sowohl die möglichen Sätze natürlicher Basiseinheiten als auch die zugehörigen Parameter hängen allein von den Einflussgrößen eines Problems ab, d. h. sie sind für alle Relevanzfunktionen mit demselben Satz von Einflussgrößen gleich. Das bedeutet, dass auch die möglichen Modellmaßstäbe und die Bedingungen für physikalische Ähnlichkeit nur von den Einflussgrößen, aber nicht von der gesuchten Größe bestimmt werden. Die Überlegungen aus dem letzten Abschnitt gelten also für jeden Modellversuch, der durch eine Länge, eine Geschwindigkeit, eine Dichte und eine kinematische Zähigkeit bestimmt ist. Statt einer umströmten Kugel könnte also auch ein langer, quer zu seiner Achse angeströmter Kreiszylinder untersucht werden, und anstelle des Strömungswiderstands könnte auch die Frequenz der Wirbelbildung hinter dem Zylinder gefragt sein.

Aus Sicht der Ähnlichkeitslehre sind deshalb alle Probleme gleichwertig, die in Anzahl und Dimension ihrer Einflussgrößen übereinstimmen. Wenn diese Einflussgrößen lediglich eine Länge L, eine Geschwindigkeit U, eine Dichte ρ und eine kinematische Zähigkeit ν umfassen, lässt sich daraus nur ein Parameter bilden. Dieser Parameter wird in der Strömungsmechanik als *Reynolds-Zahl*[4] bezeichnet und mit dem Symbol

$$\mathrm{Re} := \frac{U\,L}{\nu} \tag{3.6}$$

abgekürzt. Alle geometrisch ähnlichen Probleme sind dann auch physikalisch ähnlich, wenn sie in der Reynolds-Zahl übereinstimmen; hierfür hat man den Begriff der *Reynolds-Ähnlichkeit* geprägt.

2. Bei Reynolds-Ähnlichkeit erlaubt es die Dimensionsanalyse, aus den vier Einflussgrößen L, U, ρ, ν drei Sätze von natürlichen Basiseinheiten auszuwählen (vergleiche Tab. 2.3): L, U, ρ oder U, ν, ρ oder L, ν, ρ. Bei Modellversuchen in einem Wind- oder Wasserkanal kommt in der Regel jedoch nur der Satz L, ν, ρ in Frage, weil durch die Wahl des Modells das Längenverhältnis und durch die Wahl des Fluids die Verhältnisse von Dichte und kinematischer Zähigkeit festgelegt sind. In diesem Fall kann man leicht die Größenverhältnisse für die gesuchten Größen berechnen. Diese Größenverhältnisse sind in der Tab. 3.1 für einige gebräuchliche Größen zusammengestellt. Die zweite Zeile der Tabelle enthält die Einheiten dieser Größen in Bezug auf die gewählten problembezogenen Basiseinheiten. Der Vergleich mit (3.1), (3.2),

4 Osborne Reynolds (1842–1912), britischer Ingenieur und Physiker; bekannt vor allem durch seine Untersuchungen zum Wechsel vom laminaren zum turbulenten Strömungszustand in Rohrleitungen; hierfür gab er ein Kriterium in Form einer Kennzahl an, die wir heute als Reynolds-Zahl bezeichnen.

Tab. 3.1: Größenverhältnisse bei Reynolds-Ähnlichkeit.

Größe	Geschwindigkeit	Volumenstrom	Druck	Kraft	Drehmoment	Leistung	Drehzahl
Einheit	$\tilde{v}\,\tilde{L}^{-1}$	$\tilde{v}\,\tilde{L}$	$\tilde{\rho}\,\tilde{v}^2\tilde{L}^{-2}$	$\tilde{\rho}\,\tilde{v}^2$	$\tilde{\rho}\,\tilde{v}^2\tilde{L}$	$\tilde{\rho}\,\tilde{v}^3\tilde{L}^{-1}$	$\tilde{v}\,\tilde{L}^{-2}$
	$\lambda_v\,\lambda_L^{-1}$	$\lambda_v\,\lambda_L$	$\lambda_\rho\,\lambda_v^2\,\lambda_L^{-2}$	$\lambda_\rho\,\lambda_v^2$	$\lambda_\rho\,\lambda_v^2\,\lambda_L$	$\lambda_\rho\,\lambda_v^3\,\lambda_L^{-1}$	$\lambda_v\,\lambda_L^{-2}$
	Modell: Wasser, Original: Luft			$\lambda_\rho = 832 \quad \lambda_v = 0{,}0658$			
	Längenverhältnis:			$\lambda_L = 1$			
	0,0658	0,0658	3,60	3,60	3,60	0,237	0,0658
Größenverhältnis	Modell: Wasser, Original: Luft			$\lambda_\rho = 832 \quad \lambda_v = 0{,}0658$			
	Längenverhältnis:			$\lambda_L = 0{,}25$			
	0,263	0,0165	57,6	3,60	0,901	0,948	1,053
	Modell: Luft, Original: Luft			$\lambda_\rho = 1 \quad \lambda_v = 1$			
	Längenverhältnis:			$\lambda_L = 0{,}25$			
	4	0,25	16	1	0,25	4	16

(3.3), (3.4) zeigt, dass sich diese Formeln direkt auf die Größenverhältnisse übertragen lassen. Für die Zahlenbeispiele wurden außerdem die Materialeigenschaften bei Umgebungstemperatur $T_u = 293\,\text{K}$ und Umgebungsdruck $p_u = 1\,\text{bar}$ zugrunde gelegt.[5] Das Geschwindigkeitsverhältnis muss in einem Modellversuch zur Einhaltung der physikalischen Ähnlichkeit jeweils eingestellt werden, die anderen Größenverhältnisse ergeben sich dann von selbst.

3.3 Grenzen für Modellversuche

1. In der Praxis sind der Einhaltung der physikalischen Ähnlichkeitsbedingungen häufig enge Grenzen gesetzt. Zur Erläuterung betrachten wir zwei Beispiele aus der Strömungsmechanik, in der Modellversuche eine wichtige Rolle spielen.

2. Das erste Beispiel betrifft den Strömungswiderstand eines Schiffes. Bei Schiffen tritt neben der Reibung noch die Erzeugung von Wasserwellen als Widerstandsursache auf. Wasserwellen sind eine Folge des Schwerefeldes der Erde, deshalb muss die von der Reynolds-Ähnlichkeit bekannte Relevanzfunktion für die Widerstandskraft um die Fallbeschleunigung g ergänzt werden:

$$F_W = f(L,\, U,\, \rho,\, \nu,\, g). \qquad (3.7)$$

Man erkennt leicht, dass die zugehörige Dimensionsmatrix weiterhin den Rang $r = 3$ hat und bei nun fünf Einflussgrößen auf eine Kennzahlenfunktion mit zwei Parame-

---

5 Materialwerte gemäß Schade, Kunz et al.: Strömungslehre, Anhang Abschnitt 4, Tabelle 1. Berlin: W. de Gruyter, 4. Aufl., 2014.

tern führt. Für Modellversuche ist es wie bei der Reynolds-Ähnlichkeit meist nur sinnvoll, die Länge L, die kinematische Zähigkeit ν und die Dichte ρ als natürliche Basiseinheiten zu wählen. Ein Blick auf die universellen SI-Basiseinheiten (m s^{-2} für g, $m^2\,s^{-1}$ für ν und m für L) führt dann auf $g\,L^3/\nu^2$ als zweiten Parameter, sodass die zu (3.7) gehörende Kennzahlenfunktion lautet:

$$\frac{F_W}{\nu^2\rho} = f\left(\frac{UL}{\nu}, \frac{gL^3}{\nu^2}\right). \tag{3.8}$$

Aus praktischen Gründen kann man in einem Wellenkanal nur Wasser wie im Original verwenden. Damit liegen aber bereits die Werte für die kinematische Zähigkeit ν und die nicht veränderbare Fallbeschleunigung g fest, sodass sich bei der Untersuchung eines verkleinerten Schiffsmodells der zweite Parameter nicht konstant halten lässt, wie es das 1. Modellgesetz fordert.

Einen Ausweg aus diesem Dilemma gibt es nur, wenn eine der Einflussgrößen von untergeordneter Bedeutung ist. Bei Schiffen zeigt die Erfahrung nun in der Tat, dass im technisch wichtigen Bereich der Wellenwiderstand deutlich größer als der Reibungswiderstand ist. Man kann deshalb die Zähigkeit vernachlässigen und erhält dann die einfachere Relevanzfunktion

$$F_W = f(L, U, \rho, g). \tag{3.9}$$

Die Vernachlässigung der Zähigkeit hat keine Auswirkungen auf den Rang der Dimensionsmatrix, sodass die zugehörige Kennzahlenfunktion bei nur noch vier Einflussgrößen lediglich einen Parameter enthält. Für Modellversuche bietet es sich an, die Länge L, die Dichte ρ und die Fallbeschleunigung g als natürliche Basiseinheiten zu wählen. Der Algorithmus der Dimensionsanalyse liefert dann die Kennzahlenfunktion

$$\frac{F_W}{L^3\,g\,\rho} = f\left(\frac{U}{\sqrt{g\,L}}\right). \tag{3.10}$$

Diese Kennzahlenfunktion hat darüber hinaus die versuchstechnisch angenehme Eigenschaft, dass bei einem verkleinerten Modell auch die Anströmgeschwindigkeit im Modellversuch sinkt. Der in der Kennzahlenfunktion (3.10) auftretende Parameter wird in der Strömungsmechanik als *Froude-Zahl*[6] bezeichnet und mit dem Symbol

$$\mathrm{Fr} := \frac{U}{\sqrt{g\,L}} \tag{3.11}$$

6 William Froude (1810–1879), englischer Schiffbauingenieur; legte mit seinen Versuchen an verkleinerten Schiffsmodellen die Grundlage für die moderne Modellversuchstechnik.

abgekürzt. Wenn bei geometrisch ähnlichen Problemen, die durch eine Länge, eine Geschwindigkeit, eine Dichte und die Fallbeschleunigung charakterisiert sind, die Froude-Zahl übereinstimmt, spricht man auch von *Froude-Ähnlichkeit.*

3. Im zweiten Beispiel betrachten wir die Untersuchung einer Autokarosserie im Windkanal. Wenn man im Original von Geschwindigkeiten bis zu $180\,\mathrm{km\,h^{-1}} = 50\,\mathrm{m\,s^{-1}}$ ausgeht, so lässt sich anhand von Bernoulli- und Isentropengleichung für ideale Gase abschätzen, dass die Kompressibilität der Luft ohne Bedeutung ist, weil die relative Dichteänderung im Staupunkt (also dort, wo die kinetische Energie der anströmenden Luft vollständig in Druckenergie und thermische Energie umgewandelt wird) nur etwa 1 % beträgt.[7] Um in einem Windkanal bei einem im Maßstab 1:4 verkleinerten Modell die Reynolds-Zahl konstant zu halten, muss man die Anströmgeschwindigkeit entsprechend auf das Vierfache erhöhen (siehe Tab. 3.1), also bis auf $720\,\mathrm{km\,h^{-1}} = 200\,\mathrm{m\,s^{-1}}$. Abgesehen davon, dass viele Windkanäle nicht für solch hohen Geschwindigkeiten ausgelegt sind, beträgt die relative Dichteänderung in diesem Fall etwa 18 % und ist sicherlich nicht mehr zu vernachlässigen. In der Relevanzfunktion muss dann eine weitere Einflussgröße berücksichtigt werden, die die Kompressibilität der Luft erfasst. Hierzu verwendet man in der Strömungsmechanik üblicherweise die Schallgeschwindigkeit a, d. h. die Geschwindigkeit, mit der sich kleine Druck- und Dichtestörungen in der Luft ausbreiten. Dann lautet die Relevanzfunktion für den Luftwiderstand

$$F_\mathrm{W} = f(L, U, \rho, \nu, a), \tag{3.12}$$

aus der sich bei der Wahl von L, ρ, ν als natürliche Basiseinheiten die Kennzahlenfunktion

$$\frac{F_\mathrm{W}}{\nu^2\rho} = f\left(\frac{U\,L}{\nu}, \frac{a\,L}{\nu}\right) \tag{3.13}$$

ergibt. Wie die kinematische Zähigkeit ist auch die Schallgeschwindigkeit bereits durch die Wahl des Fluids festgelegt, d. h. es ist nicht ohne Weiteres möglich, den zweiten Parameter $a\,L/\nu$ wie vom 1. Modellgesetz gefordert konstant zu halten, wenn Messungen an einem verkleinerten Modell durchgeführt werden sollen.

Bei der Automobilkarosserie lässt sich diese Schwierigkeit dadurch umgehen, dass man die Versuche in einem genügend großen Windkanal am unverkleinerten Original durchführt. Bei Flugzeugen ist das aufgrund ihrer Größe nicht mehr möglich. Wenn es auf die Einhaltung der Reynolds-Zahl ankommt, kann man nur noch versuchen, die Zähigkeit oder die Schallgeschwindigkeit des Modellmediums zu ändern,

7 Siehe z. B. Schade, Kunz et al.: Strömungslehre, Abschnitt 7.6. Berlin: W. de Gruyter, 4. Aufl., 2014.

indem man beispielsweise den gesamten Windkanal unter hohen Druck setzt oder auf tiefe Temperaturen abkühlt.

Ähnliche Probleme treten auch in der Bauwerksaerodynamik auf. Hier kann man allerdings oft auf die Einhaltung der Reynolds-Ähnlichkeit verzichten, da die Strömungen turbulent sind und der Einfluss der Zähigkeit vernachlässigbar ist.

Wenn Flugzeugtragflügel mit Überschallgeschwindigkeiten angeströmt werden, stellt sich heraus, dass der Strömungswiderstand von Wellenphänomenen dominiert wird und Reibungseffekte eine untergeordnete Rolle spielen. Dann kann man die kinematische Zähigkeit der Luft vernachlässigen und von der Relevanzfunktion

$$F_W = f(L, U, \rho, a) \tag{3.14}$$

ausgehen. Die Dimensionsanalyse lässt mit L, ρ, a oder L, ρ, U nur zwei Sätze natürlicher Basiseinheiten zu. Entscheiden wir uns für den ersten Satz, so lautet die zugehörige Kennzahlenfunktion:

$$\frac{F_W}{L^2 a^2 \rho} = f\left(\frac{U}{a}\right). \tag{3.15}$$

Der hierbei auftretende Parameter wird in der Strömungsmechanik *Mach-Zahl*[8] genannt und mit dem Symbol

$$\mathrm{Ma} := \frac{U}{a} \tag{3.16}$$

abgekürzt. Zur Einhaltung der Bedingung für physikalische Ähnlichkeit muss bei geometrisch ähnlichen Objekten jetzt die Mach-Zahl von Modell und Original übereinstimmen; analog zur Reynolds- oder Froude-Ähnlichkeit spricht man dann von einer *Mach-Ähnlichkeit.*

---

8 Ernst Mach (1838–1916), österreichischer Physiker und Philosoph; in der Strömungsmechanik hervorgetreten durch seine Untersuchungen zu Strömungen mit Überschallgeschwindigkeit.

4 Erweiterte Dimensionsanalyse

4.1 Die Voraussetzung für eine erweiterte Dimensionsanalyse

1. Wenn man ein physikalisches oder technisches Problem mathematisch formulieren kann (z. B. als Anfangsrandwertproblem), lässt sich die zugehörige Relevanzfunktion sofort angeben: Sie enthält alle Größen, die in der mathematischen Formulierung des Problems vorkommen; und wenn keine zusätzlichen Informationen vorliegen, wonach bestimmte Größen im Einzelfall nicht oder nur in einer festen Kombination eingehen, muss man davon ausgehen, dass (abgesehen von den gesuchten Größen) alle diese Größen unabhängige Einflussgrößen sind.

Darüber hinaus lassen sich aus der mathematischen Formulierung des Problems auch die Kohärenzbedingungen für die Einheiten der vorkommenden Größen gewinnen, d. h. es ist nicht mehr erforderlich, hierzu auf ein universelles Einheitensystem wie die SI-Einheiten zurückzugreifen. Diese Art der Gewinnung von Kohärenzbedingungen nennen wir *erweiterte Dimensionsanalyse*. Wir erhalten dadurch zwar Kohärenzbedingungen, die nur noch für das betrachtete Problem gelten und nicht mehr (wie in der Ähnlichkeitslehre in Abschnitt 3.2) auf andere Probleme mit derselben Relevanzfunktion übertragbar sind. Dafür hat dieses Verfahren den Vorteil, dass es auf weniger Kohärenzbedingungen und damit auch auf weniger Kennzahlen führen kann als eine klassische Dimensionsanalyse. Gleichzeitig verliert die Relevanzfunktion einen Teil ihrer Bedeutung: In der klassischen Dimensionsanalyse ist sie der Ausgangspunkt aller Überlegungen, in der erweiterten Dimensionsanalyse nur noch eine Folgerung aus der mathematischen Formulierung des Problems.

2. Zur Demonstration der Vorgehensweise in der erweiterten Dimensionsanalyse greifen wir auf das Beispiel der stationären, laminaren Rohrströmung in Abschnitt 2.4.2 zurück und fragen zunächst nach der Druck- und Geschwindigkeitsverteilung im Rohr.

Wenn man die Navier–Stokes-Gleichungen, d. h. die Grundgleichungen der Strömungsmechanik, in Zylinderkoordinaten auf das vorliegende Problem spezialisiert, ergibt sich die folgende Differentialgleichung[1] für den Druck $p(z)$ und die axiale Geschwindigkeit $u(r)$:

$$\frac{\eta}{r}\frac{\mathrm{d}}{\mathrm{d}r}\left(r\frac{\mathrm{d}u}{\mathrm{d}r}\right) = \frac{\mathrm{d}p}{\mathrm{d}z}. \tag{4.1}$$

Hierbei ist z die Koordinate längs des Rohres, r der radiale Abstand von der Rohrachse und η die dynamische Zähigkeit des Fluides.

---

1 Einzelheiten siehe z. B. in Schade, Kunz et al.: Strömungslehre, Abschnitt 8.4. Berlin: W. de Gruyter, 4. Aufl., 2014.

https://doi.org/10.1515/9783110795745-004

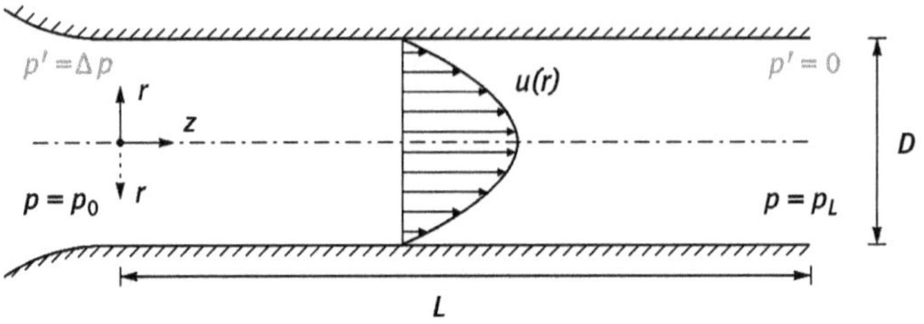

Abb. 4.1: Randwertproblem für die Rohrströmung.

Wegen des Auftretens der Ableitungen sind zur eindeutigen Festlegung der Funktionen $p(z)$ und $u(r)$ zusätzlich Randbedingungen erforderlich. Wenn das Fluid am Rohreintritt, d. h. dort, wo der Ursprung des verwendeten Koordinatensystems liegt, den Druck p_0 hat und am Ende des Rohres gegen einen Druck p_L ausströmt, gilt für den Druck (siehe Abb. 4.1)

$$p = p_0 \quad \text{für} \quad z = 0, \tag{4.2}$$

$$p = p_L \quad \text{für} \quad z = L. \tag{4.3}$$

Da in der Differentialgleichung (4.1) der Druck nur in der ersten Ableitung auftritt, kann man den Druck p auch durch den Überdruck $p' = p - p_L$ ersetzen. Die Randbedingungen (4.2) und (4.3) lauten dann mit $\Delta p := p_0 - p_L$

$$p' = \Delta p \quad \text{für} \quad z = 0, \tag{4.4}$$

$$p' = 0 \quad \text{für} \quad z = L. \tag{4.5}$$

Als Folge der Zähigkeit kann sich das Fluid direkt an der Rohrwand nicht bewegen, d. h. dort muss die sogenannte Wandhaftbedingung erfüllt sein:

$$u = 0 \quad \text{für} \quad r = \frac{D}{2}. \tag{4.6}$$

Die Zähigkeit verhindert außerdem, dass auf der Rohrachse eine scharfe Spitze in der Geschwindigkeitsverteilung entsteht, d. h. dort ist nur ein Maximum mit glattem Verlauf möglich:

$$\frac{\mathrm{d}u}{\mathrm{d}r} = 0 \quad \text{für} \quad r = 0. \tag{4.7}$$

Wir erhalten damit das folgende Randwertproblem, das im weiteren Verlauf als Beispiel für die Durchführung einer erweiterten Dimensionsanalyse dienen soll:

$$\frac{\eta}{r}\frac{\mathrm{d}}{\mathrm{d}r}\left(r\frac{\mathrm{d}u}{\mathrm{d}r}\right) = \frac{\mathrm{d}p'}{\mathrm{d}z}, \tag{4.8}$$

$$u = 0 \quad \text{für} \quad r = \frac{D}{2}, \tag{4.9}$$

$$\frac{\mathrm{d}u}{\mathrm{d}r} = 0 \quad \text{für} \quad r = 0, \tag{4.10}$$

$$p' = \Delta p \quad \text{für} \quad z = 0, \tag{4.11}$$

$$p' = 0 \quad \text{für} \quad z = L. \tag{4.12}$$

Aus diesem Randwertproblem lassen sich die Relevanzfunktionen

$$u = f(r, D, L, \Delta p, \eta), \quad p' = f(z, D, L, \Delta p, \eta) \tag{4.13}$$

ablesen. Im allgemeinen Fall würde die Relevanzfunktion für die Geschwindigkeit u auch die z-Koordinate und die Relevanzfunktion für den Überdruck p' auch die r-Koordinate umfassen; das ist hier jedoch ausgeschlossen, da u und p' gemäß den Navier–Stokes-Gleichungen nur von r bzw. nur von z abhängen.

3. Um später die Ergebnisse vergleichen zu können, führen wir zunächst eine klassische Dimensionsanalyse zu den Relevanzfunktionen in (4.13) durch. Die zugehörigen Dimensionsmatrizen lauten

$$\begin{array}{c} \\ \mathrm{m} \\ \mathrm{s} \\ \mathrm{kg} \end{array} \begin{array}{c} \begin{array}{cccccc} \widetilde{D} & \widetilde{\Delta p} & \widetilde{\eta} & \widetilde{r} & \widetilde{L} & \widetilde{u} \end{array} \\ \left(\begin{array}{ccc|ccc} 1 & -1 & -1 & 1 & 1 & 1 \\ 0 & -2 & -1 & 0 & 0 & -1 \\ 0 & 1 & 1 & 0 & 0 & 0 \end{array}\right) \end{array}, \quad \begin{array}{c} \\ \mathrm{m} \\ \mathrm{s} \\ \mathrm{kg} \end{array} \begin{array}{c} \begin{array}{cccccc} \widetilde{L} & \widetilde{\Delta p} & \widetilde{\eta} & \widetilde{z} & \widetilde{D} & \widetilde{p'} \end{array} \\ \left(\begin{array}{ccc|ccc} 1 & -1 & -1 & 1 & 1 & -1 \\ 0 & -2 & -1 & 0 & 0 & -2 \\ 0 & 1 & 1 & 0 & 0 & 1 \end{array}\right) \end{array}.$$

Diese Matrizen haben jeweils den Rang $r = 3$, sodass $b = r = 3$ Einflussgrößen als natürliche Basiseinheiten wählbar sind. Wir entscheiden uns für die Größen, die jeweils in den ersten drei Spalten aufgeführt sind. Aus den reduzierten Dimensionsmatrizen

$$\begin{array}{c} \begin{array}{cccccc} \widetilde{D} & \widetilde{\Delta p} & \widetilde{\eta} & \widetilde{r} & \widetilde{L} & \widetilde{u} \end{array} \\ \left(\begin{array}{ccc|ccc} 1 & 0 & 0 & 1 & 1 & 1 \\ 0 & 1 & 0 & 0 & 0 & 1 \\ 0 & 0 & 1 & 0 & 0 & -1 \end{array}\right) \end{array}, \quad \begin{array}{c} \begin{array}{cccccc} \widetilde{L} & \widetilde{\Delta p} & \widetilde{\eta} & \widetilde{z} & \widetilde{D} & \widetilde{p'} \end{array} \\ \left(\begin{array}{ccc|ccc} 1 & 0 & 0 & 1 & 1 & 0 \\ 0 & 1 & 0 & 0 & 0 & 1 \\ 0 & 0 & 1 & 0 & 0 & 0 \end{array}\right) \end{array}$$

ergeben sich dann die Kennzahlenfunktionen

$$\frac{u\eta}{\Delta p\, D} = f\left(\frac{r}{D}, \frac{L}{D}\right), \quad \frac{p'}{\Delta p} = f\left(\frac{z}{L}, \frac{D}{L}\right). \tag{4.14}$$

4. Die Lösung des Randwertproblems (4.8)–(4.12) lässt sich leicht mit Grundkenntnissen aus der Differentialrechnung bestimmen und lautet

$$u = \frac{\Delta p}{4\eta L}((D/2)^2 - r^2), \quad p' = -\frac{\Delta p}{L} z + \Delta p,$$

oder

$$\frac{u\eta L}{\Delta p D^2} = \frac{1}{16}\left(1 - 4\left(\frac{r}{D}\right)^2\right), \quad \frac{p'}{\Delta p} = 1 - \frac{z}{L}. \tag{4.15}$$

Diese Lösung hat die Form

$$\frac{u\eta}{\Delta p D} = \left(\frac{L}{D}\right)^{-1} f\left(\frac{r}{D}\right), \quad \frac{p'}{\Delta p} = f\left(\frac{z}{L}\right), \tag{4.16}$$

die durch die Kennzahlenfunktionen (4.14) aus der klassischen Dimensionsanalyse nur unvollständig erfasst wird: Der Überdruck p' ist in Wirklichkeit nicht vom Längenverhältnis D/L abhängig, und bei der Geschwindigkeit u ist diese Abhängigkeit bereits durch die Funktion $(L/D)^{-1}$ festgelegt.

Im nächsten Abschnitt wird sich zeigen, dass die erweiterte Dimensionsanalyse in der Lage ist, die funktionalen Abhängigkeiten in (4.16) korrekt vorherzusagen, ohne dass dafür das Randwertproblem gelöst werden muss.

4.2 Kohärenzbedingungen und Kennzahlenfunktionen

1. Eine erweiterte Dimensionsanalyse beginnt an einem anderen Ausgangspunkt als eine klassische Dimensionsanalyse: Grundlage des Verfahrens sind nicht mehr die üblichen SI-Einheiten, sondern es wird zunächst für jede vorkommende Größe eine eigene Einheit eingeführt. Das bedeutet insbesondere auch, dass Ortskoordinaten oder die Koordinaten von Vektoren jeweils unterschiedliche Einheiten erhalten.

Die so eingeführten Einheiten können allerdings nicht völlig frei gewählt werden, da die vorkommenden Größen durch die mathematische Formulierung des Problems verbunden sind und für die zugehörigen Gleichungen weiterhin die Regeln des Größenkalküls gelten. Die Einheiten müssen deshalb bestimmte Bedingungen erfüllen, damit sie zueinander kohärent sind. Diese Kohärenzbedingungen lassen sich aus den Gleichungen selbst gewinnen, indem man die Größen nach Zahlenwert und Einheit trennt und die Einheiten so wählt, dass sie am Ende aus den Gleichungen herausfallen.

2. Im Randwertproblem (4.8)–(4.12), an dem wir die Durchführung einer erweiterten Dimensionsanalyse demonstrieren wollen, treten insgesamt acht Größen auf. Nach der Trennung in Zahlenwert und Einheit gilt in der Notation von Kapitel 1:

$$\begin{aligned} u &= \hat{u}\,\tilde{u}, \quad p' = \widehat{p'}\,\widetilde{p'}, \quad r = \hat{r}\,\tilde{r}, \quad z = \hat{z}\,\tilde{z}, \\ \eta &= \hat{\eta}\,\tilde{\eta}, \quad L = \hat{L}\,\tilde{L}, \quad D = \widehat{D}\,\widetilde{D}, \quad \Delta p = \widehat{\Delta p}\,\widetilde{\Delta p}. \end{aligned} \tag{4.17}$$

Wenn man beachtet, dass Einheiten als konstante Größen aus den Ableitungen herausgezogen werden können, führt das Einsetzen dieser Produkte in die Gleichungen des Randwertproblems auf:

$$\frac{\widehat{\eta}}{\widehat{r}}\frac{\mathrm{d}}{\mathrm{d}\widehat{r}}\left(\widehat{r}\frac{\mathrm{d}\widehat{u}}{\mathrm{d}\widehat{r}}\right)\frac{\widetilde{\eta}\,\widetilde{u}}{\widetilde{r}^2}=\frac{\mathrm{d}\widehat{p'}}{\mathrm{d}\widehat{z}}\frac{\widetilde{p'}}{\widetilde{z}}, \tag{i}$$

$$\widehat{u}\,\widetilde{u}=0 \quad \text{für} \quad \widehat{r}\,\widetilde{r}=\frac{\widehat{D}}{2}\widetilde{D}, \tag{ii–iii}$$

$$\frac{\widetilde{u}}{\widetilde{r}}\frac{\mathrm{d}\widehat{u}}{\mathrm{d}\widehat{r}}=0 \quad \text{für} \quad \widehat{r}\,\widetilde{r}=0, \tag{iv–v}$$

$$\widehat{p'}\,\widetilde{p'}=\widehat{\Delta p}\,\widetilde{\Delta p} \quad \text{für} \quad \widehat{z}\,\widetilde{z}=0, \tag{vi–vii}$$

$$\widehat{p'}\,\widetilde{p'}=0 \quad \text{für} \quad \widehat{z}\,\widetilde{z}=\widehat{L}\,\widetilde{L}. \tag{viii–ix}$$

Bei der Verwendung kohärenter Einheiten muss zwischen den Zahlenwerten jeweils die gleiche Beziehung gelten wie zwischen den Größen selbst, m. a. W. die Einheiten, die voraussetzungsgemäß nicht null sein können, müssen sich aus den Gleichungen herauskürzen lassen. Bei Gleichung (i) ist das offenbar genau dann der Fall, wenn die Kohärenzbedingung

$$\frac{\widetilde{\eta}\,\widetilde{u}}{\widetilde{r}^2}=\frac{\widetilde{p'}}{\widetilde{z}}$$

erfüllt ist.

Die Gleichungen (ii), (iv), (v), (vii), (viii) sind homogen und enthalten auf der linken Seite jeweils nur einen Term. Das Herauskürzen der Einheiten ist deshalb ohne Einschränkungen möglich, sodass hieraus keine Kohärenzbedingungen entstehen.

Damit bleiben nur noch die Gleichungen (iii), (vi) und (ix) übrig, die auf die Kohärenzbedingungen

$$\widetilde{r}=\widetilde{D}, \quad \widetilde{p'}=\widetilde{\Delta p}, \quad \widetilde{z}=\widetilde{L}$$

führen.

Zusammengefasst sind also die Einheiten aller acht vorkommenden Größen kohärent, wenn zwischen ihnen die vier Kohärenzbedingungen

$$\widetilde{r}=\widetilde{D}, \quad \widetilde{z}=\widetilde{L}, \quad \widetilde{p'}=\widetilde{\Delta p}, \quad \frac{\widetilde{\eta}\,\widetilde{u}}{\widetilde{r}^2}=\frac{\widetilde{p'}}{\widetilde{z}} \tag{4.18}$$

gelten. Diese Kohärenzbedingungen lassen sich unter Beachtung der Regeln des Größenkalküls (siehe Kapitel 1) auch direkt aus den Gleichungen des Randwertproblems ablesen, ohne die Größen vorher getrennt nach Zahlenwert und Einheit aufzuschreiben.

Im Allgemeinen muss man die so gefundenen Gleichungen noch auf ihre Unabhängigkeit prüfen, was hier jedoch offensichtlich der Fall ist. Die Frage nach der Unabhängigkeit der Kohärenzbedingungen nehmen wir im nächsten Abschnitt wieder auf.

3. Aus dem Randwertproblem für die Rohrströmung ergeben sich vier Kohärenzbedingungen für acht vorkommende Einheiten, sodass man offenbar vier Einheiten (also eine mehr als in der klassischen Dimensionsanalyse) als Basiseinheiten frei wählen kann. Welche der Einheiten tatsächlich als Basiseinheiten zulässig sind, muss später noch genauer untersucht werden; im vorliegenden Fall lässt sich die Auswahl aber leicht anhand praktischer Erwägungen treffen.

Da die Geschwindigkeit u und der Überdruck p' hier die gesuchten Größen sind, fallen ihre Einheiten wie in der klassischen Dimensionsanalyse als Basiseinheiten aus, wenn man die Kennzahlenfunktionen in expliziter Form angeben will (siehe Aufgabe 2.3). Außerdem ist man aus physikalischer Sicht daran interessiert, die Geschwindigkeit u als Funktion des Radius r bzw. den Überdruck p' als Funktion der Länge z darzustellen, sodass es auch nicht sinnvoll ist, die Einheiten der beiden Ortskoordinaten als Basiseinheiten zu verwenden.[2] Damit bleibt nur die Wahl von $\widetilde{L}$, $\widetilde{D}$, $\widetilde{\Delta p}$ und $\widetilde{\eta}$ als Basiseinheiten übrig.

Die Einheiten für r, z und p' sind dann durch die ersten drei Kohärenzbedingungen in (4.18) festgelegt, die vierte Kohärenzbedingung liefert die Einheit für u:

$$\widetilde{u} = \frac{\widetilde{\Delta p}\,\widetilde{D}^2}{\widetilde{\eta}\,\widetilde{L}}.$$

Zusammengefasst sind also die Einheiten aller acht vorkommenden Größen kohärent, wenn zwischen ihnen (äquivalent zu (4.18)) die folgenden Kohärenzbedingungen erfüllt sind:

$$\widetilde{r} = \widetilde{D}, \quad \widetilde{z} = \widetilde{L}, \quad \widetilde{p'} = \widetilde{\Delta p}, \quad \widetilde{u} = \frac{\widetilde{\Delta p}\,\widetilde{D}^2}{\widetilde{\eta}\,\widetilde{L}}. \tag{4.19}$$

Bei Verwendung kohärenter Einheiten herrscht zwischen den Zahlenwerten die gleiche Beziehung wie zwischen den Größen selbst, d. h. für die Relevanzfunktionen in (4.13) muss dann bei jeweils gleicher Funktion f gelten

$$u = f(r, D, L, \Delta p, \eta) \quad \Leftrightarrow \quad \frac{u}{\widetilde{u}} = f\left(\frac{r}{\widetilde{r}}, \frac{D}{\widetilde{D}}, \frac{L}{\widetilde{L}}, \frac{\Delta p}{\widetilde{\Delta p}}, \frac{\eta}{\widetilde{\eta}}\right),$$

2 Wir werden in Kapitel 5 ein anderes Beispiel kennenlernen, bei dem auch eine Ortskoordinate als Basiseinheit wählbar ist.

$$p' = f(z, D, L, \Delta p, \eta) \quad \Leftrightarrow \quad \frac{p'}{\widetilde{p'}} = f\left(\frac{z}{\tilde{z}}, \frac{D}{\widetilde{D}}, \frac{L}{\widetilde{L}}, \frac{\Delta p}{\widetilde{\Delta p}}, \frac{\eta}{\tilde{\eta}}\right).$$

Nach der Ersetzung von $\tilde{r}$, $\tilde{z}$, $\widetilde{p'}$ und $\tilde{u}$ gemäß (4.19) entsteht daraus

$$\frac{u\tilde{\eta}\widetilde{L}}{\widetilde{\Delta p}\,\widetilde{D}^2} = f\left(\frac{r}{\widetilde{D}}, \frac{D}{\widetilde{D}}, \frac{L}{\widetilde{L}}, \frac{\Delta p}{\widetilde{\Delta p}}, \frac{\eta}{\tilde{\eta}}\right), \quad \frac{p'}{\widetilde{\Delta p}} = f\left(\frac{z}{\widetilde{L}}, \frac{D}{\widetilde{D}}, \frac{L}{\widetilde{L}}, \frac{\Delta p}{\widetilde{\Delta p}}, \frac{\eta}{\tilde{\eta}}\right).$$

Wenn wir schließlich noch für $\widetilde{L}$, $\widetilde{D}$, $\widetilde{\Delta p}$, $\tilde{\eta}$ speziell die Größen L, D, Δp, η selbst als natürliche Basiseinheiten wählen, erhalten wir also die Kennzahlenfunktionen

$$\frac{u\eta L}{\Delta p\, D^2} = f\left(\frac{r}{D}, \frac{D}{D}, \frac{L}{L}, \frac{\Delta p}{\Delta p}, \frac{\eta}{\eta}\right) = f\left(\frac{r}{D}, 1, 1, 1, 1\right),$$

$$\frac{p'}{\Delta p} = f\left(\frac{z}{L}, \frac{D}{D}, \frac{L}{L}, \frac{\Delta p}{\Delta p}, \frac{\eta}{\eta}\right) = f\left(\frac{z}{L}, 1, 1, 1, 1\right),$$

oder mit jeweils einer neuen Funktion f, weil die letzten vier Argumente keine Variablen mehr sind:

$$\frac{u\eta L}{\Delta p\, D^2} = f\left(\frac{r}{D}\right), \quad \frac{p'}{\Delta p} = f\left(\frac{z}{L}\right). \tag{4.20}$$

Diese Kennzahlenfunktionen stimmen in ihrer Form mit der Lösung (4.15) des Randwertproblems überein. Man erkennt sofort den Vorteil der erweiterten Dimensionsanalyse, da die Kennzahlenfunktionen (4.20) einen Parameter weniger enthalten als die Kennzahlenfunktionen (4.14) aus der klassischen Dimensionsanalyse. Der Unterschied in der Anzahl der Parameter lässt sich auf die unterschiedliche Rolle der Längeneinheiten zurückführen: In der klassischen Dimensionsanalyse werden Längen in axialer und radialer Richtung in der gleichen SI-Einheit Meter gemessen, während das Randwertproblem (4.8)–(4.12) es zulässt, für die axiale und die radiale Richtung jeweils eine eigene Längeneinheit zu verwenden.

4. Die Ergebnisse einer erweiterten Dimensionsanalyse lassen sich nutzen, um ein Randwertproblem in eine besonders einfache, dimensionslose Form zu transformieren. Bei Verwendung der natürlichen Basiseinheiten L, D, Δp, η können wir für die Größen z, r, p', u in unserem Beispiel schreiben:

$$z = \hat{z}L, \quad r = \hat{r}D, \quad p' = \widehat{p'}\,\Delta p, \quad u = \hat{u}\,\frac{\Delta p\, D^2}{\eta L}. \tag{4.21}$$

Die Zahlenwerte von Überdruck und Geschwindigkeit müssen hierbei als Funktionen der Zahlenwerte von axialer und radialer Koordinate betrachtet werden, also $\widehat{p'} = \widehat{p'}(\hat{z})$ und $\hat{u} = \hat{u}(\hat{r})$. Für die Ableitungen folgt gemäß der Kettenregel und (4.19):

$$\frac{\mathrm{d}p'}{\mathrm{d}z} = \frac{\mathrm{d}p'}{\mathrm{d}\widehat{p'}} \frac{\mathrm{d}\widehat{p'}}{\mathrm{d}\widehat{z}} \frac{\mathrm{d}\widehat{z}}{\mathrm{d}z} = \frac{\Delta p}{L} \frac{\mathrm{d}\widehat{p'}}{\mathrm{d}\widehat{z}},$$
$$\frac{\mathrm{d}}{\mathrm{d}r} = \frac{\mathrm{d}}{\mathrm{d}\widehat{r}} \frac{\mathrm{d}\widehat{r}}{\mathrm{d}r} = \frac{1}{D} \frac{\mathrm{d}}{\mathrm{d}\widehat{r}},$$
$$\frac{\mathrm{d}u}{\mathrm{d}r} = \frac{\mathrm{d}u}{\mathrm{d}\widehat{u}} \frac{\mathrm{d}\widehat{u}}{\mathrm{d}\widehat{r}} \frac{\mathrm{d}\widehat{r}}{\mathrm{d}r} = \frac{\Delta p\, D}{\eta\, L} \frac{\mathrm{d}\widehat{u}}{\mathrm{d}\widehat{r}}.$$

Beim Einsetzen in das Randwertproblem (4.8)–(4.12) ergibt sich dann:

$$\frac{1}{\widehat{r}} \frac{\mathrm{d}}{\mathrm{d}\widehat{r}}\left(\widehat{r} \frac{\mathrm{d}\widehat{u}}{\mathrm{d}\widehat{r}}\right) = \frac{\mathrm{d}\widehat{p'}}{\mathrm{d}\widehat{z}}, \tag{4.22}$$

$$\widehat{u} = 0 \quad \text{für} \quad \widehat{r} = \frac{1}{2}, \tag{4.23}$$

$$\frac{\mathrm{d}\widehat{u}}{\mathrm{d}\widehat{r}} = 0 \quad \text{für} \quad \widehat{r} = 0, \tag{4.24}$$

$$\widehat{p'} = 1 \quad \text{für} \quad \widehat{z} = 0, \tag{4.25}$$

$$\widehat{p'} = 0 \quad \text{für} \quad \widehat{z} = 1. \tag{4.26}$$

Man erkennt, dass die Größen, die als natürliche Basiseinheiten gewählt wurden, bei dieser Transformation aus den Gleichungen herausfallen. Dieses Ergebnis widerspricht auf den ersten Blick der Aussage aus Abschnitt 1.5 Nr. 3, wonach in einem kohärenten Einheitensystem für die Zahlenwerte dieselben Gleichungen gelten wie für die Größen selbst. In Wirklichkeit existiert jedoch kein Widerspruch, weil zu den Größen, die gleichzeitig natürliche Basiseinheiten sind, jeweils der Zahlenwert Eins gehört und der Faktor Eins in Gleichungen üblicherweise nicht mitgeschrieben wird. Beispielsweise lautet die rechte Seite von (4.23) eigentlich $\widehat{r} = \frac{1}{2} \cdot \widehat{D}$, aber wegen $D = \widehat{D}\, D$ ist $\widehat{D} = 1$.

5. Aus dem Ergebnis einer erweiterten Dimensionsanalyse lassen sich auch Aussagen gewinnen, die üblicherweise bei einer klassischen Dimensionsanalyse entstehen. Wenn man beispielsweise die Rohrachse $r = 0$ betrachtet, so nimmt dort die Geschwindigkeit ihren maximalen Wert $u = u_{\max}$ an. Hierfür folgt aus der linken Gleichung in (4.20)

$$\frac{u_{\max}\, \eta\, L}{\Delta p\, D^2} = f(0) = \text{const} \tag{4.27}$$

oder nach einer Erweiterung mit D^2

$$\frac{u_{\max}\, D^2\, \eta\, L}{\Delta p\, D^4} = \text{const.}$$

Das Produkt $u_{\max} D^2$ stimmt bis auf einen Zahlenfaktor mit dem Volumenstrom $\dot{V}$ überein, d. h. es gilt (mit einer anderen Konstante)

$$\frac{\dot{V}\,\eta\,L}{\Delta p\,D^4} = \text{const.}$$

Das ist aber das Ergebnis (2.32) für den Volumenstrom einer laminaren Rohrströmung, das in Abschnitt 2.4.2 mithilfe der klassischen Dimensionsanalyse ermittelt wurde.

6. Da eine erweiterte Dimensionsanalyse auf der mathematischen Formulierung eines physikalischen Problems aufbaut, lassen sich mit diesem Verfahren auch nur solche Informationen gewinnen, die bereits in der mathematischen Formulierung enthalten sind. Deshalb lohnt sich ein Rückblick auf das Randwertproblem (4.8)–(4.12), um zu erkennen, welche Gleichungen im Einzelnen für den Erfolg der erweiterten Dimensionsanalyse verantwortlich sind.

Das Ergebnis einer erweiterten Dimensionsanalyse ist immer dann besonders aussagekräftig, wenn nur wenige Kennzahlen entstehen, d. h. wenn möglichst viele der vorkommenden Einheiten als Basiseinheiten wählbar sind und entsprechend wenige (unabhängige) Kohärenzbedingungen existieren. In diesem Sinne ist ein Randwertproblem mit vielen einfachen, homogenen Gleichungen wie $(4.9)_1$, (4.10), $(4.11)_2$ oder $(4.12)_1$ günstig, weil sich aus solchen Gleichungen keine Kohärenzbedingungen ergeben. Man erkennt jetzt auch, welche Bedeutung die Einführung des Überdrucks $p' = p - p_L$ für das Ergebnis der erweiterten Dimensionsanalyse hat: Hätten wir das ursprüngliche Randwertproblem mit den Gleichungen (4.1)–(4.3) als Ausgangspunkt genommen, wären u. a. die Kohärenzbedingungen $\widetilde{p} = \widetilde{p}_L$ und $\widetilde{p} = \widetilde{p}_0$ und damit am Ende ein weiterer Parameter p_L/p_0 entstanden, der in Wirklichkeit jedoch keine Rolle spielt. Aus dem gleichen Grund war es auch sinnvoll, den Nullpunkt der z-Koordinate an den Rohreintritt zu legen, denn anderenfalls hätte sich anstelle von (4.11) die Randbedingung $p' = 0$ für $z = z_0$ ergeben und zu einem weiteren Parameter z_0/L geführt, der für das Problem ebenfalls ohne Bedeutung ist.

In der Mathematik bezeichnet man eine Beziehung wie $p' = p - p_L$ (ähnlich wie die Verschiebung eines Koordinatenursprungs oder eines Zeitnullpunkts) als Translation oder Verschiebungstransformation. Wenn ein Randwertproblem solche Transformationen zulässt, müssen sie vor dem Beginn einer erweiterten Dimensionsanalyse durchgeführt werden, um die Entstehung bedeutungsloser Parameter zu vermeiden.

Aufgabe 4.1. Das Randwertproblem für die laminare Rohrströmung, das in diesem Abschnitt zur Demonstration der erweiterten Dimensionsanalyse verwendet wurde, lässt sich anders formulieren, wenn man eine der Randbedingungen für den Druck durch eine weitere Randbedingung für die Geschwindigkeit ersetzt, z. B. durch die Vorgabe der maximalen Geschwindigkeit auf der Rohrachse (siehe Abschnitt 4.1).

Das Randwertproblem ist dann durch die Gleichungen (4.1), (4.3), (4.6), (4.7) und (anstelle von (4.2)) durch eine dritte Randbedingung für die Geschwindigkeit festgelegt:

$$\frac{\eta}{r}\frac{\mathrm{d}}{\mathrm{d}r}\left(r\frac{\mathrm{d}u}{\mathrm{d}r}\right)=\frac{\mathrm{d}p}{\mathrm{d}z}, \tag{a}$$

$$p = p_L \quad \text{für} \quad z = L, \tag{b}$$

$$u = 0 \quad \text{für} \quad r = \frac{D}{2}, \tag{c}$$

$$\frac{\mathrm{d}u}{\mathrm{d}r} = 0 \quad \text{für} \quad r = 0, \tag{d}$$

$$u = u_{\max} \quad \text{für} \quad r = 0. \tag{e}$$

Führen Sie für das umformulierte Randwertproblem (a)–(e) eine erweiterte Dimensionsanalyse durch und vergleichen Sie die Ergebnisse mit denen aus diesem Abschnitt.

Hinweis: Vereinfachen Sie das Randwertproblem zunächst durch eine geeignete Verschiebungstransformation.

4.3 Der Algorithmus der erweiterten Dimensionsanalyse

1. Im einführenden Beispiel des letzten Abschnitts ließen sich die Kennzahlenfunktionen leicht auf elementare Weise aus den Kohärenzbedingungen gewinnen. Es ist aber genauso wie in der klassischen Dimensionsanalyse möglich, ein allgemeines Verfahren zu entwickeln, das auf algorithmische Weise zu den Kennzahlenfunktionen führt. Dieser Algorithmus wird gleichzeitig die offenen Fragen beantworten, ob die Kohärenzbedingungen voneinander unabhängig sind und welche Einheiten man als Basiseinheiten wählen kann. Wir erläutern das Verfahren wieder anhand des Beispiels der Rohrströmung aus Abschnitt 4.1. Die Herleitung des Algorithmus erfordert etwas Schreibaufwand, seine Anwendung ist am Ende jedoch ähnlich einfach wie in der klassischen Dimensionsanalyse.

2. Ausgangspunkt des Algorithmus ist eine einheitliche Form der Kohärenzbedingungen, in der alle Einheiten jeweils auf einer Seite der Gleichung zusammengefasst sind und auf der anderen Seite nur noch eine Eins steht. Um die nachfolgenden Rechnungen zu erleichtern, ist es außerdem zweckmäßig, die Gleichungen gegebenenfalls so zu potenzieren, dass die Exponenten vom Betrag her möglichst kleine ganze Zahlen sind. Wir sprechen dann von der *Normalform* der Kohärenzbedingungen und erhalten für unser Beispiel aus (4.18):

$$\begin{aligned}\widetilde{r}\,\widetilde{D}^{-1} &= 1,\\ \widetilde{z}\,\widetilde{L}^{-1} &= 1,\\ \widetilde{p'}\,\widetilde{\Delta p}^{-1} &= 1,\\ \widetilde{u}\,\widetilde{p'}^{-1}\,\widetilde{r}^{-2}\,\widetilde{z}\,\widetilde{\eta} &= 1.\end{aligned} \tag{4.28}$$

3. Durch einen Potenzansatz lässt sich jede Einheit als Potenzprodukt aller Einheiten ausdrücken, die in den Kohärenzbedingungen (4.28) vorkommen:

$$\begin{aligned}
\widetilde{u} &= \widetilde{u}^{\alpha_{11}}\,\widetilde{p'}^{\alpha_{12}}\,\widetilde{r}^{\alpha_{13}}\,\widetilde{z}^{\alpha_{14}}\,\widetilde{D}^{\alpha_{15}}\,\widetilde{L}^{\alpha_{16}}\,\widetilde{\Delta p}^{\alpha_{17}}\,\widetilde{\eta}^{\alpha_{18}},\\
\widetilde{p'} &= \widetilde{u}^{\alpha_{21}}\,\widetilde{p'}^{\alpha_{22}}\,\widetilde{r}^{\alpha_{23}}\,\widetilde{z}^{\alpha_{24}}\,\widetilde{D}^{\alpha_{25}}\,\widetilde{L}^{\alpha_{26}}\,\widetilde{\Delta p}^{\alpha_{27}}\,\widetilde{\eta}^{\alpha_{28}},\\
\widetilde{r} &= \widetilde{u}^{\alpha_{31}}\,\widetilde{p'}^{\alpha_{32}}\,\widetilde{r}^{\alpha_{33}}\,\widetilde{z}^{\alpha_{34}}\,\widetilde{D}^{\alpha_{35}}\,\widetilde{L}^{\alpha_{36}}\,\widetilde{\Delta p}^{\alpha_{37}}\,\widetilde{\eta}^{\alpha_{38}},\\
\widetilde{z} &= \widetilde{u}^{\alpha_{41}}\,\widetilde{p'}^{\alpha_{42}}\,\widetilde{r}^{\alpha_{43}}\,\widetilde{z}^{\alpha_{44}}\,\widetilde{D}^{\alpha_{45}}\,\widetilde{L}^{\alpha_{46}}\,\widetilde{\Delta p}^{\alpha_{47}}\,\widetilde{\eta}^{\alpha_{48}},\\
\widetilde{D} &= \widetilde{u}^{\alpha_{51}}\,\widetilde{p'}^{\alpha_{52}}\,\widetilde{r}^{\alpha_{53}}\,\widetilde{z}^{\alpha_{54}}\,\widetilde{D}^{\alpha_{55}}\,\widetilde{L}^{\alpha_{56}}\,\widetilde{\Delta p}^{\alpha_{57}}\,\widetilde{\eta}^{\alpha_{58}},\\
\widetilde{L} &= \widetilde{u}^{\alpha_{61}}\,\widetilde{p'}^{\alpha_{62}}\,\widetilde{r}^{\alpha_{63}}\,\widetilde{z}^{\alpha_{64}}\,\widetilde{D}^{\alpha_{65}}\,\widetilde{L}^{\alpha_{66}}\,\widetilde{\Delta p}^{\alpha_{67}}\,\widetilde{\eta}^{\alpha_{68}},\\
\widetilde{\Delta p} &= \widetilde{u}^{\alpha_{71}}\,\widetilde{p'}^{\alpha_{72}}\,\widetilde{r}^{\alpha_{73}}\,\widetilde{z}^{\alpha_{74}}\,\widetilde{D}^{\alpha_{75}}\,\widetilde{L}^{\alpha_{76}}\,\widetilde{\Delta p}^{\alpha_{77}}\,\widetilde{\eta}^{\alpha_{78}},\\
\widetilde{\eta} &= \widetilde{u}^{\alpha_{81}}\,\widetilde{p'}^{\alpha_{82}}\,\widetilde{r}^{\alpha_{83}}\,\widetilde{z}^{\alpha_{84}}\,\widetilde{D}^{\alpha_{85}}\,\widetilde{L}^{\alpha_{86}}\,\widetilde{\Delta p}^{\alpha_{87}}\,\widetilde{\eta}^{\alpha_{88}}.
\end{aligned} \tag{4.29}$$

Die Exponenten α_{ij} mit $i, j \in \{1, \ldots, 8\}$ sind zunächst freie Koeffizienten; der erste Index gibt die Zeile und der zweite Index die Spalte an, in der der Exponent erscheint. Der Potenzansatz lässt sich stets auf triviale Weise durch die Wahl von $\alpha_{ij} = 1$ für $i = j$ und $\alpha_{ij} = 0$ für $i \neq j$ erfüllen. Hier sind jedoch gerade die nichttrivialen Lösungen interessant, die sich mithilfe der Kohärenzbedingungen ermitteln lassen. Wenn man diesen Potenzansatz in die Kohärenzbedingungen (4.28) einsetzt und das Ergebnis wieder nach den Einheiten sortiert, entsteht:

$$\begin{aligned}
&\widetilde{u}^{(\alpha_{31}-\alpha_{51})}\,\widetilde{p'}^{(\alpha_{32}-\alpha_{52})}\,\widetilde{r}^{(\alpha_{33}-\alpha_{53})}\\
&\quad\widetilde{z}^{(\alpha_{34}-\alpha_{54})}\,\widetilde{D}^{(\alpha_{35}-\alpha_{55})}\,\widetilde{L}^{(\alpha_{36}-\alpha_{56})}\\
&\quad\widetilde{\Delta p}^{(\alpha_{37}-\alpha_{57})}\,\widetilde{\eta}^{(\alpha_{38}-\alpha_{58})} = 1,\\
&\widetilde{u}^{(\alpha_{41}-\alpha_{61})}\,\widetilde{p'}^{(\alpha_{42}-\alpha_{62})}\,\widetilde{r}^{(\alpha_{43}-\alpha_{63})}\\
&\quad\widetilde{z}^{(\alpha_{44}-\alpha_{64})}\,\widetilde{D}^{(\alpha_{45}-\alpha_{65})}\,\widetilde{L}^{(\alpha_{46}-\alpha_{66})}\\
&\quad\widetilde{\Delta p}^{(\alpha_{47}-\alpha_{67})}\,\widetilde{\eta}^{(\alpha_{48}-\alpha_{68})} = 1,\\
&\widetilde{u}^{(\alpha_{21}-\alpha_{71})}\,\widetilde{p'}^{(\alpha_{22}-\alpha_{72})}\,\widetilde{r}^{(\alpha_{23}-\alpha_{73})}\\
&\quad\widetilde{z}^{(\alpha_{24}-\alpha_{74})}\,\widetilde{D}^{(\alpha_{25}-\alpha_{75})}\,\widetilde{L}^{(\alpha_{26}-\alpha_{76})}\\
&\quad\widetilde{\Delta p}^{(\alpha_{27}-\alpha_{77})}\,\widetilde{\eta}^{(\alpha_{28}-\alpha_{78})} = 1,\\
&\widetilde{u}^{(\alpha_{11}-\alpha_{21}-2\,\alpha_{31}+\alpha_{41}+\alpha_{81})}\,\widetilde{p'}^{(\alpha_{12}-\alpha_{22}-2\,\alpha_{32}+\alpha_{42}+\alpha_{82})}\,\widetilde{r}^{(\alpha_{13}-\alpha_{23}-2\,\alpha_{33}+\alpha_{43}+\alpha_{83})}\\
&\quad\widetilde{z}^{(\alpha_{14}-\alpha_{24}-2\,\alpha_{34}+\alpha_{44}+\alpha_{84})}\,\widetilde{D}^{(\alpha_{15}-\alpha_{25}-2\,\alpha_{35}+\alpha_{45}+\alpha_{85})}\,\widetilde{L}^{(\alpha_{16}-\alpha_{26}-2\,\alpha_{36}+\alpha_{46}+\alpha_{86})}\\
&\quad\widetilde{\Delta p}^{(\alpha_{17}-\alpha_{27}-2\,\alpha_{37}+\alpha_{47}+\alpha_{87})}\,\widetilde{\eta}^{(\alpha_{18}-\alpha_{28}-2\,\alpha_{38}+\alpha_{48}+\alpha_{88})} = 1.
\end{aligned}$$

Diese Gleichungen sind erfüllt, wenn darin alle Exponenten null sind. Die so gewonnenen Bedingungen lassen aber offenbar noch Freiheiten, denn es gibt für acht Einheiten insgesamt $8 \cdot 8 = 64$ Koeffizienten, zu deren Berechnung die vier Kohärenzbedingungen aber nur $4 \cdot 8 = 32$ Gleichungen zur Verfügung stellen. Man sieht außerdem leicht, dass diese Gleichungen eine bestimmte Struktur aufweisen: Es sind immer nur die Bestimmungsgleichungen für die Koeffizienten in einer Spalte miteinander gekoppelt, und die Bestimmungsgleichungen ändern sich von Spalte zu Spalte nur durch einen Wechsel der Indizes. Im Ergebnis entstehen also acht gleichartige lineare homogene Gleichungssysteme, die sich in der Form

$$\begin{aligned} \alpha_{3j} - \alpha_{5j} &= 0, \\ \alpha_{4j} - \alpha_{6j} &= 0, \\ \alpha_{2j} - \alpha_{7j} &= 0, \\ \alpha_{1j} - \alpha_{2j} - 2\,\alpha_{3j} + \alpha_{4j} + \alpha_{8j} &= 0 \end{aligned} \tag{4.30}$$

oder

$$\begin{pmatrix} 0 & 0 & 1 & 0 & -1 & 0 & 0 & 0 \\ 0 & 0 & 0 & 1 & 0 & -1 & 0 & 0 \\ 0 & 1 & 0 & 0 & 0 & 0 & -1 & 0 \\ 1 & -1 & -2 & 1 & 0 & 0 & 0 & 1 \end{pmatrix} \begin{pmatrix} \alpha_{1j} \\ \alpha_{2j} \\ \alpha_{3j} \\ \alpha_{4j} \\ \alpha_{5j} \\ \alpha_{6j} \\ \alpha_{7j} \\ \alpha_{8j} \end{pmatrix} = \begin{pmatrix} 0 \\ 0 \\ 0 \\ 0 \end{pmatrix} \tag{4.31}$$

mit $j = 1, 2, \ldots, 8$ zusammenfassen lassen. Es ist also nur noch die Lösung von Systemen aus vier Gleichungen (entsprechend den vier Kohärenzbedingungen) für acht Unbekannte (entsprechend den acht vorkommenden Einheiten) erforderlich. Diese Gleichungssysteme sind jeweils vierfach unterbestimmt, so dass man jeweils vier Unbekannte frei wählen kann, wobei allerdings darauf zu achten ist, dass die zu den übrigen Unbekannten gehörende Koeffizientenmatrix regulär bleibt.

4. Die Anzahl der frei wählbaren Koeffizienten in jedem Gleichungssystem entspricht offenbar der Anzahl der Basiseinheiten, die man bei einer dimensionell korrekten Beschreibung des Problems frei vorgeben kann. Um beispielsweise wie in Abschnitt 4.2 die Basiseinheiten $\widetilde{D}$, $\widetilde{L}$, $\widetilde{\Delta p}$ und $\widetilde{\eta}$ zu verwenden, müssen sich die zugehörigen Gleichungen im Potenzansatz (4.29) auf die Identitäten $\widetilde{D} = \widetilde{D}$, $\widetilde{L} = \widetilde{L}$, $\widetilde{\Delta p} = \widetilde{\Delta p}$ und $\widetilde{\eta} = \widetilde{\eta}$ reduzieren, d. h. es müssen dort bis auf $\alpha_{55} = \alpha_{66} = \alpha_{77} = \alpha_{88} = 1$ alle Koeffizienten gleich null gesetzt werden: $\alpha_{ij} = 0$ für $i \in \{5, \ldots, 8\}$ und $j \in \{1, \ldots, 8\}$ mit $j \neq i$. Für $j \in \{1, \ldots, 4\}$ ergeben sich anschließend aus (4.30) homogene Gleichungssysteme

$$
\begin{aligned}
\alpha_{3j} \qquad\qquad &= 0,\\
\alpha_{4j} &= 0,\\
\alpha_{2j} \qquad\qquad\qquad &= 0,\\
\alpha_{1j} - \alpha_{2j} - 2\alpha_{3j} + \alpha_{4j} &= 0,
\end{aligned}
$$

die nur die triviale Lösung zulassen:

$$\alpha_{ij} = 0 \quad \text{für } i,j \in \{1,\ldots,4\}.$$

Die verbleibenden inhomogenen Gleichungssysteme mit einer nichttrivialen Lösung sind dann:

– für $j = 5$ mit $\alpha_{55} = 1$ und $\alpha_{65} = \alpha_{75} = \alpha_{85} = 0$:

$$
\begin{aligned}
\alpha_{35} \qquad\qquad &= 1,\\
\alpha_{45} &= 0,\\
\alpha_{25} \qquad\qquad\qquad &= 0,\\
\alpha_{15} - \alpha_{25} - 2\alpha_{35} + \alpha_{45} &= 0
\end{aligned}
$$

mit der Lösung $\alpha_{35} = 1$, $\alpha_{45} = 0$, $\alpha_{25} = 0$, $\alpha_{15} = 2$,

– für $j = 6$ mit $\alpha_{66} = 1$ und $\alpha_{56} = \alpha_{76} = \alpha_{86} = 0$:

$$
\begin{aligned}
\alpha_{36} \qquad\qquad &= 0,\\
\alpha_{46} &= 1,\\
\alpha_{26} \qquad\qquad\qquad &= 0,\\
\alpha_{16} - \alpha_{26} - 2\alpha_{36} + \alpha_{46} &= 0
\end{aligned}
$$

mit der Lösung $\alpha_{36} = 0$, $\alpha_{46} = 1$, $\alpha_{26} = 0$, $\alpha_{16} = -1$,

– für $j = 7$ mit $\alpha_{77} = 1$ und $\alpha_{57} = \alpha_{67} = \alpha_{87} = 0$:

$$
\begin{aligned}
\alpha_{37} \qquad\qquad &= 0,\\
\alpha_{47} &= 0,\\
\alpha_{27} \qquad\qquad\qquad &= 1,\\
\alpha_{17} - \alpha_{27} - 2\alpha_{37} + \alpha_{47} &= 0
\end{aligned}
$$

mit der Lösung $\alpha_{37} = 0$, $\alpha_{47} = 0$, $\alpha_{27} = 1$, $\alpha_{17} = 1$,

– für $j = 8$ mit $\alpha_{88} = 1$ und $\alpha_{58} = \alpha_{68} = \alpha_{78} = 0$:

$$
\begin{aligned}
\alpha_{38} \qquad\qquad &= 0,\\
\alpha_{48} &= 0,\\
\alpha_{28} \qquad\qquad\qquad &= 0,\\
\alpha_{18} - \alpha_{28} - 2\alpha_{38} + \alpha_{48} &= -1
\end{aligned}
$$

mit der Lösung $\alpha_{38} = 0$, $\alpha_{48} = 0$, $\alpha_{28} = 0$, $\alpha_{18} = -1$.

Das Einsetzen der Lösungen für α_{ij} in den Potenzansatz (4.29) ergibt dann:

$$
\begin{aligned}
\widetilde{u} &= \widetilde{u}^0\, \widetilde{p'}^0\, \widetilde{r}^0\, \widetilde{z}^0\, \widetilde{D}^2\, \widetilde{L}^{-1}\, \widetilde{\Delta p}^1\, \widetilde{\eta}^{-1} = \widetilde{D}^2\, \widetilde{L}^{-1}\, \widetilde{\Delta p}\, \widetilde{\eta}^{-1},\\
\widetilde{p'} &= \widetilde{u}^0\, \widetilde{p'}^0\, \widetilde{r}^0\, \widetilde{z}^0\, \widetilde{D}^0\, \widetilde{L}^0\, \widetilde{\Delta p}^1\, \widetilde{\eta}^0 = \widetilde{\Delta p},\\
\widetilde{r} &= \widetilde{u}^0\, \widetilde{p'}^0\, \widetilde{r}^0\, \widetilde{z}^0\, \widetilde{D}^1\, \widetilde{L}^0\, \widetilde{\Delta p}^0\, \widetilde{\eta}^0 = \widetilde{D},\\
\widetilde{z} &= \widetilde{u}^0\, \widetilde{p'}^0\, \widetilde{r}^0\, \widetilde{z}^0\, \widetilde{D}^0\, \widetilde{L}^1\, \widetilde{\Delta p}^0\, \widetilde{\eta}^0 = \widetilde{L},\\
\widetilde{D} &= \widetilde{u}^0\, \widetilde{p'}^0\, \widetilde{r}^0\, \widetilde{z}^0\, \widetilde{D}^1\, \widetilde{L}^0\, \widetilde{\Delta p}^0\, \widetilde{\eta}^0 = \widetilde{D},\\
\widetilde{L} &= \widetilde{u}^0\, \widetilde{p'}^0\, \widetilde{r}^0\, \widetilde{z}^0\, \widetilde{D}^0\, \widetilde{L}^1\, \widetilde{\Delta p}^0\, \widetilde{\eta}^0 = \widetilde{L},\\
\widetilde{\Delta p} &= \widetilde{u}^0\, \widetilde{p'}^0\, \widetilde{r}^0\, \widetilde{z}^0\, \widetilde{D}^0\, \widetilde{L}^0\, \widetilde{\Delta p}^1\, \widetilde{\eta}^0 = \widetilde{\Delta p},\\
\widetilde{\eta} &= \widetilde{u}^0\, \widetilde{p'}^0\, \widetilde{r}^0\, \widetilde{z}^0\, \widetilde{D}^0\, \widetilde{L}^0\, \widetilde{\Delta p}^0\, \widetilde{\eta}^1 = \widetilde{\eta}.
\end{aligned}
$$

Die letzten vier Zeilen sind Identitäten für die gewählten Basiseinheiten $\widetilde{D}$, $\widetilde{L}$, $\widetilde{\Delta p}$, $\widetilde{\eta}$. Die ersten vier Zeilen enthalten die bereits aus (4.19) bekannten Kohärenzbedingungen, aus denen sich die Kennzahlen

$$\frac{u\,\eta\,L}{\Delta p\,D^2},\quad \frac{p'}{\Delta p},\quad \frac{r}{D},\quad \frac{z}{L}$$

der Kennzahlenfunktionen in (4.20) ergeben, wenn man die Größen D, L, Δp, η selbst als natürliche Basiseinheiten wählt.

5. Die Lösung der inhomogenen Gleichungssysteme für die Exponenten des Potenzansatzes lässt sich in übersichtlicher Form anhand der Koeffizientenmatrix in (4.31) durchführen. Wir bezeichnen diese Matrix als *erweiterte Dimensionsmatrix*, sie lautet für unser Beispiel:

$$
\begin{matrix} \widetilde{u} & \widetilde{p'} & \widetilde{r} & \widetilde{z} & \widetilde{D} & \widetilde{L} & \widetilde{\Delta p} & \widetilde{\eta} \end{matrix}
$$
$$
\begin{pmatrix}
0 & 0 & 1 & 0 & -1 & 0 & 0 & 0\\
0 & 0 & 0 & 1 & 0 & -1 & 0 & 0\\
0 & 1 & 0 & 0 & 0 & 0 & -1 & 0\\
1 & -1 & -2 & 1 & 0 & 0 & 0 & 1
\end{pmatrix}. \tag{4.32}
$$

Beim Vergleich mit (4.28) stellt sich heraus, dass die von null verschiedenen Elemente dieser Matrix mit den Exponenten der entsprechenden Einheiten in der Normalform der Kohärenzbedingungen übereinstimmen, d. h. man kann die erweiterte Dimensionsmatrix zeilenweise aus den Kohärenzbedingungen ablesen, ohne vorher den Potenzansatz für die Einheiten explizit aufschreiben zu müssen (siehe Tab. 4.1). Der Vergleich von (4.32) mit Nr. 4 zeigt darüber hinaus, dass die ersten vier Spalten die Koeffizientenmatrix und die letzten vier Spalten bis auf das Vorzeichen die rechten Seiten der zu lösenden inhomogenen Gleichungssysteme bilden. Die letzten vier Spalten sind gleichzeitig den gewählten Basiseinheiten zugeordnet; bei einer anderen

Tab. 4.1: Erstellung der Dimensionsmatrix aus den Kohärenzbedingungen.

Kohärenzbedingungen

$$\tilde{u}^0\,\widetilde{p'}^0\,\tilde{r}^1\,\tilde{z}^0\,\tilde{D}^{-1}\,\tilde{L}^0\,\widetilde{\Delta p}^0\,\tilde{\eta}^0 = 1$$
$$\tilde{u}^0\,\widetilde{p'}^0\,\tilde{r}^0\,\tilde{z}^1\,\tilde{D}^0\,\tilde{L}^{-1}\,\widetilde{\Delta p}^0\,\tilde{\eta}^0 = 1$$
$$\tilde{u}^0\,\widetilde{p'}^1\,\tilde{r}^0\,\tilde{z}^0\,\tilde{D}^0\,\tilde{L}^0\,\widetilde{\Delta p}^{-1}\,\tilde{\eta}^0 = 1$$
$$\tilde{u}^1\,\widetilde{p'}^{-1}\,\tilde{r}^{-2}\,\tilde{z}^1\,\tilde{D}^0\,\tilde{L}^0\,\widetilde{\Delta p}^0\,\tilde{\eta}^1 = 1$$

Erweiterte Dimensionsmatrix

$$\begin{array}{cccc|cccc} \tilde{u} & \widetilde{p'} & \tilde{r} & \tilde{z} & \tilde{D} & \tilde{L} & \widetilde{\Delta p} & \tilde{\eta} \end{array}$$
$$\left(\begin{array}{cccc|cccc} 0 & 0 & 1 & 0 & -1 & 0 & 0 & 0 \\ 0 & 0 & 0 & 1 & 0 & -1 & 0 & 0 \\ 0 & 1 & 0 & 0 & 0 & 0 & -1 & 0 \\ 1 & -1 & -2 & 1 & 0 & 0 & 0 & 1 \end{array}\right)$$

Basiseinheiten (letzte vier Spalten)

Wahl von Basiseinheiten muss die erweiterte Dimensionsmatrix entsprechend umgeordnet werden.

Wenn man die erweiterte Dimensionsmatrix mithilfe des Gauß'schen Algorithmus in die reduzierte Zeilenstufenform umwandelt, enthalten die letzten vier Spalten am Ende die Lösungen der inhomogenen Gleichungssysteme jeweils mit umgekehrtem Vorzeichen:

$$\begin{array}{cccc|cccc} \tilde{u} & \widetilde{p'} & \tilde{r} & \tilde{z} & \tilde{D} & \tilde{L} & \widetilde{\Delta p} & \tilde{\eta} \end{array}$$
$$\left(\begin{array}{cccc|cccc} 1 & 0 & 0 & 0 & -2 & 1 & -1 & 1 \\ 0 & 1 & 0 & 0 & 0 & 0 & -1 & 0 \\ 0 & 0 & 1 & 0 & -1 & 0 & 0 & 0 \\ 0 & 0 & 0 & 1 & 0 & -1 & 0 & 0 \end{array}\right). \tag{4.33}$$

Diese Form der Dimensionsmatrix bezeichnen wir wieder als reduzierte Dimensionsmatrix. Aus der reduzierten Dimensionsmatrix entstehen also analog zu (4.19) die alternativen Kohärenzbedingungen in Normalform

$$\begin{aligned} \tilde{u}\,\tilde{D}^{-2}\,\tilde{L}\,\widetilde{\Delta p}^{-1}\,\tilde{\eta} &= 1, \\ \widetilde{p'}\,\widetilde{\Delta p}^{-1} &= 1, \\ \tilde{r}\,\tilde{D}^{-1} &= 1, \\ \tilde{z}\,\tilde{L}^{-1} &= 1, \end{aligned} \tag{4.34}$$

die sofort zu den Kennzahlen der Kennzahlenfunktionen in (4.20) führen. Durch Umstellung, d. h. durch Umkehrung der Vorzeichen der Exponenten der gewählten Basiseinheiten, folgt daraus für die abgeleiteten Einheiten:

$$\begin{aligned}\tilde{u} &= \tilde{D}^2\,\tilde{L}^{-1}\,\widetilde{\Delta p}\,\tilde{\eta}^{-1},\\ \widetilde{p'} &= \widetilde{\Delta p},\\ \tilde{r} &= \tilde{D},\\ \tilde{z} &= \tilde{L}.\end{aligned} \tag{4.35}$$

Wie sich die alternativen Kohärenzbedingungen, die Kennzahlen und die Definitionen der abgeleiteten Einheiten aus der reduzierten Dimensionsmatrix ablesen lassen, ist noch einmal in der Tab. 4.2 dargestellt.

Tab. 4.2: Ablesen der Ergebnisse der erweiterten Dimensionsanalyse.

Reduzierte Dimensionsmatrix
$\begin{array}{cccc\|cccc} \tilde{u} & \widetilde{p'} & \tilde{r} & \tilde{z} & \tilde{D} & \tilde{L} & \widetilde{\Delta p} & \tilde{\eta} \\ \end{array}$
$\left(\begin{array}{cccc\|cccc} 1 & 0 & 0 & 0 & -2 & 1 & -1 & 1 \\ 0 & 1 & 0 & 0 & 0 & 0 & -1 & 0 \\ 0 & 0 & 1 & 0 & -1 & 0 & 0 & 0 \\ 0 & 0 & 0 & 1 & 0 & -1 & 0 & 0 \end{array}\right)$
Alternative Kohärenzbedingungen
$\tilde{u}^1\ \widetilde{p'}^0\ \tilde{r}^0\ \tilde{z}^0\ \tilde{D}^{-2}\ \tilde{L}^1\ \widetilde{\Delta p}^{-1}\ \tilde{\eta}^1 = 1$
$\tilde{u}^0\ \widetilde{p'}^1\ \tilde{r}^0\ \tilde{z}^0\ \tilde{D}^0\ \tilde{L}^0\ \widetilde{\Delta p}^{-1}\ \tilde{\eta}^0 = 1$
$\tilde{u}^0\ \widetilde{p'}^0\ \tilde{r}^1\ \tilde{z}^0\ \tilde{D}^{-1}\ \tilde{L}^0\ \widetilde{\Delta p}^0\ \tilde{\eta}^0 = 1$
$\tilde{u}^0\ \widetilde{p'}^0\ \tilde{r}^0\ \tilde{z}^1\ \tilde{D}^0\ \tilde{L}^1\ \widetilde{\Delta p}^0\ \tilde{\eta}^0 = 1$
Abgeleitete Einheiten
$\tilde{u} = \tilde{D}^2\,\tilde{L}^{-1}\,\widetilde{\Delta p}\,\tilde{\eta}^{-1}$
$\widetilde{p'} = \widetilde{\Delta p}$
$\tilde{r} = \tilde{D}$
$\tilde{z} = \tilde{L}$
Kennzahlen
$u\,D^{-2}\,L\,\Delta p^{-1}\,\eta$
$p'\,\Delta p^{-1}$
$r\,D^{-1}$
$z\,L^{-1}$

6. Anhand der erweiterten Dimensionsmatrix lassen sich auch die offenen Fragen aus Abschnitt 4.1 beantworten, nämlich ob die Kohärenzbedingungen voneinander unabhängig sind und welche der vorkommenden Einheiten tatsächlich als Basiseinheiten gewählt werden können. Die Unabhängigkeit der Kohärenzbedingungen hängt offensichtlich mit der linearen Unabhängigkeit der Zeilen in der erweiterten Dimensionsmatrix zusammen, d. h. im allgemeinen Fall ist die Anzahl der unabhängigen Kohärenzbedingungen und damit auch die Anzahl der daraus bestimmbaren Kennzahlen durch den Rang r der erweiterten Dimensionsmatrix festgelegt. Die Anzahl der frei wählbaren Einheiten, d. h. gleichzeitig auch die Anzahl der natürlichen Basiseinheiten, ist dann gleich der Differenz aus der Anzahl der vorkommenden Einheiten und der Anzahl der unabhängigen Kohärenzbedingungen. In unserem Beispiel hat die erweiterte Dimensionsmatrix den Rang $r = 4$, dann gibt es $m = r = 4$ Kennzahlen und bei $n = 8$ vorkommenden Einheiten $b = n - r = 4$ natürliche Basiseinheiten. Diese Basiseinheiten müssen so gewählt werden, dass die zu den übrigen Einheiten gehörende Untermatrix den gleichen Rang wie die erweiterte Dimensionsmatrix hat, da sonst die resultierenden inhomogenen Gleichungssysteme nicht eindeutig lösbar sind. Wir bezeichnen diese Aussagen in Anlehnung an Abschnitt 2.2 als *erweitertes Π-Theorem* und können dann zusammengefasst sagen:

Es sei:
- n die Anzahl der vorkommenden Größen eines Problems,
- r der Rang der erweiterten Dimensionsmatrix,
- b die Anzahl der zugehörigen natürlichen Basiseinheiten und
- m die Anzahl der Kennzahlen,

dann gilt:

$$b = n - r, \quad m = r. \tag{4.36}$$

Der Rang der erweiterten Dimensionsmatrix gibt gleichzeitig die Anzahl unabhängigen Kohärenzbedingungen an.

Die natürlichen Basiseinheiten müssen so gewählt werden, dass die zu den übrigen Einheiten gehörende Untermatrix den gleichen Rang wie die erweiterte Dimensionsmatrix hat.

Beim Vergleich mit der Aussage des ursprünglichen Π-Theorems in Abschnitt 2.3 stellen wir fest, dass Kennzahlen und natürliche Basiseinheiten ihren Platz getauscht haben. In der klassischen Dimensionsanalyse gibt der Rang der Dimensionsmatrix die Anzahl der natürlichen Basiseinheiten an, und die Anzahl der Kennzahlen folgt als Differenz aus der Anzahl der vorkommenden Größen und dem Rang der Dimensionsmatrix. In der erweiterten Dimensionsanalyse stimmt der Rang der Dimensionsmatrix dagegen mit der Anzahl der Kennzahlen überein, und die Differenz aus der Anzahl der vorkommenden Größen und dem Rang der erweiterten Dimensionsmatrix ergibt die Anzahl der natürlichen Basiseinheiten.

7. Wir beenden diesen Abschnitt mit einer Zusammenfassung, wie eine erweiterte Dimensionsanalyse in der Praxis ausgeführt wird:

Voraussetzung für eine erweiterte Dimensionsanalyse ist eine vollständige mathematische Formulierung des betrachteten Problems. Dann geht man folgendermaßen vor:
1. Man prüft, ob das betrachtete Problem eine Translations- oder Rotationssymmetrie besitzt, und führt gegebenenfalls eine entsprechende Transformation durch.
2. Man gewinnt aus der mathematischen Formulierung des betrachteten Problems die Relevanzfunktion(en) und die Kohärenzbedingungen.
3. Man stellt die erweiterte Dimensionsmatrix auf.

4. Man bestimmt den Rang der erweiterten Dimensionsmatrix und damit die Anzahl der unabhängigen Kohärenzbedingungen und der Kennzahlen.
5. Man bestimmt den Rang der infrage kommenden Untermatrizen und erhält daraus die möglichen Sätze natürlicher Basiseinheiten.
6. Man entscheidet sich für einen Satz natürlicher Basiseinheiten und ordnet die erweiterte Dimensionsmatrix so um, dass die gewählten Basiseinheiten in den hinteren Spalten erscheinen.
7. Man wandelt die erweiterte Dimensionsmatrix mithilfe des Gauß'schen Algorithmus in die reduzierte Zeilenstufenform um.
8. Man liest aus der reduzierten Zeilenstufenform die zugehörigen Kennzahlen ab und stellt die Kennzahlenfunktion(en) auf.

Aufgabe 4.2. Das in Aufgabe 2.9 untersuchte Problem des Ausflusses einer Flüssigkeit aus einem großen Behälter lässt sich im Rahmen der Stromfadentheorie mathematisch formulieren. Grundlage hierfür ist die Bernoulli-Gleichung längs eines Stromfadens, der vom Flüssigkeitsspiegel im Behälter bis zur Austrittsöffnung des Rohres reicht. Wenn man die Absenkung des Flüssigkeitsspiegels vernachlässigt und außerdem annimmt, dass am Rohraustritt der gleiche Druck herrscht wie am Flüssigkeitsspiegel, lautet diese Gleichung[3]

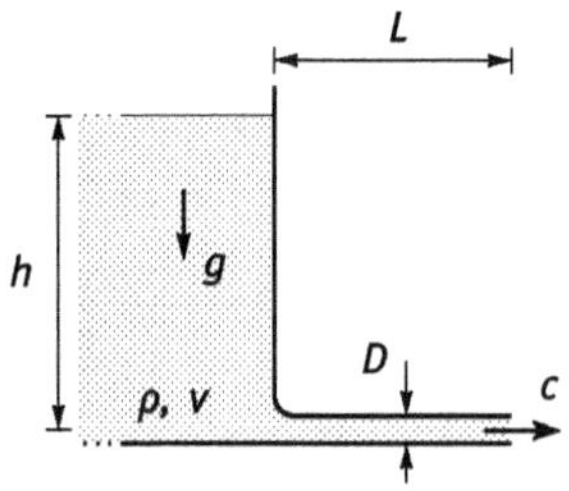

$$g\,h = \frac{c^2}{2} + \frac{\Delta p}{\rho}. \tag{a}$$

Der Druckabfall Δp erfasst die Energieverluste der Strömung. Wenn die Einmündung des Rohres gut abgerundet und das Rohr lang im Vergleich zum Durchmesser ist, werden die Energieverluste durch die Reibungskräfte im Rohr dominiert. Im Fall einer laminaren Strömung gilt dann für den Druckabfall (siehe die Fußnote zu (4.38))

$$\frac{\Delta p}{\rho} = \frac{32\,\nu\,L\,c}{D^2}. \tag{b}$$

A. Führen Sie anhand der Gleichungen (a) und (b) eine erweiterte Dimensionsanalyse durch und gewinnen Sie daraus die Kennzahlenfunktion(en) des Problems.
B. Berechnen Sie aus den Gleichungen (a) und (b) die exakte Lösung für die Geschwindigkeit c und verifizieren Sie, dass diese Lösung tatsächlich die Form (einer) der Kennzahlenfunktion(en) aus Teil A hat.

---

3 Zur Bernoulli-Gleichung und zur Stromfadentheorie siehe z. B. Schade, Kunz et al.: Strömungslehre, Kapitel 4 und 5. Berlin: W. de Gruyter, 4. Aufl., 2014.

Aufgabe 4.3. Entwickeln Sie ein Verfahren, mit dem sich eine klassische Dimensionsanalyse anhand einer erweiterten Dimensionsmatrix durchführen lässt, und wenden Sie dieses Verfahren auf das Beispiel der Kugelumströmung aus den Abschnitten 2.1–2.3 an. Formulieren Sie auch das Π-Theorem aus Abschnitt 2.3 so um, dass es zu diesem Verfahren passt.

Aufgabe 4.4. Die Bewegung der Planeten um die Sonne ist durch das Zusammenwirken von Gravitationsgesetz und Newton'schem Bewegungsgesetz bestimmt. Wenn man die Gravitationskräfte der anderen Planeten vernachlässigt, gilt für die Bewegung eines einzelnen Planeten um die Sonne

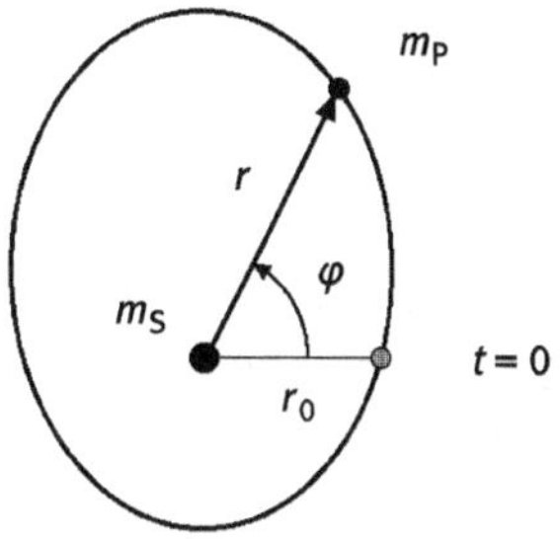

$$m_P \frac{d^2\vec{r}}{dt^2} = -\frac{\Gamma m_S m_P}{r^2} \frac{\vec{r}}{r} . \tag{a}$$

Hierbei ist $\vec{r}$ der Ortsvektor vom Mittelpunkt der Sonne zum Mittelpunkt des Planeten, r sein Betrag, Γ die Gravitationskonstante, m_S die Masse der Sonne und t die Zeit. Die Masse m_P des Planeten spielt keine Rolle, da sie sich aus der Gleichung herauskürzen lässt. Beim Übergang auf Polarkoordinaten entstehen aus (a) zwei Differentialgleichungen für den Abstand r und den Drehwinkel φ:

$$\frac{d^2r}{dt^2} - r\left(\frac{d\varphi}{dt}\right)^2 + \frac{\Gamma m_S}{r^2} = 0, \tag{b}$$

$$r\frac{d^2\varphi}{dt^2} + 2\frac{dr}{dt}\frac{d\varphi}{dt} = 0. \tag{c}$$

Die eindeutige Festlegung der Lösung erfordert außerdem jeweils zwei Anfangsbedingungen zu einer Anfangszeit $t = 0$:

$$t = 0: \tag{d}$$

$$r = r_0, \tag{e}$$

$$\frac{dr}{dt} = v_0, \tag{f}$$

$$\varphi = 0, \tag{g}$$

$$\frac{d\varphi}{dt} = \omega_0. \tag{h}$$

A. Führen Sie für das Anfangswertproblem (b)–(h) eine erweiterte Dimensionsanalyse durch; verifizieren Sie, dass r_0, Γ und m_S als natürliche Basiseinheiten geeignet sind, und geben Sie die zugehörigen Kennzahlenfunktionen an.
B. Nehmen Sie an, dass das Anfangswertproblem (b)–(h) eine periodische Lösung besitzt, d. h. dass der Planet eine geschlossene Bahnkurve durchläuft und nach

einer Umlaufzeit T in seinen Anfangszustand zurückkehrt. Werten Sie die Kennzahlenfunktion für den Abstand r zur Zeit $t = T$ aus und vergleichen Sie die gewonnene Aussage mit dem Ergebnis von Aufgabe 3.2.

4.4 Sekundäre Dimensionsanalyse

1. In der Praxis steht man oft vor der Aufgabe, aus der mathematischen Formulierung eines Problems nachträglich weitere Beziehungen zu gewinnen, z. B. weil diese Beziehungen sich physikalisch besser interpretieren lassen oder weil sie experimentell leichter überprüfbar sind. Wenn für die mathematische Formulierung des Problems eine erweiterte Dimensionsanalyse vorliegt, können ihre Ergebnisse auch zur Ermittlung der Kennzahlenfunktionen für die abgeleiteten Beziehungen dienen; wir sprechen dann von einer *sekundären Dimensionsanalyse.*

2. Zur Demonstration der Vorgehensweise in einer sekundären Dimensionsanalyse wählen wir wieder das Beispiel der stationären, laminaren Rohrströmung und fragen zusätzlich nach dem Volumenstrom im Rohr. Der Volumenstrom ist als Flächenintegral der Geschwindigkeit über die Querschnittsfläche des Rohres definiert. Wenn wir eine rotationssymmetrische Geschwindigkeitsverteilung in einem kreisrunden Rohr voraussetzen, gilt hierfür

$$\dot{V} = \int_{r=0}^{r=D/2} u \cdot 2\pi r \, \mathrm{d}r. \tag{4.37}$$

Die Geschwindigkeit u und die radiale Koordinate r spalten wir in Zahlenwert und Einheit auf, also

$$r = \hat{r}\,\tilde{r}, \quad u = \hat{u}\,\tilde{u},$$

und verwenden dabei speziell die natürlichen Basiseinheiten (4.21) des Randwertproblems (4.8)–(4.12). Dann gilt

$$r = \hat{r}\,D, \quad u = \hat{u}\,\frac{\Delta p\, D^2}{\eta L},$$

und durch Einsetzen in das Integral (4.37) entsteht

$$\dot{V} = \tilde{u}\,\tilde{r}^2 \int_{\hat{r}=0}^{\hat{r}=1/2} \hat{u} \cdot 2\pi \hat{r}\, \mathrm{d}\hat{r} = \frac{\Delta p\, D^4}{\eta L} \int_{\hat{r}=0}^{\hat{r}=1/2} \hat{u} \cdot 2\pi \hat{r}\, \mathrm{d}\hat{r}.$$

Das Integral liefert einen bestimmten Zahlenwert, der von der Form der Geschwindigkeitsverteilung im Rohr abhängig ist, d. h. es gilt

$$\dot{V} \sim \frac{\Delta p\, D^4}{\eta\, L}$$

oder in Übereinstimmung mit (2.32)[4]

$$\frac{\dot{V}\,\eta\, L}{\Delta p\, D^4} = \text{const.} \tag{4.38}$$

4.5 Unvollständige Dimensionsanalyse

1. Grundlage einer erweiterten Dimensionsanalyse war bisher immer ein mathematisch vollständig bestimmtes Problem, also z. B. ein Randwertproblem, das aus Differentialgleichungen und den zugehörigen Randbedingungen besteht. In der Literatur findet man aber oft eine andere Vorgehensweise, bei der nur die Differentialgleichungen zur Gewinnung von Kennzahlen herangezogen werden.

Offenbar haben alle Randwertprobleme mit denselben Differentialgleichungen auch die Kennzahlen gemeinsam, die aus diesen Differentialgleichungen entstehen, d. h. sie unterscheiden sich nur durch die Kennzahlen, die aus den unterschiedlichen Randbedingungen folgen. Die Untersuchung von Differentialgleichungen allein stellt also eine *unvollständige Dimensionsanalyse* dar. Sie führt auf richtige Kennzahlen, die aber keinen vollständigen Satz bilden und aus denen sich deshalb auch keine Kennzahlenfunktionen bilden lassen, so wie die Differentialgleichungen in der Regel auch nur einen unvollständigen Satz von Einflussgrößen enthalten, aus denen man keine Relevanzfunktionen gewinnen kann.

2. Als Beispiel für die Durchführung einer unvollständigen Dimensionsanalyse wählen wir die Navier–Stokes-Gleichungen der Strömungsmechanik. Diese Gleichungen entstehen aus den allgemeinen Bilanzgleichungen für Masse und Impuls durch Spezialisierung auf die sogenannten Newton'schen Fluide, die eine Vielzahl realer Flüssigkeiten und Gase wie Wasser oder Luft umfassen. Mathematisch gesehen handelt es sich dabei um ein System von Differentialgleichungen, aus dem sich der Druck p und die Geschwindigkeitskoordinaten v_i abhängig von Ort x_i und Zeit t berechnen lassen, wobei zusätzlich die Wirkung einer Kraftdichte f_i (z. B. die Schwerkraftdichte) vorhanden sein kann. Wenn wir uns auf inkompressible Fluide mit konstanter Dichte ρ und konstanter kinematischer Zähigkeit ν beschränken, lautet dieses Differentialgleichungssystem

4 Die Konstante lässt sich durch Einsetzen der Lösung (4.15) in das Integral (4.37) exakt berechnen und hat den Wert $\pi/128$.

$$\begin{aligned} \frac{\partial v_i}{\partial x_i} &= 0, \\ \frac{\partial v_i}{\partial t} + v_j \frac{\partial v_i}{\partial x_j} &= f_i - \frac{1}{\rho} \frac{\partial p}{\partial x_i} + \nu \frac{\partial^2 v_i}{\partial x_j^2}, \end{aligned} \tag{4.39}$$

Wir haben hierbei eine Indexschreibweise verwendet, bei der die Indizes i und j (mit $i, j \in \{1, 2, 3\}$) nacheinander die drei kartesischen Ortskoordinaten $x_1 = x$, $x_2 = y$, $x_3 = z$ bzw. die entsprechenden Koordinaten des Geschwindigkeitsvektors $\vec{v}$ ($v_1 = u$, $v_2 = v$, $v_3 = w$) oder des Kraftdichtevektors $\vec{f}$ ($f_1 = f_x$, $f_2 = f_y$, $f_3 = f_z$) angeben. Das doppelte Vorkommen eines Indexes innerhalb eines Terms bedeutet im Sinne der Einstein'schen Summenkonvention gleichzeitig die Bildung einer Summe von 1 bis 3, also z. B. $a_i\, b_i = \sum_{i=1}^{3} a_i\, b_i = a_1\, b_1 + a_2\, b_2 + a_3\, b_3$. Ausführlich geschrieben lautet das System der Navier–Stokes-Gleichungen:

$$\begin{aligned} \frac{\partial u}{\partial x} + \frac{\partial v}{\partial y} + \frac{\partial w}{\partial z} &= 0, \\ \frac{\partial u}{\partial t} + u\frac{\partial u}{\partial x} + v\frac{\partial u}{\partial y} + w\frac{\partial u}{\partial z} &= f_x - \frac{1}{\rho}\frac{\partial p}{\partial x} + \nu\left(\frac{\partial^2 u}{\partial x^2} + \frac{\partial^2 u}{\partial y^2} + \frac{\partial^2 u}{\partial z^2}\right), \\ \frac{\partial v}{\partial t} + u\frac{\partial v}{\partial x} + v\frac{\partial v}{\partial y} + w\frac{\partial v}{\partial z} &= f_y - \frac{1}{\rho}\frac{\partial p}{\partial y} + \nu\left(\frac{\partial^2 v}{\partial x^2} + \frac{\partial^2 v}{\partial y^2} + \frac{\partial^2 v}{\partial z^2}\right), \\ \frac{\partial w}{\partial t} + u\frac{\partial w}{\partial x} + v\frac{\partial w}{\partial y} + w\frac{\partial w}{\partial z} &= f_z - \frac{1}{\rho}\frac{\partial p}{\partial z} + \nu\left(\frac{\partial^2 w}{\partial x^2} + \frac{\partial^2 w}{\partial y^2} + \frac{\partial^2 w}{\partial z^2}\right). \end{aligned}$$

Wegen der Vielzahl der vorkommenden Koordinaten entsteht aus diesen Gleichungen auch eine Vielzahl von Kohärenzbedingungen für die zugehörigen Einheiten, sodass es sinnvoll ist, den Umfang der erweiterten Dimensionsmatrix durch einige Vorüberlegungen zu reduzieren. Die Klammerausdrücke mit den zweiten Ableitungen auf den rechten Seiten der letzten drei Gleichungen liefern die Kohärenzbedingungen

$$\frac{\tilde{u}}{\tilde{x}^2} = \frac{\tilde{u}}{\tilde{y}^2} = \frac{\tilde{u}}{\tilde{z}^2}, \quad \frac{\tilde{v}}{\tilde{x}^2} = \frac{\tilde{v}}{\tilde{y}^2} = \frac{\tilde{v}}{\tilde{z}^2}, \quad \frac{\tilde{w}}{\tilde{x}^2} = \frac{\tilde{w}}{\tilde{y}^2} = \frac{\tilde{w}}{\tilde{z}^2}.$$

Daraus folgt sofort, dass die Ortskoordinaten alle in derselben Einheit gemessen werden müssen:

$$\tilde{x} = \tilde{y} = \tilde{z}. \tag{4.40}$$

Wenn man außerdem die Kohärenzbedingungen aus der ersten Gleichung heranzieht, also

$$\frac{\tilde{u}}{\tilde{x}} = \frac{\tilde{v}}{\tilde{y}} = \frac{\tilde{w}}{\tilde{z}},$$

ergibt sich zusammen mit (4.40), dass auch für die Geschwindigkeitskoordinaten nur eine gemeinsame Einheit zulässig ist:

$$\widetilde{u} = \widetilde{v} = \widetilde{w}. \tag{4.41}$$

Die Einheiten der Kraftdichtekoordinaten müssen schließlich noch Kohärenzbedingungen der Art

$$\widetilde{f}_x = \frac{\widetilde{\nu}\,\widetilde{u}}{\widetilde{x}^2}, \quad \widetilde{f}_y = \frac{\widetilde{\nu}\,\widetilde{v}}{\widetilde{y}^2}, \quad \widetilde{f}_z = \frac{\widetilde{\nu}\,\widetilde{w}}{\widetilde{x}^2}$$

erfüllen, die sich wieder aus den letzten drei Gleichungen ergeben. Die Kombination mit (4.40) und (4.41) führt dann dazu, dass auch für die Kraftdichtekoordinaten jeweils die gleiche Einheit verwendet werden muss:

$$\widetilde{f}_x = \widetilde{f}_y = \widetilde{f}_z. \tag{4.42}$$

Bei Problemen, die durch die vollständigen Navier–Stokes-Gleichungen bestimmt sind, führt eine erweiterte Dimensionsanalyse also zu dem Ergebnis, dass man die Koordinaten von Vektoren jeweils in derselben Einheit messen muss, wie wir es bereits in Abschnitt 1.2 Nr. 4 erwähnt hatten. Bei der zuvor untersuchten Rohrströmung (siehe Abschnitte 4.1 und 4.2) ist das nicht der Fall, im Gegenteil, der eigentliche Gewinn aus der erweiterten Dimensionsanalyse liegt darin, dass für die verschiedenen Ortskoordinaten auch verschiedene Einheiten zulässig sind. Dieser Unterschied hängt damit zusammen, dass die Navier–Stokes-Gleichungen in ihrer Allgemeinheit auch dreidimensionale Strömungen beschreiben, in denen es keine bevorzugten Raumrichtungen gibt, während es sich bei der Rohrströmung um eine eindimensionale Strömung handelt, in der die Verhältnisse in radialer und axialer Richtung voneinander entkoppelt sind.

3. Nach den Vorüberlegungen lassen sich die in (4.39) vorkommenden Größen so zerlegen, dass alle Koordinaten eines Vektors dieselbe Einheit haben:

$$\begin{aligned} &x_i = \widehat{x}_i\,\widetilde{x}, \quad t = \widehat{t}\,\widetilde{t}, \quad v_i = \widehat{v}_i\,\widetilde{v}, \quad p = \widehat{p}\,\widetilde{p}, \\ &f_i = \widehat{f}_i\,\widetilde{f}, \quad \rho = \widehat{\rho}\,\widetilde{\rho}, \quad \nu = \widehat{\nu}\,\widetilde{\nu}. \end{aligned} \tag{4.43}$$

Nach dem Einsetzen in (4.39) entsteht

$$\begin{aligned} &\frac{\partial \widehat{v}_i}{\partial \widehat{x}_i}\frac{\widetilde{v}}{\widetilde{x}} = 0, \\ &\frac{\partial \widehat{v}_i}{\partial \widehat{t}}\frac{\widetilde{v}}{\widetilde{t}} + \widehat{v}_j \frac{\partial \widehat{v}_i}{\partial \widehat{x}_j}\frac{\widetilde{v}^2}{\widetilde{x}} = \widehat{f}_i \widetilde{f} - \frac{1}{\widehat{\rho}}\frac{\partial \widehat{p}}{\partial \widehat{x}_i}\frac{\widetilde{p}}{\widetilde{\rho}\,\widetilde{x}} + \widehat{\nu}\frac{\partial^2 \widehat{v}_i}{\partial \widehat{x}_j^2}\frac{\widetilde{\nu}\,\widetilde{v}}{\widetilde{x}^2}. \end{aligned} \tag{4.44}$$

Aus der zweiten Gleichung (4.44) ergeben sich dann die vier Kohärenzbedingungen

$$\frac{\widetilde{v}}{\widetilde{t}} = \frac{\widetilde{v}^2}{\widetilde{x}}, \quad \frac{\widetilde{v}^2}{\widetilde{x}} = \widetilde{f}, \quad \frac{\widetilde{v}^2}{\widetilde{x}} = \frac{\widetilde{p}}{\widetilde{\rho}\,\widetilde{x}}, \quad \frac{\widetilde{v}^2}{\widetilde{x}} = \frac{\widetilde{\nu}\,\widetilde{v}}{\widetilde{x}^2},$$

oder in Normalform:

$$\begin{aligned} \tilde{x}\tilde{t}^{-1}\tilde{\upsilon}^{-1} &= 1, \\ \tilde{x}^{-1}\tilde{\upsilon}^{2}\tilde{f}^{-1} &= 1, \\ \tilde{\upsilon}^{-2}\tilde{p}\tilde{\rho}^{-1} &= 1, \\ \tilde{x}\tilde{\upsilon}\tilde{\nu}^{-1} &= 1. \end{aligned} \tag{4.45}$$

Die zugehörige erweiterte Dimensionsmatrix lautet

$$\begin{array}{ccccccc} \tilde{x} & \tilde{t} & \tilde{\upsilon} & \tilde{p} & \tilde{f} & \tilde{\rho} & \tilde{\nu} \end{array}$$
$$\begin{pmatrix} 1 & -1 & -1 & 0 & 0 & 0 & 0 \\ -1 & 0 & 2 & 0 & -1 & 0 & 0 \\ 0 & 0 & -2 & 1 & 0 & -1 & 0 \\ 1 & 0 & 1 & 0 & 0 & 0 & -1 \end{pmatrix}. \tag{4.46}$$

Man erkennt sofort, dass diese Matrix den Rang $r = 4$ hat, da die Spalten für $\tilde{t}$, $\tilde{p}$ bzw. $\tilde{\rho}, \tilde{f}$ und $\tilde{\nu}$ jeweils nur ein von null verschiedenes Element in jeweils unterschiedlichen Zeilen enthalten. Bei insgesamt $n = 7$ vorkommenden Einheiten lassen sich daher $b = n - r = 3$ Basiseinheiten wählen. Wenn als Kraftdichte nur die Fallbeschleunigung g wirkt, liegt es nahe, die konstanten Größen g, ρ, ν als natürliche Basiseinheiten zu wählen, also

$$\tilde{f} = g, \quad \tilde{\rho} = \rho, \quad \tilde{\nu} = \nu \tag{4.47}$$

zu setzen. Nach der Reduktion der erweiterten Dimensionsmatrix zu

$$\begin{array}{cccc|ccc} \tilde{x} & \tilde{t} & \tilde{\upsilon} & \tilde{p} & g & \rho & \nu \\ 1 & 0 & 0 & 0 & 1/3 & 0 & -2/3 \\ 0 & 1 & 0 & 0 & 2/3 & 0 & -1/3 \\ 0 & 0 & 1 & 0 & -1/3 & 0 & -1/3 \\ 0 & 0 & 0 & 1 & -2/3 & -1 & -2/3 \end{array}$$

folgt für die übrigen Einheiten

$$\tilde{x} = \sqrt[3]{\nu^2/g}, \quad \tilde{t} = \sqrt[3]{\nu/g^2}, \quad \tilde{\upsilon} = \sqrt[3]{\nu g}, \quad \tilde{p} = \rho\sqrt[3]{\nu^2 g^2}. \tag{4.48}$$

Aus (4.47) und (4.48) ergibt sich dann für die in (4.44) vorkommenden Einheitenkombinationen

$$\frac{\tilde{\upsilon}}{\tilde{t}} = g, \quad \frac{\tilde{\upsilon}^2}{\tilde{x}} = g, \quad \frac{\tilde{p}}{\rho\tilde{x}} = g, \quad \frac{\nu\tilde{\upsilon}}{\tilde{x}^2} = g,$$

d. h. alle Einheiten lassen sich aus (4.44) herauskürzen, wie es von einem kohärenten Einheitensystem auch zu erwarten ist. In dimensionsloser Form lauten die Navier–Stokes-Gleichungen also

$$\begin{aligned}\frac{\partial \hat{v}_i}{\partial \hat{x}_i} &= 0,\\ \frac{\partial \hat{v}_i}{\partial \hat{t}} + \hat{v}_j \frac{\partial \hat{v}_i}{\partial \hat{x}_j} &= \hat{f}_i - \frac{\partial \hat{p}}{\partial \hat{x}_i} + \frac{\partial^2 \hat{v}_i}{\partial \hat{x}_j^2}.\end{aligned} \tag{4.49}$$

Die $\hat{f}_i$ sind die Koordinaten eines Einheitsvektors, der die Richtung der Fallbeschleunigung in Bezug auf das gewählte Koordinatensystem angibt. Die Zahlenwerte $\hat{\rho}$ und $\hat{\nu}$ von Dichte ρ und kinematischer Zähigkeit ν sind bei der Verwendung von ρ und ν als natürlichen Basiseinheiten gleich eins und treten daher nicht als Symbole in diesen Gleichungen auf.

4. In vielen Anwendungsfällen spielt die Schwerkraft keine Rolle, dann vereinfachen sich die Navier–Stokes-Gleichungen (4.39) zu

$$\begin{aligned}\frac{\partial v_i}{\partial x_i} &= 0,\\ \frac{\partial v_i}{\partial t} + v_j \frac{\partial v_i}{\partial x_j} &= -\frac{1}{\rho}\frac{\partial p}{\partial x_i} + \nu \frac{\partial^2 v_i}{\partial x_j^2}.\end{aligned}$$

Entsprechend ergeben sich aus der zweiten Gleichung nur noch drei Kohärenzbedingungen

$$\frac{\tilde{v}}{\tilde{t}} = \frac{\tilde{v}^2}{\tilde{x}}, \quad \frac{\tilde{v}^2}{\tilde{x}} = \frac{\tilde{p}}{\tilde{\rho}\,\tilde{x}}, \quad \frac{\tilde{v}^2}{\tilde{x}} = \frac{\tilde{\nu}\,\tilde{v}}{\tilde{x}^2},$$

oder in Normalform:

$$\begin{aligned}\tilde{x}\,\tilde{t}^{-1}\,\tilde{v}^{-1} &= 1,\\ \tilde{v}^{-2}\,\tilde{p}\,\tilde{\rho}^{-1} &= 1,\\ \tilde{x}\,\tilde{v}\,\tilde{\nu}^{-1} &= 1,\end{aligned}$$

und die erweiterte Dimensionsmatrix lautet

$$\begin{array}{cccccc} \tilde{x} & \tilde{t} & \tilde{v} & \tilde{p} & \tilde{\rho} & \tilde{\nu} \end{array}$$
$$\begin{pmatrix} 1 & -1 & -1 & 0 & 0 & 0\\ 0 & 0 & -2 & 1 & -1 & 0\\ 1 & 0 & 1 & 0 & 0 & -1 \end{pmatrix}.$$

Diese Matrix hat offenkundig den Rang $r = 3$, da die Spalten für $\tilde{t}$, $\tilde{p}$ bzw. $\tilde{\rho}$ und $\tilde{\nu}$ jeweils nur ein von null verschiedenes Element in jeweils unterschiedlichen Zeilen enthalten. Bei insgesamt $n = 6$ vorkommenden Einheiten lassen sich daher wie in Nr. 3 $b = n - r = 3$ Basiseinheiten wählen. Da jetzt aber nicht mehr genügend konstante Größen zur Verfügung stehen, verzichten wir auf die Einführung natürlicher Basiseinheiten und geben stattdessen eine beliebige Längeneinheit $\tilde{x}$, eine beliebige Geschwindigkeitseinheit $\tilde{v}$ und eine beliebige Dichteeinheit $\tilde{\rho}$ vor. Nach einer entsprechenden Umsortierung der Spalten lautet die reduzierte Dimensionsmatrix dann

$$\begin{array}{cccccc} \tilde{t} & \tilde{\nu} & \tilde{p} & \tilde{x} & \tilde{v} & \tilde{\rho} \end{array}$$
$$\left(\begin{array}{ccc|ccc} 1 & 0 & 0 & -1 & 1 & 0 \\ 0 & 1 & 0 & -1 & -1 & 0 \\ 0 & 0 & 1 & 0 & -2 & -1 \end{array}\right).$$

Daraus folgt für die abgeleiteten Einheiten

$$\tilde{t} = \tilde{x}\,\tilde{v}^{-1}, \quad \tilde{\nu} = \tilde{x}\,\tilde{v}, \quad \tilde{p} = \tilde{v}^2\,\tilde{\rho},$$

und die dimensionslose Form der Navier–Stokes-Gleichungen lautet

$$\frac{\partial \hat{v}_i}{\partial \hat{x}_i} = 0,$$
$$\frac{\partial \hat{v}_i}{\partial \hat{t}} + \hat{v}_j \frac{\partial \hat{v}_i}{\partial \hat{x}_j} = -\frac{1}{\hat{\rho}} \frac{\partial \hat{p}}{\partial \hat{x}_i} + \hat{\nu} \frac{\partial^2 \hat{v}_i}{\partial \hat{x}_j^2}.$$

5. In der Strömungsmechanik ist es üblich, die Grundgleichungen ohne direkten Bezug zur Dimensionsanalyse in eine dimensionslose Form umzuwandeln. An die Stelle der Einheiten treten dann sogenannte charakteristische Größen, im Beispiel der Navier–Stokes-Gleichungen also:
- eine charakteristische Länge L,
- eine charakteristische Zeit T,
- eine charakteristische Geschwindigkeit U,
- die Fallbeschleunigung g als charakteristische Kraftdichte,
- ein charakteristischer Druck P,
- die Dichte ρ des Fluids als charakteristische Dichte,
- die kinematische Zähigkeit ν des Fluids als charakteristische kinematische Zähigkeit.

Für die vorkommenden Größen, die nicht selbst charakteristische Größen sind, schreibt man dann

$$x_i = \hat{x}_i L, \quad t = \hat{t}\,T, \quad v_i = \hat{v}_i U, \quad f_i = \hat{f}_i g, \quad p = \hat{p}\,P. \tag{4.50}$$

Beim Einsetzen in die Navier–Stokes-Gleichungen entsteht zunächst

$$\frac{\partial \hat{v}_i}{\partial \hat{t}} \frac{U}{T} + \hat{v}_j \frac{\partial \hat{v}_i}{\partial \hat{x}_j} \frac{U^2}{L} = \hat{f}_i g - \frac{1}{\rho} \frac{\partial \hat{p}}{\partial \hat{x}_i} \frac{P}{L} + \nu \frac{\partial^2 \hat{v}_i}{\partial \hat{x}_i^2} \frac{U}{L^2},$$

oder nach Division durch den Faktor U^2/L

$$\frac{\partial \hat{v}_i}{\partial \hat{t}} \frac{L}{U\,T} + \hat{v}_j \frac{\partial \hat{v}_i}{\partial \hat{x}_j} = \hat{f}_i \frac{g\,L}{U^2} - \frac{\partial \hat{p}}{\partial \hat{x}_i} \frac{P}{\rho\,U^2} + \frac{\partial^2 \hat{v}_i}{\partial \hat{x}_j^2} \frac{\nu}{U\,L}. \tag{4.51}$$

Da der zweite Term auf der linken Seite nur aus Zahlenwerten besteht, handelt es sich bei (4.51) ebenfalls um eine dimensionslose Form der Navier–Stokes-Gleichungen; insbesondere sind dann auch die Kombinationen der charakteristischen Größen, die nach der Division durch U^2/L entstehen, dimensionslose Größen. Diese Kombinationen sind in der Strömungsmechanik als Kennzahlen gebräuchlich; sie werden üblicherweise nach Forschern benannt und (zumindest im deutschen Sprachraum) durch Formelzeichen mit zwei Buchstaben abgekürzt:

– die Strouhal-Zahl[5]

$$\mathrm{St} := \frac{L}{U\,T}, \tag{4.52}$$

– die Froude-Zahl[6]

$$\mathrm{Fr} := \frac{U^2}{gL}, \tag{4.53}$$

– die Euler-Zahl[7]

$$\mathrm{Eu} := \frac{P}{\rho\,U^2}, \tag{4.54}$$

---

5 Die Strouhal-Zahl ist benannt nach dem tschechischen Physiker Vincent Strouhal (1850–1922) und wurde von ihm benutzt, um die Tonerzeugung an Drähten in einem Luftstrom näher zu charakterisieren; häufig wird die Strouhal-Zahl auch mit einer charakteristischen Frequenz $F = 1/T$ anstelle der charakteristischen Zeit T formuliert.

6 Im Schiffbau wird meist die Quadratwurzel dieser Kennzahl, also $U/\sqrt{gL}$, als Froude-Zahl bezeichnet.

7 Die Euler-Zahl ist benannt nach dem Schweizer Gelehrten Leonhard Euler (1707–1783), einem der fruchtbarsten Forscher des 18. Jahrhunderts auf dem Gebiet der Mathematik und Mechanik; häufig findet man im Zähler der Euler-Zahl auch eine Druckdifferenz Δp, da der Druck in den Navier–Stokes-Gleichungen nur als Gradient erscheint und damit alle Lösungen der Navier–Stokes-Gleichungen nur von Druckdifferenzen abhängen.

– die Reynolds-Zahl

$$\mathrm{Re} := \frac{U\,L}{\nu}. \tag{4.55}$$

Mit diesen Abkürzungen lautet (4.51) dann

$$\frac{\partial \hat{v}_i}{\partial \hat{t}}\,\mathrm{St} + \hat{v}_j\,\frac{\partial \hat{v}_i}{\partial \hat{x}_j} = \hat{f}_i\,\frac{1}{\mathrm{Fr}} - \frac{\partial \hat{p}}{\partial \hat{x}_i}\,\mathrm{Eu} + \frac{\partial^2 \hat{v}_i}{\partial \hat{x}_j^2}\,\frac{1}{\mathrm{Re}}. \tag{4.56}$$

6. Aus Sicht der Dimensionsanalyse bilden die charakteristischen Größen ein inkohärentes Einheitensystem, da sie unabhängig gewählt werden können und keine Kohärenzbedingungen erfüllen müssen. Als Folge gelten dann zwischen den Zahlenwerten der Größen nicht mehr dieselben Gleichungen wie zwischen den Größen selbst, was sich durch das Auftreten der Kennzahlen in der dimensionslosen Form (4.56) der Navier–Stokes-Gleichungen bemerkbar macht. Diese Kennzahlen lassen sich im Übrigen auch aus den Kohärenzbedingungen (4.45) gewinnen, wenn man dort die Einheiten durch die charakteristischen Größen ersetzt und nicht mehr verlangt, dass auf den rechten Seiten jeweils eine Eins, sondern eine beliebige Zahl steht, die dann als die jeweilige Kennzahl aufgefasst wird:

$$\begin{aligned} L\,T^{-1}\,U^{-1} &= \mathrm{St}, \\ L^{-1}\,U^{2}\,g^{-1} &= \mathrm{Fr}, \\ U^{-2}\,P\,\rho^{-1} &= \mathrm{Eu}, \\ L\,U\,\nu^{-1} &= \mathrm{Re}. \end{aligned} \tag{4.57}$$

Die Wahl der charakteristischen Größen selbst bleibt jedoch offen, da sie (abgesehen von der Dichte ρ und der kinematischen Zähigkeit ν des Fluids sowie gegebenenfalls der Fallbeschleunigung g) in den Navier–Stokes-Gleichungen nicht vorkommen. Es ist daher fraglich, ob man die Kennzahlen, die aus den charakteristischen Größen gebildet werden, den Navier–Stokes-Gleichungen selbst zuordnen sollte; es handelt sich eher um Kennzahlen für eine bestimmte Klasse von Strömungsphänomenen, in unserem Beispiel also inkompressible, reibungsbehaftete Strömungen unter Schwerkrafteinfluss.

Die Untersuchung eines Differentialgleichungssystems ohne Berücksichtigung von Anfangs- oder Randbedingungen stellt aus unserer Sicht zwar eine unvollständige Dimensionsanalyse dar, die hierbei gewonnenen Kennzahlen können aber trotzdem einen gewissen Anspruch auf Vollständigkeit erheben: Im Beispiel der Navier–Stokes-Gleichungen zeigt eine erweiterte Dimensionsanalyse zunächst, dass die Koordinaten von Vektoren jeweils in derselben Einheit gemessen werden müssen; anschließend hat die verbleibende Dimensionsmatrix den Rang $r = 4$, d. h. die Navier–Stokes-Gleichungen lassen die Bildung von vier Kennzahlen zu, die üblicherweise die Namen Reynolds-, Froude-, Euler- und Strouhal-Zahl tragen. Wegen der nicht erfassten Anfangs- oder Randbedingungen können diese Kennzahlen allerdings nicht zu einer Kennzahlenfunktion kombiniert werden.

Aufgabe 4.5. Wenn in einer Strömung nicht nur Masse und Impuls, sondern auch Wärme transportiert wird, ist neben den Navier–Stokes-Gleichungen eine weitere Gleichung zur Berechnung der Temperatur erforderlich. Solange die Strömung als inkompressibel betrachtet werden kann und der Temperatureinfluss auf die Dichte ρ und die kinematische Zähigkeit ν vernachlässigbar ist, lassen sich die Navier–Stokes-Gleichungen in der Form (4.39) weiter verwenden. Die zusätzlich benötigte Bilanzgleichung für die innere Energie, aus der sich die Temperatur θ ergibt, lautet dann

$$\rho\,c\left(\frac{\partial\theta}{\partial t}+v_j\,\frac{\partial\theta}{\partial x_j}\right)=\lambda\,\frac{\partial^2\theta}{\partial x_j^2}+\rho\,\nu\left(\frac{\partial v_i}{\partial x_j}\,\frac{\partial v_i}{\partial x_j}+\frac{\partial v_j}{\partial x_i}\,\frac{\partial v_i}{\partial x_j}\right).$$

Hierbei ist c die (als konstant angenommene) spezifische Wärmekapazität und λ die (ebenfalls als konstant angenommene) Wärmeleitfähigkeit des Fluids.

Führen Sie zusätzlich zu den charakteristischen Größen aus Nr. 5 eine charakteristische Temperatur Θ ein, betrachten Sie c und λ ebenfalls als charakteristische Größen, und bestimmen Sie die Kennzahlen, die sich aus der Bilanzgleichung für die innere Energie ergeben.

4.6 Interpretation von Kennzahlen

1. In der Strömungsmechanik ist es üblich (siehe Abschnitt 4.5 Nr. 5), für bestimmte dimensionslose Kombinationen von physikalischen Größen eigene Namen zu vergeben, also z. B. für die Kombination $L\,U/\nu$ einer Länge L, einer Geschwindigkeit U und einer kinematischen Zähigkeit ν den Namen Reynolds-Zahl. Zunächst handelt es sich nur um eine zweckmäßige Abkürzung, in der Regel wird ihr aber auch eine physikalische Bedeutung zugeschrieben.

2. Bei der Untersuchung des Strömungswiderstands einer Kugel in Kapitel 2 trat beispielsweise die Reynolds-Zahl $\mathrm{Re} = D\,U/\nu$ auf. Je nachdem, ob U und ν, D und ν oder D und U zu natürlichen Basiseinheiten gewählt werden, lässt sich diese Reynolds-Zahl dann als in natürlichen Basiseinheiten gemessene Länge, Geschwindigkeit oder reziproke kinematische Zähigkeit interpretieren.

Die in Abschnitt 4.5 Nr. 5 beschriebene Herleitung der Reynolds-Zahl aus den Navier–Stokes-Gleichungen legt allerdings noch eine andere Interpretation nahe. Die charakteristischen Größen, aus denen am Ende die Reynolds-Zahl gebildet wird, stammen aus zwei Termen der Impulsbilanz: dem konvektiven Beschleunigungsterm

$$v_j \frac{\partial v_i}{\partial x_j} = \widehat{v}_j \frac{\partial \widehat{v}_i}{\partial \widehat{x}_j} \frac{U^2}{L}$$

und dem Zähigkeitsterm

$$\nu \frac{\partial^2 v_i}{\partial x_j^2} = \frac{\partial^2 \widehat{v}_i}{\partial \widehat{x}_j^2} \frac{\nu U}{L^2}.$$

Wenn man die Beträge dieser Terme ins Verhältnis setzt und dabei annimmt, dass die Ausdrücke, die von den Zahlenwerten gebildet werden, jeweils von gleicher Größenordnung sind, folgt daraus als Abschätzung

$$\left| v_j \frac{\partial v_i}{\partial x_j} \right| \bigg/ \left| \nu \frac{\partial^2 v_i}{\partial x_j^2} \right| \approx \frac{UL}{\nu},$$

also die Reynolds-Zahl Re. Der konvektive Beschleunigungsterm lässt sich als spezifische Trägheitskraft deuten, der Zähigkeitsterm als spezifische Reibungskraft, dann beschreibt die Reynolds-Zahl, in welchem Verhältnis Trägheits- und Zähigkeitskräfte in einer Strömung stehen: Bei großen Reynolds-Zahlen $\mathrm{Re} \gg 1$ dominieren die Trägheitskräfte, bei kleinen Reynolds-Zahlen $\mathrm{Re} \ll 1$ dagegen die Reibungskräfte.

Bei einer solchen Interpretation ist allerdings eine gewisse Vorsicht geboten. Zum einen stehen die charakteristischen Größen, aus denen die Reynolds-Zahl gebildet wird, in keiner direkten Verbindung zu den Navier–Stokes-Gleichungen, d. h. die Zuverlässigkeit einer Interpretation hängt immer von einer sachgerechten Auswahl dieser Größen ab. Zum anderen spielen auch die Details einer Strömung eine Rolle, wie die beiden folgenden Beispiele belegen:

- Eine stationäre Strömung durch ein gerades Rohr mit konstantem Querschnitt ist unbeschleunigt. Die Trägheitskraft ist also exakt null, trotzdem hat eine mit dem Durchmesser gebildete Reynolds-Zahl einen festen, von null verschiedenen Wert.
- Wenn man bei der Umströmung eines Flugzeugtragflügels die Anströmgeschwindigkeit und die Flügeltiefe verwendet, entstehen sehr hohe Reynolds-Zahlen. Entsprechend sind die Reibungskräfte im größten Teil der Strömung vernachlässigbar klein, aber dennoch gibt es eine dünne Schicht in unmittelbarer Nähe des Tragflügels (die sogenannte Grenzschicht), in der Reibungskräfte und Trägheitskräfte von gleicher Größenordnung sind.

3. Andere Kennzahlen lassen sich dagegen problemlos als Verhältnisgrößen interpretieren. Ein Beispiel ist die Prandtl-Zahl[8] (siehe auch Aufgabe 4.5)

$$\mathrm{Pr} := \frac{\nu}{a}. \tag{4.58}$$

8 Die Prandtl-Zahl ist benannt nach dem deutschen Physiker Ludwig Prandtl (1875–1953), dem Begründer der modernen Strömungsforschung und Schöpfer der Grenzschichttheorie.

Diese Kennzahl ist nur von den Eigenschaften des betrachteten Fluids abhängig: der kinematischen Zähigkeit ν und der Temperaturleitfähigkeit a. Die Prandtl-Zahl drückt dann auch aus, in welchem Verhältnis die Diffusion von Impuls und thermischer Energie in der Strömung stehen: Bei Prandtl-Zahlen $\mathrm{Pr} > 1$ ist die Impulsdiffusion größer als die Diffusion der thermischen Energie, bei Prandtl-Zahlen $\mathrm{Pr} < 1$ ist es umgekehrt.

4. Anhand von Kennzahlen versucht man oft abzuschätzen, welche Bedeutung einzelne Phänomene in einer Strömung haben. Die Strouhal-Zahl tritt beispielsweise auf, wenn eine Strömung instationär ist; große Werte deuten dann darauf hin, dass instationäre Effekte tatsächlich wichtig sind, während kleine Werte eher für eine Vernachlässigung sprechen. Ähnlich verhält es sich mit der Froude-Zahl, die in Zusammenhang mit der Schwerkraft steht: kleine Werte lassen vermuten, dass der Schwerkrafteinfluss groß ist, bei großen Werten verhält es sich umgekehrt. Oft wird auch die Reynolds-Zahl benutzt, um den Einfluss der Zähigkeit abzuschätzen: je größer die Reynolds-Zahl, desto geringer erwartet man den Zähigkeitseinfluss. Wie in Nr. 2 erwähnt, sind solche Abschätzungen aber immer mit einer gewissen Unsicherheit verbunden; ob sie tatsächlich erlaubt sind, kann am Ende nur die Erfahrung entscheiden.

5 Ähnliche Lösungen von Randwertproblemen

5.1 Dimensionsanalyse und ähnliche Lösungen

Wenn ein physikalisches Phänomen mathematisch als Anfangsrandwertproblem beschreibbar ist und man dessen Lösung in geschlossener Form kennt, erscheint der praktische Nutzen einer erweiterten Dimensionsanalyse gering: Das Verfahren liefert nützliche Informationen, wie man das Problem dimensionslos formulieren kann und wie sich funktionale Abhängigkeiten auf effizienteste Art angeben lassen, aber diese Informationen sind auch aus der Lösung selbst ablesbar.

Anders sieht es aus, wenn keine geschlossene Lösung verfügbar und zunächst auch kein Weg dorthin erkennbar ist, z. B. bei nichtlinearen, partiellen Differentialgleichungen. Solche Differentialgleichungen treten u. a. in der Strömungsmechanik auf; dort ist eine spezielle Klasse von Lösungen wichtig, die man *ähnliche Lösungen* nennt. Ähnliche Lösungen entstehen, wenn es gelingt, ein Randwertproblem für partielle Differentialgleichungen mit zwei unabhängigen Variablen auf ein Randwertproblem für gewöhnliche Differentialgleichungen zu reduzieren. Die *Ähnlichkeitstransformationen*, die zu einer solchen Reduktion führen, werden oft mit Argumenten aus der klassischen Dimensionsanalyse motiviert; wie die Transformationsgleichungen im Einzelnen entstehen, bleibt oft jedoch unklar. Die erweiterte Dimensionsanalyse stellt hier einen wesentlichen Fortschritt dar, denn sie erlaubt es, mögliche Ähnlichkeitstransformationen systematisch zu ermitteln.

Um das Auffinden von Ähnlichkeitstransformationen zu demonstrieren, wählen wir ein Beispiel aus der Strömungsmechanik: die Grenzschicht längs einer langen, dünnen und parallel angeströmten Platte, auch Plattengrenzschicht oder Blasius-Strömung[1] genannt.

5.2 Die ähnliche Lösung für die Plattengrenzschicht

1. In einem mit konstanter Geschwindigkeit U strömenden Fluid (kinematische Zähigkeit ν) befindet sich eine (unendlich) dünne, lange Platte, die genau parallel zur Strömung ausgerichtet ist (siehe Abb. 5.1). Längs der Platte bildet sich dann als Folge der Zähigkeit und der Wandhaftbedingung eine sogenannte Grenzschicht aus, die sich im Rahmen des Prandtl'schen Grenzschichtmodells beschreiben lässt.

Wir wählen ein kartesisches x, y-Koordinatensystem, dessen Ursprung in der Plattenvorderkante liegt und dessen x-Achse in Strömungsrichtung zeigt; die x- und die y-Koordinate des Geschwindigkeitsvektors bezeichnen wir mit u und v. Wir setzen weiter voraus, dass die Strömung stationär und zweidimensional ist, und beschränken

1 Heinrich Blasius (1883–1970), Mitarbeiter von Ludwig Prandtl in Göttingen, wo er die nach ihm benannte Lösung der Grenzschichtgleichungen fand.

https://doi.org/10.1515/9783110795745-005

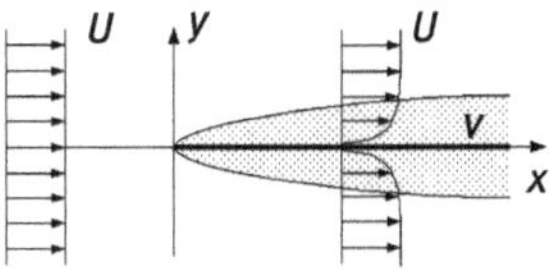

Abb. 5.1: Plattengrenzschicht.

uns wegen der Symmetrie auf die obere Hälfte des Strömungsfeldes. Das zugehörige Randwertproblem besteht aus der Kontinuitätsgleichung, der Grenzschichtnäherung der Navier–Stokes-Gleichung in Strömungsrichtung, der Wandhaftbedingung, der Übergangsbedingung in die Außenströmung sowie der Anfangsbedingung an der Vorderkante der Platte; diese Gleichungen lauten im Einzelnen:

$$\frac{\partial u}{\partial x} + \frac{\partial v}{\partial y} = 0, \tag{5.1}$$

$$u\,\frac{\partial u}{\partial x} + v\,\frac{\partial u}{\partial y} = \nu\,\frac{\partial^2 u}{\partial y^2}, \tag{5.2}$$

$$u = 0, \quad v = 0 \quad \text{für} \quad x > 0,\ y = 0, \tag{5.3}$$

$$u = U \quad \text{für} \quad x > 0,\ y = \infty, \tag{5.4}$$

$$u = U \quad \text{für} \quad x = 0,^2\ y > 0. \tag{5.5}$$

2. Die Relevanzfunktionen für die Geschwindigkeitskoordinaten u und v sind

$$u = f(x, y, U, \nu), \quad v = f(x, y, U, \nu). \tag{5.6}$$

Als Kohärenzbedingungen für die Einheiten der vorkommenden Größen ergeben sich gemäß der erweiterten Dimensionsanalyse:

- aus (5.1): $\frac{\tilde{u}}{\tilde{x}} = \frac{\tilde{v}}{\tilde{y}}$,
- aus (5.2): $\frac{\tilde{u}^2}{\tilde{x}} = \frac{\tilde{v}\,\tilde{u}}{\tilde{y}}$, $\frac{\tilde{v}\,\tilde{u}}{\tilde{y}} = \frac{\tilde{\nu}\,\tilde{u}}{\tilde{y}^2}$,
- aus (5.4): $\tilde{u} = \tilde{U}$,
- aus (5.5): $\tilde{u} = \tilde{U}$.

In den Kohärenzbedingungen aus (5.2) lässt sich jeweils ein $\tilde{u}$ kürzen, dann stimmt die erste dieser Kohärenzbedingungen mit der Kohärenzbedingung aus (5.1) überein, außerdem sind die Kohärenzbedingungen aus (5.4) und (5.5) identisch. Es bleiben also drei Kohärenzbedingungen übrig, die in der Normalform lauten

2 Im Bereich der Plattenvorderkante, also in der Nähe der Stelle $x = y = 0$, verliert das Prandtl'sche Grenzschichtmodell seine physikalische Gültigkeit; dieser Aspekt ist hier bei der Suche nach einer ähnlichen Lösung jedoch ohne Bedeutung.

$$\begin{aligned} \tilde{u}\,\tilde{\upsilon}^{-1}\,\tilde{y}\,\tilde{x}^{-1} &= 1, \\ \tilde{\upsilon}\,\tilde{y}\,\tilde{\nu}^{-1} &= 1, \\ \tilde{u}\,\tilde{U}^{-1} &= 1. \end{aligned} \tag{5.7}$$

Da $\tilde{\nu}$ nur in der zweiten und $\tilde{U}$ nur in der dritten Gleichung vorkommt, sind diese Kohärenzbedingungen voneinander unabhängig. Die zugehörige erweiterte Dimensionsmatrix

$$\begin{array}{cccccc} \tilde{u} & \tilde{\upsilon} & \tilde{y} & \tilde{x} & \tilde{U} & \tilde{\nu} \end{array}$$
$$\begin{pmatrix} 1 & -1 & 1 & -1 & 0 & 0 \\ 0 & 1 & 1 & 0 & 0 & -1 \\ 1 & 0 & 0 & 0 & -1 & 0 \end{pmatrix}$$

hat den Rang $r = 3$, sodass bei $n = 6$ vorkommenden Größen $b = n - r = 3$ Basiseinheiten gewählt werden können. Die unabhängigen Variablen u und υ sind in der Terminologie der Dimensionsanalyse gesuchte Größen. Von den übrigen vier Größen, also den Einflussgrößen, lassen sich vier Dreierkombinationen bilden; die zugehörigen Untermatrizen der erweiterten Dimensionsmatrix haben alle den Rang $r = 3$, sodass jede Kombination von drei der vier Einheiten $\tilde{x}, \tilde{y}, \tilde{U}, \tilde{\nu}$ einen möglichen Satz von Basiseinheiten darstellt. Entsprechend dem Rang $r = 3$ lassen sich $m = r = 3$ Kennzahlen bilden: zwei dieser Kennzahlen sind die gesuchten Kennzahlen für u und υ, die verbleibende dritte Kennzahl ist der Parameter der zugehörigen Kennzahlenfunktionen.

3. Je nach Wahl der Basiseinheiten ergeben sich aus den reduzierten Dimensionsmatrizen die folgende Kennzahlenfunktionen:

1. Basiseinheiten $\tilde{x}, \tilde{U}, \tilde{\nu}$:

$$\begin{array}{ccc|ccc} \tilde{u} & \tilde{\upsilon} & \tilde{y} & \tilde{x} & \tilde{U} & \tilde{\nu} \\ \end{array}$$
$$\left(\begin{array}{ccc|ccc} 1 & 0 & 0 & 0 & -1 & 0 \\ 0 & 1 & 0 & 1/2 & -1/2 & -1/2 \\ 0 & 0 & 1 & -1/2 & 1/2 & -1/2 \end{array}\right) \Rightarrow \left\{ \begin{array}{l} \dfrac{u}{U} = f\left(y\sqrt{\dfrac{U}{\nu x}}\right), \\ \upsilon\sqrt{\dfrac{x}{U\nu}} = f\left(y\sqrt{\dfrac{U}{\nu x}}\right), \end{array} \right.$$

2. Basiseinheiten $\tilde{y}, \tilde{U}, \tilde{\nu}$:

$$\begin{array}{ccc|ccc} \tilde{u} & \tilde{\upsilon} & \tilde{x} & \tilde{y} & \tilde{U} & \tilde{\nu} \\ \end{array}$$
$$\left(\begin{array}{ccc|ccc} 1 & 0 & 0 & 0 & -1 & 0 \\ 0 & 1 & 0 & 1 & 0 & -1 \\ 0 & 0 & 1 & -2 & -1 & 1 \end{array}\right) \Rightarrow \left\{ \begin{array}{l} \dfrac{u}{U} = f\left(\dfrac{\nu x}{U y^2}\right), \\ \dfrac{\upsilon y}{\nu} = f\left(\dfrac{\nu x}{U y^2}\right), \end{array} \right.$$

3. Basiseinheiten $\tilde{x}, \tilde{y}, \tilde{\nu}$:

$$\begin{array}{cccccc} \tilde{u} & \tilde{v} & \tilde{U} & \tilde{x} & \tilde{y} & \tilde{\nu} \end{array}$$

$$\left(\begin{array}{ccc|ccc} 1 & 0 & 0 & -1 & 2 & -1 \\ 0 & 1 & 0 & 0 & 1 & -1 \\ 0 & 0 & 1 & -1 & 2 & -1 \end{array}\right) \Rightarrow \left\{\begin{array}{l} \dfrac{u y^2}{\nu x} = f\left(\dfrac{U y^2}{\nu x}\right), \\ \dfrac{v y}{\nu} = f\left(\dfrac{U y^2}{\nu x}\right), \end{array}\right.$$

4. Basiseinheiten $\tilde{x}, \tilde{y}, \tilde{U}$:

$$\begin{array}{cccccc} \tilde{u} & \tilde{v} & \tilde{\nu} & \tilde{x} & \tilde{y} & \tilde{U} \end{array}$$

$$\left(\begin{array}{ccc|ccc} 1 & 0 & 0 & 0 & 0 & -1 \\ 0 & 1 & 0 & 1 & -1 & -1 \\ 0 & 0 & 1 & 1 & -2 & -1 \end{array}\right) \Rightarrow \left\{\begin{array}{l} \dfrac{u}{U} = f\left(\dfrac{\nu x}{U y^2}\right), \\ \dfrac{v x}{U y} = f\left(\dfrac{\nu x}{U y^2}\right). \end{array}\right.$$

4. Der Vergleich der Kennzahlenfunktionen aus Nr. 3 mit den Relevanzfunktionen in (5.6) zeigt einen wesentlichen Unterschied: Die Relevanzfunktionen enthalten zwei, die Kennzahlenfunktionen jedoch nur noch eine einzige unabhängige Variable. Deshalb muss es möglich sein, das Randwertproblem (5.1)–(5.5) für die partiellen Differentialgleichungen auf ein Randwertproblem für gewöhnliche Differentialgleichungen zu transformieren. Eine solche Transformation hat große Vorteile, weil sie den Aufwand für die Berechnung der Lösung erheblich verringert. Die Kennzahlenfunktionen liefern gleichzeitig auch den Ansatz, wie diese Transformation im Detail durchzuführen ist.

Ein Rückblick auf das Randwertproblem (5.1)–(5.5) zeigt außerdem, dass die erfolgreiche Suche nach solchen Ähnlichkeitstransformationen eng mit homogenen Randbedingungen bzw. mit der Formulierung von Randbedingungen im Unendlichen verbunden ist: Aus den zugehörigen Gleichungen entstehen keine Kohärenzbedingungen, sodass die erweiterte Dimensionsanalyse nach den Ausführungen in Abschnitt 4.2 Nr. 6 eine entsprechend große Anzahl natürlicher Basiseinheiten zulässt und nur auf eine geringe Anzahl von Kennzahlen führt; im günstigsten Fall entsteht dabei eine einzige Kennzahl, in der die ursprünglichen Variablen nur noch in einer festen Kombination auftreten.

5. Da alle Kennzahlenfunktionen, die mithilfe einer erweiterten Dimensionsanalyse aus einem Randwertproblem entstehen, zueinander äquivalent sind und sich ineinander umrechnen lassen, ist grundsätzlich jede der Kennzahlenfunktionen aus Nr. 3 als Ausgangspunkt für eine Ähnlichkeitstransformation geeignet. Welchen Ansatz man tatsächlich weiterverfolgt, hängt davon ab, wie aufwändig die Durchführung der Transformation und wie schwierig die Lösung des dabei entstehenden Randwertproblems für die gewöhnlichen Differentialgleichungen ist. Unter diesem Gesichtspunkt bietet sich die Verwendung der ersten Kennzahlenfunktionen aus Nr. 3 an, weil

y in die Kennzahl $y\,\sqrt{U/(\nu x)}$ nur linear eingeht und dadurch im weiteren Verlauf die Berechnung der zweiten Ableitung $\partial^2 u/\partial y^2$ einfacher wird; entsprechend findet man diesen Ansatz auch in der strömungsmechanischen Literatur wieder. Die zugehörige Ähnlichkeitstransformation werden wir in Nr. 6 ausführlich behandeln; die Betrachtung eines der anderen Ansätze ist Gegenstand von Aufgabe 5.2.

6. Da es im Folgenden um die Bestimmung konkreter Funktionen geht, führen wir für die ersten beiden Kennzahlenfunktionen in Nr. 3 eigene Symbole f und g ein:

$$\frac{u}{U} = f\left(y\,\sqrt{\frac{U}{\nu x}}\right), \quad \upsilon\,\sqrt{\frac{x}{U\nu}} = g\left(y\,\sqrt{\frac{U}{\nu x}}\right), \tag{5.8}$$

und kürzen den auftretenden Parameter mit

$$\eta = y\,\sqrt{\frac{U}{\nu x}} \tag{5.9}$$

ab. In Zusammenhang mit der Ähnlichkeitstransformation wird dieser Parameter auch *Ähnlichkeitsvariable* genannt. Der Ansatz für die Ähnlichkeitstransformation lautet dann

$$u = U f(\eta), \quad \upsilon = \sqrt{\frac{U\nu}{x}}\,g(\eta). \tag{5.10}$$

Die zugehörigen Ableitungen sind:

$$\begin{aligned}
\frac{\partial\eta}{\partial x} &= -\frac{1}{2}y\,\sqrt{\frac{U}{\nu x^3}} = -\frac{\eta}{2x},\\
\frac{\partial\eta}{\partial y} &= \sqrt{\frac{U}{\nu x}},\\
\frac{\partial u}{\partial x} &= U\,\frac{\mathrm{d}f}{\mathrm{d}\eta}\,\frac{\partial\eta}{\partial x} = -\frac{U\eta}{2x}\,\frac{\mathrm{d}f}{\mathrm{d}\eta},\\
\frac{\partial u}{\partial y} &= U\,\frac{\mathrm{d}f}{\mathrm{d}\eta}\,\frac{\partial\eta}{\partial y} = U\,\sqrt{\frac{U}{\nu x}}\,\frac{\mathrm{d}f}{\mathrm{d}\eta},\\
\frac{\partial\upsilon}{\partial y} &= \sqrt{\frac{U\nu}{x}}\,\frac{\mathrm{d}g}{\mathrm{d}\eta}\,\frac{\partial\eta}{\partial y} = \frac{U}{x}\,\frac{\mathrm{d}g}{\mathrm{d}\eta},\\
\frac{\partial^2 u}{\partial y^2} &= U\,\sqrt{\frac{U}{\nu x}}\,\frac{\mathrm{d}^2 f}{\mathrm{d}\eta^2}\,\frac{\partial\eta}{\partial y} = \frac{U^2}{\nu x}\,\frac{\mathrm{d}^2 f}{\mathrm{d}\eta^2}.
\end{aligned}$$

Beim Einsetzen in die Differentialgleichungen des Randwertproblems für die Plattengrenzschicht folgt zunächst aus (5.1)

$$-\frac{U\eta}{2x}\,\frac{\mathrm{d}f}{\mathrm{d}\eta} + \frac{U}{x}\,\frac{\mathrm{d}g}{\mathrm{d}\eta} = 0,$$

oder nach dem Kürzen des gemeinsamen Faktors U/x

$$-\frac{\eta}{2}\frac{\mathrm{d}f}{\mathrm{d}\eta}+\frac{\mathrm{d}g}{\mathrm{d}\eta}=0.$$

Entsprechend ergibt sich aus (5.2)

$$Uf\left(-\frac{U\eta}{2x}\frac{\mathrm{d}f}{\mathrm{d}\eta}\right)+\sqrt{\frac{U\nu}{x}}\,g\,U\sqrt{\frac{U}{\nu x}}\frac{\mathrm{d}f}{\mathrm{d}\eta}=\nu\frac{U^2}{\nu x}\frac{\mathrm{d}^2f}{\mathrm{d}\eta^2},$$

oder nach dem Kürzen des gemeinsamen Faktors U^2/x:

$$-\frac{\eta}{2}f\frac{\mathrm{d}f}{\mathrm{d}\eta}+g\frac{\mathrm{d}f}{\mathrm{d}\eta}=\frac{\mathrm{d}^2f}{\mathrm{d}\eta^2}.$$

Aus der Definition (5.9) der Ähnlichkeitsvariablen folgt zunächst für die Gebietsgrenzen:

$$\begin{aligned} x>0,\quad y=0 \quad&\Rightarrow\quad \eta=0,\\ x>0,\quad y=\infty \quad&\Rightarrow\quad \eta=\infty,\\ x=0,\quad y>0 \quad&\Rightarrow\quad \eta=\infty. \end{aligned}$$

Dann gehen die Randbedingungen (5.3)–(5.5) über in

$$f=0,\quad g=0 \quad \text{für} \quad \eta=0$$

und

$$f=1 \quad \text{für} \quad \eta=\infty.$$

Zusammengefasst entsteht aus (5.1)–(5.5) also folgendes Randwertproblem:

$$-\frac{\eta}{2}\frac{\mathrm{d}f}{\mathrm{d}\eta}+\frac{\mathrm{d}g}{\mathrm{d}\eta}=0, \tag{5.11}$$

$$\frac{\mathrm{d}^2f}{\mathrm{d}\eta^2}+\frac{\eta}{2}f\frac{\mathrm{d}f}{\mathrm{d}\eta}-g\frac{\mathrm{d}f}{\mathrm{d}\eta}=0, \tag{5.12}$$

$$f=0,\quad g=0 \quad \text{für} \quad \eta=0, \tag{5.13}$$

$$f=1 \quad \text{für} \quad \eta=\infty. \tag{5.14}$$

Da an keiner Stelle mehr die ursprünglichen unabhängigen Variablen x und y erscheinen, sondern nur noch die Ähnlichkeitsvariable η, ist es bei der Plattengrenzschicht also tatsächlich gelungen, das Randwertproblem für die partiellen Differentialgleichungen auf ein Randwertproblem für gewöhnliche Differentialgleichungen zu transformieren.

7. Für das Randwertproblem (5.11)–(5.14) ist keine analytische Lösung bekannt, eine Näherungslösung ist aber leicht mit numerischen Methoden bestimmbar.[3] Abbildung 5.2 zeigt eine grafische Darstellung der Lösungen für f und g als Funktion der Ähnlichkeitsvariablen η.

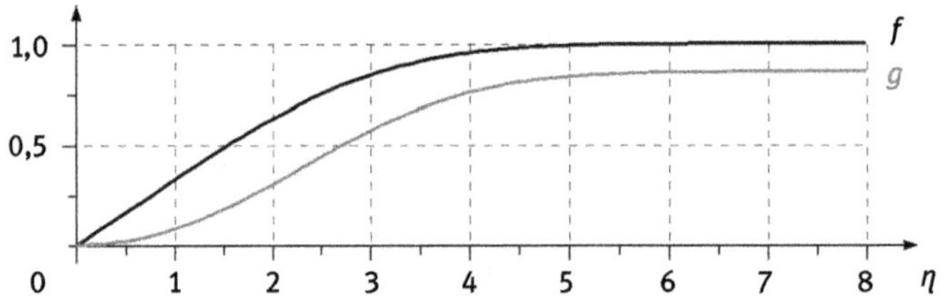

Abb. 5.2: Ähnliche Lösung für die Plattengrenzschicht.

Mithilfe des Ähnlichkeitsansatzes (5.9) und (5.10) lässt sich diese Lösung in die Geschwindigkeiten an unterschiedlichen x- und y-Positionen umrechnen. Das Ergebnis einer solchen Berechnung für die horizontale Geschwindigkeitskoordinate u ist in Abb. 5.3 dargestellt. Für diese Darstellung haben wir eine willkürliche Länge L eingeführt, sodass für die Ähnlichkeitsvariable gilt

$$\eta = y\sqrt{\frac{U}{\nu x}} = \frac{y}{L}\sqrt{\frac{U L}{\nu}}\,\frac{1}{\sqrt{x/L}},$$

und für die dabei entstehende Reynolds-Zahl $\mathrm{Re} = \sqrt{U L/\nu}$ den Wert $\mathrm{Re} = 10\,000$ gewählt. Wenn man die unterschiedliche Skalierung von x- und y-Achse beachtet,

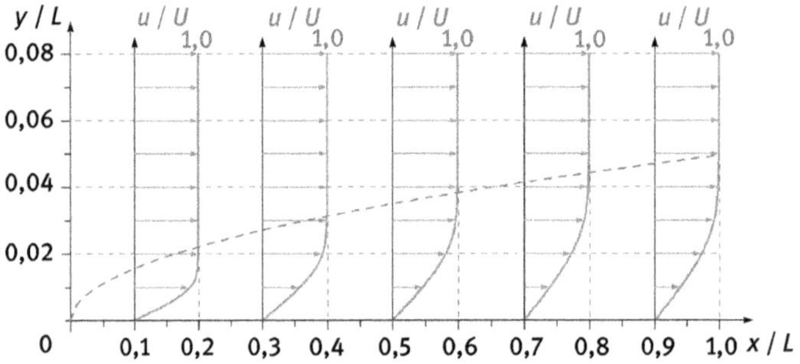

Abb. 5.3: Geschwindigkeitsverteilung in der Plattengrenzschicht.

3 Für die Integration der Differentialgleichungen (5.11) und (5.12) bietet sich die Verwendung eines Runge–Kutta-Verfahrens für Anfangswertprobleme an. Der fehlende Anfangswert für $\mathrm{d}f/\mathrm{d}\eta$ an der Stelle $\eta = 0$ wird zunächst geraten und anschließend iterativ verbessert, bis die Randbedingung (5.14) erfüllt ist. Auf diese Weise ergibt sich $\mathrm{d}f/\mathrm{d}\eta|_{\eta=0} \approx 0{,}332$.

stellt sich heraus, dass die Grenzschicht, d. h. der Bereich, in dem die Geschwindigkeit von null auf die Anströmgeschwindigkeit U ansteigt, anfangs sehr dünn ist, aber allmählich in Strömungsrichtung anwächst.

8. Wir weisen zum Abschluss darauf hin, dass sich der Ansatz für eine Ähnlichkeitstransformation in der Regel nicht mithilfe einer klassischen Dimensionsanalyse auffinden lässt. Wenn wir für das Randwertproblem (5.1)–(5.5) eine klassische Dimensionsanalyse durchführen, erhalten wir als Dimensionsmatrix

$$\begin{array}{c} \\ \mathrm{m} \\ \mathrm{s} \end{array} \begin{array}{c} \begin{array}{cccccc} \widetilde{U} & \widetilde{\nu} & \widetilde{x} & \widetilde{y} & \widetilde{u} & \widetilde{v} \end{array} \\ \left(\begin{array}{cc|cccc} 1 & 2 & 1 & 1 & 1 & 1 \\ -1 & -1 & 0 & 0 & -1 & -1 \end{array}\right). \end{array}$$

Diese Matrix hat den Rang $r = 2$, und es bietet sich an, die beiden konstanten Größen U und ν als natürliche Basiseinheiten zu wählen. Aus der reduzierten Dimensionsmatrix

$$\begin{array}{c} \begin{array}{cccccc} \widetilde{U} & \widetilde{\nu} & \widetilde{x} & \widetilde{y} & \widetilde{u} & \widetilde{v} \end{array} \\ \left(\begin{array}{cc|cccc} 1 & 0 & -1 & -1 & 1 & 1 \\ 0 & 1 & 1 & 1 & 0 & 0 \end{array}\right). \end{array}$$

erhalten wir zu den Relevanzfunktionen (5.6) die zugehörigen Kennzahlenfunktionen der klassischen Dimensionsanalyse

$$\frac{u}{U} = f\left(\frac{Ux}{\nu}, \frac{Uy}{\nu}\right), \quad \frac{v}{U} = f\left(\frac{Ux}{\nu}, \frac{Uy}{\nu}\right).$$

Man erkennt sofort, dass diese Kennzahlenfunktionen von zwei Parametern abhängen und keinen Hinweis auf eine Ähnlichkeitstransformation liefern, mit der sich die beiden Ortskoordinaten x und y zu einer einzigen unabhängigen Variablen kombinieren lassen.

Aufgabe 5.1. Zur Lösung ebener Probleme wird in der Strömungsmechanik manchmal eine Stromfunktion Ψ verwendet. Ihre Definition

$$u = \frac{\partial \Psi}{\partial y}, \quad v = -\frac{\partial \Psi}{\partial x} \tag{5.15}$$

erfolgt so, dass die Kontinuitätsgleichung (5.1) automatisch erfüllt ist, wenn man die Vertauschbarkeit der gemischten zweiten Ableitungen voraussetzt, also $\partial(\partial\Psi/\partial x)/\partial y = \partial(\partial\Psi/\partial y)/\partial x$.

Setzen Sie die Stromfunktion in die Gleichungen (5.2)–(5.5) des Randwertproblems für die Plattengrenzschicht ein, gewinnen Sie mithilfe der erweiterten Dimensionsanalyse einen zu (5.9) und (5.10) analogen Ansatz für eine Ähnlichkeitstransformation und führen Sie diese Ähnlichkeitstransformation durch. Zeigen Sie auch, dass das Ergebnis äquivalent zu (5.11)–(5.14) ist.

Hinweis: Beachten Sie bei der Umformulierung des Randwertproblems, dass die Stromfunktion gemäß ihrer Definition (5.15) nur bis auf eine beliebige Konstante bestimmt ist und dass zur eindeutigen Lösung des Randwertproblems auch diese Konstante festgelegt werden muss.

Aufgabe 5.2. Führen Sie eine Ähnlichkeitstransformation des Randwertproblems (5.1)–(5.5) auf der Grundlage der zweiten Kennzahlenfunktionen in Nr. 3 durch und vergleichen Sie die Ergebnisse mit (5.11)–(5.14).

5.3 Ähnliche Lösungen der allgemeinen Grenzschichtgleichungen

1. Bei der Suche nach ähnlichen Lösungen kann es sinnvoll sein, auf die Vorgabe einzelner Anfangs- oder Randbedingungen zu verzichten und erst hinterher zu prüfen, welche Bedingungen zu den gefundenen Lösungen passen. Diese Vorgehensweise ist mit einer unvollständigen Dimensionsanalyse vergleichbar, die sich auf weniger Gleichungen stützt als bei einem vollständig bestimmten Anfangsrandwertproblem. Wegen der geringeren Anzahl von Gleichungen kann man dabei hoffen, dass auch weniger Kohärenzbedingungen und damit weniger Kennzahlen entstehen; dadurch steigen gleichzeitig die Aussichten, aus den Kennzahlenfunktionen einen Ähnlichkeitsansatz zu gewinnen. Die Einzelheiten einer solchen Vorgehensweise erläutern wir am Beispiel der stationären, zweidimensionalen Grenzschichtgleichungen, die im allgemeinen Fall noch einen zusätzlichen Term enthalten, der von der Form des umströmten Körpers abhängt.

2. Das Prandtl'sche Grenzschichtmodell beruht auf einer Aufteilung des Strömungsfeldes in zwei Bereiche: eine dünne Schicht in der Nähe fester Wände, die eigentliche Grenzschicht, in der die Zähigkeit des strömenden Fluids eine entscheidende Rolle spielt, und die Außenströmung, in der sich die Zähigkeit nicht auswirken kann (siehe auch Abb. 5.4). Die Außenströmung, die maßgeblich durch die Form des umströmten Körpers bestimmt ist, lässt sich mithilfe einer Potentialtheorie beschreiben, daraus ergibt sich insbesondere die Geschwindigkeitsverteilung $U(x)$ am Außenrand der Grenzschicht. Die stationären, zweidimensionalen Grenzschichtgleichungen lauten dann

$$\frac{\partial u}{\partial x} + \frac{\partial v}{\partial y} = 0, \tag{5.16}$$

$$u\frac{\partial u}{\partial x} + v\frac{\partial u}{\partial y} = U\frac{\mathrm{d}U}{\mathrm{d}x} + \nu\frac{\partial^2 u}{\partial y^2}. \tag{5.17}$$

Die Koordinaten x und y bilden ein krummliniges Koordinatensystem,[4] bei dem die x-Koordinate dem Verlauf der Wand folgt und die y-Koordinate immer senkrecht zur Wand steht; u und v sind die zugehörigen Koordinaten des Geschwindigkeitsvektors. Als Randbedingungen stehen wie bei der Plattengrenzschicht die Haftbedingung an der Wand und die Bedingung für den Übergang in die Außenströmung zur Verfügung, wobei der Außenrand im Rahmen des Grenzschichtmodells weiterhin im Unendlichen angenommen werden kann:

$$u = 0, \quad v = 0 \quad \text{für} \quad x > 0,\ y = 0, \tag{5.18}$$

$$u = U(x) \quad \text{für} \quad x > 0,\ y = \infty. \tag{5.19}$$

Zur vollständigen mathematischen Beschreibung müsste außerdem noch die Geschwindigkeitsverteilung $U_0(y)$ an der Stelle $x = 0$ vorgegeben werden; im Sinne unserer Vorgehensweise verzichten wir jedoch bewusst auf eine solche Vorgabe.

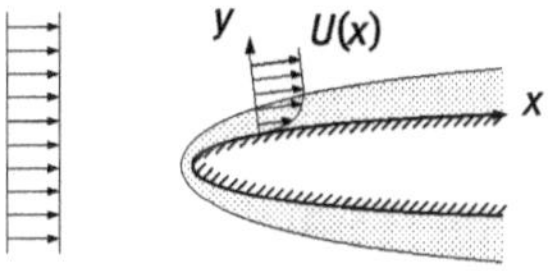

Abb. 5.4: Grenzschicht an einem umströmten Körper.

3. Als Kohärenzbedingungen für die Einheiten der vorkommenden Größen ergeben sich:
- aus (5.16): $\dfrac{\tilde{u}}{\tilde{x}} = \dfrac{\tilde{v}}{\tilde{y}}$,
- aus (5.17): $\dfrac{\tilde{u}^2}{\tilde{x}} = \dfrac{\tilde{v}\,\tilde{u}}{\tilde{y}}$, $\dfrac{\tilde{v}\,\tilde{u}}{\tilde{y}} = \dfrac{\tilde{\nu}\,\tilde{u}}{\tilde{y}^2}$, $\dfrac{\tilde{u}^2}{\tilde{x}} = \dfrac{\tilde{U}^2}{\tilde{x}}$,
- aus (5.19): $\tilde{u} = \tilde{U}$.

Man erkennt nach dem Kürzen gleicher Einheiten, dass die erste und die dritte Kohärenzbedingung aus (5.17) mit den Kohärenzbedingungen aus (5.16) bzw. (5.19) übereinstimmen, d. h. es bleiben drei Kohärenzbedingungen übrig, die in der Normalform lauten:

$$\tilde{u}\,\tilde{v}^{-1}\,\tilde{y}\,\tilde{x}^{-1} = 1,$$

$$\tilde{v}\,\tilde{y}\,\tilde{\nu}^{-1} = 1,$$

$$\tilde{u}\,\tilde{U}^{-1} = 1.$$

4 Im Rahmen des Grenzschichtmodells spielt die Krümmung des Koordinatensystems keine Rolle, d. h. das x, y-Koordinatensystem kann wie ein kartesisches Koordinatensystem betrachtet werden.

Das sind dieselben Kohärenzbedingungen wie für die Plattengrenzschicht in (5.7), sodass man auch die Kennzahlenfunktionen aus (5.8) übernehmen kann, nur mit dem Unterschied, dass die Geschwindigkeit U der Außenströmung jetzt in x-Richtung variiert:

$$\frac{u}{U(x)} = f\left(y\sqrt{\frac{U(x)}{\nu x}}\right), \quad \upsilon\sqrt{\frac{x}{U(x)\nu}} = g\left(y\sqrt{\frac{U(x)}{\nu x}}\right). \tag{5.20}$$

4. Aus den Kennzahlenfunktionen (5.20) ergibt sich analog zur Plattengrenzschicht der Ähnlichkeitsansatz

$$u = U(x)f(\eta), \quad \upsilon = \sqrt{\frac{U(x)\nu}{x}}g(\eta) \quad \text{mit} \quad \eta = y\sqrt{\frac{U(x)}{\nu x}}. \tag{5.21}$$

Die Durchführung der Transformation ist wegen der x-Abhängigkeit der Außenströmumg allerdings aufwendiger als zuvor. Für die Ableitungen ergibt sich:

$$\begin{aligned}
\frac{\partial\eta}{\partial x} &= -\frac{\eta}{2x} + \frac{\eta}{2U(x)}\frac{\mathrm{d}U(x)}{\mathrm{d}x},\\
\frac{\partial\eta}{\partial y} &= \sqrt{\frac{U(x)}{\nu x}},\\
\frac{\partial u}{\partial x} &= -\frac{U(x)\eta}{2x}\frac{\mathrm{d}f}{\mathrm{d}\eta} + \frac{\eta}{2}\frac{\mathrm{d}U(x)}{\mathrm{d}x}\frac{\mathrm{d}f}{\mathrm{d}\eta} + \frac{\mathrm{d}U(x)}{\mathrm{d}x}f(\eta),\\
\frac{\partial u}{\partial y} &= U(x)\sqrt{\frac{U(x)}{\nu x}}\frac{\mathrm{d}f}{\mathrm{d}\eta},\\
\frac{\partial\upsilon}{\partial y} &= \frac{U(x)}{x}\frac{\mathrm{d}g}{\mathrm{d}\eta},\\
\frac{\partial^2 u}{\partial y^2} &= \frac{U^2(x)}{\nu x}\frac{\mathrm{d}^2 f}{\mathrm{d}\eta^2}.
\end{aligned}$$

Beim Einsetzen in die Differentialgleichungen entsteht aus (5.16)

$$\frac{U(x)}{x}\left(-\frac{\eta}{2}\frac{\mathrm{d}f}{\mathrm{d}\eta} + \frac{\mathrm{d}g}{\mathrm{d}\eta}\right) + \frac{\mathrm{d}U(x)}{\mathrm{d}x}\left(\frac{\eta}{2}\frac{\mathrm{d}f}{\mathrm{d}\eta} + f(\eta)\right) = 0$$

oder nach Multiplikation mit $x/U(x)$

$$-\frac{\eta}{2}\frac{\mathrm{d}f}{\mathrm{d}\eta} + \frac{\mathrm{d}g}{\mathrm{d}\eta} + \frac{x}{U(x)}\frac{\mathrm{d}U(x)}{\mathrm{d}x}\left(\frac{\eta}{2}\frac{\mathrm{d}f}{\mathrm{d}\eta} + f(\eta)\right) = 0.$$

Entsprechend folgt aus (5.17)

$$\frac{U^2(x)}{x}\left(-\frac{\eta}{2}f(\eta)\frac{\mathrm{d}f}{\mathrm{d}\eta} + g(\eta)\frac{\mathrm{d}f}{\mathrm{d}\eta}\right) + U(x)\frac{\mathrm{d}U(x)}{\mathrm{d}x}\left(\frac{\eta}{2}f(\eta)\frac{\mathrm{d}f}{\mathrm{d}\eta} + f^2(\eta)\right)$$

$$= U(x)\,\frac{\mathrm{d}U(x)}{\mathrm{d}x} + \frac{U^2(x)}{x}\,\frac{\mathrm{d}^2 f}{\mathrm{d}\eta^2}$$

oder nach Multiplikation mit $x/U^2(x)$

$$-\frac{\eta}{2} f(\eta)\,\frac{\mathrm{d}f}{\mathrm{d}\eta} + g(\eta)\,\frac{\mathrm{d}f}{\mathrm{d}\eta} = \frac{x}{U(x)}\,\frac{\mathrm{d}U(x)}{\mathrm{d}x}\left(1 - \frac{\eta}{2} f(\eta)\,\frac{\mathrm{d}f}{\mathrm{d}\eta} - f^2(\eta)\right) + \frac{\mathrm{d}^2 f}{\mathrm{d}\eta^2}.$$

Wenn es sich bei diesen Gleichungen um gewöhnliche Differentialgleichungen in η handeln soll, darf kein Term mehr explizit von x abhängig sein, d. h. es muss gelten

$$\frac{x}{U(x)}\,\frac{\mathrm{d}U(x)}{\mathrm{d}x} = m = \text{const.} \tag{5.22}$$

Daraus folgt durch Integration (mit einer beliebigen Integrationskonstanten K)

$$U(x) = K\,x^m. \tag{5.23}$$

Die vollständigen Grenzschichtgleichungen erlauben also nicht in jedem Fall eine ähnliche Lösung, sondern nur dann, wenn die Geschwindigkeit der Außenströmung einem Potenzgesetz folgt. Mit Kenntnissen aus der Potentialtheorie[5] lassen sich die zugehörigen Potentialströmungen für $0 \le m \le 1$ als Strömungen um einen Keil interpretieren (siehe Abb. 5.5), wobei der Öffnungswinkel α des Keils gemäß

$$\alpha = \pi\,\frac{2m}{m+1}$$

mit dem Exponenten m verbunden ist. Der Sonderfall $m = 0$ entspricht der Strömung längs einer dünnen, ebenen Platte; für $m = 1$ erhält man die Strömung gegen eine ebene Wand.

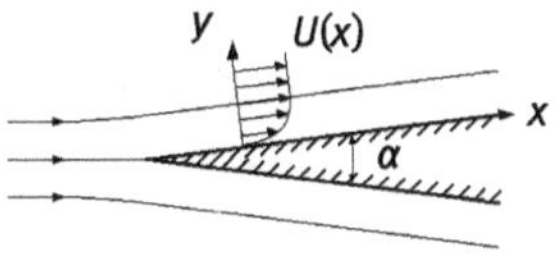

Abb. 5.5: Strömung an einem Keil.

Die Übertragung der Randbedingungen (5.18) und (5.19) führt wie bei der Plattengrenzschicht in Abschnitt 5.2 auf

$$f = 0, \quad g = 0 \quad \text{für} \quad \eta = 0,$$
$$f = 1 \quad \text{für} \quad \eta = \infty.$$

5 Siehe z. B. Schade, Kunz et al.: Strömungslehre, Kapitel 9. Berlin: W. de Gruyter, 4. Aufl., 2014.

Zusammengefasst lautet das Randwertproblem für die ähnlichen Lösungen der allgemeinen Grenzschichtgleichungen also:[6]

$$-\frac{\eta}{2}\frac{df}{d\eta} + \frac{dg}{d\eta} + m\left(\frac{\eta}{2}\frac{df}{d\eta} + f\right) = 0, \tag{5.24}$$

$$\frac{d^2f}{d\eta^2} + \frac{\eta}{2}f\frac{df}{d\eta} - g\frac{df}{d\eta} + m\left(1 - \frac{\eta}{2}f\frac{df}{d\eta} - f^2\right) = 0, \tag{5.25}$$

$$f = 0, \quad g = 0 \quad \text{für} \quad \eta = 0, \tag{5.26}$$

$$f = 1 \quad \text{für} \quad \eta = \infty. \tag{5.27}$$

5. Für das Randwertproblem (5.24)–(5.27) ist keine analytische Lösung bekannt, eine Näherungslösung ist aber leicht mit der gleichen numerischen Methode wie bei der Plattengrenzschicht in Abschnitt 5.2 bestimmbar. Abbildung 5.6 zeigt die grafische Darstellung einiger Lösungen für f bei verschiedenen m-Werten.

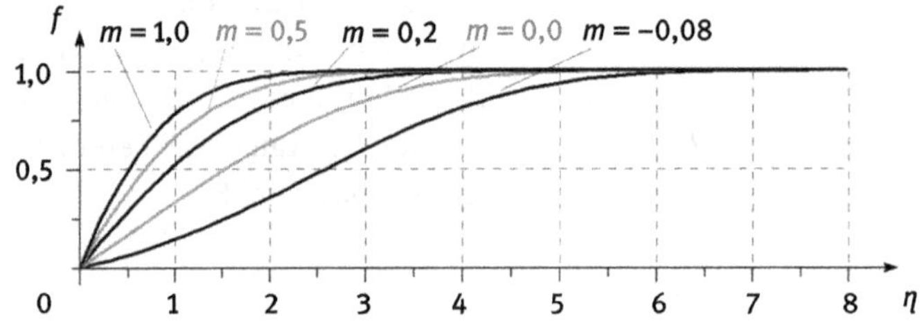

Abb. 5.6: Ähnliche Lösungen der allgemeinen Grenzschichtgleichungen.

5.4 Weitere Beispiele für ähnliche Lösungen

In der Literatur zur Wärmeübertragung und zur Strömungsmechanik finden sich zahlreiche Beispiele für Randwertprobleme, die eine ähnliche Lösung besitzen. Wir haben

6 Wenn man (5.24) über η integriert und gleichzeitig f als Ableitung $f = dF/d\eta$ einer Funktion F mit $F(0) = 0$ schreibt, ergibt sich zunächst

$$g = (1-m)\frac{\eta}{2}\frac{dF}{d\eta} - \frac{m+1}{2}F.$$

Beim Einsetzen von g in (5.25) entsteht dann

$$\frac{d^3F}{d\eta^3} + \frac{m+1}{2}F\frac{d^2F}{d\eta^2} + m\left(1 - \left(\frac{dF}{d\eta}\right)^2\right) = 0.$$

Diese Gleichung ist in der strömungsmechanischen Literatur unter dem Namen Falkner–Skan-Gleichung bekannt.

für unser Buch einige dieser Probleme ausgewählt und als Aufgaben formuliert, an denen man das Auffinden von Ähnlichkeitstransformationen mithilfe der erweiterten Dimensionsanalyse selbstständig nachvollziehen kann.

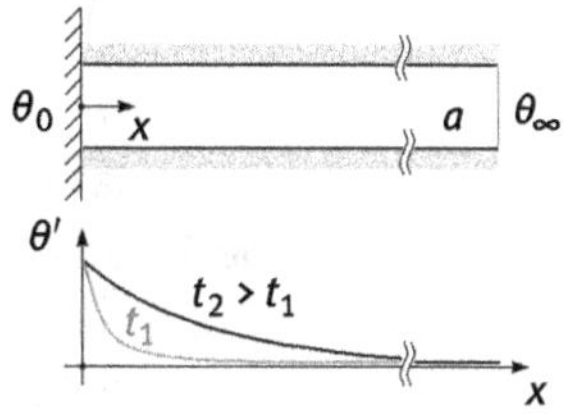

Aufgabe 5.3. Ein (unendlich) langer, gerader Stab mit konstanter Temperaturleitfähigkeit a ist von einem wärmeisolierenden Material umgeben und hat anfangs eine konstante Temperatur $\theta(x,t) = \theta_\infty$. Zur Zeit $t = 0$ wird die Endfläche an der Position $x = 0$ in Kontakt mit einer Wand gebracht, die eine konstante Temperatur $\theta_0 > \theta_\infty$ hat. Die andere Endfläche in großer Entfernung $x = \infty$ von der Wand behält ihre Anfangstemperatur bei.

Im Laufe der Zeit breitet sich längs des Stabes eine Temperaturänderung aus, die durch die eindimensionale Wärmeleitungsgleichung beschrieben wird. Das zugehörige Anfangsrandwertproblem für die Temperaturdifferenz $\theta' = \theta - \theta_\infty$ lautet dann:

$$\frac{\partial \theta'}{\partial t} = a \frac{\partial^2 \theta'}{\partial x^2}, \tag{a}$$

$$\theta' = 0 \quad \text{für} \quad x > 0,\ t = 0, \tag{b}$$

$$\theta' = \theta'_0 \quad \text{für} \quad x = 0,\ t > 0, \tag{c}$$

$$\theta' = 0 \quad \text{für} \quad x = \infty,\ t > 0. \tag{d}$$

Bestimmen Sie mithilfe der erweiterten Dimensionsanalyse einen Ansatz für eine Ähnlichkeitstransformation, führen Sie diese Ähnlichkeitstransformation durch und lösen Sie das Randwertproblem für die resultierende gewöhnliche Differentialgleichung.

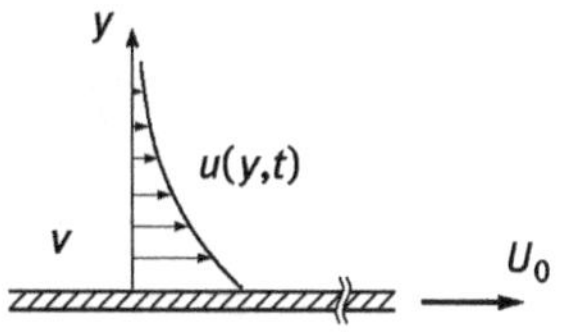

Aufgabe 5.4. Über einer (unendlich) ausgedehnten, ebenen Platte an der Position $y = 0$ ruht eine (unendlich) dicke Schicht eines Fluides mit der konstanten kinematischen Zähigkeit ν. Zur Zeit $t = 0$ wird die Platte mit konstanter Geschwindigkeit U_0 in Längsrichtung in Bewegung gesetzt. Infolge der Zähigkeit überträgt sich diese Bewegung auf das Fluid in der Nähe der Platte, während in großer Entfernung $y = \infty$ weiterhin Ruhe herrscht.

Wenn man die Navier–Stokes-Gleichungen für diese Bewegung spezialisiert, entsteht das folgende Anfangsrandwertproblem[7] für die plattenparallele Geschwindigkeit u:

7 In der strömungsmechanischen Literatur ist dieses Anfangsrandwertproblem auch unter dem Namen 1. Stokes'sches Problem bekannt.

$$\frac{\partial u}{\partial t} = \nu \frac{\partial^2 u}{\partial y^2}, \tag{e}$$

$$u = 0 \quad \text{für} \quad y > 0,\ t = 0, \tag{f}$$

$$u = U_0 \quad \text{für} \quad y = 0,\ t > 0, \tag{g}$$

$$u = 0 \quad \text{für} \quad y = \infty,\ t > 0. \tag{h}$$

A. Vergleichen Sie das Randwertproblem (e)–(h) mit dem Randwertproblem (a)–(d) aus Aufgabe 5.3 und erläutern Sie, was aus diesem Vergleich für die Lösung des Randwertproblems (e)–(h) folgt.

B. Führen Sie für beide Randwertprobleme eine klassische Dimensionsanalyse durch und begründen Sie, warum die klassische Dimensionsanalyse kein verlässliches Werkzeug zum Auffinden von Ähnlichkeitstransformationen ist.

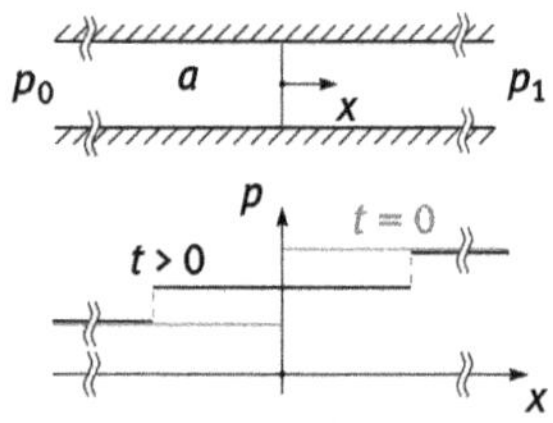

Aufgabe 5.5. In einem (unendlich) langen, geraden Rohr befindet sich ein ruhendes Gas mit der konstanten Dichte ρ und der konstanten Schallgeschwindigkeit a. Eine dünne Membran an der Position $x = 0$ hält die Drücke in den beiden Hälften des Rohres auf unterschiedlichen Werten p_0 und p_1. Durch das Platzen der Membran zur Zeit $t = 0$ entsteht ein Drucksprung, der sich im Laufe der Zeit beidseitig im Rohr ausbreitet. Wenn die Druckdifferenz $|p_0 - p_1|$ klein ist im Vergleich zu den absoluten Drücken p_0 bzw. p_1, lässt sich die Ausbreitung mit den Grundgleichungen der eindimensionalen Akustik für den Schalldruck $p' = p - p_0$ und die Schallschnelle υ beschreiben. Das zugehörige Anfangsrandwertproblem lautet dann:

$$\frac{1}{a^2}\frac{\partial p'}{\partial t} + \rho \frac{\partial \upsilon}{\partial x} = 0, \tag{i}$$

$$\frac{\partial \upsilon}{\partial t} + \frac{1}{\rho}\frac{\partial p'}{\partial x} = 0, \tag{j}$$

$$p' = 0 \quad \text{für} \quad t = 0,\ x < 0, \tag{k}$$

$$p' = p_1' \quad \text{für} \quad t = 0,\ x > 0, \tag{l}$$

$$\upsilon = 0 \quad \text{für} \quad t = 0,\ x \neq 0, \tag{m}$$

$$p' = 0 \quad \text{für} \quad t > 0,\ x = -\infty, \tag{n}$$

$$\upsilon = 0 \quad \text{für} \quad t > 0,\ x = -\infty, \tag{o}$$

$$p' = p_1' \quad \text{für} \quad t > 0,\ x = \infty, \tag{p}$$

$$\upsilon = 0 \quad \text{für} \quad t > 0,\ x = \infty. \tag{q}$$

Bestimmen Sie mithilfe der erweiterten Dimensionsanalyse einen Ansatz für eine Ähnlichkeitstransformation, führen Sie diese Ähnlichkeitstransformation durch und lösen Sie das Randwertproblem für die resultierende gewöhnliche Differentialgleichung.[8]

Hinweis: Die Lösung des Anfangsrandwertproblems existiert nur im Sinne verallgemeinerter Funktionen oder Distributionen. Verwenden Sie deshalb bei der Lösung die Heaviside-Funktion H(z) mit der Definition

$$\mathrm{H}(z) = \begin{cases} 0 & \text{für} \quad z < 0, \\ 1 & \text{für} \quad z \geq 0, \end{cases}$$

und die Dirac-Funktion $\delta(z)$ mit den Eigenschaften

$$\int_{-\infty}^{\infty} \delta(z)\,\mathrm{d}z = 1, \quad \delta(z) = \begin{cases} 0 & \text{für} \quad z \neq 0, \\ \infty & \text{für} \quad z = 0, \end{cases} \quad \frac{\mathrm{dH}(z)}{\mathrm{d}z} = \delta(z).$$

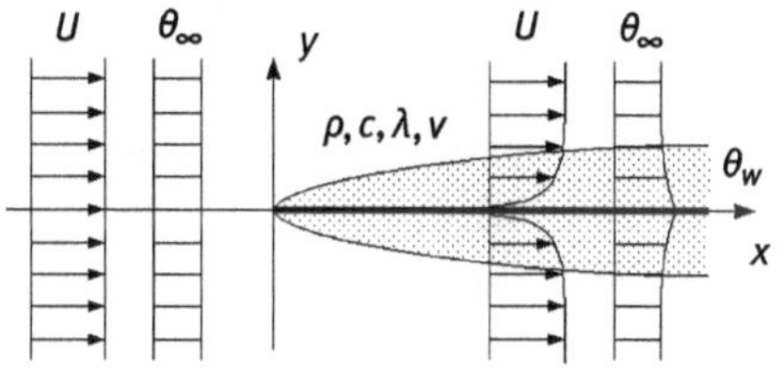

Aufgabe 5.6. Wenn die parallel angeströmte Platte aus Abschnitt 5.2 eine andere Temperatur als das anströmende Fluid hat, findet in der Plattengrenzschicht nicht nur ein Impulsaustausch, sondern auch ein Wärmeaustausch statt. Solange die Strömung als inkompressibel betrachtet werden kann und der Temperatureinfluss auf die Materialeigenschaften des Fluids vernachlässigbar ist, bleiben die Gleichungen des Randwertproblems (5.1)–(5.5) unverändert gültig. Zur Berechnung der Temperaturverteilung θ ist zusätzlich die Bilanzgleichung für die innere Energie erforderlich; sie lautet im Rahmen des Prandtl'schen Grenzschichtmodells

$$\rho c \left(u \frac{\partial \theta}{\partial x} + v \frac{\partial \theta}{\partial y} \right) = \lambda \frac{\partial^2 \theta}{\partial y^2} + \rho \nu \left(\frac{\partial u}{\partial y} \right)^2. \tag{r}$$

Hierbei ist ρ die Dichte, c die spezifische Wärmekapazität (bei Gasen $c = c_p$) und λ die Wärmeleitfähigkeit des anströmenden Fluids. Wir setzen außerdem voraus, dass die Temperatur θ_w der Platte und die Temperatur θ_∞ des anströmenden Fluids konstant sind, dann lauten die zugehörigen Randbedingungen:

$$\theta = \theta_w \quad \text{für} \quad x > 0,\ y = 0, \tag{s}$$

$$\theta = \theta_\infty \quad \text{für} \quad x > 0,\ y = \infty, \tag{t}$$

$$\theta = \theta_\infty \quad \text{für} \quad x = 0,\ y > 0. \tag{u}$$

8 Da die Gleichungen (i) und (j) zur eindimensionalen Wellengleichung $\partial^2 p'/\partial t^2 - a^2\, \partial^2 p'/\partial x^2 = 0$ kombinierbar sind, lässt sich die Lösung dieses Anfangsrandwertproblems äquivalent auch mit dem d'Alembert'schen Lösungsansatz gewinnen.

Wenn man die Geschwindigkeiten u und v als bekannt voraussetzt, bilden die Gleichungen (r)–(u) ein eigenständiges Randwertproblem für die Temperatur θ. Führen Sie zunächst eine geeignete Verschiebungstransformation durch und stellen Sie die Kohärenzbedingungen auf, die sich aus dem transformierten Randwertproblem ergeben. Setzen Sie anschließend die Kohärenzbedingungen (5.7) aus dem vorgelagerten Randwertproblem für die Geschwindigkeiten u und v ein und gewinnen Sie durch Untersuchung der resultierenden Dimensionsmatrix einen geeigneten Ähnlichkeitsansatz für das Randwertproblem (r)–(u).[9] Führen Sie auch die Ähnlichkeitstransformation durch, lösen Sie das entstandene Randwertproblem für die gewöhnliche Differentialgleichung und stellen Sie das Ergebnis in geeigneter Form grafisch dar. Treffen Sie plausible Annahmen für die zusätzlich auftretenden Parameter und orientieren Sie sich dabei an Wasser oder Luft als strömendem Fluid.

5.5 Ähnliche Lösungen aus mathematischer Sicht

1. Das vorliegende Kapitel kann auf mathematisch orientierte Leserinnen und Leser etwas verwirrend wirken: Wir haben auf der Grundlage des Größenkalküls, also durch Benutzung physikalischer Argumente, die erweiterte Dimensionsanalyse entwickelt und konnten diese Methode anschließend auch mathematisch nutzen, um bestimmte Anfangsrandwertprobleme zu lösen. Diese zweigeteilte Betrachtung auf einer physikalischen und einer mathematischen Ebene ist aus Sicht der Physik zwar hilfreich, aber nicht zwingend erforderlich: Wenn das Randwertproblem für die Blasius-Strömung auf konventionelle Art dimensionslos formuliert wird (z. B. durch Verwendung nur der Zahlenwerte in einem universellen kohärenten Einheitenssystem wie dem SI), so besitzt dieses dimensionslose Randwertproblem weiterhin eine ähnliche Lösung, die sich aber nicht mehr mit der Methode der erweiterten Dimensionsanalyse ermitteln lässt.

2. Aus mathematischer Sicht beruht die Existenz ähnlicher Lösungen auf einer bestimmten *Symmetrie* der betrachteten partiellen Differentialgleichungen. Der Begriff der Symmetrie ist hier nicht geometrisch als Spiegelungs- oder Rotationssymmetrie zu verstehen, sondern allgemeiner als eine Transformation, die eine gegebene Differentialgleichung oder ein gegebenes Anfangsrandwertproblem in der Form unverändert lässt.

---

9 Die Kohärenzbedingungen aus den Randwertproblemen (r)–(u) und (5.1)–(5.5) lassen sich auch gemeinsam in einer einzigen Dimensionsmatrix untersuchen. Diese Dimensionsmatrix ist jedoch wegen ihrer Größe schlecht geeignet, um sie durch eine Rechnung per Hand in die reduzierte Zeilenstufenform umzuwandeln.

Solche Symmetrietransformationen sind nicht von vornherein bekannt, sondern sie müssen immer für das jeweils betrachtete Problem ermittelt werden. Die Zusammensetzung einer physikalischen Größe aus einem Zahlenwert und einer Einheit (und zwar so, dass die Größe unabhängig von der jeweils verwendeten Einheit unverändert bleibt) lässt sich mathematisch als Skalentransformation interpretieren, d. h. die erweiterte Dimensionsanalyse schränkt die Suche nach ähnlichen Lösungen auf eine bestimmte Transformationsklasse ein. Diese Einschränkung ist physikalisch motiviert, da die Skalierbarkeit von Größen und Größengleichungen eine direkte Folge des Größenkalküls ist. Für die anschließende Ähnlichkeitstransformation (sofern sie existiert) sind die physikalischen Begriffe jedoch ohne Bedeutung, sondern es kommt nur auf die damit verbundene Skalierungseigenschaft an.

3. In der Mathematik wählt man bei der Suche nach ähnlichen Lösungen einen umfassenderen Ansatz, der auf der Theorie der *Lie-Gruppen* beruht. Dadurch öffnet sich ein Weg, um allgemeinere Symmetrietransformationen als die von uns angenommenen Skalentransformationen zu finden; allerdings ist diese Vorgehensweise auf Differentialgleichungen allein beschränkt, während unser Ausgangspunkt ein (vollständig) bestimmtes Anfangsrandwertproblem ist.

Zur Bestimmung der Symmetrietransformationen von Differentialgleichungen existiert eine umfangreiche Spezialliteratur, auf die wir im Rahmen dieses Buches nicht näher eingehen können, sondern nur auf die Angaben im Literaturverzeichnis verweisen. Die Symmetrieanalyse von Differentialgleichungen kann im Detail sehr aufwändig werden, im Ergebnis führt sie aber oft auf Skalentransformationen, und für solche Fälle steht mit der erweiterten Dimensionsanalyse ein Verfahren zur Verfügung, das mögliche Ähnlichkeitstransformationen auch ohne Kenntnis der Lie-Gruppen-Theorie auf systematische Weise und mit geringerem Aufwand zu liefern vermag.

4. Wir beenden das Kapitel mit einer Zusammenfassung, wie sich Ähnlichkeitstransformationen für ein Anfangsrandwertproblem mithilfe der erweiterten Dimensionsanalyse ermitteln lassen:

1. Man prüft, ob das Anfangsrandwertproblem eine Rotations- oder Translationssymmetrie aufweist, und führt gegebenenfalls eine entsprechende Transformation durch.
2. Man gewinnt aus den Gleichungen des Anfangsrandwertproblems die Kohärenzbedingungen.
3. Man ermittelt mit dem Algorithmus der erweiterten Dimensionsanalyse die Kennzahlen und die Kennzahlenfunktion.
4. Eine Ähnlichkeitstransformation ist möglich, wenn ursprünglich unabhängige Variablen nur noch in einer der Kennzahlen als Potenzprodukt auftreten. Diese Kennzahl ist dann die Ähnlichkeitsvariable und die zugehörige Kennzahlenfunktion der Ähnlichkeitsansatz.
   Die Suche nach Ähnlichkeitstransformationen ist vielversprechend bei (halb-)unendlichen Gebieten und homogenen Rand- oder Anfangsbedingungen, weil sich aus den zugehörigen

Gleichungen keine Kohärenzbedingungen ergeben und man entsprechend weniger Kennzahlen erwarten kann.

5. Man führt die Ähnlichkeitstransformation durch und erhält ein einfacheres Anfangsrandwertproblem, insbesondere gehen partielle Differentialgleichungen in zwei unabhängigen Variablen dabei in gewöhnliche Differentialgleichungen über.
   Sind mehrere Ähnlichkeitsansätze möglich, wählt man denjenigen Ansatz, der bei der Durchführung der Transformation den geringsten Aufwand erfordert.

6 Dimensionssysteme

6.1 Einführung

1. Wir haben uns heute daran gewöhnt, beim Messen und beim Rechnen mit physikalischen Größen das Internationale Einheitensystem (SI) mit seinen sieben Basiseinheiten für Länge, Zeit, Masse, Stromstärke, Temperatur, Stoffmenge und Lichtstärke zu verwenden. Dieses System ist jedoch nicht durch die Physik vorgegeben, sondern durch eine Vielzahl von Konventionen geprägt, die über einen längeren Zeitraum hinweg entstanden sind.

2. Auf die Frage, warum Länge und Zeit Basisdimensionen sind, aber nicht die Geschwindigkeit, könnten wir antworten: weil sich Längen und Zeiten unabhängig voneinander messen lassen (Längen durch Maßstäbe, Zeiten durch Uhren), und Geschwindigkeiten anschließend durch den Quotienten einer Länge und einer Zeit festgelegt sind. Diese Antwort greift aber zu kurz, denn tatsächlich wird die Längeneinheit Meter heute über die Vakuumlichtgeschwindigkeit definiert; in diesem Sinne sollte also eher die Geschwindigkeit eine Basisdimension sein, nicht die Länge. Gleichzeitig müssten wir bei dieser Antwort mit der Rückfrage rechnen, warum die Kraft keine Basisdimension ist, denn Kräfte lassen sich über die Verformung von Körpern ebenfalls auf unabhängige Weise messen. Wir werden in Abschnitt 6.2 sehen, dass grundsätzlich nichts dagegen spricht, auch die Kraft als Basisdimension zu betrachten; eine solche Sichtweise hat sich nur nicht durchgesetzt, obwohl sie in Einzelfällen durchaus sinnvoll sein kann (siehe Abschnitt 2.4.2 Nr. 4).

Eine alternative Begründung für die Auswahl der Basisdimensionen könnte lauten: Wir bilden Begriffe wie Geschwindigkeit und Kraft, indem wir uns auf die Begriffe Länge, Zeit und Masse beziehen (bei der Geschwindigkeit durch Definition, bei der Kraft über ein physikalisches Gesetz), nehmen aber Länge, Zeit oder Masse als etwas Eigenständiges wahr, das sich nicht mehr auf andere Begriffe zurückführen lässt. Beim Blick auf Elektrizitätslehre und Magnetismus bleibt jedoch auch diese Begründung unbefriedigend. Die Existenz elektrischer Ladungen ist sicherlich ein eigenständiges physikalisches Phänomen, trotzdem hat man lange Zeit gezögert, hierfür eine eigene Basisdimension einzuführen und stattdessen alle elektrischen und magnetischen Größen in ursprünglich mechanischen Einheiten gemessen, ohne dass darunter die Entwicklung der Physik gelitten hätte. Die Elektrizitätslehre ist gleichzeitig ein Beispiel dafür, dass bei der Auswahl einer Basisdimension auch praktische Erwägungen eine Rolle spielen können: Von grundlegender Bedeutung ist eigentlich die elektrische Ladung, als Basisdimension wurde aber die elektrische Stromstärke, also elektrische Ladung pro Zeit festgelegt, weil sich Stromstärken über ihre magnetische Kraftwirkung viel leichter messen lassen als Ladungsmengen.

https://doi.org/10.1515/9783110795745-006

3. Grundsätzlich ist es möglich, jede physikalische Größe in einer eigenen Einheit zu messen. Die Frage nach einem Dimensions- oder Einheitensystem stellt sich erst, wenn man beobachtet, dass unterschiedliche physikalische Größen miteinander in Beziehung stehen, und man versucht, diese Beziehungen in einer mathematischen Theorie durch Gleichungen zu erfassen. Sobald in einem Teilgebiet der Physik Einigkeit über die naturgesetzlichen Grundgleichungen besteht, sind auch die Anzahl und die möglichen Sätze von Basisdimensionen festgelegt; die Auswahl eines konkreten Satzes bleibt jedoch offen und bedarf einer Vereinbarung.

Aus Beobachtungen allein lassen sich allerdings nur Proportionalitäten gewinnen; um daraus Gleichungen zu machen, müssen Proportionalitätskonstanten eingeführt werden. Solche Proportionalitätskonstanten sind nicht durch die Natur vorgegeben, sondern erforderlich, um die Forderung nach der dimensionellen Homogenität von Größengleichungen zu erfüllen. Die Proportionalitätskonstanten müssen vom jeweils betrachteten Problem unabhängig sein und allgemeingültigen Charakter aufweisen, deshalb nennt man sie auch *universelle Konstanten*.[1,2] Es zeigt sich aber, dass selbst unter Beachtung der Allgemeingültigkeit noch gewisse Freiheiten bei der Festlegung bestehen und die Frage nach der Anzahl der Basisdimensionen nur zusammen mit den universellen Konstanten beantwortet werden kann.

4. Die Anzahl und die Sätze von Basisdimensionen, die in einem Teilgebiet der Physik zulässig sind, lassen sich mithilfe der erweiterten Dimensionsanalyse bestimmen. Wir gehen dabei von den Grundgleichungen aus, die dieses Teilgebiet (zumindest nach heutiger Kenntnis) vollständig beschreiben, setzen für jede der vorkommenden Größen zunächst eine eigene, nicht näher bestimmte Einheit an und ermitteln dann anhand der erweiterten Dimensionsmatrix, wie viele und welche dieser Einheiten als Basiseinheiten wählbar sind. Da sich die Einheiten gemäß den Ausführungen in Abschnitt 1.4 als Stellvertreter für die Dimensionen betrachten lassen, ist damit automatisch auch die Frage nach den Basisdimensionen beantwortet.

Wir führen die Untersuchung zu den Basisdimensionen beispielhaft für die Mechanik und die Elektrodynamik durch und gehen dabei auch auf die besondere Rolle der universellen Konstanten ein.

---

1 Universelle Konstanten werden häufig Naturkonstanten genannt. Wir vermeiden die Bezeichnung Naturkonstante, weil solche Konstanten oft keine besondere Eigenschaft der Natur ausdrücken, sondern lediglich eine Folge des gewählten Dimensionssystems sind.

2 Da universelle Konstanten zur dimensionell homogenen Formulierung von Größengleichungen erforderlich sind, müssen sie in der Regel auch in der Relevanzfunktion einer klassischen Dimensionsanalyse berücksichtigt werden, selbst wenn ihr Einfluss auf das betrachtete Problem nicht unmittelbar erkennbar ist, vgl. die Ausführungen in Abschnitt 2.1 Nr. 4.

6.2 Dimensionssysteme der Mechanik

1. Die Newton'sche Mechanik beruht im Wesentlichen auf zwei Grundgleichungen: dem Gravitationsgesetz und dem Newton'schen Bewegungsgesetz (oder Impulssatz).[3]

– Das Gravitationsgesetz beschreibt die Anziehungskraft, die zwischen zwei massebehafteten Körpern längs ihrer Verbindungslinie wirkt (siehe Abb. 6.1). Hierbei stellt man zwei elementare Abhängigkeiten fest: Einerseits verdoppelt sich die Anziehungskraft, wenn man bei gleichbleibendem Abstand die Masse eines der Körper verdoppelt; andererseits verringert sich die Anziehungskraft auf ein Viertel, wenn man bei gleichbleibenden Massen den Abstand der Körper verdoppelt. Die Körper kann man sich dabei jeweils durch ihre Schwerpunkte ersetzt denken, in denen die gesamte Masse konzentriert ist. Aus den Beobachtungen lässt sich also folgern, dass der Betrag F der Anziehungskraft proportional zu den beiden Massen m_1 und m_2 und umgekehrt proportional zum Quadrat ihres Abstands r ist:

$$F \sim \frac{m_1 m_2}{r^2}. \tag{6.1}$$

Wenn die Kraft im verwendeten Dimensionssystem nicht zur Dimension der rechten Seite, also $(\text{Masse})^2 \cdot (\text{Länge})^{-2}$ gehört, muss man eine dimensionsbehaftete Konstante einfügen, um aus der Proportionalität (6.1) eine Gleichung zu machen. Im internationalen Dimensionssystem ist das tatsächlich erforderlich, und die Proportionalitätskonstante heißt bekanntlich Gravitationskonstante Γ. Wenn man den von der Masse m_1 zur Masse m_2 gerichteten Einheitsvektor mit $\vec{e}_r$ bezeichnet, lautet das Gravitationsgesetz für die Kraft $\vec{F}$, die die Masse m_1 auf die Masse m_2 ausübt, schließlich in vektorieller Form:

$$\vec{F} = -\Gamma \frac{m_1 m_2}{r^2} \vec{e}_r. \tag{6.2}$$

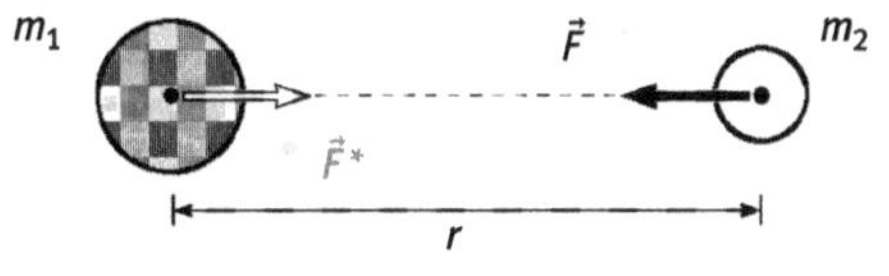

Abb. 6.1: Gravitationsgesetz.

3 In der Kontinuumsmechanik wird neben dem Impulssatz, der dort nur für Translationsbewegungen gilt, auch der Drehimpulssatz als eigenständiges mechanisches Grundgesetz für Rotationsbewegungen betrachtet. Für die dimensionsanalytische Untersuchung ist der Drehimpulssatz jedoch verzichtbar, da er sich auch aus dem Impulssatz herleiten lässt, wenn man an einer Stelle eine zusätzliche Annahme (das sogenannte Boltzmann-Axiom) einführt.

- Ähnliche Überlegungen lassen sich für das Newton'sche Bewegungsgesetz anstellen (siehe Abb. 6.2). Aus Beobachtungen folgt nur, dass die auf einen Körper wirkende resultierende Kraft $\vec{F}$ die gleiche Richtung wie die Beschleunigung $\vec{a}$ des Körpers hat und dass der Betrag F dieser Kraft proportional zur Masse[4] m des Körpers und zum Betrag a seiner Beschleunigung ist:

$$F \sim m\,a. \tag{6.3}$$

  Die Beschleunigung ist dabei als zweite Ableitung des Ortsvektors $\vec{x}$ nach der Zeit t definiert ist:

$$\vec{a} = \frac{\mathrm{d}^2\vec{x}}{\mathrm{d}t^2}. \tag{6.4}$$

  Eine Gleichung entsteht aus (6.3) erst nach Einführung einer weiteren universellen (und damit im Allgemeinen ebenfalls dimensionsbehafteten) Konstanten, die wir Trägheitskonstante nennen und mit β bezeichnen. Dann lautet das Newton'sche Bewegungsgesetz[5] in vektorieller Form:

$$\vec{F} = \beta\,m\,\frac{\mathrm{d}^2\vec{x}}{\mathrm{d}t^2}. \tag{6.5}$$

  Im internationalen Dimensionssystem wird bekanntlich $\beta = 1$ gesetzt, sodass die Trägheitskonstante normalerweise nicht in Erscheinung tritt.

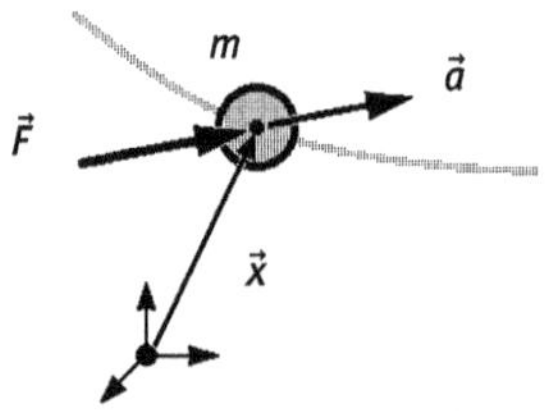

Abb. 6.2: Newton'sches Bewegungsgesetz.

4 Grundsätzlich ist es möglich, die Masse im Bewegungsgesetz von der Masse im Gravitationsgesetz zu unterscheiden, man spricht dann von träger Masse und schwerer Masse. Nach heutigem Kenntnisstand sind jedoch beide Masse zueinander proportional, sodass man die Proportionalitätskonstante ohne Beschränkung der Allgemeinheit gleich eins setzen kann. Dann sind beide Massen gleich und die Unterscheidung kann entfallen.

5 Die Trägheitskonstante tritt dann auch in allen Gleichungen auf, die aus dem Newton'schen Bewegungsgesetz abgeleitet werden. Beispielsweise gilt für die Navier–Stokes-Gleichung (4.39) in diesem Fall $\beta(\frac{\partial v_i}{\partial t} + v_j\,\frac{\partial v_i}{\partial x_j}) = f_i - \frac{1}{\rho}\,\frac{\partial p}{\partial x_i} + \nu\,\frac{\partial^2 v_i}{\partial x_j^2}$.

2. Wir sind uns in der Regel nicht bewusst, dass das Newton'sche Bewegungsgesetz eine Proportionalitätskonstante enthält, und nehmen die unterschiedliche Behandlung der Konstanten Γ und β meist ohne Hinterfragen hin, obwohl die beiden mechanischen Grundgleichungen dadurch auch einen unterschiedlichen Charakter erhalten: Das Gravitationsgesetz erscheint uns unmittelbar als Naturgesetz, das nur aus Beobachtungen zu gewinnen ist, während das Newton'sche Bewegungsgesetz in seiner konventionellen Form auch als Definitionsgleichung für die Größe Kraft interpretiert werden kann.

Mit Hilfe der erweiterten Dimensionsanalyse ist es möglich, die unterschiedlichen Festlegungen für Γ und β zu rechtfertigen; dabei wird sich gleichzeitig herausstellen, dass neben dem Internationalen Dimensionssystem noch andere, im Prinzip gleichwertige Dimensionssysteme denkbar sind.

3. Für den Abstand r der beiden Massen m_1 und m_2 im Gravitationsgesetz (6.2) kann man mit Hilfe der kartesischen Ortskoordinaten schreiben:

$$r = \sqrt{(x_2 - x_1)^2 + (y_2 - y_1)^2 + (z_2 - z_1)^2}.$$

Die zugehörigen Kohärenzbedingungen verlangen dann, dass man sowohl den Abstand r als auch die Ortskoordinaten x, y, z in derselben Einheit messen muss, die wir im weiteren Verlauf mit $\tilde{x}$ bezeichnen:

$$\tilde{r} = \tilde{x} = \tilde{y} = \tilde{z}.$$

Aus den Gleichungen (6.4) und (6.5) folgt weiterhin, dass entsprechend auch für die Koordinaten und die Beträge von Beschleunigungs- und Kraftvektor jeweils die gleiche Einheit $\tilde{a}$ bzw. $\tilde{F}$ verwendet werden muss. Es reicht daher aus, die erweiterte Dimensionsanalyse anhand der Beträge der Gleichungen (6.2) und (6.5) durchzuführen:

$$F = \beta m \frac{d^2x}{dt^2}, \quad F = \Gamma \frac{m_1 m_2}{r^2}.$$

Hieraus ergeben sich die Kohärenzbedingungen

$$\tilde{F} = \frac{\tilde{\beta}\tilde{m}\tilde{x}}{\tilde{t}^2}, \quad \tilde{F} = \frac{\tilde{\Gamma}\tilde{m}^2}{\tilde{x}^2}.$$

oder in Normalform

$$\begin{aligned} \tilde{\beta}\tilde{m}\tilde{x}\tilde{F}^{-1}\tilde{t}^{-2} &= 1, \\ \tilde{\Gamma}\tilde{m}^2\tilde{F}^{-1}\tilde{x}^{-2} &= 1. \end{aligned} \tag{6.6}$$

Die zugehörige erweiterte Dimensionsmatrix lautet also

$$\begin{array}{cc|cccc} \widetilde{\beta} & \widetilde{\Gamma} & \widetilde{F} & \widetilde{m} & \widetilde{x} & \widetilde{t} \\ \end{array}$$

$$\left(\begin{array}{cc|cccc} 1 & 0 & -1 & 1 & 1 & -2 \\ 0 & 1 & -1 & 2 & -2 & 0 \end{array}\right). \tag{6.7}$$

Diese Matrix hat den Rang $r = 2$, sodass sich bei $n = 6$ vorkommenden Einheiten $b = n - r = 4$ Basiseinheiten vorgeben lassen. Man erkennt weiterhin, dass auch die Untermatrizen, die aus jeweils zwei Spalten gebildet werden, fast alle den Rang $r = 2$ aufweisen, lediglich die Untermatrix mit den Spalten für $\widetilde{\beta}$ und $\widetilde{t}$ ist davon ausgenommen. Gemäß dem erweiterten Π-Theorem können also (abgesehen von der genannten Ausnahme) auf beliebige Weise vier der sechs Einheiten ausgewählt und zu Basiseinheiten erklärt werden, d. h. in der Mechanik sind grundsätzlich vierzehn verschiedene Dimensionssysteme denkbar.[6] Unter diesen Dimensionssystemen befinden sich auch solche, bei denen Länge oder Zeit keine Basisdimensionen sind; halten wir an Länge und Zeit als Basisdimensionen fest, bleiben noch sechs Dimensionssysteme übrig,[7] die wir im Folgenden näher betrachten.

- Vierersystem:
  Die Formulierung der Grundgleichungen (6.2) und (6.5) mit den beiden universellen Konstanten β und Γ erlaubt es, in der Mechanik ein Dimensionssystem mit den vier Basisdimensionen Länge, Zeit, Masse und Kraft einzuführen; man spricht deshalb auch von einem *Vierersystem*. Die Dimensionsmatrix (6.7) hat bereits die reduzierte Zeilenstufenform und liefert sofort die kohärenten Einheiten von β und Γ:

$$\widetilde{\beta} = \widetilde{F}\,\widetilde{m}^{-1}\widetilde{x}^{-1}\widetilde{t}^{2}, \quad \widetilde{\Gamma} = \widetilde{F}\,\widetilde{m}^{-2}\widetilde{x}^{2}. \tag{6.8}$$

  Die Werte der Trägheitskonstante β und der Gravitationskonstante Γ hängen davon ab, wie die Krafteinheit $\widetilde{F}$ definiert wird; insbesondere kann dann auch die Gravitationskonstante Γ einen anderen Wert haben als im internationalen System.
- Dreiersysteme:
  Wenn man statt der Einheit der Kraft die Einheit der Trägheitskonstante als Basiseinheit vorgibt, lautet die reduzierte Dimensionsmatrix nach einer entsprechenden Umsortierung der Spalten

$$\begin{array}{cc|cccc} \widetilde{F} & \widetilde{\Gamma} & \widetilde{\beta} & \widetilde{m} & \widetilde{x} & \widetilde{t} \\ \end{array}$$

$$\left(\begin{array}{cc|cccc} 1 & 0 & -1 & -1 & -1 & 2 \\ 0 & 1 & -1 & 1 & -3 & 2 \end{array}\right). \tag{6.9}$$

6 Nach den Regeln der Kombinatorik gibt es $\binom{6}{4} = 15$ Möglichkeiten, vier Elemente aus einer Menge von sechs Elementen auszuwählen, davon ist hier eine Möglichkeit wegen des Rangs der verbleibenden Untermatrix ausgeschlossen.

7 Nach den Regeln der Kombinatorik bleiben $\binom{4}{2} = 6$ Möglichkeiten übrig, um Länge und Zeit um zwei weitere Basisdimensionen aus den verbleibenden vier Dimensionen zu ergänzen.

Daraus folgt zunächst für die abgeleiteten Einheiten

$$\widetilde{F} = \widetilde{\beta}\,\widetilde{m}\,\widetilde{x}\,\widetilde{t}^{-2}, \quad \widetilde{\Gamma} = \widetilde{\beta}\,\widetilde{m}^{-1}\,\widetilde{x}^{3}\,\widetilde{t}^{-2}.$$

Basiseinheiten sind frei wählbar, deshalb ist insbesondere auch die Entscheidung für die Zahl Eins möglich. Genau diese Festlegung trifft man im internationalen System bei der Einheit der Trägheitskonstante, d. h. man wählt $\widetilde{\beta} = 1$ und setzt gleichzeitig auch den Zahlenwert auf $\widehat{\beta} = 1$, sodass am Ende für die Trägheitskonstante selbst gilt:

$$\beta = 1. \tag{6.10}$$

Für die Einheiten von Kraft und Gravitationskonstante ergeben sich dann die aus dem Internationalen Einheitensystem bekannten Beziehungen

$$\widetilde{F} = \widetilde{m}\,\widetilde{x}\,\widetilde{t}^{-2}, \quad \widetilde{\Gamma} = \widetilde{m}^{-1}\,\widetilde{x}^{3}\,\widetilde{t}^{-2}, \tag{6.11}$$

und die mechanischen Grundgleichungen (6.2) und (6.5) nehmen ihre vertraute Gestalt an:

$$\vec{F} = -\Gamma\,\frac{m_1 m_2}{r^2}\,\vec{e}_r, \quad \vec{F} = m\,\frac{\mathrm{d}^2\vec{x}}{\mathrm{d}t^2}. \tag{6.12}$$

Da die Menge der Zahlen in der Regel nicht als eigene Dimension betrachtet wird, bleiben nach der Wahl von $\beta = 1$ nur die drei Dimensionen Länge, Zeit und Masse übrig; man spricht deshalb auch von einem *Dreiersystem*.

Ein anderes, in der Praxis allerdings nicht genutztes Dreiersystem entsteht, wenn man statt der Einheit der Trägheitskonstante die Einheit der Gravitationskonstante als Basiseinheit wählt und außerdem die Gravitationskonstante selbst gleich Eins setzt. Die reduzierte Dimensionsmatrix lautet dann nach einer entsprechenden Umsortierung der Spalten

$$\begin{array}{cc|cccc} \widetilde{\beta} & \widetilde{F} & \widetilde{\Gamma} & \widetilde{m} & \widetilde{x} & \widetilde{t} \\ \end{array}$$
$$\left(\begin{array}{cc|cccc} 1 & 0 & -1 & -1 & 3 & -2 \\ 0 & 1 & -1 & -2 & 2 & 0 \end{array}\right). \tag{6.13}$$

Nach der Wahl von

$$\Gamma = 1 \tag{6.14}$$

folgt für die abgeleiteten Einheiten

$$\widetilde{\beta} = \widetilde{m}\,\widetilde{x}^{-3}\,\widetilde{t}^{2}, \quad \widetilde{F} = \widetilde{m}^{2}\,\widetilde{x}^{-2}, \tag{6.15}$$

und die mechanischen Grundgleichungen (6.2) und (6.5) lauten:

$$\vec{F} = -\frac{m_1 m_2}{r^2}\vec{e}_r, \quad \vec{F} = \beta m \frac{\mathrm{d}^2\vec{x}}{\mathrm{d}t^2}. \tag{6.16}$$

Der Blick auf die Dimensionsmatrix (6.7) zeigt außerdem, dass in der Mechanik auch Dreiersysteme möglich sind, in denen nicht die Masse, sondern die Kraft als Basiseinheit verwendet wird.

Wird neben der Einheit der Kraft auch die Einheit der Trägheitskonstante als Basiseinheit gewählt, entsteht das bereits in Aufgabe 1.6 erwähnte technische Maßsystem. Die reduzierte Dimensionsmatrix lautet hierfür nach einer entsprechenden Umsortierung der Spalten

$$\begin{array}{cc|cccc} \widetilde{m} & \widetilde{\Gamma} & \widetilde{\beta} & \widetilde{F} & \widetilde{x} & \widetilde{t} \end{array}$$
$$\left(\begin{array}{cc|cccc} 1 & 0 & 1 & -1 & 1 & -2 \\ 0 & 1 & -2 & 1 & -4 & 4 \end{array}\right). \tag{6.17}$$

Nach der Wahl von

$$\beta = 1 \tag{6.18}$$

ergibt sich für die abgeleiteten Einheiten[8]

$$\widetilde{m} = \widetilde{F}\,\widetilde{x}^{-1}\widetilde{t}^{2}, \quad \widetilde{\Gamma} = \widetilde{F}^{-1}\widetilde{x}^{4}\widetilde{t}^{-4}. \tag{6.19}$$

Auf die Schreibweise der Grundgleichungen hat dieser Wechsel der Basiseinheiten von Masse zu Kraft keine Auswirkungen, d. h. es gilt wie gewohnt

$$\vec{F} = -\Gamma\frac{m_1 m_2}{r^2}\vec{e}_r, \quad \vec{F} = m \frac{\mathrm{d}^2\vec{x}}{\mathrm{d}t^2}. \tag{6.20}$$

Ein weiteres, in der Praxis wiederum nicht genutztes Dimensionssystem ergibt sich, wenn man neben der Einheit der Kraft nicht die Einheit der Trägheitskonstante, sondern die Einheit der Gravitationskonstante als Basiseinheit verwendet und für die Gravitationskonstante selbst den Wert Eins wählt. Die reduzierte Dimensionsmatrix lautet in diesem Fall nach einer entsprechenden Umsortierung der Spalten

$$\begin{array}{cc|cccc} \widetilde{m} & \widetilde{\beta} & \widetilde{\Gamma} & \widetilde{F} & \widetilde{x} & \widetilde{t} \end{array}$$
$$\left(\begin{array}{cc|cccc} 1 & 0 & 1/2 & -1/2 & -1 & 0 \\ 0 & 1 & -1/2 & -1/2 & 2 & -2 \end{array}\right). \tag{6.21}$$

---

8 Die Basiseinheit für die Kraft im technischen Maßsystem ist das Kilopond (kp), die abgeleitete Einheit für die Masse heißt dort Hyl (1 hyl = 1 kp s^2 m^{-1} ≈ 9,81 kg).

Nach der Wahl von

$$\Gamma = 1 \tag{6.22}$$

ergibt sich für die abgeleiteten Einheiten

$$\tilde{m} = \tilde{F}^{1/2}\,\tilde{x}, \quad \tilde{\beta} = \tilde{F}^{1/2}\,\tilde{x}^{-2}\tilde{t}^{2}. \tag{6.23}$$

Die mechanischen Grundgleichungen lauten in einem solchen Dimensionssystem wie in (6.16)

$$\vec{F} = -\frac{m_1 m_2}{r^2}\,\vec{e}_r, \quad \vec{F} = \beta m \frac{\mathrm{d}^2\vec{x}}{\mathrm{d}t^2}. \tag{6.24}$$

– Zweiersystem:
Die Dimensionsmatrix (6.7) lässt es zu, auch die Einheiten von Trägheitskonstante und Gravitationskonstante gemeinsam als Basiseinheiten zu wählen und dafür die Einheiten von Masse und Kraft als abgeleitete Einheiten zu betrachten. Für die reduzierte Dimensionsmatrix ergibt sich dann nach einer entsprechenden Umsortierung der Spalten

$$\begin{array}{cc|cccc} \tilde{m} & \tilde{F} & \tilde{\Gamma} & \tilde{\beta} & \tilde{x} & \tilde{t} \\ \end{array}$$
$$\left(\begin{array}{cc|cccc} 1 & 0 & 1 & -1 & -3 & 2 \\ 0 & 1 & 1 & -2 & -4 & 4 \end{array}\right). \tag{6.25}$$

Wenn jetzt beide Konstanten gleich Eins gesetzt werden, also

$$\Gamma = 1, \quad \beta = 1, \tag{6.26}$$

entsteht ein Dimensionssystem mit nur noch zwei Basisdimensionen, nämlich Länge und Zeit. Ein solches System heißt auch *Zweiersystem*; für die Einheiten von Masse und Kraft gilt dann

$$\tilde{m} = \tilde{x}^3\,\tilde{t}^{-2}, \quad \tilde{F} = \tilde{x}^4\,\tilde{t}^{-4}, \tag{6.27}$$

und die mechanischen Grundgleichungen lauten

$$\vec{F} = -\frac{m_1 m_2}{r^2}\,\vec{e}_r, \quad \vec{F} = m \frac{\mathrm{d}^2\vec{x}}{\mathrm{d}t^2}. \tag{6.28}$$

Tabelle 6.1 enthält noch einmal eine Übersicht über die betrachteten Dimensionssysteme. Es zeigt sich, dass in der Mechanik Zweier-, Dreier- und Vierersysteme grundsätzlich gleichwertig sind. Jede zusätzliche Basisdimension hat dabei das Auftreten einer

Tab. 6.1: Dimensionssysteme und universelle Konstanten in der Mechanik.

Basisdimensionen	Grundgleichungen: Bewegungsgesetz $F \sim m a$	Grundgleichungen: Gravitationsgesetz $F \sim \frac{m_1 m_2}{r^2}$	Basiseinheiten	abgeleitete Einheiten	universelle Konstanten
4	$F = \beta m a$	$F = \Gamma \frac{m_1 m_2}{r^2}$	$\tilde{F}, \tilde{m}, \tilde{x}, \tilde{t}$	$\tilde{\beta} = \tilde{F}\tilde{m}^{-1}\tilde{x}^{-1}\tilde{t}^2$ $\tilde{\Gamma} = \tilde{F}\tilde{m}^{-2}\tilde{x}^2$	Trägheitskonstante β, Gravitationskonstante Γ
3	$F = m a$	$F = \Gamma \frac{m_1 m_2}{r^2}$	$\tilde{m}, \tilde{x}, \tilde{t}$	$\tilde{F} = \tilde{m}\tilde{x}\tilde{t}^{-2}$ $\tilde{\Gamma} = \tilde{m}^{-1}\tilde{x}^3\tilde{t}^{-2}$	Gravitationskonstante Γ
3	$F = \beta m a$	$F = \frac{m_1 m_2}{r^2}$	$\tilde{m}, \tilde{x}, \tilde{t}$	$\tilde{F} = \tilde{m}^2\tilde{x}^{-2}$ $\tilde{\beta} = \tilde{m}\tilde{x}^{-3}\tilde{t}^2$	Trägheitskonstante β
3	$F = m a$	$F = \Gamma \frac{m_1 m_2}{r^2}$	$\tilde{F}, \tilde{x}, \tilde{t}$	$\tilde{m} = \tilde{F}\tilde{x}^{-1}\tilde{t}^2$ $\tilde{\Gamma} = \tilde{F}^{-1}\tilde{x}^4\tilde{t}^{-4}$	Gravitationskonstante Γ
3	$F = \beta m a$	$F = \frac{m_1 m_2}{r^2}$	$\tilde{F}, \tilde{x}, \tilde{t}$	$\tilde{m} = \tilde{F}^{1/2}\tilde{x}$ $\tilde{\beta} = \tilde{F}^{1/2}\tilde{x}^{-2}\tilde{t}^2$	Trägheitskonstante β
2	$F = m a$	$F = \frac{m_1 m_2}{r^2}$	$\tilde{x}, \tilde{t}$	$\tilde{m} = \tilde{x}^3\tilde{t}^{-2}$ $\tilde{F} = \tilde{x}^4\tilde{t}^{-4}$	

neuen universellen Konstante zur Folge: Bei zwei Basisdimensionen gibt es keine universellen Konstanten, bei drei Basisdimensionen eine und bei vier Basisdimensionen zwei.

4. Aus Sicht der klassischen Dimensionsanalyse ist es günstig, ein Dimensionssystem mit möglichst vielen Basiseinheiten zu verwenden, weil das Π-Theorem dann bei gleichbleibender Anzahl von Einflussgrößen eine geringere Anzahl von Kennzahlen verspricht. Ob sich auf diese Weise tatsächlich weniger Kennzahlen ergeben, hängt allerdings davon ab, welche Rolle die universellen Konstanten spielen, d. h. ob sie zu den Einflussgrößen gehören oder nicht.

Zur näheren Erläuterung betrachten wir zunächst die Trägheitskonstante und wählen dazu noch einmal zwei Beispiele aus dem Kapitel 2: den Strömungswiderstand einer Kugel und den Volumenstrom einer stationären, laminaren Rohrströmung.

Bei der Kugelumströmung werden Fluidelemente in der Nähe der Kugel beschleunigt, deshalb bringt die Verwendung des Vierersystems bei der Dimensionsanalyse in der Regel keine Vorteile, denn bei beschleunigten Bewegungen muss auch die Trägheitskonstante als Einflussgröße berücksichtigt werden. Durch den Wechsel vom Dreier- zum Vierersystem erhöht sich zwar die Anzahl der Basiseinheiten um eins, gleichzeitig ist jedoch eine zusätzliche Einflussgröße vorhanden, sodass die Anzahl der Kennzahlen unverändert bleibt. Nur wenn man weiß oder voraussetzt, dass Beschleunigungen von untergeordneter Bedeutung sind, kann die Trägheitskonstante aus der Liste der Einflussgrößen entfernt werden; dann führt die Dimensionsanalyse im Vierersystem zu einer einfacheren Kennzahlenfunktion, die aber nur noch einen Sonderfall der Kugelumströmung richtig beschreibt (siehe Abschnitt 2.5 Nr. 2). Die Einzelheiten dieser Überlegungen sind Thema der Aufgabe 6.1.

Die stationäre, laminare Strömung in einem Rohr mit konstantem Querschnitt ist dagegen immer eine unbeschleunigte Bewegung. In diesem Fall gehört die Trägheitskonstante tatsächlich nicht zu den Einflussgrößen, wodurch sich die Verwendung des Vierersystems in Abschnitt 2.4.2 Nr. 4 und die daraus gewonnene Kennzahlenfunktion noch einmal nachträglich rechtfertigen lässt.

Ähnliche Überlegungen kann man für die Gravitationskonstante anstellen. Bei Problemen auf der Erde spielt die Massenanziehung der Körper untereinander keine Rolle, und die Anziehung der Körper durch die Erde wird üblicherweise durch die Fallbeschleunigung g erfasst. In solchen Fällen bietet sich ein Dimensionssystem an, in dem die Gravitationskonstante zwar explizit in Erscheinung tritt, aber tatsächlich nicht zu den Einflussgrößen gehört. Insbesondere ist es bei Problemen auf der Erde nicht sinnvoll, bei der klassischen Dimensionsanalyse mit dem Zweiersystem zu arbeiten: Die Dimensionsmatrix kann dann höchstens den Rang zwei haben, sodass in der Regel eine Kennzahl mehr entsteht als bei der Verwendung des konventionellen Dreiersystems.

Anders verhält es sich dagegen in der Astronomie, in der das Gravitationsgesetz von entscheidender Bedeutung ist und die Gravitationskonstante deshalb als Einflussgröße berücksichtigt werden muss. In diesem Fall bringt das Dreiersystem bei einer klassischen Dimensionsanalyse keine Vorteile, so dass man es auch durch das Zweiersystem ersetzen kann. Das Zweiersystem heißt deshalb auch astronomisches Dimensionssystem.

Aufgabe 6.1.

A. Führen Sie für das Problem des Strömungswiderstandes einer Kugel aus Kapitel 2 eine klassische Dimensionsanalyse im Vierersystem durch, d. h. in einem Dimensionssystem, in dem neben den Basiseinheiten $\tilde{x}$, $\tilde{t}$, $\tilde{m}$ für Länge, Zeit und Masse auch die Einheit $\tilde{F}$ der Kraft als weitere Basiseinheit betrachtet wird.
B. Vereinfachen Sie das Ergebnis aus Teil A für den Fall, dass Beschleunigungen keine wesentliche Rolle spielen.

Aufgabe 6.2. Im Internationalen Dimensionssystem (SI) wird die Temperatur als Basisdimension betrachtet, obwohl sich die Gesetze der makroskopischen Thermodynamik auch mit statistischen Methoden aus den mechanischen Gesetzen für die mikroskopische Teilchenbewegung herleiten lassen. Die absolute Temperatur T erweist sich dabei als proportional zur mittleren kinetischen Energie der Teilchenbewegung, die Proportionalitätskonstante ist (bis auf einen von der Zahl der Freiheitsgrade abhängigen Zahlenfaktor) die Boltzmann-Konstante k_B.

Mit der gleichen Berechtigung, mit der sich Trägheits- oder Gravitationskonstante gleich Eins setzen lassen, kann man auch der Boltzmann-Konstante den Wert eins zuweisen und auf die Einführung der Temperatur als Basisdimension verzichten, also thermodynamische Probleme in einem mechanischen Dreiersystem mit den Basiseinheiten $\tilde{x}$, $\tilde{t}$, $\tilde{m}$ für Länge, Zeit und Masse behandeln.

A. Geben Sie die kohärenten Einheiten für Temperatur, Entropie, spezifische Wärmekapazität und Wärmeleitfähigkeit in einem solchen $\tilde{x}, \tilde{t}, \tilde{m}$-Einheitensystem an.
B. Nehmen Sie an, dass man in einem konventionellen mechanischen Einheitensystem mit den Basiseinheiten Meter, Sekunde und Kilogramm weiterhin die Temperatureinheit Kelvin mit den vertrauten Zahlenwerten verwenden möchte, aber nicht mehr als Basiseinheit, sondern als abgeleitete Einheit im Sinne von Teil A. Geben Sie an, welchen Wert die Boltzmann-Konstante in diesem Fall haben muss.
C. Erläutern Sie, warum es in der Technik sinnvoll ist, an der Temperatur als Basisdimension festzuhalten.

6.3 Dimensionssysteme der Elektrodynamik

6.3.1 Die Grundgleichungen der Elektrodynamik

1. Die Erfahrung zeigt, dass sich die Gesamtheit der elektromagnetischen Erscheinungen durch die Maxwell'schen Gleichungen beschreiben lässt. Diese Gleichungen werden allerdings auf unterschiedliche Weise formuliert, sodass wir zunächst eine dieser Formulierungen als Grundlage für die dimensionsanalytische Untersuchung auswählen müssen.

In ihrer ursprünglichen Form gehen die Maxwell'schen Gleichungen von einer Vorstellung von Natur als Kontinuum aus, in dem der tatsächlich diskrete Aufbau der Materie keine Rolle spielt. Elektrische Ladungen und elektrische Ströme werden als Ursache des elektromagnetischen Feldes betrachtet, das eigentliche Interesse gilt jedoch dem Feld selbst, das in der Umgebung dieser Ladungen und Ströme existiert. Zur Beschreibung der unterschiedlichen Aspekte des Feldes dienen zwei elektrische und zwei magnetische Feldgrößen (elektrische Flussdichte $\vec{D}$, elektrische Feldstärke $\vec{E}$, magnetische Flussdichte $\vec{B}$, magnetische Feldstärke $\vec{H}$); der Einfluss von Materie im Feld wird durch Beziehungen zwischen den Feldgrößen $\vec{D}$ und $\vec{E}$ bzw. $\vec{B}$ und $\vec{H}$ erfasst, die sich nur empirisch ermitteln lassen.

Die später gewonnenen Erkenntnisse über den mikroskopischen Aufbau der Materie haben die Gültigkeit der Max'wellschen Theorie nicht infrage gestellt, aber an einigen Stellen zu anderen Interpretationen und Darstellungen geführt. Sichtbares Zeichen hierfür ist, dass die Maxwell'schen Gleichungen dann nur noch mit zwei Feldgrößen (elektrische Feldstärke $\vec{E}$, magnetische Flussdichte $\vec{B}$) formuliert werden und der Einfluss von Materie im Feld durch Größen wie Polarisation und Magnetisierung erfasst wird.

Wir orientieren uns bei der dimensionsanalytischen Untersuchung an der kontinuumstheoretischen Beschreibung (so wie sie weiterhin in der Elektrotechnik üblich ist), und beschränken uns auf Materialien mit homogenen und isotropen Eigenschaften.[9] Bei der mathematischen Formulierung wählen wir die integrale Schreibweise für raumfeste Bereiche, weil sie für das Verständnis der Begriffe leichter zugänglich ist als die zur detaillierten Feldberechnung benötigte differentielle Schreibweise.[10]

2. Wir stellen zunächst die Größen zusammen, die für die Formulierung der Maxwell'schen Gleichungen benötigt werden.

Wenn man die elektrische Feldstärke $\vec{E}$ skalar mit einem vektoriellen Linienelement $\mathrm{d}\vec{s}$ multipliziert und dieses Produkt längs der geschlossenen Randkurve $\partial\mathcal{A}$ einer Fläche $\mathcal{A}$ integriert, entsteht die elektrische Umlaufspannung $\mathring{U}_e$:

$$\mathring{U}_e = \oint_{\partial\mathcal{A}} \vec{E} \cdot \mathrm{d}\vec{s}. \tag{6.29}$$

Analog wird die magnetische Umlaufspannung $\mathring{U}_m$ als Linienintegral der magnetischen Feldstärke $\vec{H}$ definiert:

$$\mathring{U}_m = \oint_{\partial\mathcal{A}} \vec{H} \cdot \mathrm{d}\vec{s}. \tag{6.30}$$

Durch skalare Multiplikation der elektrischen Flussdichte $\vec{D}$ mit einem vektoriellen Flächenelement $\mathrm{d}\vec{A}$ und anschließender Integration über eine Fläche $\mathcal{A}$ ergibt sich der elektrische Fluss Ψ durch diese Fläche:

$$\Psi = \iint_{\mathcal{A}} \vec{D} \cdot \mathrm{d}\vec{A}. \tag{6.31}$$

Handelt es sich bei $\mathcal{A}$ um die geschlossene Oberfläche $\partial\mathcal{V}$ eines Volumens $\mathcal{V}$, spricht man auch vom elektrischen Hüllenfluss $\mathring{\Psi}$:

$$\mathring{\Psi} = \oiint_{\partial\mathcal{V}} \vec{D} \cdot \mathrm{d}\vec{A}. \tag{6.32}$$

Die Übertragung auf die magnetische Flussdichte $\vec{B}$ führt auf den magnetischen Fluss Φ:

9 Zur Erfassung von anisotropem Materialverhalten sind tensorielle Beziehungen erforderlich. Da sich im Folgenden aber zeigen wird, dass die Koordinaten von Vektoren (und als Folge davon auch die Koordinaten von Tensoren höherer Stufe) jeweils in derselben Einheit gemessen werden müssen, reicht es aus, die dimensionsanalytische Untersuchung auf isotrope Materialien zu beschränken.

10 Der Übergang von der integralen zur differentiellen Schreibweise erfolgt auf rein mathematischem Wege unter Benutzung der Integralsätze von Gauß oder Stokes (siehe auch Abschnitt 6.3.2 Nr. 7) und hat deshalb keine Auswirkungen auf die Ergebnisse der dimensionsanalytischen Untersuchung.

$$\Phi = \iint_{\mathcal{A}} \vec{B} \cdot \mathrm{d}\vec{A}, \tag{6.33}$$

bzw. den magnetischen Hüllenfluss $\mathring{\Phi}$:

$$\mathring{\Phi} = \oiint_{\partial\mathcal{V}} \vec{B} \cdot \mathrm{d}\vec{A}. \tag{6.34}$$

Die in einem Volumen $\mathcal{V}$ enthaltene elektrische Ladung Q ergibt sich als Volumenintegral einer Ladungsdichte ρ_e:

$$Q = \iiint_{\mathcal{V}} \rho_e \, \mathrm{d}V. \tag{6.35}$$

Die Durchflutung einer Fläche $\mathcal{A}$ setzt sich aus zwei Teilen zusammen: dem Leitungs- oder Konvektionsstrom I und dem Verschiebungsstrom I_V, die durch diese Fläche hindurchtreten. Der Leitungs- oder Konvektionsstrom I ergibt sich aus der Bewegung von Ladungsmengen und lässt sich als Flächenintegral einer Leitungs- oder Konvektionsstromdichte $\vec{j}$ darstellen:

$$I = \iint_{\mathcal{A}} \vec{j} \cdot \mathrm{d}\vec{A}, \tag{6.36}$$

der Verschiebungsstrom I_V stimmt mit der zeitlichen Änderung des elektrischen Flusses durch die betrachtete Fläche überein:

$$I_V = \frac{\mathrm{d}\Psi}{\mathrm{d}t} = \frac{\mathrm{d}}{\mathrm{d}t} \iint_{\mathcal{A}} \vec{D} \cdot \mathrm{d}\vec{A}. \tag{6.37}$$

3. Mit den Begriffen und Definitionen aus Nr. 2 lassen sich die aus der Beobachtung gewonnenen Erkenntnisse über elektromagnetische Erscheinungen wie folgt zusammenfassen:

– Die magnetische Umlaufspannung $\mathring{U}_m$ längs der Randkurve $\partial\mathcal{A}$ einer Fläche $\mathcal{A}$ ist proportional zur Durchflutung dieser Fläche:

$$\mathring{U}_m \sim I, \quad \mathring{U}_m \sim I_V. \tag{6.38}$$

  Der Umlaufsinn auf der Randkurve und die Richtung der Flächennormalen sind dabei gemäß einer Rechtsschraubenregel zugeordnet. Leitungs- und Verschiebungsstrom können sich außerdem in ihrer Wirkung überlagern.

– Die elektrische Umlaufspannung $\mathring{U}_e$ längs der Randkurve $\partial\mathcal{A}$ einer Fläche $\mathcal{A}$ ist proportional zur zeitlichen Änderung des magnetischen Flusses Φ durch diese Fläche:

$$\overset{\circ}{U}_e \sim \frac{\mathrm{d}\Phi}{\mathrm{d}t}. \tag{6.39}$$

Wenn man den Umlaufsinn auf der Randkurve über eine Rechtsschraubenregel mit der Richtung der Flächennormalen verknüpft, stellt man außerdem fest, dass die zeitliche Abnahme des magnetischen Flusses zu einer positiven, die zeitliche Zunahme dagegen zu einer negativen elektrischen Umlaufspannung führt.

- Der elektrische Hüllenfluss $\overset{\circ}{\Psi}$ durch die Oberfläche $\partial\mathcal{V}$ eines Volumens $\mathcal{V}$ ist proportional zur Ladungsmenge Q im Innern dieses Volumens:

$$\overset{\circ}{\Psi} \sim Q. \tag{6.40}$$

- Der magnetische Hüllenfluss $\overset{\circ}{\Phi}$ durch die Oberfläche $\partial\mathcal{V}$ eines Volumens $\mathcal{V}$ ist null:

$$\overset{\circ}{\Phi} = 0. \tag{6.41}$$

- Die Beträge von Flussdichten und Feldstärken sind jeweils proportional zueinander, gleiches gilt auch für die Beträge von Stromdichte und elektrischer Feldstärke in elektrischen Leitern:

$$D \sim E, \tag{6.42}$$

$$B \sim H, \tag{6.43}$$

$$j \sim E. \tag{6.44}$$

- Auf einen geladenen, punktförmigen Körper wirkt eine Kraft, deren Betrag F_C proportional zu seiner elektrischen Ladung Q und zum Betrag E der elektrischen Feldstärke am Ort des Körpers ist:

$$F_C \sim QE. \tag{6.45}$$

Kraft und elektrische Feldstärke sind dabei je nach Vorzeichen der Ladung gleich oder entgegengesetzt gerichtet.

- Auf ein stromdurchflossenes, linienförmiges Leiterelement wirkt eine Kraft, deren Betrag F_L proportional zur Stromstärke I, zur Länge s des Leiterelements, zum Betrag B der magnetischen Flussdichte und zum Sinus des Winkels α zwischen den Richtungen von Leiterelement und magnetischer Flussdichte ist:

$$F_L \sim I s B \sin(\alpha). \tag{6.46}$$

Die Kraft wirkt dabei senkrecht zur Richtung des elektrischen Stromes und senkrecht zur Richtung der magnetischen Flussdichte, und zwar so, dass die Richtungen von Strom, Flussdichte und Kraft in dieser Reihenfolge ein Rechtssystem bilden.

4. Durch das Einfügen von Proportionalitätskonstanten lassen sich die Beziehungen aus Nr. 3 in Gleichungen umwandeln. Wir wählen zunächst mit Absicht neutrale Symbole, um die dimensionsanalytische Untersuchung unbelastet von traditionellen Vorstellungen durchzuführen, und stellen die Verbindung zu den üblichen Symbolen erst am Ende her. Dann ergibt sich:

– aus (6.38) (Durchflutungsgesetz, siehe Abb. 6.3):

$$\mathring{U}_m = k_{11} I + k_{12} I_V, \tag{6.47}$$

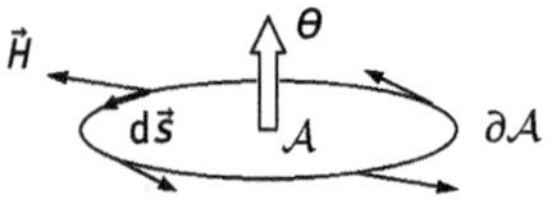

Abb. 6.3: Durchflutungsgesetz.

– aus (6.39) (Induktionsgesetz, siehe Abb. 6.4):

$$\mathring{U}_e = -k_2 \frac{d\Phi}{dt}, \tag{6.48}$$

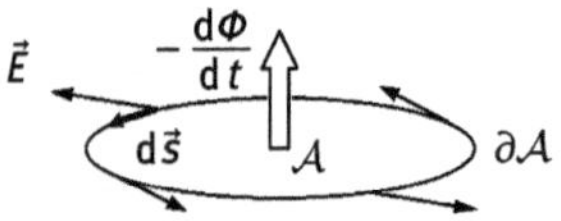

Abb. 6.4: Induktionsgesetz.

– aus (6.40) (Gauß'sches Gesetz für elektrische Felder, siehe Abb. 6.5):

$$\mathring{\Psi} = k_3 Q, \tag{6.49}$$

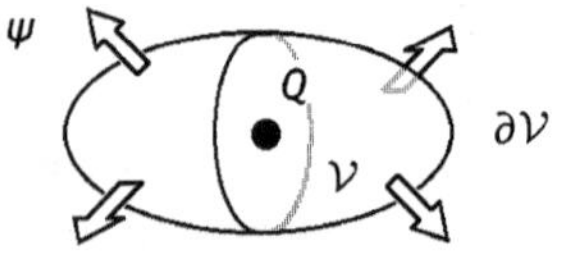

Abb. 6.5: Gauß'sches Gesetz für elektrische Felder.

– aus (6.41) (Gauß'sches Gesetz für magnetische Felder, siehe Abb. 6.6):

$$\mathring{\Phi} = 0. \tag{6.50}$$

Eine Proportionalitätskonstante ist hier wegen der Null auf der rechten Seite nicht erforderlich.

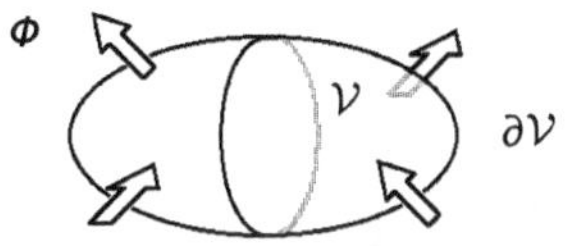

Abb. 6.6: Gauß'sches Gesetz für magnetische Felder.

Bei den verbleibenden Beziehungen muss außerdem der Vektorcharakter der Größen berücksichtigt werden. Dann folgt weiterhin:

– aus (6.42)–(6.44):

$$\vec{D} = k_\epsilon \vec{E}, \tag{6.51}$$

$$\vec{B} = k_\mu \vec{H}, \tag{6.52}$$

$$\vec{j} = k_\sigma \vec{E}, \tag{6.53}$$

– aus (6.45) (Coulomb-Kraft, siehe Abb. 6.7 links):

$$\vec{F}_C = k_C Q \vec{E}, \tag{6.54}$$

– aus (6.46) (Lorentz-Kraft, siehe Abb. 6.7 rechts):

$$\vec{F}_L = k_L I \vec{s} \times \vec{B}. \tag{6.55}$$

Abb. 6.7: Coulomb- und Lorentz-Kraft.

6.3.2 Dimensionsanalyse der elektrodynamischen Grundgleichungen

1. Die Überlegungen zur Mechanik in Abschnitt 6.2 Nr. 3 haben gezeigt, dass Ortskoordinaten (und als Folge davon auch die Koordinaten von Kraftvektoren) jeweils dieselbe Einheit haben müssen. Dieses Ergebnis bleibt auch in der Elektrodynamik gültig; dann folgt beispielsweise aus den Integranden in (6.29) und (6.30), dass auch für die Koordinaten der Feldstärken $\vec{E}$ und $\vec{H}$ jeweils dieselbe Einheit benutzt werden muss, weil die vektoriellen Linienelemente $d\vec{s}$ zugleich Differentiale der Ortsvektoren sind und zu ihren Koordinaten jeweils dieselbe Längeneinheit $\widetilde{x}$ gehört:

$$\begin{aligned} &\vec{E} \cdot d\vec{s} = E_x\, ds_x + E_y\, ds_y + E_z\, ds_z \\ &\quad\Rightarrow\quad \widetilde{E_x}\,\widetilde{x} = \widetilde{E_y}\,\widetilde{x} = \widetilde{E_z}\,\widetilde{x} \quad\Rightarrow\quad \widetilde{E_x} = \widetilde{E_y} = \widetilde{E_z} = \widetilde{E}, \end{aligned}$$

$$\vec{H} \cdot d\vec{s} = H_x \, ds_x + H_y \, ds_y + H_z \, ds_z$$
$$\Rightarrow \quad \widetilde{H_x}\,\widetilde{x} = \widetilde{H_y}\,\widetilde{x} = \widetilde{H_z}\,\widetilde{x} \quad \Rightarrow \quad \widetilde{H_x} = \widetilde{H_y} = \widetilde{H_z} = \widetilde{H}.$$

Aus (6.51), (6.52) und (6.53) ergibt sich eine entsprechende Aussage für die Koordinaten der Flussdichten $\vec{D}$ und $\vec{B}$ sowie der Stromdichte $\vec{j}$, d. h. man muss in der Elektrodynamik für Vektorkoordinaten genauso wie in der Mechanik jeweils dieselbe Einheit verwenden.

2. Die Gleichungen (6.47)–(6.55) stellen zusammen mit den Definitionen (6.29)–(6.37) eine abgeschlossene Theorie des Elektromagnetismus dar, sodass sich anhand dieser Gleichungen auch die Frage nach den möglichen Dimensionssystemen beantworten lässt. Wir setzen voraus, dass die Flächeneinheit $\widetilde{A}$ und die Volumeneinheit $\widetilde{V}$ in der üblichen Weise als Quadrat bzw. Kubik der Längeneinheit $\widetilde{x}$ definiert sind, also $\widetilde{A} = \widetilde{x}^2$, $\widetilde{V} = \widetilde{x}^3$, und erhalten dann nach den Vorüberlegungen in Nr. 1 folgende Kohärenzbedingungen für die vorkommenden Einheiten:

– aus (6.30), (6.36), (6.37) und (6.47), d. h. $\oint_{\partial\mathcal{A}} \vec{H} \cdot d\vec{s} = k_{11} \iint_{\mathcal{A}} \vec{j} \cdot d\vec{A} + k_{12} \frac{d}{dt} \iint_{\mathcal{A}} \vec{D} \cdot d\vec{A}$:

$$\widetilde{H}\,\widetilde{x} = \widetilde{k_{11}}\,\widetilde{j}\,\widetilde{x}^2, \quad \widetilde{k_{11}}\,\widetilde{j}\,\widetilde{x}^2 = \widetilde{k_{12}}\,\widetilde{D}\,\widetilde{t}^{-1}\,\widetilde{x}^2, \tag{6.56}$$

– aus (6.29), (6.33) und (6.48), d. h. $\oint_{\partial\mathcal{A}} \vec{E} \cdot d\vec{s} = -k_2 \frac{d}{dt} \iint_{\mathcal{A}} \vec{B} \cdot d\vec{A}$:

$$\widetilde{E}\,\widetilde{x} = \widetilde{k_2}\,\widetilde{B}\,\widetilde{x}^2\,\widetilde{t}^{-1}, \tag{6.57}$$

– aus (6.32), (6.35) und (6.49), d. h. $\oiint_{\partial\mathcal{V}} \vec{D} \cdot d\vec{A} = k_3 \iiint_{\mathcal{V}} \rho_e \, dV$:

$$\widetilde{D}\,\widetilde{x}^2 = \widetilde{k_3}\,\widetilde{\rho_e}\,\widetilde{x}^3, \tag{6.58}$$

– aus (6.51)–(6.53):

$$\widetilde{D} = \widetilde{k_\epsilon}\,\widetilde{E}, \quad \widetilde{B} = \widetilde{k_\mu}\,\widetilde{H}, \quad \widetilde{j} = \widetilde{k_\sigma}\,\widetilde{E}, \tag{6.59}$$

– aus (6.54) und (6.55):

$$\widetilde{F} = \widetilde{k_C}\,\widetilde{Q}\,\widetilde{E}, \quad \widetilde{F} = \widetilde{k_L}\,\widetilde{I}\,\widetilde{x}\,\widetilde{B}, \tag{6.60}$$

– aus (6.35) und (6.36):

$$\widetilde{Q} = \widetilde{\rho_e}\,\widetilde{x}^3, \quad \widetilde{I} = \widetilde{j}\,\widetilde{x}^2, \tag{6.61}$$

– aus (6.29), (6.30), (6.32) und (6.34):

$$\widetilde{U_e} = \widetilde{E}\,\widetilde{x}, \quad \widetilde{U_m} = \widetilde{H}\,\widetilde{x}, \quad \widetilde{\Psi} = \widetilde{D}\,\widetilde{x}^2, \quad \widetilde{\Phi} = \widetilde{B}\,\widetilde{x}^2. \tag{6.62}$$

Aus (6.50) entstehen keine Kohärenzbedingungen, weil auf der rechten Seite eine Null steht.

3. Eine gemeinsame Betrachtung aller Kohärenzbedingungen aus Nr. 2 ist wegen der Vielzahl von Gleichungen und vorkommenden Einheiten mit einem gewissen Aufwand verbunden. Wir untersuchen deshalb im ersten Schritt nur die Rolle der Proportionalitätskonstanten und stellen fest, dass hierzu nicht alle Kohärenzbedingungen benötigt werden. Die Gleichungen (6.61) und (6.62) enthalten keine Proportionalitätskonstanten, denn sie legen nur fest, wie die Einheiten der integralen Größen (Ladung, Stromstärke, elektrische und magnetische Spannung, elektrischer und magnetischer Fluss) zu bilden sind, sobald Klarheit über die Einheiten der elektrischen und magnetischen Feldgrößen besteht. Außerdem lassen sich die Gleichungen (6.59) nutzen, um einige der Einheiten vorübergehend zu eliminieren und damit die Anzahl der Gleichungen zu reduzieren. Dann ergibt sich:

– aus (6.56) mit $(6.59)_{1,3}$:

$$\widetilde{H}\,\widetilde{x} = \widetilde{k_{11}}\,\widetilde{k_\sigma}\,\widetilde{E}\,\widetilde{x}^2, \qquad \widetilde{k_{11}}\,\widetilde{k_\sigma}\,\widetilde{E}\,\widetilde{x}^2 = \widetilde{k_{12}}\,\widetilde{k_\epsilon}\,\widetilde{E}\,\widetilde{t}^{-1}\,\widetilde{x}^2,$$

– aus (6.57) mit $(6.59)_2$:

$$\widetilde{E}\,\widetilde{x} = \widetilde{k_2}\,\widetilde{k_\mu}\,\widetilde{H}\,\widetilde{x}^2\,\widetilde{t}^{-1},$$

– aus (6.58) mit $(6.59)_1$:

$$\widetilde{k_\epsilon}\,\widetilde{E}\,\widetilde{x}^2 = \widetilde{k_3}\,\widetilde{\rho_e}\,\widetilde{x}^3,$$

– aus (6.60) mit (6.61) und $(6.59)_{2,3}$:

$$\widetilde{F} = \widetilde{k_C}\,\widetilde{\rho_e}\,\widetilde{E}\,\widetilde{x}^3, \qquad \widetilde{k_C}\,\widetilde{\rho_e}\widetilde{x}^3\,\widetilde{E} = \widetilde{k_L}\,\widetilde{k_\sigma}\,\widetilde{k_\mu}\,\widetilde{E}\,\widetilde{x}^3\,\widetilde{H}$$

oder in Normalform und nach dem Kürzen mehrfach vorkommender Einheiten:

$$\begin{aligned}
\widetilde{E}\,\widetilde{H}^{-1}\,\widetilde{k_{11}}\,\widetilde{k_\sigma}\,\widetilde{x} &= 1,\\
\widetilde{k_{11}}^{-1}\,\widetilde{k_{12}}\,\widetilde{k_\epsilon}\,\widetilde{k_\sigma}^{-1}\,\widetilde{t}^{-1} &= 1,\\
\widetilde{E}^{-1}\,\widetilde{H}\,\widetilde{k_2}\,\widetilde{k_\mu}\,\widetilde{x}\,\widetilde{t}^{-1} &= 1,\\
\widetilde{E}^{-1}\,\widetilde{k_3}\,\widetilde{k_\epsilon}^{-1}\,\widetilde{\rho_e}\,\widetilde{x} &= 1,\\
\widetilde{H}\,\widetilde{k_\mu}\,\widetilde{k_\sigma}\,\widetilde{k_L}\,\widetilde{k_C}^{-1}\,\widetilde{\rho_e}^{-1} &= 1,\\
\widetilde{E}\,\widetilde{k_C}\,\widetilde{\rho_e}\,\widetilde{x}^3\,\widetilde{F}^{-1} &= 1.
\end{aligned} \tag{6.63}$$

Die zugehörige erweiterte Dimensionsmatrix umfasst sechs Zeilen für die Kohärenzbedingungen und fünfzehn Spalten für die vorkommenden Einheiten:

$$\begin{array}{ccccccccccccccc} \widetilde{E} & \widetilde{H} & \widetilde{k_{11}} & \widetilde{k_{12}} & \widetilde{k_2} & \widetilde{k_3} & \widetilde{k_\epsilon} & \widetilde{k_\mu} & \widetilde{k_\sigma} & \widetilde{k_C} & \widetilde{k_L} & \widetilde{\rho_e} & \widetilde{x} & \widetilde{t} & \widetilde{F} \end{array}$$

$$\begin{pmatrix} 1 & -1 & 1 & 0 & 0 & 0 & 0 & 0 & 1 & 0 & 0 & 0 & 1 & 0 & 0 \\ 0 & 0 & -1 & 1 & 0 & 0 & 1 & 0 & -1 & 0 & 0 & 0 & 0 & -1 & 0 \\ -1 & 1 & 0 & 0 & 1 & 0 & 0 & 1 & 0 & 0 & 0 & 0 & 1 & -1 & 0 \\ -1 & 0 & 0 & 0 & 0 & 1 & -1 & 0 & 0 & 0 & 0 & 1 & 1 & 0 & 0 \\ 0 & 1 & 0 & 0 & 0 & 0 & 0 & 1 & 1 & -1 & 1 & -1 & 0 & 0 & 0 \\ 1 & 0 & 0 & 0 & 0 & 0 & 0 & 0 & 0 & 1 & 0 & 1 & 3 & 0 & -1 \end{pmatrix}. \tag{6.64}$$

Die Spalten für $\widetilde{k_{12}}$, $\widetilde{k_2}$, $\widetilde{k_3}$, $\widetilde{k_L}$ und $\widetilde{F}$ enthalten jeweils nur einen einzigen Eintrag in unterschiedlichen Zeilen (Zeilen 2, 3, 4, 5 und 6). Nimmt man noch die Spalte für $\widetilde{k_{11}}$ mit zwei Einträgen in den Zeilen 1 und 2 hinzu, lässt sich erkennen, dass diese Matrix den Rang $r = 6$ hat, d. h. bei $n = 15$ Einheiten sind $b = n - r = 9$ Basiseinheiten wählbar. Um den Anschluss an das gewohnte Dreiersystem der Mechanik nicht zu verlieren, wird man in jedem Fall die Längeneinheit $\widetilde{x}$, die Zeiteinheit $\widetilde{t}$ und, stellvertretend für eine Masseneinheit, die Krafteinheit $\widetilde{F}$ als Basiseinheiten wählen, dann bleiben grundsätzlich sechs Basiseinheiten für die elektromagnetischen Größen übrig, wenn man an allen Proportionalitätskonstanten festhält. Ob ein bestimmter Satz von Einheiten tatsächlich als Basiseinheiten geeignet ist, muss jeweils im Einzelfall geklärt werden. Hierzu sortiert man die Dimensionsmatrix so um, dass die gewählten Basiseinheiten in den letzten neun Spalten erscheinen, und prüft dann durch Berechnung der reduzierten Zeilenstufenform, ob die aus den ersten sechs Spalten gebildete Untermatrix tatsächlich Diagonalform hat.

4. Im Zuge der Entwicklung der Elektrodynamik hat man die vielfältigen Freiheiten, die bei der Wahl der elektromagnetischen Basiseinheiten bestehen, nicht für die Einheiten selbst genutzt, sondern stattdessen eine Reihe von Vereinbarungen über die Proportionalitätskonstanten getroffen.

Die Erfahrung zeigt, dass die Konstanten k_ϵ, k_μ und k_σ in den Gleichungen (6.51)–(6.53) vom Material abhängen, in dem das elektromagnetische Feld existiert. Deshalb ist es sinnvoll, diese Konstanten beizubehalten, die üblicherweise als Permittivität

$$\epsilon = k_\epsilon, \tag{6.65}$$

Permeabilität

$$\mu = k_\mu, \tag{6.66}$$

und elektrische Leitfähigkeit

$$\sigma = k_\sigma \tag{6.67}$$

bezeichnet werden.

Die Konstante k_C bei der Coulomb-Kraft (6.54) wird üblicherweise gleich Eins gesetzt:

$$k_C = 1, \tag{6.68}$$

und die Konstante k_L bei der Lorentz-Kraft (6.55) als Kehrwert einer Verkettungskonstante γ ausgedrückt:

$$k_L = \frac{1}{\gamma}. \tag{6.69}$$

Den Kehrwert dieser Verkettungskonstante nutzt man auch für die Konstanten k_{12} im Durchflutungsgesetz (6.47) und k_2 im Induktionsgesetz (6.48):

$$k_{12} = k_2 = \frac{1}{\gamma}. \tag{6.70}$$

Auf ähnliche Weise wird die Konstante k_{11} im Durchflutungsgesetz (6.47) mit der Verkettungskonstante verknüpft. Allerdings findet man hier auch einen zusätzlichen Zahlenfaktor $\widehat{\alpha}$, der gleichzeitig als Konstante k_3 im Gauß'schen Gesetz (6.49) für elektrische Felder dient:

$$k_{11} = \frac{\widehat{\alpha}}{\gamma}, \quad k_3 = \widehat{\alpha}. \tag{6.71}$$

Die Zahl $\widehat{\alpha}$ hat keine Auswirkungen auf die dimensionsanalytische Untersuchung und ist im Prinzip frei wählbar; gebräuchlich sind jedoch nur die Werte

$$\widehat{\alpha} = 1 \quad \text{oder} \quad \widehat{\alpha} = 4\pi. \tag{6.72}$$

Im Fall $\widehat{\alpha} = 1$ spricht man von einer rationalen Formulierung der elektrodynamischen Grundgleichungen, bei $\widehat{\alpha} = 4\pi$ von einer nicht-rationalen Formulierung.[11] Die nicht-rationale Formulierung wird heute kaum noch benutzt, ihre Kenntnis ist aber für das Verständnis der älteren Literatur wichtig.

---

11 Die Zahl 4π entsteht, wenn man das Gauß'sche Gesetz (6.49) für eine Kugelfläche um eine punktförmige Ladung auswertet und diesen Wert dann in die allgemeine Formulierung des Gesetzes übernimmt.

5. Mit den Festlegungen aus Nr. 4 gehen die Kohärenzbedingungen (6.63) über in

$$
\begin{aligned}
\widetilde{E}\,\widetilde{H}^{-1}\,\widetilde{\gamma}^{-1}\,\widetilde{\sigma}\,\widetilde{x} &= 1,\\
\widetilde{\epsilon}\,\widetilde{\sigma}^{-1}\,\widetilde{t}^{-1} &= 1,\\
\widetilde{E}^{-1}\,\widetilde{H}\,\widetilde{\gamma}^{-1}\,\widetilde{\mu}\,\widetilde{x}\,\widetilde{t}^{-1} &= 1,\\
\widetilde{E}^{-1}\,\widetilde{\epsilon}^{-1}\,\widetilde{\rho_e}\,\widetilde{x} &= 1,\\
\widetilde{H}\,\widetilde{\mu}\,\widetilde{\sigma}\,\widetilde{\gamma}^{-1}\,\widetilde{\rho_e}^{-1} &= 1,\\
\widetilde{E}\,\widetilde{\rho_e}\,\widetilde{x}^{3}\,\widetilde{F}^{-1} &= 1
\end{aligned}
\tag{6.73}
$$

und die zugehörige Dimensionsmatrix lautet

$$
\begin{array}{cccccccccc}
\widetilde{E} & \widetilde{H} & \widetilde{\sigma} & \widetilde{\epsilon} & \widetilde{\mu} & \widetilde{\gamma} & \widetilde{\rho_e} & \widetilde{x} & \widetilde{t} & \widetilde{F}
\end{array}
$$

$$
\begin{pmatrix}
1 & -1 & 1 & 0 & 0 & -1 & 0 & 1 & 0 & 0\\
0 & 0 & -1 & 1 & 0 & 0 & 0 & 0 & -1 & 0\\
-1 & 1 & 0 & 0 & 1 & -1 & 0 & 1 & -1 & 0\\
-1 & 0 & 0 & -1 & 0 & 0 & 1 & 1 & 0 & 0\\
0 & 1 & 1 & 0 & 1 & -1 & -1 & 0 & 0 & 0\\
1 & 0 & 0 & 0 & 0 & 0 & 1 & 3 & 0 & -1
\end{pmatrix}.
\tag{6.74}
$$

Durch die getroffenen Festlegungen über die Proportionalitätskonstanten verringert sich auch der Rang der Dimensionsmatrix auf $r = 5$, sodass bei $n = 10$ vorkommenden Einheiten $b = n - r = 5$ Basiseinheiten wählbar sind.[12] Hält man an den mechanischen Basiseinheiten fest, hier also Längeneinheit $\widetilde{x}$, Zeiteinheit $\widetilde{t}$ und Krafteinheit $\widetilde{F}$, bleiben grundsätzlich zwei elektromagnetische Basiseinheiten übrig, über die man in der Vergangenheit unterschiedlich verfügt hat.

6. Wir stellen noch einmal die elektrodynamischen Grundgleichungen und die zugehörigen Kohärenzbedingungen in der Schreibweise zusammen, die sich aus den Festlegungen in Nr. 4 ergibt:

---

12 Die Veränderung des Ranges lässt sich nur schwer aus der Dimensionsmatrix selbst ablesen; am einfachsten ist es, die Rangbestimmung mit einem Computeralgebrasystem vorzunehmen. Man kann sich aber auch nachträglich davon überzeugen, dass die Dimensionsmatrix linear abhängige Zeilen enthält. Wenn man die 2. und die 5. Zeile addiert, ergibt sich (0 1 0 1 1 −1 −1 0 −1 0). Dasselbe Ergebnis entsteht, wenn die 4. Zeile von der 3. Zeile subtrahiert wird: (0 1 0 1 1 −1 −1 0 −1 0). Die Dimensionsmatrix enthält dann zwei identische Zeilen, sodass ihr Rang nicht mehr mit der Anzahl der Zeilen übereinstimmt, sondern um eins verringert ist.

- das Durchflutungsgesetz (mit (6.30), (6.36), (6.37) und (6.47)):

$$\gamma \oint_{\partial\mathcal{A}} \vec{H}\cdot \mathrm{d}\vec{s} = \widehat{\alpha} \iint_{\mathcal{A}} \vec{j}\cdot \mathrm{d}\vec{A} + \frac{\mathrm{d}}{\mathrm{d}t} \iint_{\mathcal{A}} \vec{D}\cdot \mathrm{d}\vec{A}, \tag{6.75}$$

$$\Rightarrow \quad \widetilde{H}\widetilde{j}^{-1}\widetilde{\gamma}\widetilde{x}^{-1} = 1, \quad \widetilde{D}\widetilde{j}^{-1}\widetilde{t}^{-1} = 1, \tag{6.76}$$

- das Induktionsgesetz (mit (6.29), (6.33), (6.48)):

$$\gamma \oint_{\partial\mathcal{A}} \vec{E}\cdot \mathrm{d}\vec{s} = -\frac{\mathrm{d}}{\mathrm{d}t} \iint_{\mathcal{A}} \vec{B}\cdot \mathrm{d}\vec{A}, \tag{6.77}$$

$$\Rightarrow \quad \widetilde{E}\widetilde{B}^{-1}\widetilde{\gamma}\widetilde{x}^{-1}\widetilde{t} = 1, \tag{6.78}$$

- das Gauß'sche Gesetz für elektrische Felder (mit (6.32), (6.35), (6.49)):

$$\oiint_{\partial\mathcal{V}} \vec{D}\cdot \mathrm{d}\vec{A} = \widehat{\alpha} \iiint_{\mathcal{V}} \rho_e \,\mathrm{d}V, \tag{6.79}$$

$$\Rightarrow \quad \widetilde{D}\widetilde{\rho_e}^{-1}\widetilde{x}^{-1} = 1, \tag{6.80}$$

- das Gauß'sche Gesetz für magnetische Felder (mit (6.34), (6.50)):

$$\oiint_{\partial\mathcal{V}} \vec{B}\cdot \mathrm{d}\vec{A} = 0, \tag{6.81}$$

- die Materialbeziehungen (mit (6.51), (6.52), (6.53)):

$$\vec{D} = \epsilon\vec{E}, \quad \vec{B} = \mu\vec{H}, \quad \vec{j} = \sigma\vec{E}, \tag{6.82}$$

$$\Rightarrow \quad \widetilde{E}\widetilde{D}^{-1}\widetilde{\epsilon} = 1, \quad \widetilde{H}\widetilde{B}^{-1}\widetilde{\mu} = 1, \quad \widetilde{E}\widetilde{j}^{-1}\widetilde{\sigma} = 1, \tag{6.83}$$

- die Kraftgesetze (mit (6.54), (6.55)):

$$\vec{F}_C = Q\vec{E}, \quad \vec{F}_L = \frac{1}{\gamma} I\vec{s}\times\vec{B}, \tag{6.84}$$

$$\Rightarrow \quad \widetilde{E}\widetilde{Q}\widetilde{F}^{-1} = 1, \quad \widetilde{B}\widetilde{\gamma}^{-1}\widetilde{I}\widetilde{x}\widetilde{F}^{-1} = 1,$$

oder wenn man die Krafteinheit $\widetilde{F}$ auf konventionelle Art (also ohne die Trägheitskonstante) gemäß $\widetilde{F} = \widetilde{m}\widetilde{x}\widetilde{t}^{-2}$ auf die Masseneinheit $\widetilde{m}$ zurückführt:

$$\widetilde{E}\widetilde{Q}\widetilde{x}^{-1}\widetilde{t}^{2}\widetilde{m}^{-1} = 1, \quad \widetilde{B}\widetilde{\gamma}^{-1}\widetilde{I}\widetilde{t}^{2}\widetilde{m}^{-1} = 1. \tag{6.85}$$

Die Definitionen (6.35) und (6.36) für elektrische Ladung und Stromstärke bleiben unverändert:

$$Q = \iiint\limits_{\mathcal{V}} \rho_e \,\mathrm{d}V, \quad I = \iint\limits_{\mathcal{A}} \vec{j} \cdot \mathrm{d}\vec{A},$$
$$\Rightarrow \quad \widetilde{\rho_e}\,\widetilde{Q}^{-1}\widetilde{x}^3 = 1, \quad \widetilde{j}\,\widetilde{I}^{-1}\widetilde{x}^2 = 1,$$

das Gleiche gilt für die Spannungen (6.29), (6.30) und Flüsse (6.32), (6.34):

$$\mathring{U}_e = \oint\limits_{\partial\mathcal{A}} \vec{E} \cdot \mathrm{d}\vec{s}, \quad \mathring{U}_m = \oint\limits_{\partial\mathcal{A}} \vec{H} \cdot \mathrm{d}\vec{s}, \quad \mathring{\Psi} = \oiint\limits_{\partial\mathcal{V}} \vec{D} \cdot \mathrm{d}\vec{A}, \quad \mathring{\Phi} = \oiint\limits_{\partial\mathcal{V}} \vec{B} \cdot \mathrm{d}\vec{A},$$
$$\widetilde{E}\,\widetilde{U_e}^{-1}\widetilde{x} = 1, \quad \widetilde{H}\,\widetilde{U_m}^{-1}\widetilde{x} = 1, \quad \widetilde{D}\,\widetilde{\Psi}^{-1}\widetilde{x}^2 = 1, \quad \widetilde{B}\,\widetilde{\Phi}^{-1}\widetilde{x}^2 = 1.$$

7. Wir geben auch die differentielle Form der Maxwell'schen Gleichungen an, da sich aus ihnen zwei Folgerungen gewinnen lassen, die für die dimensionsanalytische Betrachtung von Bedeutung sind. Die differentielle Form entsteht, wenn man die Umlaufintegrale in (6.75) und (6.77) mithilfe des Stokes'schen Integralsatzes in Flächenintegrale bzw. die Oberflächenintegrale in (6.79) und (6.81) mithilfe des Gauß'schen Integralsatzes in Volumenintegrale umwandelt, und am Ende nur noch die Integranden berücksichtigt:[13]

$$\gamma \operatorname{rot} \vec{H} = \hat{\alpha}\vec{j} + \frac{\partial \vec{D}}{\partial t}, \tag{6.86}$$

$$\gamma \operatorname{rot} \vec{E} = -\frac{\partial \vec{B}}{\partial t}, \tag{6.87}$$

$$\operatorname{div} \vec{D} = \hat{\alpha}\rho_e, \tag{6.88}$$

$$\operatorname{div} \vec{B} = 0. \tag{6.89}$$

8. Die Hintereinanderausführung von Divergenz und Rotation führt nach den Regeln der Vektoranalysis immer auf null: $\operatorname{div}\operatorname{rot}(\vec{\ldots}) = 0$. Wenn man die Divergenz auf (6.86) anwendet und gleichzeitig (6.88) berücksichtigt, ergibt sich deshalb

$$\frac{\partial \rho_e}{\partial t} + \frac{\partial j_x}{\partial x} + \frac{\partial j_y}{\partial y} + \frac{\partial j_z}{\partial z} = 0. \tag{6.90}$$

Diese Gleichung bezeichnet man als Kontinuitätsgleichung für die elektrische Ladung. Eine Dimensionsanalyse von (6.90) führt zunächst auf

$$\frac{\widetilde{\rho_e}}{\widetilde{t}} = \frac{\widetilde{j}}{\widetilde{x}},$$

13 Zu den Integralsätzen von Stokes und Gauß sowie den dort auftretenden Differentialoperatoren rot (Rotation) und div (Divergenz) siehe z. B. Schade, Neemann: Tensoranalysis. Berlin, W. de Gruyter, 3. Aufl., 2009.

dann folgt nach Multiplikation mit $\widetilde{x}^3$ und Beachtung von (6.61) ein einfacher Zusammenhang zwischen den Einheiten von elektrischer Ladung und elektrischer Stromstärke:

$$\widetilde{Q} = \widetilde{I}\,\widetilde{t}. \tag{6.91}$$

9. Wenn man sich auf ladungs- und stromfreie Bereiche beschränkt ($\rho_e = 0, \vec{j} = \vec{0}$) sowie konstante Permittivität ϵ und konstante Permeabilität μ voraussetzt, lassen sich die Gleichungen (6.86)–(6.89) durch geeignetes Differenzieren, Ineinandereinsetzen und Ausnutzen vektoranalytischer Beziehungen zu einer einzigen Differentialgleichung zusammenfassen. Dabei entsteht am Ende

$$\frac{\partial^2 \vec{H}}{\partial t^2} = \frac{\gamma^2}{\epsilon\,\mu}\left(\frac{\partial^2 \vec{H}}{\partial x^2} + \frac{\partial^2 \vec{H}}{\partial y^2} + \frac{\partial^2 \vec{H}}{\partial z^2}\right) \tag{6.92}$$

oder alternativ

$$\frac{\partial^2 \vec{E}}{\partial t^2} = \frac{\gamma^2}{\epsilon\,\mu}\left(\frac{\partial^2 \vec{E}}{\partial x^2} + \frac{\partial^2 \vec{E}}{\partial y^2} + \frac{\partial^2 \vec{E}}{\partial z^2}\right). \tag{6.93}$$

Gleichungen dieser Art bezeichnet man als Wellengleichungen. Eine Dimensionsanalyse von (6.92) oder (6.93) führt auf

$$\frac{1}{\widetilde{t}^2} = \frac{\widetilde{\gamma}^2}{\widetilde{\epsilon}\,\widetilde{\mu}}\,\frac{1}{\widetilde{x}^2} \quad \Rightarrow \quad \frac{\gamma}{\widetilde{\epsilon}^{1/2}\,\widetilde{\mu}^{1/2}} = \frac{\widetilde{x}}{\widetilde{t}}.$$

Der Term $\gamma/\sqrt{\epsilon\,\mu}$ gehört also zur Dimension Geschwindigkeit und beschreibt die Phasengeschwindigkeit c von elektromagnetischen Wellen:

$$c = \frac{\gamma}{\sqrt{\epsilon\,\mu}}. \tag{6.94}$$

Speziell im Vakuum nehmen Permittivität ϵ und Permeabilität μ besondere Werte an, die man auch als elektrische Feldkonstante ϵ_0 bzw. magnetische Feldkonstante μ_0 bezeichnet. Dann ist

$$c_0 = \frac{\gamma}{\sqrt{\epsilon_0\,\mu_0}} \tag{6.95}$$

die Vakuumlichtgeschwindigkeit.

6.3.3 Beispiele für elektrodynamische Dimensionssysteme

1. Wir berücksichtigen bei der Beschreibung der in der Vergangenheit tatsächlich verwendeten oder zumindest diskutierten Dimensionssysteme alle Einheiten und Kohärenzbedingungen, die in Abschnitt 6.3.2 Nr. 6 angegeben sind. Die Dimensionsmatrix wird dadurch zwar sehr umfangreich, mit Unterstützung durch ein Computeralgebrasystem lässt sich diese Matrix aber leicht in die reduzierte Zeilenstufenform umwandeln und hat dann den Vorteil, dass sich auf einen Blick ablesen lässt, wie die abgeleiteten Einheiten in Bezug auf die gewählten Basiseinheiten definiert sind (siehe Tab. 4.2). Für die Dimensionsmatrix ergibt sich dann in der Reihenfolge der in Abschnitt 6.3.2 Nr. 6 aufgeführten Kohärenzbedingungen (wobei wir zur besseren Lesbarkeit die von Null verschiedenen Einträge fett gesetzt haben):

$$
\begin{matrix}
\widetilde{E} & \widetilde{D} & \widetilde{H} & \widetilde{B} & \widetilde{\rho_e} & \widetilde{j} & \widetilde{\sigma} & \widetilde{\epsilon} & \widetilde{\mu} & \widetilde{\gamma} & \widetilde{U_e} & \widetilde{U_m} & \widetilde{\Psi} & \widetilde{\Phi} & \widetilde{Q} & \widetilde{I} & \widetilde{x} & \widetilde{t} & \widetilde{m}
\end{matrix}
$$

$$
\begin{pmatrix}
0 & 0 & \mathbf{1} & 0 & 0 & \mathbf{-1} & 0 & 0 & 0 & \mathbf{1} & 0 & 0 & 0 & 0 & 0 & 0 & \mathbf{-1} & 0 & 0 \\
0 & \mathbf{1} & 0 & 0 & 0 & \mathbf{-1} & 0 & 0 & 0 & 0 & 0 & 0 & 0 & 0 & 0 & 0 & 0 & \mathbf{-1} & 0 \\
\mathbf{1} & 0 & 0 & \mathbf{-1} & 0 & 0 & 0 & 0 & 0 & \mathbf{1} & 0 & 0 & 0 & 0 & 0 & 0 & \mathbf{-1} & \mathbf{1} & 0 \\
0 & \mathbf{1} & 0 & 0 & \mathbf{-1} & 0 & 0 & 0 & 0 & 0 & 0 & 0 & 0 & 0 & 0 & 0 & \mathbf{-1} & 0 & 0 \\
\mathbf{1} & \mathbf{-1} & 0 & 0 & 0 & 0 & 0 & \mathbf{1} & 0 & 0 & 0 & 0 & 0 & 0 & 0 & 0 & 0 & 0 & 0 \\
0 & 0 & \mathbf{1} & \mathbf{-1} & 0 & 0 & 0 & 0 & \mathbf{1} & 0 & 0 & 0 & 0 & 0 & 0 & 0 & 0 & 0 & 0 \\
\mathbf{1} & 0 & 0 & 0 & 0 & \mathbf{-1} & \mathbf{1} & 0 & 0 & 0 & 0 & 0 & 0 & 0 & 0 & 0 & 0 & 0 & 0 \\
\mathbf{1} & 0 & 0 & 0 & 0 & 0 & 0 & 0 & 0 & 0 & 0 & 0 & 0 & 0 & \mathbf{1} & 0 & \mathbf{-1} & \mathbf{2} & \mathbf{-1} \\
0 & 0 & 0 & \mathbf{1} & 0 & 0 & 0 & 0 & 0 & \mathbf{-1} & 0 & 0 & 0 & 0 & 0 & \mathbf{1} & 0 & \mathbf{2} & \mathbf{-1} \\
0 & 0 & 0 & 0 & \mathbf{1} & 0 & 0 & 0 & 0 & 0 & 0 & 0 & 0 & 0 & \mathbf{-1} & 0 & \mathbf{3} & 0 & 0 \\
0 & 0 & 0 & 0 & 0 & \mathbf{1} & 0 & 0 & 0 & 0 & 0 & 0 & 0 & 0 & 0 & \mathbf{-1} & \mathbf{2} & 0 & 0 \\
\mathbf{1} & 0 & 0 & 0 & 0 & 0 & 0 & 0 & 0 & 0 & \mathbf{-1} & 0 & 0 & 0 & 0 & 0 & \mathbf{1} & 0 & 0 \\
0 & 0 & \mathbf{1} & 0 & 0 & 0 & 0 & 0 & 0 & 0 & 0 & \mathbf{-1} & 0 & 0 & 0 & 0 & \mathbf{1} & 0 & 0 \\
0 & \mathbf{1} & 0 & 0 & 0 & 0 & 0 & 0 & 0 & 0 & 0 & 0 & \mathbf{-1} & 0 & 0 & 0 & \mathbf{2} & 0 & 0 \\
0 & 0 & 0 & \mathbf{1} & 0 & 0 & 0 & 0 & 0 & 0 & 0 & 0 & 0 & \mathbf{-1} & 0 & 0 & \mathbf{2} & 0 & 0
\end{pmatrix} . \tag{6.96}
$$

2. Im Internationalen Einheitenystem (SI) wird bekanntlich nur die Stromstärke als einzige elektromagnetische Basisgröße und das Ampere als zugehörige elektromagnetische Basiseinheit eingeführt. Die zweite, nach Abschnitt 6.3.2 Nr. 5 mögliche Basisgröße ist dann die Verkettungskonstante, die aber den Wert eins erhält:

$$\gamma = 1, \tag{6.97}$$

und die deshalb nicht explizit in Erscheinung tritt. Für die Vakuumlichtgeschwindigkeit folgt in diesem Fall aus (6.95)

$$c_0 = \frac{1}{\sqrt{\epsilon_0 \mu_0}}, \tag{6.98}$$

Die Reduktion der Dimensionsmatrix (6.96) führt dann (nach einer vorherigen Umsortierung der Spalten für Verkettungskonstante und Stromstärke in den rechten Teil) auf

$$\begin{array}{cccccccccccccc|ccccc}
\widetilde{E} & \widetilde{D} & \widetilde{H} & \widetilde{B} & \widetilde{\rho_e} & \widetilde{j} & \widetilde{\sigma} & \widetilde{\epsilon} & \widetilde{\mu} & \widetilde{Q} & \widetilde{U_e} & \widetilde{U_m} & \widetilde{\Psi} & \widetilde{\Phi} & \widetilde{\gamma} & \widetilde{I} & \widetilde{x} & \widetilde{t} & \widetilde{m}
\end{array}$$

$$\left(\begin{array}{cccccccccccccc|ccccc}
\mathbf{1} & 0 & 0 & 0 & 0 & 0 & 0 & 0 & 0 & 0 & 0 & 0 & 0 & 0 & 0 & \mathbf{1} & -\mathbf{1} & \mathbf{3} & -\mathbf{1} \\
0 & \mathbf{1} & 0 & 0 & 0 & 0 & 0 & 0 & 0 & 0 & 0 & 0 & 0 & 0 & 0 & -\mathbf{1} & \mathbf{2} & -\mathbf{1} & 0 \\
0 & 0 & \mathbf{1} & 0 & 0 & 0 & 0 & 0 & 0 & 0 & 0 & 0 & 0 & 0 & \mathbf{1} & -\mathbf{1} & \mathbf{1} & 0 & 0 \\
0 & 0 & 0 & \mathbf{1} & 0 & 0 & 0 & 0 & 0 & 0 & 0 & 0 & 0 & 0 & -\mathbf{1} & \mathbf{1} & 0 & \mathbf{2} & -\mathbf{1} \\
0 & 0 & 0 & 0 & \mathbf{1} & 0 & 0 & 0 & 0 & 0 & 0 & 0 & 0 & 0 & 0 & -\mathbf{1} & \mathbf{3} & -\mathbf{1} & 0 \\
0 & 0 & 0 & 0 & 0 & \mathbf{1} & 0 & 0 & 0 & 0 & 0 & 0 & 0 & 0 & 0 & -\mathbf{1} & \mathbf{2} & 0 & 0 \\
0 & 0 & 0 & 0 & 0 & 0 & \mathbf{1} & 0 & 0 & 0 & 0 & 0 & 0 & 0 & 0 & -\mathbf{2} & \mathbf{3} & -\mathbf{3} & \mathbf{1} \\
0 & 0 & 0 & 0 & 0 & 0 & 0 & \mathbf{1} & 0 & 0 & 0 & 0 & 0 & 0 & 0 & -\mathbf{2} & \mathbf{3} & -\mathbf{4} & \mathbf{1} \\
0 & 0 & 0 & 0 & 0 & 0 & 0 & 0 & \mathbf{1} & 0 & 0 & 0 & 0 & 0 & -\mathbf{2} & \mathbf{2} & -\mathbf{1} & \mathbf{2} & -\mathbf{1} \\
0 & 0 & 0 & 0 & 0 & 0 & 0 & 0 & 0 & \mathbf{1} & 0 & 0 & 0 & 0 & 0 & -\mathbf{1} & 0 & -\mathbf{1} & 0 \\
0 & 0 & 0 & 0 & 0 & 0 & 0 & 0 & 0 & 0 & \mathbf{1} & 0 & 0 & 0 & 0 & \mathbf{1} & -\mathbf{2} & \mathbf{3} & -\mathbf{1} \\
0 & 0 & 0 & 0 & 0 & 0 & 0 & 0 & 0 & 0 & 0 & \mathbf{1} & 0 & 0 & \mathbf{1} & -\mathbf{1} & 0 & 0 & 0 \\
0 & 0 & 0 & 0 & 0 & 0 & 0 & 0 & 0 & 0 & 0 & 0 & \mathbf{1} & 0 & 0 & -\mathbf{1} & 0 & -\mathbf{1} & 0 \\
0 & 0 & 0 & 0 & 0 & 0 & 0 & 0 & 0 & 0 & 0 & 0 & 0 & \mathbf{1} & -\mathbf{1} & \mathbf{1} & -\mathbf{2} & \mathbf{2} & -\mathbf{1} \\
0 & 0 & 0 & 0 & 0 & 0 & 0 & 0 & 0 & 0 & 0 & 0 & 0 & 0 & 0 & 0 & 0 & 0 & 0
\end{array}\right). \tag{6.99}$$

Aus dieser Matrix lassen sich die bekannten Definitionen der elektromagnetischen Einheiten im Internationalen Einheitensystem ablesen, wobei die Spalte für $\widetilde{\gamma}$ wegen $\widetilde{\gamma} = 1$ gemäß (6.97) ignoriert werden kann. Beispielsweise ergibt sich mit den Einheiten Ampere (A) für die Stromstärke, Coulomb (C) für die Ladung, Volt[14] (V) für die elektrische Spannung, Weber[15] (Wb) für den magnetischen Fluss sowie mit der Energieeinheit Joule (J) für die Spannungen und Flüsse:

$$\begin{aligned}
\widetilde{U_e} &= \widetilde{I}^{-1}\widetilde{x}^2\widetilde{t}^{-3}\widetilde{m} \quad \text{oder} \quad \widetilde{U_e} = \mathrm{V} = \mathrm{kg\,m^2\,s^{-3}\,A^{-1}} = \mathrm{J\,C^{-1}}, \\
\widetilde{U_m} &= \widetilde{I} \quad \text{oder} \quad \widetilde{U_m} = \mathrm{A}, \\
\widetilde{\psi} &= \widetilde{I}\widetilde{t} \quad \text{oder} \quad \widetilde{\psi} = \mathrm{A\,s} = \mathrm{C}, \\
\widetilde{\phi} &= \widetilde{I}^{-1}\widetilde{x}^2\widetilde{t}^{-2}\widetilde{m} \quad \text{oder} \quad \widetilde{\phi} = \mathrm{Wb} = \mathrm{kg\,m^2\,s^{-2}\,A^{-1}} = \mathrm{J\,A^{-1}} = \mathrm{V\,s}\,;
\end{aligned}$$

---

14 Die Spannungseinheit Volt ist benannt nach dem italienischen Physiker Alessandro Volta (1745–1827), der unter anderem die erste elektrische Batterie entwickelte.

15 Wilhelm Eduard Weber (1804–1891), deutscher Physiker, vor allem bekannt durch die Entwicklung des ersten elektromagnetischen Telegraphen.

weiterhin folgt mit der Einheit Tesla[16] (T) für die magnetische Flussdichte sowie mit der Krafteinheit Newton (N) für die Feldstärken und Flussdichten:

$$\begin{aligned}
&\widetilde{E} = \widetilde{I}^{-1}\widetilde{x}\widetilde{t}^{-3}\widetilde{m} \quad \text{oder} \quad \widetilde{E} = \mathrm{kg\,m\,s^{-3}\,A^{-1}} = \mathrm{N\,C^{-1}},\\
&\widetilde{D} = \widetilde{I}\widetilde{x}^{-2}\widetilde{t} \quad \text{oder} \quad \widetilde{D} = \mathrm{A\,s\,m^{-2}} = \mathrm{C\,m^{-2}},\\
&\widetilde{H} = \widetilde{I}\widetilde{x}^{-1} \quad \text{oder} \quad \widetilde{H} = \mathrm{A\,m^{-1}},\\
&\widetilde{B} = \widetilde{I}^{-1}\widetilde{t}^{-2}\widetilde{m} \quad \text{oder} \quad \widetilde{B} = \mathrm{T} = \mathrm{kg\,s^{-2}\,A^{-1}} = N\,\mathrm{A^{-1}\,m^{-1}} = \mathrm{Wb\,m^{-2}}.
\end{aligned}$$

3. Unter bestimmten Bedingungen sind elektrische und magnetische Phänomene voneinander entkoppelt (Elektrostatik und Magnetostatik), deshalb wurde in der Mitte des 20. Jahrhunderts diskutiert, neben einer elektrischen auch eine magnetische Basisgröße einzuführen. Die erweiterte Dimensionsanalyse zeigt, dass ein solches elektrodynamisches Fünfersystem tatsächlich möglich ist, wenn man an der Verkettungskonstante als dimensionsbehafteter Proportionalitätskonstante festhält. Eine Analogiebetrachtung legt nahe, in diesem Fall sowohl den elektrischen als auch den magnetischen Fluss als Basisgrößen zu wählen. Dann ergibt die Reduktion der Dimensionsmatrix (6.96) (nach einer entsprechenden Umsortierung der Spalten für elektrischen und magnetischen Fluss in den rechten Teil):

$$\begin{array}{cccccccccccccc|ccccc}
\widetilde{E} & \widetilde{D} & \widetilde{H} & \widetilde{B} & \widetilde{\rho_e} & \widetilde{j} & \widetilde{\sigma} & \widetilde{\epsilon} & \widetilde{\mu} & \widetilde{\gamma} & \widetilde{U_e} & \widetilde{U_m} & \widetilde{Q} & \widetilde{I} & \widetilde{\Psi} & \widetilde{\Phi} & \widetilde{x} & \widetilde{t} & \widetilde{m}
\end{array}$$

$$\left(\begin{array}{cccccccccccccc|ccccc}
\mathbf{1} & 0 & 0 & 0 & 0 & 0 & 0 & 0 & 0 & 0 & 0 & 0 & 0 & 0 & \mathbf{1} & 0 & \mathbf{-1} & \mathbf{2} & \mathbf{-1}\\
0 & \mathbf{1} & 0 & 0 & 0 & 0 & 0 & 0 & 0 & 0 & 0 & 0 & 0 & 0 & \mathbf{-1} & 0 & \mathbf{2} & 0 & 0\\
0 & 0 & \mathbf{1} & 0 & 0 & 0 & 0 & 0 & 0 & 0 & 0 & 0 & 0 & 0 & 0 & \mathbf{1} & \mathbf{-1} & \mathbf{2} & \mathbf{-1}\\
0 & 0 & 0 & \mathbf{1} & 0 & 0 & 0 & 0 & 0 & 0 & 0 & 0 & 0 & 0 & 0 & \mathbf{-1} & \mathbf{2} & 0 & 0\\
0 & 0 & 0 & 0 & \mathbf{1} & 0 & 0 & 0 & 0 & 0 & 0 & 0 & 0 & 0 & \mathbf{-1} & 0 & \mathbf{3} & 0 & 0\\
0 & 0 & 0 & 0 & 0 & \mathbf{1} & 0 & 0 & 0 & 0 & 0 & 0 & 0 & 0 & \mathbf{-1} & 0 & \mathbf{2} & \mathbf{1} & 0\\
0 & 0 & 0 & 0 & 0 & 0 & \mathbf{1} & 0 & 0 & 0 & 0 & 0 & 0 & 0 & \mathbf{-2} & 0 & \mathbf{3} & \mathbf{-1} & \mathbf{1}\\
0 & 0 & 0 & 0 & 0 & 0 & 0 & \mathbf{1} & 0 & 0 & 0 & 0 & 0 & 0 & \mathbf{-2} & 0 & \mathbf{3} & \mathbf{-2} & \mathbf{1}\\
0 & 0 & 0 & 0 & 0 & 0 & 0 & 0 & \mathbf{1} & 0 & 0 & 0 & 0 & 0 & 0 & \mathbf{-2} & \mathbf{3} & \mathbf{-2} & \mathbf{1}\\
0 & 0 & 0 & 0 & 0 & 0 & 0 & 0 & 0 & \mathbf{1} & 0 & 0 & 0 & 0 & \mathbf{-1} & \mathbf{-1} & \mathbf{2} & \mathbf{-1} & \mathbf{1}\\
0 & 0 & 0 & 0 & 0 & 0 & 0 & 0 & 0 & 0 & \mathbf{1} & 0 & 0 & 0 & \mathbf{1} & 0 & \mathbf{-2} & \mathbf{2} & \mathbf{-1}\\
0 & 0 & 0 & 0 & 0 & 0 & 0 & 0 & 0 & 0 & 0 & \mathbf{1} & 0 & 0 & 0 & \mathbf{1} & \mathbf{-2} & \mathbf{2} & \mathbf{-1}\\
0 & 0 & 0 & 0 & 0 & 0 & 0 & 0 & 0 & 0 & 0 & 0 & \mathbf{1} & 0 & \mathbf{-1} & 0 & 0 & 0 & 0\\
0 & 0 & 0 & 0 & 0 & 0 & 0 & 0 & 0 & 0 & 0 & 0 & 0 & \mathbf{1} & \mathbf{-1} & 0 & 0 & \mathbf{1} & 0\\
0 & 0 & 0 & 0 & 0 & 0 & 0 & 0 & 0 & 0 & 0 & 0 & 0 & 0 & 0 & 0 & 0 & 0 & 0
\end{array}\right). \qquad (6.100)$$

16 Nikola Tesla (1856–1943), serbisch-amerikanischer Elektroingenieur, maßgeblich an der Entwicklung von Wechselstromtechnik und Funktechnik beteiligt.

Der Blick auf die Matrix zeigt, dass sich die Analogie zwischen elektrischem und magnetischem Feld auch in den Einheiten vieler Größen widerspiegelt; beispielsweise unterscheiden sich die Einheiten von Feldgrößen, Flussdichten und Spannungen nur durch die jeweilige Flusseinheit:

$$
\begin{aligned}
\widetilde{E} &= \widetilde{\Psi}^{-1}\,\widetilde{x}\,\widetilde{t}^{-2}\,\widetilde{m} = \widetilde{\Psi}^{-1}\,\widetilde{F},\\
\widetilde{H} &= \widetilde{\Phi}^{-1}\,\widetilde{x}\,\widetilde{t}^{-2}\,\widetilde{m} = \widetilde{\Phi}^{-1}\,\widetilde{F},\\
\widetilde{D} &= \widetilde{\Psi}\,\widetilde{x}^{-2},\\
\widetilde{B} &= \widetilde{\Phi}\,\widetilde{x}^{-2},\\
\widetilde{U_e} &= \widetilde{\Psi}^{-1}\,\widetilde{x}^{2}\,\widetilde{t}^{-2}\,\widetilde{m} = \widetilde{\Psi}^{-1}\,\widetilde{x}\,\widetilde{F},\\
\widetilde{U_m} &= \widetilde{\Phi}^{-1}\,\widetilde{x}^{2}\,\widetilde{t}^{-2}\,\widetilde{m} = \widetilde{\Phi}^{-1}\,\widetilde{x}\,\widetilde{F}.
\end{aligned}
$$

Das Internationale Einheitensystem hätte sich leicht zu dem beschriebenen Einheitensystem erweitern lassen. Der elektrische Fluss Ψ hat wegen (6.32), (6.35) und (6.79) die gleiche Einheit wie die elektrische Ladung Q, d. h. die Rolle der elektrischen Basiseinheit wäre von der Stromstärkeeinheit Ampere auf die Ladungseinheit Coulomb übergegangen. Außerdem wäre das Weber, das im Internationalen Einheitensystem als Einheit für den magnetischen Fluss dient, keine abgeleitete Einheit mehr, sondern eine Basiseinheit. Die Verkettungskonstante hat die kohärente Einheit $\widetilde{\gamma} = \widetilde{\Psi}\,\widetilde{\Phi}\,\widetilde{x}^{-2}\,\widetilde{t}\,\widetilde{m}^{-1}$, hierfür lässt sich mithilfe der Spannungseinheit $\widetilde{U_e}$ auch schreiben $\widetilde{\gamma} = (\widetilde{U_e}^{-1}\,\widetilde{x}^{2}\,\widetilde{t}^{-2}\,\widetilde{m})\,\widetilde{\Phi}\,\widetilde{x}^{-2}\,\widetilde{t}\,\widetilde{m}^{-1} = \widetilde{\Phi}\,\widetilde{U_e}^{-1}\,\widetilde{t}^{-1}$. Hält man am Volt (V) als Spannungseinheit fest, hätte die Verkettungskonstante den Zahlenwert Eins behalten können, aber ihre Einheit wäre Weber/(Volt Sekunde), also

$$
\gamma = 1\,\frac{\mathrm{Wb}}{\mathrm{V\,s}}. \tag{6.101}
$$

Eine solche Betrachtungsweise konnte sich in der Vergangenheit jedoch nicht durchsetzen.

4. In der Anfangszeit der Elektrodynamik hat man lange darauf verzichtet, elektrische oder magnetische Basisgrößen einzuführen, und stattdessen ein rein mechanisches Dimensionssystem verwendet. In dieser Zeit war das Gauß'sche Dimensionssystem weit verbreitet; es entsteht in unserer Darstellung, wenn man Permittivität ϵ und Permeabilität μ als Basisgrößen neben Länge, Zeit und Masse betrachtet. Die Reduktion der Dimensionsmatrix (6.96) ergibt dann (nach einer entsprechenden Umsortierung der Spalten für Permittivität und Permeabilität in den rechten Teil):

$$
\begin{array}{cccccccccccccc|ccccc}
\widetilde{E} & \widetilde{D} & \widetilde{H} & \widetilde{B} & \widetilde{\rho_e} & \widetilde{j} & \widetilde{\sigma} & \widetilde{\gamma} & \widetilde{\Psi} & \widetilde{\Phi} & \widetilde{U_e} & \widetilde{U_m} & \widetilde{Q} & \widetilde{I} & \widetilde{\epsilon} & \widetilde{\mu} & \widetilde{x} & \widetilde{t} & \widetilde{m} \\
\mathbf{1} & 0 & 0 & 0 & 0 & 0 & 0 & 0 & 0 & 0 & 0 & 0 & 0 & 0 & \tfrac{1}{2} & 0 & \tfrac{1}{2} & \mathbf{1} & -\tfrac{1}{2} \\
0 & \mathbf{1} & 0 & 0 & 0 & 0 & 0 & 0 & 0 & 0 & 0 & 0 & 0 & 0 & -\tfrac{1}{2} & 0 & \tfrac{1}{2} & \mathbf{1} & -\tfrac{1}{2} \\
0 & 0 & \mathbf{1} & 0 & 0 & 0 & 0 & 0 & 0 & 0 & 0 & 0 & 0 & 0 & 0 & \tfrac{1}{2} & \tfrac{1}{2} & \mathbf{1} & -\tfrac{1}{2} \\
0 & 0 & 0 & \mathbf{1} & 0 & 0 & 0 & 0 & 0 & 0 & 0 & 0 & 0 & 0 & 0 & -\tfrac{1}{2} & \tfrac{1}{2} & \mathbf{1} & -\tfrac{1}{2} \\
0 & 0 & 0 & 0 & \mathbf{1} & 0 & 0 & 0 & 0 & 0 & 0 & 0 & 0 & 0 & -\tfrac{1}{2} & 0 & \tfrac{3}{2} & \mathbf{1} & -\tfrac{1}{2} \\
0 & 0 & 0 & 0 & 0 & \mathbf{1} & 0 & 0 & 0 & 0 & 0 & 0 & 0 & 0 & -\tfrac{1}{2} & 0 & \tfrac{1}{2} & \mathbf{2} & -\tfrac{1}{2} \\
0 & 0 & 0 & 0 & 0 & 0 & \mathbf{1} & 0 & 0 & 0 & 0 & 0 & 0 & 0 & \mathbf{-1} & 0 & 0 & \mathbf{1} & 0 \\
0 & 0 & 0 & 0 & 0 & 0 & 0 & \mathbf{1} & 0 & 0 & 0 & 0 & 0 & 0 & -\tfrac{1}{2} & -\tfrac{1}{2} & \mathbf{-1} & \mathbf{1} & 0 \\
0 & 0 & 0 & 0 & 0 & 0 & 0 & 0 & \mathbf{1} & 0 & 0 & 0 & 0 & 0 & -\tfrac{1}{2} & 0 & -\tfrac{3}{2} & \mathbf{1} & -\tfrac{1}{2} \\
0 & 0 & 0 & 0 & 0 & 0 & 0 & 0 & 0 & \mathbf{1} & 0 & 0 & 0 & 0 & 0 & -\tfrac{1}{2} & -\tfrac{3}{2} & \mathbf{1} & -\tfrac{1}{2} \\
0 & 0 & 0 & 0 & 0 & 0 & 0 & 0 & 0 & 0 & \mathbf{1} & 0 & 0 & 0 & \tfrac{1}{2} & 0 & -\tfrac{1}{2} & \mathbf{1} & -\tfrac{1}{2} \\
0 & 0 & 0 & 0 & 0 & 0 & 0 & 0 & 0 & 0 & 0 & \mathbf{1} & 0 & 0 & 0 & \tfrac{1}{2} & -\tfrac{1}{2} & \mathbf{1} & -\tfrac{1}{2} \\
0 & 0 & 0 & 0 & 0 & 0 & 0 & 0 & 0 & 0 & 0 & 0 & \mathbf{1} & 0 & -\tfrac{1}{2} & 0 & -\tfrac{3}{2} & \mathbf{1} & -\tfrac{1}{2} \\
0 & 0 & 0 & 0 & 0 & 0 & 0 & 0 & 0 & 0 & 0 & 0 & 0 & \mathbf{1} & -\tfrac{1}{2} & 0 & -\tfrac{3}{2} & \mathbf{2} & -\tfrac{1}{2} \\
0 & 0 & 0 & 0 & 0 & 0 & 0 & 0 & 0 & 0 & 0 & 0 & 0 & 0 & 0 & 0 & 0 & 0 & 0
\end{array}
\quad . \tag{6.102}
$$

Wegen der Materialabhängigkeit ist es allerdings nicht sinnvoll, Permittivität und Permeabilität selbst gleich Eins zu setzen, sondern nur ihre Werte im Vakuum, also die elektrische Feldkonstante ϵ_0 und die magnetische Feldkonstante μ_0. Die Permittivität und die Permeabilität von Materialien drückt man dann als Vielfaches der Vakuumwerte aus:

$$\epsilon = \epsilon_r \, \epsilon_0, \quad \mu = \mu_r \, \mu_0, \tag{6.103}$$

und spricht bei ϵ_r und μ_r von relativer Permittivität bzw. relativer Permeabilität, manchmal auch von einer Permittivitäts- oder Permeabilitätszahl. Nach der Festlegung von

$$\epsilon_0 = 1, \quad \mu_0 = 1 \tag{6.104}$$

gilt also im Gauß'schen Dimensionssystem

$$\epsilon = \epsilon_r, \quad \mu = \mu_r, \tag{6.105}$$

d. h. beide Größen sind dimensionslos:

$$\widetilde{\epsilon} = 1, \quad \widetilde{\mu} = 1. \tag{6.106}$$

Die Verkettungskonstante stimmt in diesem Fall gemäß (6.95) mit der Vakuumlichtgeschwindigkeit überein:

$$\gamma = c_0. \tag{6.107}$$

Wegen $\widetilde{\epsilon} = \widetilde{\mu} = 1$ kann man die zugehörigen Spalten in der Dimensionsmatrix (6.102) außer Acht lassen; dann zeigt sich, dass elektrische und magnetische Größen im Gauß'schen Dimensionssystem jeweils die gleiche Einheit haben. Als zugehöriges Einheitensystem wird in der Regel das cgs-System mit den Basiseinheiten Zentimeter (cm) für Länge, Gramm (g) für Masse und Sekunde (s) für Zeit verwendet; hierfür gilt beispielsweise:

$$\widetilde{E} = \widetilde{D} = \widetilde{H} = \widetilde{B} = \sqrt{\mathrm{g/cm}}/\mathrm{s},$$
$$\widetilde{U_e} = \widetilde{U_m} = \sqrt{\mathrm{g\,cm}}/\mathrm{s},$$
$$\widetilde{\Psi} = \widetilde{\Phi} = \sqrt{\mathrm{g\,cm}^3}/\mathrm{s},$$
$$\widetilde{Q} = \sqrt{\mathrm{g\,cm}^3}/\mathrm{s}, \quad \widetilde{I} = \sqrt{\mathrm{g\,cm}^3}/\mathrm{s}^2.$$

Das Gauß'sche Dimensionssystem wurde in der Vergangenheit oft mit der nichtrationalen Schreibweise der elektrodynamischen Grundgleichungen verbunden, sodass dort gemäß (6.72) der Faktor $\widehat{\alpha} = 4\pi$ erscheint. In dieser Kombination – also Gauß'sches Dimensionssystem, nicht-rationale Schreibweise und cgs-Einheiten – sprechen wir einfach nur kurz vom Gauß'schen System.[17] Das Gauß'sche System ist historisch aus zwei Vorläufern entstanden, die in den Aufgaben 6.4 und 6.5 behandelt werden.

5. Wir haben die elektromagnetischen Größen in den unterschiedlichen Dimensionssystemen jeweils mit denselben Symbolen gekennzeichnet; man muss sich aber darüber im Klaren sein, dass diese Größen in den einzelnen Dimensionssystemen unterschiedlich definiert sind. Beispielsweise ist die elektrische Feldstärke $\vec{E}$ im Internationalen Dimensionssystem etwas anderes als die elektrische Feldstärke $\vec{E}$ im Gauß'schen Dimensionssystem, auch wenn in beiden Fällen derselbe Aspekt des elektrischen Feldes beschrieben wird, nämlich wie die Kraft entsteht, die auf eine elektrische Ladung im Feld wirkt.

Um die Formeln für den Übergang zwischen zwei verschiedenen Dimensionssystemen zu gewinnen, bietet es sich an, von den Beziehungen (6.84) für Coulomb- und Lorentz-Kraft auszugehen, da die Kraft als mechanische Größe in allen elektrodynamischen Dimensionssystemen gleich definiert ist. Wir erläutern die grundsätzliche Vorgehensweise am Beispiel der elektrischen Größen im Internationalen System und im Gauß'schen System; die entsprechenden Überlegungen für die magnetischen Größen sind Gegenstand von Aufgabe 6.3. Zur Unterscheidung der Systeme kenn-

17 Es existiert auch eine Variante des Gauß'schen Dimensionssystems, bei der die Maxwell'schen Gleichungen in rationaler Weise geschrieben werden. Diese Variante ist mit den Namen Heaviside und Lorentz verknüpft.

zeichnen wir die elektromagnetischen Größen im Gauß'schen System vorübergehend durch ein Sternchen.

Wenn man das Gauß'sche Gesetz (6.79) für elektrische Felder zusammen mit (6.35) für eine Kugelfläche um eine punktförmige elektrische Ladung auswertet, ergibt sich mit dem Kugelradius r für die Beträge der elektrischen Flussdichte in den beiden Systemen:

$$D = \frac{Q}{4\pi r^2}, \quad D^* = \frac{Q^*}{r^2}. \tag{6.108}$$

Im Internationalen System ist $\hat{\alpha} = 1$, deshalb erscheint im linken Teil von (6.108) explizit der Faktor $1/(4\pi)$, der als Folge der Kugelfläche entsteht. Im rechten Teil von (6.108) fehlt dieser Faktor, weil er sich im Gauß'schen System gegen $\hat{\alpha} = 4\pi$ herauskürzt. Im Vakuum folgt dann mit $(6.82)_1$ und den Vereinbarungen über die elektrische Feldkonstante ϵ_0 für die Beträge der elektrischen Feldstärke

$$E = \frac{1}{\epsilon_0} D = \frac{Q}{4\pi \epsilon_0 r^2}, \quad E^* = D^* = \frac{Q^*}{r^2}. \tag{6.109}$$

Auf eine zweite punktförmige Ladung, die im Abstand r von der ersten angeordnet ist und die die gleiche elektrische Ladung hat, wirkt dann gemäß $(6.84)_1$ eine Kraft mit dem Betrag

$$F_C = Q E = \frac{Q^2}{4\pi \epsilon_0 r^2}, \quad F_C = Q^* E^* = \frac{Q^{*2}}{r^2}. \tag{6.110}$$

Da die Kraft als mechanische Größe unabhängig vom verwendeten Dimensionssystem sein muss, folgt durch Gleichsetzen

$$\frac{Q^2}{4\pi \epsilon_0 r^2} = \frac{Q^{*2}}{r^2},$$

d. h. für den Zusammenhang der elektrischen Ladungen in den beiden Systemen gilt

$$Q^* = \frac{Q}{\sqrt{4\pi \epsilon_0}}. \tag{6.111}$$

Aus (6.108) und (6.109) folgt dann mit (6.111) für die elektrische Flussdichte

$$D^* = \frac{Q^*}{r^2} = 4\pi \frac{Q^*}{Q} \frac{Q}{4\pi r^2} = \sqrt{\frac{4\pi}{\epsilon_0}}\, D,$$

bzw. für die elektrische Feldstärke

$$E^* = \frac{Q^*}{r^2} = 4\pi \epsilon_0 \frac{Q^*}{Q} \frac{Q}{4\pi \epsilon_0 r^2} = \sqrt{4\pi \epsilon_0}\, E,$$

also

$$D^* = \sqrt{4\pi/\epsilon_0}\,D, \quad E^* = \sqrt{4\pi\,\epsilon_0}\,E. \tag{6.112}$$

Das cgs-System ist als kohärentes Einheitensystem so gestaltet, dass zwischen zwei punktförmigen Körpern, die dieselbe elektrische Ladung $Q^* = 1\sqrt{\mathrm{g\,cm^3}}/\mathrm{s}$ und einen Abstand von $r = 1\,\mathrm{cm} = 10^{-2}\,\mathrm{m}$ haben, eine Kraft vom Betrag $F_C = 1\,\mathrm{dyn} = 1\,\mathrm{g\,cm/s^2} = 10^{-5}\,\mathrm{N}$ wirkt. Durch Einsetzen der Werte für r und F_C auf der linken Seite von (6.110) lässt sich dann mithilfe der elektrischen Feldkonstante ($\epsilon_0 = 8{,}854\,188 \cdot 10^{-12}\,\mathrm{C/(V\,m)}$) berechnen, welchen Wert diese elektrische Ladung im Internationalen System hat:

$$Q = \sqrt{4\pi\,\epsilon_0\,r^2\,F_C} = 3{,}335\,641 \cdot 10^{-10}\,\mathrm{C}.$$

Zwischen den Ladungseinheiten in den beiden System besteht also die Beziehung

$$1\sqrt{\mathrm{g\,cm^3}}/\mathrm{s} \mathrel{\hat{=}} 3{,}335\,641 \cdot 10^{-10}\,\mathrm{C}. \tag{6.113}$$

6. Die nachfolgenden Tabellen geben noch einmal einen Überblick über die verschiedenen elektrodynamischen Dimensionssysteme; dabei sind auch die Ergebnisse der Aufgaben 6.4 und 6.5 berücksichtigt.

Tabelle 6.2 stellt zunächst die Bezeichnungen der unterschiedlichen Systeme, die verwendeten Abkürzungen sowie die zugehörigen Basiseinheiten und die Vereinbarungen über die Konstanten zusammen.

Tab. 6.2: Definition der elektrodynamischen Dimensionssysteme.

Symbol	**Name**	**Basiseinheiten**	**Festlegungen**
B5	Fünfer-Basis	$\tilde{x}, \tilde{t}, \tilde{m}, \tilde{\Psi}, \tilde{\Phi}$	$\hat{\alpha} = 1$
SI	International	$\tilde{x}, \tilde{t}, \tilde{m}, \tilde{I}$	$\hat{\alpha} = 1, \gamma = 1$
ES	Elektrostatisch	$\tilde{x}, \tilde{t}, \tilde{m}$	$\hat{\alpha} = 4\pi, \gamma = 1, \epsilon_0 = 1$
EM	Elektromagnetisch	$\tilde{x}, \tilde{t}, \tilde{m}$	$\hat{\alpha} = 4\pi, \gamma = 1, \mu_0 = 1$
G	Gauß	$\tilde{x}, \tilde{t}, \tilde{m}$	$\hat{\alpha} = 4\pi, \epsilon_0 = 1, \mu_0 = 1$

Tabelle 6.3 enthält die unterschiedlichen Schreibweisen der Maxwell'schen Gleichungen in differentieller Form. Im Internationalen System und im elektrodynamischen Fünfersystem ist die rationale Formulierung zugrunde gelegt, im Gauß'schen System und seinen Vorgängern (elektrostatisches bzw. elektromagnetisches System) die nicht-rationale Formulierung. Diese Schreibweisen gehen alle aus der allgemeinen Schreibweise in (6.86)–(6.89), (6.82), (6.103), (6.84) hervor, wenn man die Festlegungen aus Tab. 6.2 verwendet.

Tab. 6.3: Schreibweise der elektrodynamischen Grundgleichungen.

<table>
<tr><th>System</th><th>Feldgleichungen</th><th>Materialgleichungen</th><th>Kraftgesetze</th><th>Lichtgeschwindigkeit im Vakuum</th></tr>
<tr><td>B5</td><td>$\gamma \operatorname{rot} \vec{H} = \vec{j} + \partial \vec{D}/\partial t$
$\gamma \operatorname{rot} \vec{E} = -\partial \vec{B}/\partial t$
$\operatorname{div} \vec{D} = \rho_e$
$\operatorname{div} \vec{B} = 0$</td><td>$\vec{D} = \epsilon_r \epsilon_0 \vec{E}$
$\vec{B} = \mu_r \mu_0 \vec{H}$
$\vec{j} = \sigma \vec{E}$</td><td>$\vec{F}_C = Q \vec{E}$
$\vec{F}_L = \frac{1}{\gamma}(I \vec{s} \times \vec{B})$</td><td>$c_0 = \frac{\gamma}{\sqrt{\epsilon_0 \mu_0}}$</td></tr>
<tr><td>SI</td><td>$\operatorname{rot} \vec{H} = \vec{j} + \partial \vec{D}/\partial t$
$\operatorname{rot} \vec{E} = -\partial \vec{B}/\partial t$
$\operatorname{div} \vec{D} = \rho_e$
$\operatorname{div} \vec{B} = 0$</td><td>$\vec{D} = \epsilon_r \epsilon_0 \vec{E}$
$\vec{B} = \mu_r \mu_0 \vec{H}$
$\vec{j} = \sigma \vec{E}$</td><td rowspan="3">$\vec{F}_C = Q \vec{E}$
$\vec{F}_L = I \vec{s} \times \vec{B}$</td><td>$c_0 = \frac{1}{\sqrt{\epsilon_0 \mu_0}}$</td></tr>
<tr><td>ES</td><td rowspan="2">$\operatorname{rot} \vec{H} = 4\pi \vec{j} + \partial \vec{D}/\partial t$
$\operatorname{rot} \vec{E} = -\partial \vec{B}/\partial t$
$\operatorname{div} \vec{D} = 4\pi \rho_e$
$\operatorname{div} \vec{B} = 0$</td><td>$\vec{D} = \epsilon_r \vec{E}$
$\vec{B} = \mu_r \mu_0 \vec{H}$
$\vec{j} = \sigma \vec{E}$</td><td>$c_0 = \frac{1}{\sqrt{\mu_0}}$</td></tr>
<tr><td>EM</td><td>$\vec{D} = \epsilon_r \epsilon_0 \vec{E}$
$\vec{B} = \mu_r \vec{H}$
$\vec{j} = \sigma \vec{E}$</td><td>$c_0 = \frac{1}{\sqrt{\epsilon_0}}$</td></tr>
<tr><td>G</td><td>$c_0 \operatorname{rot} \vec{H} = 4\pi \vec{j} + \partial \vec{D}/\partial t$
$c_0 \operatorname{rot} \vec{E} = -\partial \vec{B}/\partial t$
$\operatorname{div} \vec{D} = 4\pi \rho_e$
$\operatorname{div} \vec{B} = 0$</td><td>$\vec{D} = \epsilon_r \vec{E}$
$\vec{B} = \mu_r \vec{H}$
$\vec{j} = \sigma \vec{E}$</td><td>$\vec{F}_C = Q \vec{E}$
$\vec{F}_L = \frac{1}{c_0}(I \vec{s} \times \vec{B})$</td><td>$c_0 = \gamma$</td></tr>
</table>

Tabelle 6.4 fasst die Einheiten der wichtigsten elektrischen und magnetischen Größen zusammen. Die Einträge in der Tabelle sind die Exponenten, mit denen die jeweiligen Basiseinheiten potenziert werden müssen, um die abgeleiteten Einheiten als Potenzprodukt aller Basiseinheiten einer Zeile des jeweiligen Systems zu erhalten. Im Interesse einer einheitlichen Darstellung gehen wir hier von der Ladungseinheit $\widetilde{Q}$ als (möglicher) Basiseinheit aus, obwohl im elektrodynamischen Fünfer-System eigentlich der elektrische Fluss und im Internationalen System die Stromstärke als Basisgröße betrachtet werden. Für das elektrodynamische Fünfer-System hat dieser Wechsel keine Auswirkung, da elektrische Ladung und elektrischer Fluss wegen (6.32), (6.35) und (6.79) die gleiche Einheit haben. Im Internationalen System kann man die Stromstärkeeinheit nachträglich als Quotient von Ladungseinheit $\widetilde{Q}$ und Zeiteinheit $\tilde{t}$ ausdrücken; dieser Zusammenhang ist wegen der Kontinuitätsgleichung für die elektrische Ladung (6.90) auch in allen anderen Dimensionssystemen gültig. Die Einheiten der hier nicht aufgeführten Größen (Ladungsdichte, Stromdichte, elektrische und magnetische Spannung) lassen sich leicht aus den zugehörigen Definitionsgleichungen gewinnen.

Tab. 6.4: Dimensionsexponenten in den elektrodynamischen Dimensionssystemen.

<table>
<tr><th></th><th colspan="5">B5</th><th colspan="4">SI</th><th colspan="3">ES</th><th colspan="3">EM</th><th colspan="3">G</th></tr>
<tr><th></th><th>$\tilde{x}$</th><th>$\tilde{t}$</th><th>$\tilde{m}$</th><th>$\tilde{Q}$</th><th>$\tilde{\Phi}$</th><th>$\tilde{x}$</th><th>$\tilde{t}$</th><th>$\tilde{m}$</th><th>$\tilde{Q}$</th><th>$\tilde{x}$</th><th>$\tilde{t}$</th><th>$\tilde{m}$</th><th>$\tilde{x}$</th><th>$\tilde{t}$</th><th>$\tilde{m}$</th><th>$\tilde{x}$</th><th>$\tilde{t}$</th><th>$\tilde{m}$</th></tr>
<tr><td>$\tilde{x}$</td><td>1</td><td>0</td><td>0</td><td>0</td><td>0</td><td>1</td><td>0</td><td>0</td><td>0</td><td>1</td><td>0</td><td>0</td><td>1</td><td>0</td><td>0</td><td>1</td><td>0</td><td>0</td></tr>
<tr><td>$\tilde{t}$</td><td>0</td><td>1</td><td>0</td><td>0</td><td>0</td><td>0</td><td>1</td><td>0</td><td>0</td><td>0</td><td>1</td><td>0</td><td>0</td><td>1</td><td>0</td><td>0</td><td>1</td><td>0</td></tr>
<tr><td>$\tilde{m}$</td><td>0</td><td>0</td><td>1</td><td>0</td><td>0</td><td>0</td><td>0</td><td>1</td><td>0</td><td>0</td><td>0</td><td>1</td><td>0</td><td>0</td><td>1</td><td>0</td><td>0</td><td>1</td></tr>
<tr><td>$\tilde{Q}$</td><td>0</td><td>0</td><td>0</td><td>1</td><td>0</td><td>0</td><td>0</td><td>0</td><td>1</td><td>3/2</td><td>−1</td><td>1/2</td><td>1/2</td><td>0</td><td>1/2</td><td rowspan="2">3/2</td><td rowspan="2">−1</td><td rowspan="2">1/2</td></tr>
<tr><td>$\tilde{\Phi}$</td><td>0</td><td>0</td><td>0</td><td>0</td><td>1</td><td>2</td><td>−1</td><td>1</td><td>−1</td><td>1/2</td><td>0</td><td>1/2</td><td>3/2</td><td>−1</td><td>1/2</td></tr>
<tr><td>$\tilde{F}$</td><td>1</td><td>−2</td><td>1</td><td>0</td><td>0</td><td>1</td><td>−2</td><td>1</td><td>0</td><td>1</td><td>−2</td><td>1</td><td>1</td><td>−2</td><td>1</td><td>1</td><td>−2</td><td>1</td></tr>
<tr><td>$\tilde{E}$</td><td>1</td><td>−2</td><td>1</td><td>−1</td><td>0</td><td>1</td><td>−2</td><td>1</td><td>−1</td><td rowspan="2">−1/2</td><td rowspan="2">−1</td><td rowspan="2">1/2</td><td>1/2</td><td>−2</td><td>1/2</td><td rowspan="4">−1/2</td><td rowspan="4">−1</td><td rowspan="4">1/2</td></tr>
<tr><td>$\tilde{D}$</td><td>−2</td><td>0</td><td>0</td><td>1</td><td>0</td><td>−2</td><td>0</td><td>0</td><td>1</td><td>−3/2</td><td>0</td><td>1/2</td></tr>
<tr><td>$\tilde{H}$</td><td>1</td><td>−2</td><td>1</td><td>0</td><td>−1</td><td>−1</td><td>−1</td><td>0</td><td>1</td><td>1/2</td><td>−2</td><td>1/2</td><td rowspan="2">−1/2</td><td rowspan="2">−1</td><td rowspan="2">1/2</td></tr>
<tr><td>$\tilde{B}$</td><td>−2</td><td>0</td><td>0</td><td>0</td><td>1</td><td>0</td><td>−1</td><td>1</td><td>−1</td><td>−3/2</td><td>0</td><td>1/2</td></tr>
<tr><td>$\tilde{\varepsilon}$</td><td>−3</td><td>2</td><td>−1</td><td>2</td><td>0</td><td>−3</td><td>2</td><td>−1</td><td>2</td><td colspan="3">0</td><td>−2</td><td>2</td><td>0</td><td colspan="3">0</td></tr>
<tr><td>$\tilde{\mu}$</td><td>−3</td><td>2</td><td>−1</td><td>0</td><td>2</td><td>1</td><td>0</td><td>1</td><td>−2</td><td>−2</td><td>2</td><td>0</td><td colspan="3">0</td><td colspan="3">0</td></tr>
<tr><td>$\tilde{\gamma}$</td><td>−2</td><td>1</td><td>−1</td><td>1</td><td>1</td><td colspan="4">0</td><td colspan="3">0</td><td colspan="3">0</td><td>1</td><td>−1</td><td>0</td></tr>
</table>

Aufgabe 6.3.

A. Ermitteln Sie, wie die Einheiten von Stromstärke, magnetischer Flussdichte und magnetischer Feldstärke im Gauß'schen System mit den entsprechenden Einheiten im Internationalen System zusammenhängen.
Hinweis: Wählen Sie eine ähnliche Vorgehensweise wie in Nr. 5 und betrachten Sie dabei einen Kreis senkrecht zu einem unendlich langen, geraden, stromdurchflossenen Leiter. Nehmen Sie weiterhin an, dass nur ein magnetisches, aber kein elektrisches Feld vorhanden ist.

B. Im Gauß'schen System haben magnetische Flussdichte und magnetische Feldstärke die gleiche Einheit $\sqrt{\mathrm{g/cm}}/\mathrm{s}$, für die aber trotzdem zwei verschiedene Namen verwendet werden: Gauss[18] (Gs) für die magnetische Flussdichte und Oersted[19] (Oe) für die magnetische Feldstärke. Bestimmen Sie, welche Werte zu 1 Gs und 1 Oe im Internationalen System gehören.
Hinweis: Gehen Sie von der Definition der Stromstärkeeinheit Ampere im Internationalen System aus, die lange auf der magnetischen Wirkung elektrischer Ströme beruhte (siehe Fußnote 36 in Abschnitt 1.6 Nr. 4), und betrachten Sie die gleiche physikalische Situation im Gauß'schen System. Beachten Sie gegebenenfalls auch die Beziehung (6.91) zwischen Ladungs- und Stromstärkeeinheit.

---

18 Carl Friedrich Gauß (1777–1855), bedeutendster deutscher Mathematiker seiner Zeit; formulierte grundlegende Sätze der Geometrie, Algebra und Analysis und beschäftigte sich nebenbei auch mit der damals entstehenden Theorie des Magnetismus.

19 Hans Christian Ørsted (1777–1851), dänischer Naturwissenschaflter, der 1820 die magnetische Wirkung elektrischer Ströme entdeckte und bekannt machte.

Aufgabe 6.4. Wenn man sich auf elektrostatische Phänomene beschränkt und lediglich Felder betrachtet, die von (relativ zueinander) ruhenden elektrischen Ladungen erzeugt werden, kann man anstelle der vollständigen Maxwell'schen Gleichungen auch das Coulomb'sche Gesetz als Grundlage für ein elektrodynamisches Dimensionssystem wählen. Das Coulomb'sche Gesetz besagt, dass zwischen zwei punktförmigen geladenen Körpern eine Kraft wirkt, die proportional zu den elektrischen Ladungen Q_1 und Q_2 und umgekehrt proportional zum Quadrat des Abstandes r dieser Körper ist:

$$F \sim Q_1 Q_2 / r^2,$$

oder mit einer Proportionalitätskonstante

$$F = k \frac{Q_1 Q_2}{r^2}. \tag{a}$$

A. Wenn die Proportionalitätskonstante k im Coulomb'schen Gesetz speziell für das Vakuum gleich eins gesetzt wird, entsteht das elektrostatische Dimensionssystem,[20] das wie das Gauß'sche Dimensionssystem mit drei mechanischen Basiseinheiten auskommt.
Geben Sie die Einheit der elektrischen Ladung in einem solchen $\widetilde{x}, \widetilde{t}, \widetilde{m}$-System an und vergleichen Sie das Ergebnis mit der Ladungseinheit im Gauß'schen System.
B. Das Coulomb'sche Gesetz lässt sich durch ähnliche Überlegungen wie in Abschnitt 6.3.3 Nr. 5 aus den Maxwell'schen Gleichungen ableiten, wenn man nur die Größen und Gleichungen berücksichtigt, die zur Beschreibung elektrostatischer Phänomene erforderlich sind. Aus (6.77), (6.79) mit (6.35), $(6.82)_1$ mit $(6.103)_1$, $(6.84)_1$ folgt hierfür:

$$\gamma \oint_{\partial \mathcal{A}} \vec{E} \cdot \mathrm{d}\vec{s} = 0, \tag{b}$$

$$\oiint_{\partial \mathcal{V}} \vec{D} \cdot \mathrm{d}\vec{A} = \widehat{\alpha}\, Q \tag{c}$$

$$\vec{D} = \epsilon_r\, \epsilon_0\, \vec{E}, \tag{d}$$

$$\vec{F}_C = Q \vec{E}. \tag{e}$$

Gewinnen Sie aus den Gleichungen (b)–(e) die Kohärenzbedingungen für die vorkommenden Einheiten und drücken Sie anschließend die Einheiten von elektrischer Flussdichte und elektrischer Feldstärke als Potenzprodukt der Basiseinheiten $\widetilde{x}, \widetilde{t}, \widetilde{m}$ im elektrostatischen Dimensionssystem aus, d. h. wenn die Ladungseinheit gemäß Teil A festgelegt wird. Erläutern Sie auch, welche Konsequenzen diese Festlegung für die elektrische Feldkonstante ϵ_0 hat.

20 Das elektrostatische Dimensionssystem wurde meist zusammen mit den cgs-Einheiten und der nicht-rationalen Schreibweise verwendet.

Hinweis: Die Verkettungskonstante γ spielt in der Elektrostatik keine Rolle, da sie sich aus Gleichung (b) herauskürzen oder alternativ gleich eins setzen lässt.

C. Das elektrostatische Dimensionssystem kann auch für die gesamte Elektrodynamik, d. h. unter Einschluss magnetischer Phänomene, verwendet werden. Bestimmen Sie durch Ausnutzung geeigneter Kohärenzbedingungen die Einheiten von Stromstärke, magnetischer Flussdichte und magnetischer Feldstärke in einem solchen $\widetilde{x}, \widetilde{t}, \widetilde{m}$-Einheitensystem.

Aufgabe 6.5. Wenn man sich auf magnetostatische Phänomene beschränkt und lediglich Felder betrachtet, die von konstanten elektrischen Strömen erzeugt werden, kann man statt der vollständigen Maxwell'schen Gleichungen auch das Ampère'sche Kraftgesetz als Grundlage für ein elektrodynamisches Dimensionssystem wählen. Das Ampère'sche Kraftgesetz besagt in seiner einfachsten Form, dass zwischen zwei (unendlich) langen, geraden, linienförmigen Leitern eine Kraft wirkt, die proportional zu den Stromstärken I_1 und I_2, proportional zur betrachteten Länge s und umgekehrt proportional zum Abstand r dieser Leiter ist:

$$F \sim I_1 I_2 s/r,$$

oder mit einer Proportionalitätskonstante

$$F = k \frac{I_1 I_2 s}{r}. \tag{f}$$

A. Wenn die Proportionalitätskonstante k im Ampère'schen Kraftgesetz speziell für das Vakuum gleich eins gesetzt wird, entsteht ein magnetostatisches Dimensionssystem, das wie das Gauß'sche Dimensionssystem mit drei mechanischen Basiseinheiten auskommt und üblicherweise elektromagnetisches Dimensionssystem[21] genannt wird.
Geben Sie die Einheit der Stromstärke in einem solchen $\widetilde{x}, \widetilde{t}, \widetilde{m}$-System an und vergleichen Sie das Ergebnis mit der Stromstärkeeinheit im Gauß'schen System.

B. Das Ampère'sche Kraftgesetz lässt sich durch ähnliche Überlegungen wie in der Lösung zu Aufgabe 6.3 aus den Maxwell'schen Gleichungen ableiten, wenn man nur die Größen und Gleichungen berücksichtigt, die zur Beschreibung magnetostatischer Phänomene erforderlich sind. Aus (6.75) mit (6.36), (6.81), $(6.82)_2$ mit $(6.103)_2$, $(6.84)_2$ folgt hierfür:

$$\gamma \oint_{\partial\mathcal{A}} \vec{H} \cdot \mathrm{d}\vec{s} = \widehat{\alpha}\, I, \tag{g}$$

21 Das elektromagnetische Dimensionssystem wurde meist zusammen mit den cgs-Einheiten und der nicht-rationalen Schreibweise verwendet.

$$\oiint_{\partial\mathcal{V}} \vec{B}\cdot \mathrm{d}\vec{A} = 0, \tag{h}$$

$$\vec{B} = \mu_r\,\mu_0\,\vec{H}, \tag{i}$$

$$\vec{F}_L = \frac{1}{\gamma}\,I\,\vec{s}\times\vec{B}. \tag{j}$$

Gewinnen Sie aus den Gleichungen (g)–(j) die Kohärenzbedingungen für die vorkommenden Einheiten, wenn die Stromstärkeeinheit gemäß Teil A festgelegt wird. Verifizieren Sie, dass sich die Verkettungskonstante γ im elektromagnetischen Dimensionssystem gleich eins setzen lässt und erläutern Sie die Konsequenz, die sich daraus für die magnetische Feldkonstante μ_0 ergibt. Drücken Sie anschließend die Einheiten von magnetischer Flussdichte und magnetischer Feldstärke als Potenzprodukt der Basiseinheiten $\widetilde{x}, \widetilde{t}, \widetilde{m}$ im elektromagnetischen Dimensionssystem aus.

C. Das elektromagnetische Dimensionssystem kann auch für die gesamte Elektrodynamik, d. h. unter Einschluss elektrischer Phänomene, verwendet werden. Bestimmen Sie durch Ausnutzung geeigneter Kohärenzbedingungen die Einheiten von elektrischer Ladung, elektrischer Flussdichte und elektrischer Feldstärke in einem solchen $\widetilde{x}, \widetilde{t}, \widetilde{m}$-Einheitensystem.

6.4 Die Neufassung des Internationalen Einheitensystems

1. Wie bereits in Abschnitt 1.6 dargestellt, beschloss die Generalkonferenz für Maß und Gewicht (CGPM) des Internationalen Büros für Maß und Gewicht (BIPM) im Jahr 2018 nach längerer Vorbereitung eine grundsätzliche Umgestaltung des Internationalen Einheitensystems. Ziel war es, die Definition der SI-Einheiten endgültig von willkürlich gewählten Referenzobjekten oder -zuständen (z. B. Urkilogramm, Tripelpunkt des Wassers)[22] zu lösen und stattdessen auf ausgewählte universellen Konstanten der Physik zu gründen, ohne dabei die gewohnte Anwendbarkeit des SI-Systems im Alltag zu beeinträchtigen.

2. Aus Sicht der Dimensionsanalyse lässt sich die Umgestaltung des internationalen Einheitensystems als Wechsel der Basiseinheiten interpretieren, d. h. an die Stelle der gewohnten sieben Basiseinheiten (Meter, Sekunde, Kilogramm, Ampere, Kelvin, Mol, Candela) treten sieben ausgewählte universelle Konstanten. Die konkrete Auswahl dieser Konstanten erlaubt gewisse Freiheiten und hängt von messtechnischen Überlegungen ab, die über den Rahmen dieses Buches hinausgehen; die zugehörige Dimensionsmatrix muss allerdings weiterhin den Rang $r = 7$ haben.

22 Die Ablösung des Urmeters als Definition der SI-Längeneinheit Meter erfolgte bereits im Jahr 1960.

Die Werte der vom BIPM ausgewählten Konstanten (Vakuumlichtgeschwindigkeit c, Frequenz $\Delta\nu_{\mathrm{Cs}}$ des Hyperfeinstrukturübergangs von Cäsium 133, Planck-Konstante h, Elementarladung e, Boltzmann-Konstante k_{B}, Avogadro-Konstante N_{A}, photometrisches Strahlungsäquivalent K_{cd}) sind in Abschnitt 1.6 Nr. 5 zusammengestellt. Diese Gleichungen liefern gleichzeitig die Kohärenzbedingungen für die beteiligten Einheiten, also

$$\begin{aligned}
\Delta\nu_{\mathrm{Cs}} &= 9\,192\,631\,770\,\mathrm{s}^{-1} &&\Rightarrow \widetilde{\Delta\nu_{\mathrm{Cs}}}\,\mathrm{s} = 1,\\
c &= 299\,792\,458\,\mathrm{m\,s}^{-1} &&\Rightarrow \tilde{c}\,\mathrm{m}^{-1}\,\mathrm{s} = 1,\\
h &= 6{,}626\,070\,15\cdot 10^{-34}\,\mathrm{m}^2\,\mathrm{s}^{-1}\,\mathrm{kg} &&\Rightarrow \tilde{h}\,\mathrm{m}^{-2}\,\mathrm{s}\,\mathrm{kg}^{-1} = 1,\\
e &= 1{,}602\,176\,634\cdot 10^{-19}\,\mathrm{A\,s} &&\Rightarrow \tilde{e}\,\mathrm{A}^{-1}\,\mathrm{s}^{-1} = 1,\\
k_{\mathrm{B}} &= 1{,}380\,649\cdot 10^{-23}\,\mathrm{m}^2\,\mathrm{s}^{-2}\,\mathrm{kg}\,\mathrm{K}^{-1} &&\Rightarrow \widetilde{k_{\mathrm{B}}}\,\mathrm{m}^{-2}\,\mathrm{s}^2\,\mathrm{kg}^{-1}\,\mathrm{K} = 1,\\
N_{\mathrm{A}} &= 6{,}022\,140\,76\cdot 10^{23}\,\mathrm{mol}^{-1} &&\Rightarrow \widetilde{N_{\mathrm{A}}}\,\mathrm{mol} = 1,\\
K_{\mathrm{cd}} &= 683\,\mathrm{cd\,m}^{-2}\,\mathrm{s}^3\,\mathrm{kg}^{-1}\,\mathrm{sr} &&\Rightarrow \widetilde{K_{\mathrm{cd}}}\,\mathrm{cd}^{-1}\,\mathrm{m}^2\,\mathrm{s}^{-3}\,\mathrm{kg}\,\mathrm{sr}^{-1} = 1.
\end{aligned} \tag{6.114}$$

Die zugehörige erweiterte Dimensionsmatrix lautet dann[23]

$$\begin{array}{ccccccc|ccccccc}
\mathrm{m} & \mathrm{s} & \mathrm{kg} & \mathrm{A} & \mathrm{K} & \mathrm{mol} & \mathrm{cd} & \widetilde{\Delta\nu_{\mathrm{Cs}}} & \tilde{c} & \tilde{h} & \tilde{e} & \widetilde{k_{\mathrm{B}}} & \widetilde{N_{\mathrm{A}}} & \widetilde{K_{\mathrm{cd}}}
\end{array}$$

$$\left(\begin{array}{ccccccc|ccccccc}
0 & 1 & 0 & 0 & 0 & 0 & 0 & 1 & 0 & 0 & 0 & 0 & 0 & 0\\
-1 & 1 & 0 & 0 & 0 & 0 & 0 & 0 & 1 & 0 & 0 & 0 & 0 & 0\\
-2 & 1 & -1 & 0 & 0 & 0 & 0 & 0 & 0 & 1 & 0 & 0 & 0 & 0\\
0 & -1 & 0 & -1 & 0 & 0 & 0 & 0 & 0 & 0 & 1 & 0 & 0 & 0\\
-2 & 2 & -1 & 0 & 1 & 0 & 0 & 0 & 0 & 0 & 0 & 1 & 0 & 0\\
0 & 0 & 0 & 0 & 0 & 1 & 0 & 0 & 0 & 0 & 0 & 0 & 1 & 0\\
2 & -3 & 1 & 0 & 0 & 0 & -1 & 0 & 0 & 0 & 0 & 0 & 0 & 1
\end{array}\right). \tag{6.115}$$

Die Umwandlung in die reduzierte Dimensionsmatrix ergibt

$$\begin{array}{ccccccc|ccccccc}
\mathrm{m} & \mathrm{s} & \mathrm{kg} & \mathrm{A} & \mathrm{K} & \mathrm{mol} & \mathrm{cd} & \widetilde{\Delta\nu_{\mathrm{Cs}}} & \tilde{c} & \tilde{h} & \tilde{e} & \widetilde{k_{\mathrm{B}}} & \widetilde{N_{\mathrm{A}}} & \widetilde{K_{\mathrm{cd}}}
\end{array}$$

$$\left(\begin{array}{ccccccc|ccccccc}
1 & 0 & 0 & 0 & 0 & 0 & 0 & 1 & -1 & 0 & 0 & 0 & 0 & 0\\
0 & 1 & 0 & 0 & 0 & 0 & 0 & 1 & 0 & 0 & 0 & 0 & 0 & 0\\
0 & 0 & 1 & 0 & 0 & 0 & 0 & -1 & 2 & -1 & 0 & 0 & 0 & 0\\
0 & 0 & 0 & 1 & 0 & 0 & 0 & -1 & 0 & 0 & -1 & 0 & 0 & 0\\
0 & 0 & 0 & 0 & 1 & 0 & 0 & -1 & 0 & -1 & 0 & 1 & 0 & 0\\
0 & 0 & 0 & 0 & 0 & 1 & 0 & 0 & 0 & 0 & 0 & 0 & 1 & 0\\
0 & 0 & 0 & 0 & 0 & 0 & 1 & -2 & 0 & -1 & 0 & 0 & 0 & -1
\end{array}\right). \tag{6.116}$$

23 Da der Raumwinkel eine dimensionslose Größe ist, braucht seine Einheit Steradiant (sr) bei der dimensionsanalytischen Untersuchung nicht berücksichtigt zu werden.

Man erkennt sofort, dass die Untermatrix der ersten sieben Spalten Diagonalform hat, d. h. die vom BIPM ausgewählten universellen Konstanten führen tatsächlich auf einen zulässigen Satz von Basiseinheiten. Aus den letzten sieben Spalten folgt dann, wie die ursprünglichen SI-Basiseinheiten mit den neuen Basiseinheiten der universellen Konstanten zusammenhängen:

$$\begin{aligned}
\mathrm{m}\,\widetilde{\Delta\nu_{\mathrm{Cs}}}\,\tilde{c}^{-1} &= 1 \quad\Rightarrow\quad \mathrm{m} = \widetilde{\Delta\nu_{\mathrm{Cs}}}^{-1}\,\tilde{c},\\
\mathrm{s}\,\widetilde{\Delta\nu_{\mathrm{Cs}}} &= 1 \quad\Rightarrow\quad \mathrm{s} = \widetilde{\Delta\nu_{\mathrm{Cs}}}^{-1},\\
\mathrm{kg}\,\widetilde{\Delta\nu_{\mathrm{Cs}}}^{-1}\,\tilde{c}^{2}\,\tilde{h}^{-1} &= 1 \quad\Rightarrow\quad \mathrm{kg} = \widetilde{\Delta\nu_{\mathrm{Cs}}}\,\tilde{c}^{-2}\,\tilde{h},\\
\mathrm{A}\,\widetilde{\Delta\nu_{\mathrm{Cs}}}^{-1}\,\tilde{e}^{-1} &= 1 \quad\Rightarrow\quad \mathrm{A} = \widetilde{\Delta\nu_{\mathrm{Cs}}}\,\tilde{e},\\
\mathrm{K}\,\widetilde{\Delta\nu_{\mathrm{Cs}}}^{-1}\,\tilde{h}^{-1}\,\widetilde{k_{\mathrm{B}}} &= 1 \quad\Rightarrow\quad \mathrm{K} = \widetilde{\Delta\nu_{\mathrm{Cs}}}\,\tilde{h}\,\widetilde{k_{\mathrm{B}}}^{-1},\\
\mathrm{mol}\,\widetilde{N_{\mathrm{A}}} &= 1 \quad\Rightarrow\quad \mathrm{mol} = \widetilde{N_{\mathrm{A}}}^{-1},\\
\mathrm{cd}\,\widetilde{\Delta\nu_{\mathrm{Cs}}}^{-2}\,\tilde{h}^{-1}\,\widetilde{K_{\mathrm{cd}}}^{-1} &= 1 \quad\Rightarrow\quad \mathrm{cd} = \widetilde{\Delta\nu_{\mathrm{Cs}}}^{2}\,\tilde{h}\,\widetilde{K_{\mathrm{cd}}}.
\end{aligned} \tag{6.117}$$

3. Das Auftreten der von eins verschiedenen Zahlenfaktoren in (6.114) zeigt, dass der Wechsel zu den universellen Konstanten ein inkohärentes Einheitensystem begründet, d. h. es werden nicht die universellen Konstanten selbst zu (natürlichen) Basiseinheiten erklärt, sondern geeignete Vielfache oder Bruchteile davon. Diese Inkohärenz ist erforderlich, um im Alltag weiterhin mit den vertrauten SI-Einheiten rechnen zu können, d. h. die ursprünglichen SI-Basiseinheiten (Meter, Sekunde, Kilogramm, Ampere, Kelvin, Mol, Candela) behalten im Alltag ihre Rolle bei, und alle davon abgeleiteten Einheiten (Newton, Joule, Volt usw.) bleiben zu diesen Basiseinheiten kohärent.

Wegen der Inkohärenz lassen sich die Neudefinitionen der ursprünglichen SI-Basiseinheiten allerdings nicht mehr direkt aus der reduzierten Dimensionsmatrix (6.116) ablesen; hierzu ist noch ein weiterer Schritt erforderlich. Aus der ersten Zeile in (6.114) kann man entnehmen

$$\Delta\nu_{\mathrm{Cs}}\,\mathrm{s} = 9\,192\,631\,770 \quad \text{und} \quad \widetilde{\Delta\nu_{\mathrm{Cs}}}\,\mathrm{s} = 1,$$

dann folgt durch Division, d. h. durch Elimination der Einheit Sekunde (s)

$$\Delta\nu_{\mathrm{Cs}}/\widetilde{\Delta\nu_{\mathrm{Cs}}} = 9\,192\,631\,770 \quad\Rightarrow\quad \widetilde{\Delta\nu_{\mathrm{Cs}}} = (9\,192\,631\,770)^{-1}\,\Delta\nu_{\mathrm{Cs}}.$$

Nach dem gleichen Muster ergibt sich aus den anderen Zeilen von (6.114):

$$\begin{aligned}
c/\tilde{c} &= 299\,792\,458 &&\Rightarrow\quad \tilde{c} = (299\,792\,458)^{-1}\,c,\\
h/\tilde{h} &= 6{,}626\,070\,15\cdot 10^{-34} &&\Rightarrow\quad \tilde{h} = (6{,}626\,070\,15)^{-1}\cdot 10^{34}\,h,\\
e/\tilde{e} &= 1{,}602\,176\,634\cdot 10^{-19} &&\Rightarrow\quad \tilde{e} = (1{,}602\,176\,634)^{-1}\cdot 10^{19}\,e,
\end{aligned}$$

$$k_B/\widetilde{k_B} = 1{,}380\,649 \cdot 10^{-23} \quad \Rightarrow \quad \widetilde{k_B} = (1{,}380\,649)^{-1} \cdot 10^{23}\, k_B,$$
$$N_A/\widetilde{N_A} = 6{,}022\,140\,76 \cdot 10^{23} \quad \Rightarrow \quad \widetilde{N_A} = (6{,}022\,140\,76)^{-1} \cdot 10^{-23}\, N_A,$$
$$K_{cd}/\widetilde{K_{cd}} = 683 \quad \Rightarrow \quad \widetilde{K_{cd}} = (683)^{-1}\, K_{cd}.$$

Durch Einsetzen dieser Ergebnisse in die Gleichungen auf der rechten Seite von (6.117) erhält man schließlich die gewünschten Neudefinitionen

$$\begin{aligned}
\mathrm{m} &= \frac{(299\,792\,458)^{-1}\, c}{(9\,192\,631\,770)^{-1}\, \Delta\nu_{Cs}} \approx 30{,}663\,319\, \frac{c}{\Delta\nu_{Cs}}, \\
\mathrm{s} &= \frac{1}{(9\,192\,631\,770)^{-1}\, \Delta\nu_{Cs}} = 9\,192\,631\,770\, \frac{1}{\Delta\nu_{Cs}}, \\
\mathrm{kg} &= \frac{(9\,192\,631\,770)^{-1}\, \Delta\nu_{Cs} \cdot (6{,}626\,070\,15)^{-1} \cdot 10^{34}\, h}{(299\,792\,458)^{-2}\, c^2} \\
&\approx 1{,}475\,5214 \cdot 10^{40}\, \frac{\Delta\nu_{Cs}\, h}{c^2}, \\
\mathrm{A} &= (9\,192\,631\,770)^{-1}\, \Delta\nu_{Cs} \cdot (1{,}602\,176\,634)^{-1} \cdot 10^{19}\, e \\
&\approx 6{,}789\,6868 \cdot 10^{8}\, \Delta\nu_{Cs}\, e, \\
\mathrm{K} &= \frac{(9\,192\,631\,770)^{-1}\, \Delta\nu_{Cs} \cdot (6{,}626\,070\,15)^{-1} \cdot 10^{34}\, h}{(1{,}380\,649)^{-1} \cdot 10^{23}\, k_B} \\
&\approx 2{,}266\,6653\, \frac{\Delta\nu_{Cs}\, h}{k_B}, \\
\mathrm{mol} &= \frac{1}{(6{,}022\,140\,76)^{-1} \cdot 10^{-23}\, N_A} = 6{,}022\,140\,76 \cdot 10^{23}\, \frac{1}{N_A}, \\
\mathrm{cd} &= (9\,192\,631\,770)^{-2}\, (\Delta\nu_{Cs})^2 \cdot (6{,}626\,070\,15)^{-1} \cdot 10^{34}\, h \cdot (683)^{-1}\, K_{cd} \\
&\approx 2{,}614\,8305 \cdot 10^{10}\, (\Delta\nu_{Cs})^2\, h\, K_{cd},
\end{aligned}$$

oder

$$\begin{aligned}
1\,\mathrm{m} &\approx 30{,}663\,319\, \frac{c}{\Delta\nu_{Cs}}, \\
1\,\mathrm{s} &= 9\,192\,631\,770\, \frac{1}{\Delta\nu_{Cs}}, \\
1\,\mathrm{kg} &\approx 1{,}475\,5214 \cdot 10^{40}\, \frac{\Delta\nu_{Cs}\, h}{c^2}, \\
1\,\mathrm{A} &\approx 6{,}789\,6868 \cdot 10^{8} \Delta\nu_{Cs}\, e, \\
1\,\mathrm{K} &\approx 2{,}266\,6653\, \frac{\Delta\nu_{Cs}\, h}{k_B}, \\
1\,\mathrm{mol} &= 6{,}022\,140\,76 \cdot 10^{23}\, \frac{1}{N_A}, \\
1\,\mathrm{cd} &\approx 2{,}614\,8305 \cdot 10^{10}\, (\Delta\nu_{Cs})^2\, h\, K_{cd}.
\end{aligned} \qquad (6.118)$$

Aufgabe 6.6. Überzeugen Sie sich davon, dass die Neufassung des Internationalen Einheitensystems grundsätzlich auch mit der Gravitationskonstante anstelle der Planck-Konstante möglich gewesen wäre, und geben Sie an, wie die Neudefinition der SI-Basiseinheiten in diesem Fall gelautet hätte. Nennen Sie außerdem einen Grund, warum man die Gravitationskonstante trotzdem nicht verwendet hat.

Lösungen der Aufgaben

Aufgabe 1.1

A. Geografische Länge und geografische Breite sind Winkel, die die Lage eines Punktes auf der Oberfläche der Erdkugel kennzeichnen. Diese Winkel werden von willkürlich gewählten Großkreisen aus gemessen, denen man die Winkel 0 ° zugeordnet hat (dem sogenannten Nullmeridian durch Greenwich oder dem Äquator). Wenn zusätzlich der Erdradius bekannt ist, lässt sich aus der Differenz der entsprechenden Winkel die Entfernung der jeweiligen Punkte berechnen, deshalb sind geografische Länge und geografische Breite wie Orte intervallskalierte Merkmale.

B. Die Härtewerte nach Vickers oder Brinell beruhen auf dem Quotienten aus der Kraft, mit der ein kleiner Prüfkörper (Diamantpyramide oder Hartmetallkugel) gegen ein Werkstück gedrückt wird, und dem Flächeninhalt des Eindrucks, den der Prüfkörper dabei an der Oberfläche hinterlässt. Da sowohl die Kraft als auch der Flächeninhalt Größen sind, ist der Quotient ebenfalls eine Größe, die zur Dimension Kraft $\cdot$ $(\text{Länge})^{-2}$ gehört.[1]

C. Das elektrische Potential φ ist definiert als Linienintegral $\varphi = \int \vec{E} \cdot d\vec{s}$ der elektrischen Feldstärke $\vec{E}$. Da dieses Integral eine frei wählbare Integrationskonstante enthält, ist die Angabe eines Potentials nur sinnvoll, wenn gleichzeitig ein Bezugspunkt genannt wird, an dem das Potential null sein soll. Die elektrische Spannung U ist die Differenz $U = \varphi_2 - \varphi_1$ der Potentiale an zwei beliebigen Punkten des elektrischen Feldes. Durch die Differenzbildung fällt die Integrationskonstante heraus, sodass eine elektrische Spannung stets eindeutig bestimmt ist. Das elektrische Potential ist deshalb ein intervallskaliertes Merkmal, die elektrische Spannung ein verhältnisskaliertes Merkmal oder eine Größe.

D. Matrikelnummern dienen einer Hochschule zur eindeutigen Identifizierung von Studierenden. Diese Nummern werden in der Regel bei der Bearbeitung des Immatrikulationsantrages in aufsteigender Folge vergeben, sodass man aus der Matrikelnummer beispielsweise auf das Semester der Immatrikulation schließen kann. Aus der Differenz zweier Matrikelnummern ist jedoch nicht ohne Weiteres der zeitliche Abstand ablesbar, in dem zwei Studierende immatrikuliert wurden; deshalb sind Matrikelnummern Ordinalmerkmale.

E. Straßenbahnlinien tragen Nummern, um sie beispielsweise in Fahrplänen oder Streckennetzplänen unterscheiden zu können. Die Vergabe dieser Nummern folgt

1 Normalerweise werden diese Härtewerte jedoch nicht in der Einheit $\mathrm{N\,m^{-2}}$ angegeben, sondern in eigenen Härtegraden HV oder HB, da der Quotient zusätzlich mit einem Zahlenfaktor multipliziert wird, um die Ergebnisse mit Härtemessungen aus früherer Zeit vergleichbar zu halten, als Kräfte üblicherweise in Kilopond (kp) und nicht in Newton (N) gemessen wurden. Die Härtewerte sind darüber hinaus von weiteren Einflussgrößen wie der Größe des Prüfkörpers, der Geschwindigkeit des Eindringens oder der Dauer der Einwirkung abhängig.

https://doi.org/10.1515/9783110795745-007

oft keinen erkennbaren Regeln, häufig ist sie historisch bedingt und im Laufe der Zeit auch Veränderungen unterworfen. Die Nummern von Straßenbahnlinien stellen also Nominalmerkmale dar.

Aufgabe 1.2

Für die Krafteinheit Dyn gilt

$$1\,\mathrm{dyn} = 1\,\mathrm{g\,cm\,s^{-2}} = 10^{-3}\,\mathrm{kg} \cdot 10^{-2}\mathrm{m} \cdot 1\,\mathrm{s^{-2}} = 10^{-5}\,\mathrm{N}.$$

Aufgabe 1.3

A. Frequenzen, Kreisfrequenzen und Winkelgeschwindigkeiten lassen sich alle in der Einheit $\mathrm{s^{-1}}$ messen und gehören damit zur selben Dimension, aber nicht zur selben Größengruppe, weil Winkelgeschwindigkeiten Vektoren, Frequenzen und Kreisfrequenzen dagegen Skalare sind. Kreisfrequenzen und Frequenzen sind gemäß $\omega = 2\pi f$ durch den Faktor 2π verbunden und treten in physikalischen Gleichungen nicht als Summe auf, deshalb bilden Frequenzen und Kreisfrequenzen auch unterschiedliche Größenarten.

B. Spezielle Gaskonstanten, spezifische Wärmekapazitäten und spezifische Entropien sind jeweils Skalare und in derselben Einheit $\mathrm{J\,kg^{-1}\,K^{-1}}$ messbar, d. h. sie gehören alle zur selben Dimension. Im Rahmen des idealen Gasmodells lässt sich die spezielle Gaskonstante darüber hinaus als Differenz der spezifischen Wärmekapazitäten bei konstantem Druck bzw. bei konstantem Volumen ausdrücken, sodass diese Größen auch zur selben Größenart gehören. Spezifische Entropien bilden dagegen eine andere Größenart, solange sie in physikalischen Gleichungen nicht zu speziellen Gaskonstanten oder spezifischen Wärmekapazitäten addiert werden können.

Aufgabe 1.4

Die Potenzreihe der Sinusfunktion lautet

$$\sin(x) = x - \frac{x^3}{3!} + \frac{x^5}{5!} - \frac{x^7}{7!} + \cdots.$$

Wäre x eine Länge, also eine dimensionsbehaftete Größe, so würden die Summanden auf der rechten Seite zu den Dimensionen Länge, $(\text{Länge})^3$, $(\text{Länge})^5$, $(\text{Länge})^7, \ldots$ gehören, sodass die Forderung nach der dimensionellen Homogenität von Größengleichungen verletzt wäre. In der Physik schreibt man deshalb $\sin(k\,x)$ oder $\sin(\omega\,t)$, und definiert die Größen k oder ω so, dass die Produkte $k\,x$ oder $\omega\,t$ dimensionslos sind. Wenn x eine Länge ist, bezeichnet man k als Kreiswellenzahl, sie gehört zur Dimension $(\text{Länge})^{-1}$. Ist t eine Zeit, so heißt ω Kreisfrequenz, sie gehört zur Dimension $(\text{Zeit})^{-1}$.

Aufgabe 1.5

Das Integral C einer Größe A über eine Größe B ist definiert als Grenzwert einer Summe

$$C = \int A\,\mathrm{d}B = \lim_{n\to\infty} \sum_{i=1}^{n} A_i\,\Delta B_i,$$

wobei die ΔB_i mit wachsendem n immer kleiner werden. Wenn man die einzelnen A_i und ΔB_i jeweils in den gleichen Einheiten $\tilde{A}$ und $\tilde{B}$ misst und alle vorkommenden Größen in ein Produkt aus Zahlenwert und Einheit zerlegt, entsteht daraus

$$\hat{C}\tilde{C} = \lim_{n\to\infty} \sum_{i=1}^{n} \hat{A}_i\tilde{A}\,\Delta\hat{B}_i\,\tilde{B}.$$

Da die Einheiten als konstante Bezugsgrößen weder von der Summen- noch von der Grenzwertbildung betroffen sind, lässt sich hierfür auch schreiben

$$\hat{C}\tilde{C} = \left(\lim_{n\to\infty} \sum_{i=1}^{n} \hat{A}_i\,\Delta\hat{B}_i\right)\tilde{A}\,\tilde{B} = \left(\int \hat{A}\,\mathrm{d}\hat{B}\right)\tilde{A}\,\tilde{B}.$$

Aus dem Vergleich von linker und rechter Seite folgt dann wie in (1.17):

$$C = \int A\,\mathrm{d}B \quad\Leftrightarrow\quad \tilde{C} = \tilde{A}\,\tilde{B} \wedge \hat{C} = \int \hat{A}\,\mathrm{d}\hat{B}.$$

Aufgabe 1.6

A. Da das cgs-System ein kohärentes Einheitensystem ist, gilt für die Energieeinheit Erg

$$1\,\mathrm{erg} = 1\,\mathrm{g\,cm^2\,s^{-2}}.$$

Durch Einsetzen von $1\,\mathrm{g} = 10^{-3}\,\mathrm{kg}$ und $1\,\mathrm{cm} = 10^{-2}\,\mathrm{m}$ ergibt sich dann

$$1\,\mathrm{erg} = 10^{-7}\,\mathrm{kg\,m^2\,s^{-2}} = 10^{-7}\,\mathrm{J}.$$

B. Die Gewichtskraft G einer Masse m beträgt $G = mg$, wobei $g = 9{,}81\,\mathrm{m\,s^{-2}}$ die Fallbeschleunigung ist. Also ist

$$1\,\mathrm{kp} = 1\,\mathrm{kg} \cdot 9{,}81\,\mathrm{m\,s^{-2}} = 9{,}81\,\mathrm{kg\,m\,s^{-2}} = 9{,}81\,\mathrm{N}.$$[2]

2 Von der Kraft 1 kp, also der Gewichtskraft der Masse 1 kg, haben wir eine anschauliche Vorstellung (das Gewicht von 1 Liter Wasser), von der Kraft 1 N nicht. In der Schule (und in der Universität) ist deshalb der Merksatz nützlich: 1 Newton ist ungefähr die Gewichtskraft einer Tafel Schokolade, denn eine handelsübliche Tafel Schokolade wiegt 100 g.

Aufgabe 1.7

A. Ausgangspunkt des Verfahrens ist (1.27), nachdem die Dimensionen durch die zugehörigen Einheiten ersetzt worden sind. Wenn man diese Einheiten durch die beteiligten SI-Basiseinheiten ausdrückt und die Gleichung nach den SI-Basiseinheiten sortiert, müssen alle dabei entstehenden Exponenten null sein, um die Gleichung zu erfüllen. Dadurch entsteht ein homogenes lineares Gleichungssystem für die ursprünglichen Exponenten ν_i. Wenn dieses Gleichungssystem nur die trivialen Lösungen $\nu_i = 0$ hat, sind die Einheiten voneinander unabhängig, andernfalls nicht. Eine triviale Lösung wiederum existiert nur, wenn die Koeffizientenmatrix des Gleichungssystems einen Rang hat, der mit der Anzahl der beteiligten SI-Basiseinheiten übereinstimmt.

B. – Für die Einheiten Hertz, Newton und Joule entsteht aus (1.27) zunächst

$$\mathrm{Hz}^{\nu_1}\,\mathrm{N}^{\nu_2}\,\mathrm{J}^{\nu_3} = 1.$$

Nach dem Einsetzen der SI-Basiseinheiten m, s, kg und entsprechendem Umsortieren folgt

$$(\mathrm{s}^{-1})^{\nu_1}\,(\mathrm{kg\,m\,s}^{-2})^{\nu_2}\,(\mathrm{kg\,m}^2\,\mathrm{s}^{-2})^{\nu_3} = 1$$

oder

$$\mathrm{m}^{\nu_2+2\nu_3}\,\mathrm{s}^{-\nu_1-2\nu_2-2\nu_3}\,\mathrm{kg}^{\nu_2+\nu_3} = 1.$$

Diese Gleichung ist nur erfüllt, wenn die Exponenten von m, s und kg jeweils für sich genommen null sind:

$$\begin{aligned} \nu_2 + 2\nu_3 &= 0,\\ -\nu_1 - 2\nu_2 - 2\nu_3 &= 0,\\ \nu_2 + \nu_3 &= 0. \end{aligned}$$

Die Koeffizientenmatrix dieses Gleichungssystems lautet

$$\begin{pmatrix} 0 & 1 & 2 \\ -1 & -2 & -2 \\ 0 & 1 & 1 \end{pmatrix}.$$

Da sich keine der Spalten als Linearkombination der anderen Spalten ausdrücken lässt, hat diese Matrix offenkundig den Rang 3. Dieser Wert stimmt mit der Anzahl der beteiligten SI-Basiseinheiten Meter, Sekunde und Kilogramm überein, deshalb sind die Einheiten Hertz, Newton und Joule voneinander unabhängig.

- Für die Einheiten Meter, Newton und Joule entsteht aus (1.27) zunächst

$$m^{\nu_1}\,N^{\nu_2}\,J^{\nu_3} = 1.$$

Nach dem Einsetzen der SI-Basiseinheiten m, s, kg und entsprechendem Umsortieren folgt

$$(m)^{\nu_1}\,(kg\,m\,s^{-2})^{\nu_2}\,(kg\,m^2\,s^{-2})^{\nu_3} = 1$$

oder

$$m^{\nu_1+\nu_2+2\nu_3}\,s^{-2\nu_2-2\nu_3}\,kg^{\nu_2+\nu_3} = 1.$$

Diese Gleichung ist nur erfüllt, wenn die Exponenten von m, s und kg jeweils für sich genommen null sind:

$$\begin{aligned} \nu_1 + \nu_2 + 2\nu_3 &= 0, \\ -2\nu_2 - 2\nu_3 &= 0, \\ \nu_2 + \nu_3 &= 0. \end{aligned}$$

Die Koeffizientenmatrix dieses Gleichungssystems lautet

$$\begin{pmatrix} 1 & 2 & 2 \\ 0 & -2 & -2 \\ 0 & 1 & 1 \end{pmatrix}.$$

Man erkennt sofort, dass die zweite Zeile das −2-fache der dritten Zeile ist, deshalb hat die Matrix den Rang 2. Dieser Wert ist kleiner als die Anzahl der beteiligten SI-Basiseinheiten Meter, Sekunde und Kilogramm, sodass die Einheiten Meter, Newton und Joule nicht voneinander unabhängig sind.

Aufgabe 1.8

Ein Vektorraum besteht aus:
- den Elementen einer kommutativen Gruppe, hier den Dimensionen $\underset{\sim}{A}, \underset{\sim}{B}, \underset{\sim}{C}, \ldots$,
- den Elementen eines Zahlenkörpers, hier den rationalen Zahlen $\mathbb{Q}$, dargestellt durch $\alpha, \beta, \gamma, \ldots$,
- einer Operation $\oplus$, die die Gruppenelemente untereinander verknüpft, hier dem Produkt zweier Dimensionen:

$$\underset{\sim}{A} \oplus \underset{\sim}{B} =: \underset{\sim}{A}\,\underset{\sim}{B},$$

- einer Operation $\odot$ zwischen den Gruppenelementen und den Elementen des Zahlenkörpers, hier dem Potenzieren einer Dimension mit einem rationalen Exponenten:

$$\alpha \odot \underset{\sim}{A} =: \underset{\sim}{A}^{\alpha}.$$

Bezüglich der Operation ⊕ gelten folgende Regeln:

1. Abgeschlossenheit:
   Für beliebige Dimensionen $\underset{\sim}{A}$ und $\underset{\sim}{B}$ ist auch $\underset{\sim}{A} \oplus \underset{\sim}{B} = \underset{\sim}{A}\,\underset{\sim}{B}$ eine Dimension.
2. Kommutativgesetz:
   Die Position der Operanden ist vertauschbar, d. h. für zwei beliebige Dimensionen $\underset{\sim}{A}$ und $\underset{\sim}{B}$ gilt

$$\underset{\sim}{A} \oplus \underset{\sim}{B} = \underset{\sim}{B} \oplus \underset{\sim}{A}, \quad \text{hier also:} \quad \underset{\sim}{A}\,\underset{\sim}{B} = \underset{\sim}{B}\,\underset{\sim}{A}.$$

3. Assoziativgesetz:
   Bei mehr als zwei Dimensionen ist die Reihenfolge der Operationen ohne Bedeutung, d. h. für drei beliebige Dimensionen $\underset{\sim}{A}$, $\underset{\sim}{B}$, $\underset{\sim}{C}$ gilt

$$(\underset{\sim}{A} \oplus \underset{\sim}{B}) \oplus \underset{\sim}{C} = \underset{\sim}{A} \oplus (\underset{\sim}{B} \oplus \underset{\sim}{C}), \quad \text{hier also:} \quad (\underset{\sim}{A}\,\underset{\sim}{B})\underset{\sim}{C} = \underset{\sim}{A}(\underset{\sim}{B}\,\underset{\sim}{C}).$$

4. Existenz eines neutralen Elements:
   Bei der Verknüpfung mit der Dimension Eins bleibt eine Dimension unverändert, d. h. es gilt für jede Dimension $\underset{\sim}{A}$:

$$\underset{\sim}{1} \oplus \underset{\sim}{A} = \underset{\sim}{A}, \quad \text{hier also:} \quad \underset{\sim}{1}\,\underset{\sim}{A} = \underset{\sim}{A}.$$

5. Existenz eines inversen Elements:
   Zu jeder Dimension $\underset{\sim}{A}$ gibt es eine Dimension $\underset{\sim}{A}^{-1} = 1/\underset{\sim}{A}$, sodass die Verknüpfung von $\underset{\sim}{A}$ und $\underset{\sim}{A}^{-1}$ auf die Dimension Eins führt:

$$\underset{\sim}{A} \oplus \underset{\sim}{A}^{-1} = \underset{\sim}{1}, \quad \text{hier also:} \quad \underset{\sim}{A}\,\underset{\sim}{A}^{-1} = \underset{\sim}{1}.$$

Bezüglich der Operation ⊙ gelten die Regeln:

6. Abgeschlossenheit:
   Für jede Dimension $\underset{\sim}{A}$ und jede rationale Zahl α ist auch $\alpha \odot \underset{\sim}{A} = \underset{\sim}{A}^{\alpha}$ eine Dimension.
7. Neutrales Element:
   Die Zahl 1 ist das neutrale Element, d. h. für jede Dimension $\underset{\sim}{A}$ gilt

$$1 \odot \underset{\sim}{A} = \underset{\sim}{A}, \quad \text{hier also:} \quad \underset{\sim}{A}^{1} = \underset{\sim}{A}.$$

Außerdem existieren weitere Regeln für die Kombination der Operationen ⊕ und ⊙:

8. Distributivgesetz I:
   Für jede Zahl α und beliebige Dimensionen $\underset{\sim}{A}$, $\underset{\sim}{B}$ gilt

$$\alpha \odot (\underset{\sim}{A} \oplus \underset{\sim}{B}) = (\alpha \odot \underset{\sim}{A}) \oplus (\alpha \odot \underset{\sim}{B}), \quad \text{hier also:} \quad (\underset{\sim}{A}\,\underset{\sim}{B})^{\alpha} = \underset{\sim}{A}^{\alpha}\,\underset{\sim}{B}^{\alpha}.$$

9. Distributivgesetz II:
   Für jede Dimension $\underset{\sim}{A}$ und beliebige Zahlen α, β gilt

$$(\alpha + \beta) \odot \underset{\sim}{A} = (\alpha \odot \underset{\sim}{A}) \oplus (\beta \odot \underset{\sim}{A}), \quad \text{hier also:} \quad \underset{\sim}{A}^{\alpha+\beta} = \underset{\sim}{A}^{\alpha}\, \underset{\sim}{A}^{\beta}.$$

   Hierbei steht das Pluszeichen (+) für die gewöhnliche Addition von Zahlen.
10. Assoziativgesetz:
   Für jede Dimension $\underset{\sim}{A}$ und beliebige Zahlen α, β gilt

$$\alpha \odot (\beta \odot \underset{\sim}{A}) = (\alpha \cdot \beta) \odot \underset{\sim}{A}, \quad \text{hier also:} \quad (\underset{\sim}{A}^{\beta})^{\alpha} = \underset{\sim}{A}^{\alpha \cdot \beta}.$$

   Hierbei steht der Punkt (·) für die gewöhnliche Multiplikation von Zahlen.

Aus den Regeln 5, 7 und 9 folgt, dass sich die Dimension Eins auch durch eine beliebige Dimension mit dem Exponenten Null ausdrücken lässt:

$$\underset{\sim}{1} = \underset{\sim}{A}\, \underset{\sim}{A}^{-1} = \underset{\sim}{A}^{1}\, \underset{\sim}{A}^{-1} = \underset{\sim}{A}^{1-1} = \underset{\sim}{A}^{0}.$$

Aufgabe 2.1

Der Zahlenwert einer Größe hängt gemäß (1.2) von der jeweils verwendeten Einheit ab, er ändert sich also, wenn man das (kohärente) Einheitensystem wechselt.

Eine Kennzahl ist eine dimensionslose Größe, bei deren Berechnung sich die Einheiten herauskürzen. Eine Kennzahl ist also von der Wahl des Einheitensystems unabhängig.

Aufgabe 2.2

Zu den Einflussgrößen gehören zunächst die elektrischen Größen, die für die horizontal wirkende Kraft auf die Kugel verantwortlich sind, also die elektrische Spannung U und die elektrische Ladung Q bzw. die Flächenladungsdichte σ. Bei konstanter Flächenladungsdichte ist die elektrische Ladung das Produkt aus der Flächenladungsdichte und dem Inhalt der Kugeloberfläche: $Q = \sigma \cdot \pi D^2$, sodass von den drei Größen Q, σ und D nur zwei voneinander unabhängig sind. Wenn man annimmt, dass die Auslenkung der Kugel nicht durch die Einzelheiten der Ladungsverteilung auf ihrer Oberfläche bestimmt ist, liegt es nahe, die elektrische Ladung Q und den Kugeldurchmesser D als Einflussgrößen zu wählen.

Da nach dem statischen Auslenkungswinkel α und nicht nach den Einzelheiten der Bewegung von der Anfangs- in die Endposition gefragt ist, spielt die Trägheit der Kugel keine Rolle. Dann liegt es nahe, die Masse m und damit auch die Dichte ρ (die über das Kugelvolumen mit der Masse verknüpft ist: $m = \rho \cdot \frac{1}{6}\pi D^3$) aus der Menge der Einflussgrößen auszuschließen.

Die Auslenkung steht außerdem unter dem Einfluss der Erdanziehung, denn bei gleicher Horizontalkraft wird eine leichte Kugel eine stärkere Auslenkung als eine schwere Kugel erfahren. Der Einfluss der Erdanziehung lässt sich über die Fallbeschleunigung g oder über die Gewichtskraft G erfassen; beide Größen sind durch die Beziehung $G = mg$ miteinander verknüpft. Da die Masse m nicht zu den Einflussgrößen gehören soll, kommt hier nur die Gewichtskraft G als Einflussgröße in Frage; bei Verwendung der Fallbeschleunigung g müsste man die Masse m wieder aufnehmen, wobei dann die Information verloren ginge, dass beide Größen nur als Produkt mg in das Problem eingehen können.

Schließlich ist damit zu rechnen, dass der Auslenkungswinkel auch von den geometrischen Abmessungen der Versuchskonfiguration beeinflusst wird, also vom Flächeninhalt A der Platten, vom Plattenabstand d sowie von der Fadenlänge L.

Im Endergebnis entsteht also die Relevanzfunktion

$$\alpha = f(Q, U, G, D, d, A, L).$$

Aufgabe 2.3

Aus Sicht der Dimensionsmatrix besteht kein grundsätzlicher Unterschied zwischen den Einflussgrößen und der gesuchten Größe, da die Dimensionsexponenten aller vorkommenden Größen gleichwertig in den Spalten der Dimensionsmatrix angeordnet sind. Es ist deshalb ohne Weiteres möglich, auch die gesuchte Größe als natürliche Basiseinheit zu verwenden – vorausgesetzt, dass die zugehörige Untermatrix den gleichen Rang wie die Dimensionsmatrix selbst hat. In diesem Fall muss man jedoch damit rechnen, dass die gesuchte Größe in allen Kennzahlen auftritt und sich der funktionale Zusammenhang nicht mehr in expliziter, sondern nur noch in impliziter Form darstellen lässt. Für die praktische Anwendung ist das ein beträchtlicher Nachteil.

Zur näheren Erläuterung betrachten wir wieder den Strömungswiderstand einer Kugel mit der Relevanzfunktion

$$F_{\mathrm{W}} = f(D, U, \rho, \nu)$$

und wählen die Widerstandskraft F_{W}, die Dichte ρ und den Kugeldurchmesser D als natürliche Basiseinheiten. Die Dimensionsmatrix lautet dann

$$\begin{array}{c} \\ \mathrm{m} \\ \mathrm{s} \\ \mathrm{kg} \end{array} \begin{array}{c} \begin{array}{ccccc} \widetilde{F_{\mathrm{W}}} & \widetilde{\rho} & \widetilde{D} & \widetilde{U} & \widetilde{\nu} \end{array} \\ \left(\begin{array}{ccc|cc} 1 & -3 & 1 & 1 & 2 \\ -2 & 0 & 0 & -1 & -1 \\ 1 & 1 & 0 & 0 & 0 \end{array}\right), \end{array}$$

oder nach der Reduktion

$$\begin{array}{ccc|cc} \widetilde{F_W} & \widetilde{\rho} & \widetilde{D} & \widetilde{U} & \widetilde{\nu} \\ \end{array}$$
$$\left(\begin{array}{ccc|cc} 1 & 0 & 0 & 1/2 & 1/2 \\ 0 & 1 & 0 & -1/2 & -1/2 \\ 0 & 0 & 1 & -1 & 0 \end{array}\right).$$

Aus den letzten beiden Spalten ergeben sich die Kohärenzbedingungen:

$$\widetilde{U} = \widetilde{F_W}^{1/2}\,\widetilde{\rho}^{-1/2}\,\widetilde{D}^{-1},$$
$$\widetilde{\nu} = \widetilde{F_W}^{1/2}\,\widetilde{\rho}^{-1/2}.$$

Daraus folgt für die Kennzahlenfunktion zunächst

$$\frac{F_W}{F_W} = f\left(\frac{\rho}{\rho}, \frac{D}{D}, \frac{U\,D}{\sqrt{F_W/\rho}}, \frac{\nu}{\sqrt{F_W/\rho}}\right).$$

Da die linke Seite und die ersten beiden Argumente gleich eins und damit keine Variablen sind, kann man hierfür mit einer neuen Funktion f_1 auch schreiben

$$f_1\left(\frac{U\,D}{\sqrt{F_W/\rho}}, \frac{\nu}{\sqrt{F_W/\rho}}\right) = 1.$$

Die gesuchte Größe F_W ist in beiden Argumenten enthalten, sodass eine Auflösung nach F_W ohne genauere Kenntnis der Funktion f_1 nicht möglich ist.

Aufgabe 2.4

A. Wenn die Metallkugel nicht geladen ist und zwischen den Metallplatten keine Spannung herrscht, hängt der Faden ohne Auslenkung senkrecht nach unten. Folglich müssen die elektrische Ladung Q und die elektrische Spannung U für das betrachtete Phänomen konstitutiv sein.
Ursache der Auslenkung ist eine horizontal wirkende, elektrische Kraft, die durch die elektrischen Ladungen auf der Metallkugel und auf den Metallplatten hervorgerufen wird. Elektrische Kräfte sind jedoch abhängig vom Abstand, in dem die geladenen Körper angeordnet sind, deshalb gehört auch der Plattenabstand d zu den konstitutiven Einflussgrößen: wären die Metallplatten weit voneinander entfernt, käme keine messbare Auslenkung zustande.
Bei gegebener elektrischer Ladung, gegebener elektrischer Spannung und gegebenem Plattenabstand wird der Auslenkungswinkel außerdem durch das Gewicht der Kugel beeinflusst, denn bei einer gewichtslosen Kugel würde sich der Faden in die horizontale Lage drehen; also ist das Gewicht G ebenfalls eine konstitutive Einflussgröße.
Der Kugeldurchmesser D und der Flächeninhalt A der Metallplatten gehören dagegen zu den nichtkonstitutiven Einflussgrößen, denn eine Auslenkung ist auch

dann zu erwarten, wenn die Metallkugel als punktförmig (d. h. mit dem Durchmesser null) und die Metallplatten als unendlich groß angenommen werden. In diesem Fall kann man weiterhin argumentieren, dass es bei der Auslenkung nicht auf den genauen Ort ankommt, an dem sich die Metallkugel befindet und damit auch die Fadenlänge[3] L eine nichtkonstitutive Einflussgröße ist.

B. Bei Berücksichtigung nur der konstitutiven Einflussgrößen vereinfacht sich die Relevanzfunktion für den Auslenkungswinkel zu

$$\alpha = f(Q, U, G, d).$$

Der Auslenkungswinkel ist dimensionslos. Die elektrische Ladung gehört zur Dimension Stromstärke · Zeit; ihre Einheit heißt Coulomb (C) und ist im SI-System definiert als $1\,\mathrm{C} = 1\,\mathrm{A\,s}$. Die elektrische Spannung gehört zur Dimension Energie · (elektrische Ladung)$^{-1}$; ihre Einheit ist das Volt (V) mit der SI-Definition $1\,\mathrm{V} = 1\,\mathrm{J\,C^{-1}} = 1\,\mathrm{N\,m\,A^{-1}\,s^{-1}}$. Mit den bekannten SI-Einheiten für Kraft, Zeit und Länge lautet die zugehörige Dimensionsmatrix dann

$$\begin{array}{c} \\ \mathrm{m} \\ \mathrm{s} \\ \mathrm{N} \\ \mathrm{A} \end{array} \begin{array}{c} \begin{array}{ccccc} \widetilde{Q} & \widetilde{U} & \widetilde{G} & \widetilde{d} & \widetilde{\alpha} \end{array} \\ \left(\begin{array}{ccc|cc} 0 & 1 & 0 & 1 & 0 \\ 1 & -1 & 0 & 0 & 0 \\ 0 & 1 & 1 & 0 & 0 \\ 1 & -1 & 0 & 0 & 0 \end{array}\right) \end{array}.$$

Man erkennt leicht, dass die zweite und die vierte Zeile identisch sind, d. h. die Dimensionsmatrix hat den Rang $r = 3$ und lässt die Wahl von $b = r = 3$ natürlichen Basiseinheiten zu; dabei kann jede Kombination von drei der vier Einflussgrößen gewählt werden. Bei $n = 5$ vorkommenden Größen gibt es also $m = n - r = 2$ Kennzahlen. Eine dieser Kennzahlen ist der Auslenkungswinkel α selbst, da er bereits dimensionslos ist. Um die andere Kennzahl zu bestimmen, wird die Dimensionsmatrix in die reduzierte Zeilenstufenform umgewandelt:

$$\begin{array}{c} \begin{array}{ccccc} \widetilde{Q} & \widetilde{U} & \widetilde{G} & \widetilde{d} & \widetilde{\alpha} \end{array} \\ \left(\begin{array}{ccc|cc} 1 & 0 & 0 & 1 & 0 \\ 0 & 1 & 0 & 1 & 0 \\ 0 & 0 & 1 & -1 & 0 \\ 0 & 0 & 0 & 0 & 0 \end{array}\right) \end{array}$$

3 Mit Kenntnissen aus der Mechanik lässt sich zeigen, dass die Fadenlänge in Wirklichkeit überhaupt keine Einflussgröße ist: Der Auslenkungswinkel stellt sich allein aufgrund der wirkenden Kräfte ein, und zwar so, dass die Fadenkraft der Gewichtskraft und der elektrischen Kraft das Gleichgewicht hält.

Aus der vierten Spalte liest man als Kohärenzbedingung ab

$$\tilde{d} = \tilde{Q}^1\,\tilde{U}^1\,\tilde{G}^{-1}.$$

Die gesuchte Kennzahlenfunktion lautet also

$$\alpha = f\left(\frac{G\,d}{Q\,U}\right).$$

Aufgabe 2.5

Die zur Relevanzfunktion $F = f(G, a, \varphi)$ gehörende Dimensionsmatrix lautet

$$\begin{array}{c} \\ \mathrm{m} \\ \mathrm{s} \\ \mathrm{kg} \end{array} \begin{array}{c} \begin{array}{cccc} \tilde{G} & \tilde{a} & \tilde{\varphi} & \tilde{F} \end{array} \\ \left(\begin{array}{cc|cc} 1 & 1 & 0 & 1 \\ -2 & 0 & 0 & -2 \\ 1 & 0 & 0 & 1 \end{array}\right) \end{array}.$$

Die Umwandlung in die reduzierte Zeilenstufenform ergibt

$$\begin{array}{c} \begin{array}{cccc} \tilde{G} & \tilde{a} & \tilde{\varphi} & \tilde{F} \end{array} \\ \left(\begin{array}{cc|cc} 1 & 0 & 0 & 1 \\ 0 & 1 & 0 & 0 \\ 0 & 0 & 0 & 0 \end{array}\right) \end{array}.$$

Da die letzte Zeile nur Nullen enthält, hat diese Matrix den Rang $r = 2$, sodass es bei $n = 4$ vorkommenden Größen $m = n - r = 2$ Kennzahlen gibt. Eine dieser Kennzahlen ist der bereits dimensionslose Winkel φ. Man erkennt außerdem, dass sich mit dem Wandabstand a keine der übrigen vorkommenden Größen dimensionslos machen lässt, weil die zweite Zeile außer der Eins bei $\tilde{a}$ nur Nullen enthält. Der Wandabstand a kann also keine Einflussgröße sein, sodass als zweite Kennzahl nur das Kraftverhältnis F/G in Frage kommt. Damit lautet die Kennzahlenfunktion

$$\frac{F}{G} = f(\varphi).$$

Aufgabe 2.6

A. Die Bewegung entsteht dadurch, dass die wirkenden Kräfte nicht im Gleichgewicht stehen und die Kugel aufgrund ihrer Trägheit immer wieder über die Gleichgewichtslage hinausschwingt. Die Trägheit der Kugel wird durch ihre Masse m erfasst, die wirkenden Kräfte sind die Federkraft F_{F} und die Gewichtskraft G. Für den Betrag der Gewichtskraft lässt sich mithilfe der Fallbeschleunigung g schreiben: $G = mg$. Der Betrag der Federkraft ist proportional zur momentanen Verlängerung Δs der Feder: $F_\mathrm{F} = k\,\Delta s$; stellvertretend für Δs kann man hier die gesuchte Amplitude a der Schwingung verwenden. Unter diesen Annahmen ergibt sich für die Relevanzfunktion

$$a = f(g, k, m).$$

Die zugehörige Dimensionsmatrix lautet

$$\begin{array}{c} \\ \mathrm{m} \\ \mathrm{s} \\ \mathrm{kg} \end{array} \begin{array}{c} \begin{array}{cccc} \tilde{g} & \tilde{k} & \tilde{m} & \tilde{a} \end{array} \\ \left(\begin{array}{ccc|c} 1 & 0 & 0 & 1 \\ -2 & -2 & 0 & 0 \\ 0 & 1 & 1 & 0 \end{array}\right). \end{array}$$

Anhand der unteren Dreiecksform erkennt man leicht, dass diese Matrix den Rang $r = 3$ hat, d. h. es gibt bei $n = 4$ vorkommenden Größen lediglich $m = n - r = 1$ Kennzahl.
Die Umwandlung in die reduzierte Zeilenstufenform ergibt

$$\begin{array}{c} \begin{array}{cccc} \tilde{g} & \tilde{k} & \tilde{m} & \tilde{a} \end{array} \\ \left(\begin{array}{ccc|c} 1 & 0 & 0 & 1 \\ 0 & 1 & 0 & -1 \\ 0 & 0 & 1 & 1 \end{array}\right). \end{array}$$

Daraus folgt die Kohärenzbedingung

$$\tilde{a} = \tilde{g}^1\,\tilde{k}^{-1}\,\tilde{m}^1$$

und die Kennzahlenfunktion

$$\frac{k\,a}{m\,g} = f\left(\frac{g}{g}, \frac{k}{k}, \frac{m}{m}\right) = f(1, 1, 1) = \text{const.}$$

Die Amplitude a der Schwingung ist also bis auf eine Konstante durch die Werte von m, g und k festgelegt; eine genauere Untersuchung mithilfe des Newton'schen Bewegungsgesetzes zeigt, dass diese Konstante den Wert eins hat.

B. Man kann zunächst annehmen, dass die Kreisfrequenz ω von den gleichen Einflussgrößen wie in Teil A abhängt, also von g, k und m. Zusätzlich wäre denkbar, dass auch die Amplitude a der Schwingung eine Rolle spielt; dann ergäbe sich als Relevanzfunktion: $\omega = f(g, k, m, a)$. Nach dem Ergebnis von Teil A ist die Amplitude a jedoch selbst eine Funktion von g, k, m und damit keine unabhängige Einflussgröße. Ausgangspunkt der Dimensionsanalyse ist deshalb die Relevanzfunktion

$$\omega = f(g, k, m).$$

Die zugehörige Dimensionsmatrix lautet

$$\begin{array}{c} \\ \text{m} \\ \text{s} \\ \text{kg} \end{array} \begin{array}{c} \begin{array}{cccc} \tilde{g} & \tilde{k} & \tilde{m} & \tilde{\omega} \end{array} \\ \left(\begin{array}{ccc|c} 1 & 0 & 0 & 0 \\ -2 & -2 & 0 & -1 \\ 0 & 1 & 1 & 0 \end{array}\right). \end{array}$$

Man erkennt bereits hier, dass sich mit der Fallbeschleunigung g keine der übrigen vorkommenden Größen dimensionslos machen lässt, weil in der ersten Zeile außer einer Eins bei $\tilde{g}$ nur Nullen stehen. Die Fallbeschleunigung g ist also keine Einflussgröße, und die Dimensionsmatrix vereinfacht sich zu

$$\begin{array}{c} \\ \text{s} \\ \text{kg} \end{array} \begin{array}{c} \begin{array}{ccc} \tilde{k} & \tilde{m} & \tilde{\omega} \end{array} \\ \left(\begin{array}{cc|c} -2 & 0 & -1 \\ 1 & 1 & 0 \end{array}\right). \end{array}$$

Diese Matrix hat den Rang $r = 2$, d. h. es gibt bei $n = 3$ vorkommenden Größen wieder nur $m = n - r = 1$ Kennzahl.
Die Umwandlung in die reduzierte Zeilenstufenform ergibt

$$\begin{array}{c} \begin{array}{ccc} \tilde{k} & \tilde{m} & \tilde{\omega} \end{array} \\ \left(\begin{array}{cc|c} 1 & 0 & 1/2 \\ 0 & 1 & -1/2 \end{array}\right). \end{array}$$

Daraus folgt die Kohärenzbedingung

$$\tilde{\omega} = \tilde{k}^{1/2}\,\tilde{m}^{-1/2}$$

und die Kennzahlenfunktion

$$\frac{\omega}{\sqrt{k/m}} = f\left(\frac{k}{k}, \frac{m}{m}\right) = f(1, 1) = \text{const.}$$

Die Kreisfrequenz ω ist also bis auf eine Konstante durch die Werte von m und k festgelegt; eine genauere Untersuchung mithilfe des Newton'schen Bewegungsgesetzes zeigt, dass diese Konstante den Wert eins hat.

Aufgabe 2.7

A. Der Druck gehört zur Dimension Masse · $(\text{Länge})^{-1}$ · $(\text{Zeit})^{-2}$, das Volumen zur Dimension Länge^3. Da beide Dimensionen nicht die Temperatur enthalten, kann man aus den Größen p, T und V keine dimensionslose Kombination bilden.
B. Die unvollständige Relevanzfunktion $p = f(T, V)$ enthält zwei Größen aus der Mechanik (Druck p, Volumen V) und eine Größe aus der Thermodynamik (Tem-

peratur T). Deshalb muss die Relevanzfunktion um (mindestens) eine weitere Größe ergänzt werden, die diese Teilgebiete verbindet. Eine geeignete Größe ist die Boltzmann-Konstante k_B, die es beispielsweise erlaubt, aus der Temperatur eines Gases die mittlere kinetische Energie eines einzelnen Gasteilchens zu bestimmen. Die Boltzmann-Konstante hat die SI-Einheit $\mathrm{J\,K^{-1}} = \mathrm{kg\,m^2\,s^{-2}\,K^{-1}}$, dann lautet die zur Relevanzfunktion $p = f(T, V, k_B)$ gehörende Dimensionsmatrix

$$\begin{array}{c} \\ \mathrm{m} \\ \mathrm{s} \\ \mathrm{kg} \\ \mathrm{K} \end{array} \begin{array}{c} \begin{array}{cccc} \widetilde{V} & \widetilde{T} & \widetilde{k_B} & \widetilde{p} \end{array} \\ \left(\begin{array}{ccc|c} 3 & 0 & 2 & -1 \\ 0 & 0 & -2 & -2 \\ 0 & 0 & 1 & 1 \\ 0 & 1 & -1 & 0 \end{array}\right). \end{array}$$

Diese Matrix hat den Rang $r = 3$, da die zweite Zeile das (-2)-fache der dritten Zeile ist. Es gibt also eine Kohärenzbedingung, für die aus der reduzierten Dimensionsmatrix

$$\begin{array}{c} \begin{array}{cccc} \widetilde{V} & \widetilde{T} & \widetilde{k_B} & \widetilde{p} \end{array} \\ \left(\begin{array}{ccc|c} 1 & 0 & 0 & -1 \\ 0 & 1 & 0 & 1 \\ 0 & 0 & 1 & 1 \\ 0 & 0 & 0 & 0 \end{array}\right) \end{array}$$

folgt:

$$\widetilde{p} = \widetilde{V}^{-1}\,\widetilde{T}\,\widetilde{k_B}.$$

Die Kennzahlenfunktion lautet also

$$\frac{p\,V}{k_B\,T} = \mathrm{const}$$

und der Vergleich mit dem idealen Gasgesetz $p\,V = N\,k_B\,T$ zeigt, dass die Konstante gleich der Anzahl N der Teilchen im Gas ist.

Aufgabe 2.8

Zu den Einflussgrößen für den Massenstrom $\dot{m}$ gehören wie bei der Untersuchung des Volumenstroms $\dot{V}$ zunächst der Rohrdurchmesser D und der Druckgradient $\Delta p/L$. Hinzu kommt noch eine der Zähigkeiten η oder ν, außerdem liegt es nahe, neben einer der Zähigkeiten auch die Dichte ρ in die Liste der Einflussgrößen aufzunehmen.

Auf diese Weise ergeben sich zunächst drei plausible Relevanzfunktionen für den Massenstrom $\dot{m}$:

$$\dot{m} = f_1(D, \Delta p/L, \eta) \quad \text{oder} \quad \dot{m} = f_2(D, \Delta p/L, \nu) \quad \text{oder} \quad \dot{m} = f_3(D, \Delta p/L, \nu, \rho).$$

Die zugehörigen Dimensionsmatrizen sind:

1. für die Relevanzfunktion $\dot{m} = f_1(D, \Delta p/L, \eta)$:

$$\begin{array}{c} \\ \text{m} \\ \text{s} \\ \text{kg} \end{array} \begin{array}{c} \begin{array}{cccc} \widetilde{D} & \widetilde{\Delta p/L} & \widetilde{\eta} & \widetilde{\dot{m}} \end{array} \\ \left(\begin{array}{ccc|c} 1 & -2 & -1 & 0 \\ 0 & -2 & -1 & -1 \\ 0 & 1 & 1 & 1 \end{array}\right), \end{array}$$

2. für die Relevanzfunktion $\dot{m} = f_2(D, \Delta p/L, \nu)$:

$$\begin{array}{c} \\ \text{m} \\ \text{s} \\ \text{kg} \end{array} \begin{array}{c} \begin{array}{cccc} \widetilde{D} & \widetilde{\Delta p/L} & \widetilde{\nu} & \widetilde{\dot{m}} \end{array} \\ \left(\begin{array}{ccc|c} 1 & -2 & 2 & 0 \\ 0 & -2 & -1 & -1 \\ 0 & 1 & 0 & 1 \end{array}\right), \end{array}$$

3. für die Relevanzfunktion $\dot{m} = f_3(D, \Delta p/L, \nu, \rho)$:

$$\begin{array}{c} \\ \text{m} \\ \text{s} \\ \text{kg} \end{array} \begin{array}{c} \begin{array}{ccccc} \widetilde{D} & \widetilde{\Delta p/L} & \widetilde{\nu} & \widetilde{\rho} & \widetilde{\dot{m}} \end{array} \\ \left(\begin{array}{ccc|cc} 1 & -2 & 2 & -3 & 0 \\ 0 & -2 & -1 & 0 & -1 \\ 0 & 1 & 0 & 1 & 1 \end{array}\right). \end{array}$$

Diese Matrizen haben jeweils den Rang $r = 3$. Für die reduzierten Dimensionsmatrizen, die Kohärenzbedingungen und die Kennzahlenfunktionen folgt daraus:

1. für die Relevanzfunktion $\dot{m} = f_1(D, \Delta p/L, \eta)$:

$$\begin{array}{c} \begin{array}{cccc} \widetilde{D} & \widetilde{\Delta p/L} & \widetilde{\eta} & \widetilde{\dot{m}} \end{array} \\ \left(\begin{array}{ccc|c} 1 & 0 & 0 & 1 \\ 0 & 1 & 0 & 0 \\ 0 & 0 & 1 & 1 \end{array}\right), \end{array}$$

$$\widetilde{\dot{m}} = \widetilde{D}^1 (\widetilde{\Delta p}/\widetilde{L})^0 \, \widetilde{\eta}^1 \quad \Rightarrow \quad \frac{\dot{m}}{D\eta} = \text{const.}$$

2. für die Relevanzfunktion $\dot{m} = f_2(D, \Delta p/L, \nu)$:

$$\begin{array}{c} \begin{array}{cccc} \widetilde{D} & \widetilde{\Delta p/L} & \widetilde{\nu} & \widetilde{\dot{m}} \end{array} \\ \left(\begin{array}{ccc|c} 1 & 0 & 0 & 4 \\ 0 & 1 & 0 & 1 \\ 0 & 0 & 1 & -1 \end{array}\right), \end{array}$$

$$\widetilde{\dot{m}} = \widetilde{D}^4 (\widetilde{\Delta p}/\widetilde{L})^1 \, \widetilde{\nu}^{-1} \quad \Rightarrow \quad \frac{\dot{m}\,\nu}{D^4\,(\Delta p/L)} = \text{const.}$$

3. für die Relevanzfunktion $\dot{m} = f_3(D, \Delta p/L, \nu, \rho)$:

$$\begin{matrix} \widetilde{D} & \widetilde{\Delta p/L} & \widetilde{\nu} & \widetilde{\rho} & \widetilde{\dot{m}} \end{matrix}$$

$$\left(\begin{array}{ccc|cc} 1 & 0 & 0 & 3 & 4 \\ 0 & 1 & 0 & 1 & 1 \\ 0 & 0 & 1 & -2 & -1 \end{array}\right),$$

$$\left.\begin{array}{l} \widetilde{\rho} = \widetilde{D}^3\,(\widetilde{\Delta p}/\widetilde{L})^1\,\widetilde{\nu}^{-2} \\ \widetilde{\dot{m}} = \widetilde{D}^4\,(\widetilde{\Delta p}/\widetilde{L})^1\,\widetilde{\nu}^{-1} \end{array}\right\} \quad \Rightarrow \quad \frac{\dot{m}\,\nu}{D^4\,(\Delta p/L)} = f_3\left(\frac{\rho\,\nu^2}{D^3\,(\Delta p/L)}\right).$$

Die erste Kennzahlenfunktion $\dot{m}/(D\,\eta) = \text{const}$ steht im Widerspruch zur physikalischen Anschauung, da der Massenstrom dann nicht vom antreibenden Druckgradienten abhinge und mit steigender dynamischer Zähigkeit zunähme, während die zweite Kennzahlenfunktion $\dot{m}\,\nu/(D^4\,(\Delta p/L)) = \text{const}$ physikalisch plausibel erscheint. Das gilt auch für die dritte Kennzahlenfunktion $\dot{m}\,\nu/(D^4\,(\Delta p/L)) = f_3(\rho\,\nu^2/(D^3\,(\Delta p/L)))$, die allerdings wegen des zusätzlich auftretenden Parameters von geringerem praktischen Nutzen wäre.

Die zweite Kennzahlenfunktion für den Massenstrom geht über die Beziehungen $\dot{m} = \rho\,\dot{V}$ und $\eta = \rho\,\nu$ aus der Kennzahlenfunktion (2.32) für den Volumenstrom $\dot{V}$ in Abschnitt 2.4.2 hervor. Ein genauerer Vergleich führt außerdem zu dem überraschenden Ergebnis, dass die richtige Kennzahlenfunktion (richtig im Sinne der Herleitung aus einem Randwertproblem[4]) beim Volumenstrom aus den Einflussgrößen D, $\Delta p/L$ und η, beim Massenstrom dagegen aus den Einflussgrößen D, $\Delta p/L$ und ν entsteht. Dieses Beispiel zeigt noch einmal deutlich, wie sehr es bei einer Dimensionsanalyse auf die passende Wahl der Einflussgrößen ankommt und wie unzureichend die physikalische Intuition dabei sein kann.

Aufgabe 2.9

A. Wenn man die dynamische Zähigkeit η verwendet und zunächst alle beteiligten Größen berücksichtigt, entsteht folgende Relevanzfunktion für die Austrittsgeschwindigkeit:

$$c = f(\rho,\ \eta,\ D,\ L,\ h,\ g).$$

Die Masseneinheit kg erscheint dabei lediglich in der Dichte ρ und in der dynamischen Zähigkeit η, sodass diese Größen nur als Quotient auftreten können bzw. sich gleichwertig durch die kinematische Zähigkeit ν ersetzen lassen. Dann vereinfacht sich die Relevanzfunktion zu

$$c = f(\nu,\ D,\ L,\ h,\ g).$$

4 Dieses Randwertproblem wird in Kapitel 4 genauer untersucht.

Die zugehörige Dimensionsmatrix lautet

$$\begin{array}{c} \\ \mathrm{m} \\ \mathrm{s} \end{array} \begin{array}{c} \begin{array}{cccccc} \tilde{v} & \tilde{D} & \tilde{L} & \tilde{h} & \tilde{g} & \tilde{c} \end{array} \\ \left(\begin{array}{cc|cccc} 2 & 1 & 1 & 1 & 1 & 1 \\ -1 & 0 & 0 & 0 & -2 & -1 \end{array}\right). \end{array}$$

Diese Matrix hat den Rang $r = 2$, sodass man $b = r = 2$ natürliche Basiseinheiten wählen kann und bei $n = 6$ vorkommenden Größen aus dem Π-Theorem $m = n - r = 4$ Kennzahlen erhält. Bei den natürlichen Basiseinheiten sind Kombinationen von zwei der drei Längen L, D und h ausgeschlossen, da die zugehörigen Untermatrizen nur den Rang 1 haben. Da die Längen aus Sicht des dimensionsanalytischen Algorithmus gleichwertig sind, können wir uns bei den weiteren Überlegungen auf eine dieser Längen beschränken. Wir entscheiden uns für die Verwendung von D; bei Bedarf lassen sich die Längen in den entstehenden Kennzahlenfunktionen austauschen. Dann bleiben drei Sätze natürlicher Basiseinheiten zur näheren Untersuchung übrig:

$$v, D, \quad v, g, \quad D, g.$$

Für die reduzierten Dimensionsmatrizen, die Kohärenzbedingungen und die zugehörigen Kennzahlenfunktionen ergibt sich dann:

1. bei Wahl der natürlichen Basiseinheiten v, D:

$$\begin{array}{cccccc} \tilde{v} & \tilde{D} & \tilde{L} & \tilde{h} & \tilde{g} & \tilde{c} \end{array}$$
$$\left(\begin{array}{cc|cccc} 1 & 0 & 0 & 0 & 2 & 1 \\ 0 & 1 & 1 & 1 & -3 & -1 \end{array}\right),$$

$$\left.\begin{array}{l} \tilde{L} = \tilde{v}^0 \tilde{D}^1 \\ \tilde{h} = \tilde{v}^0 \tilde{D}^1 \\ \tilde{g} = \tilde{v}^2 \tilde{D}^{-3} \\ \tilde{c} = \tilde{v}^1 \tilde{D}^{-1} \end{array}\right\} \quad \Rightarrow \quad \frac{cD}{v} = f_1\left(\frac{L}{D}, \frac{h}{D}, \frac{gD^3}{v^2}\right), \tag{A2.9.1}$$

2. bei Wahl der natürlichen Basiseinheiten v, g:

$$\begin{array}{cccccc} \tilde{v} & \tilde{g} & \tilde{D} & \tilde{L} & \tilde{h} & \tilde{c} \end{array}$$
$$\left(\begin{array}{cc|cccc} 1 & 0 & 2/3 & 2/3 & 2/3 & 1/3 \\ 0 & 1 & -1/3 & -1/3 & -1/3 & 1/3 \end{array}\right),$$

$$\left.\begin{array}{l} \tilde{D} = \tilde{v}^{2/3} \tilde{g}^{-1/3} \\ \tilde{L} = \tilde{v}^{2/3} \tilde{g}^{-1/3} \\ \tilde{h} = \tilde{v}^{2/3} \tilde{g}^{-1/3} \\ \tilde{c} = \tilde{v}^{1/3} \tilde{g}^{1/3} \end{array}\right\} \quad \Rightarrow \quad \frac{c}{\sqrt[3]{vg}} = f_2\left(D\sqrt[3]{\frac{g}{v^2}}, L\sqrt[3]{\frac{g}{v^2}}, h\sqrt[3]{\frac{g}{v^2}}\right), \tag{A2.9.2}$$

3. bei Wahl der natürlichen Basiseinheiten D, g:

$$\begin{array}{cc|cccc} \widetilde{D} & \widetilde{g} & \widetilde{L} & \widetilde{h} & \widetilde{v} & \widetilde{c} \\ \end{array}$$

$$\left(\begin{array}{cc|cccc} 1 & 0 & 1 & 1 & 3/2 & 1/2 \\ 0 & 1 & 0 & 0 & 1/2 & 1/2 \end{array}\right),$$

$$\left.\begin{array}{l} \widetilde{L} = \widetilde{D}^1\,\widetilde{g}^{\,0} \\ \widetilde{h} = \widetilde{D}^1\,\widetilde{g}^{\,0} \\ \widetilde{v} = \widetilde{D}^{3/2}\,\widetilde{g}^{\,1/2} \\ \widetilde{c} = \widetilde{D}^{1/2}\,\widetilde{g}^{\,1/2} \end{array}\right\} \Rightarrow \frac{c}{\sqrt{Dg}} = f_3\left(\frac{L}{D}, \frac{h}{D}, \frac{v}{\sqrt{D^3 g}}\right). \tag{A2.9.3}$$

B. Die potentielle Energie ist durch das Produkt von Gewichtskraft und Höhe über dem Bezugsniveau bestimmt. An die Stelle der Gewichtskraft tritt hier die Fallbeschleunigung g, deshalb kann man erwarten, dass die Fallbeschleunigung g und die Höhe h des Flüssigkeitsspiegels nur als Produkt gh eingehen.
Neuer Ausgangspunkt der Dimensionsanalyse ist also die Relevanzfunktion

$$c = f(v, D, L, gh).$$

Die zugehörige Dimensionsmatrix lautet

$$\begin{array}{c} \\ \text{m} \\ \text{s} \end{array} \begin{array}{c} \begin{array}{cc|ccc} \widetilde{v} & \widetilde{D} & \widetilde{L} & \widetilde{gh} & \widetilde{c} \end{array} \\ \left(\begin{array}{cc|ccc} 2 & 1 & 1 & 2 & 1 \\ -1 & 0 & 0 & -2 & -1 \end{array}\right). \end{array}$$

Diese Matrix hat den Rang $r = 2$, sodass man $b = r = 2$ natürliche Basiseinheiten wählen kann und bei $n = 5$ vorkommenden Größen aus dem Π-Theorem $m = n - r = 3$ Kennzahlen erhält. Analog zu Teil A gibt es drei Sätze natürlicher Basiseinheiten, die wir genauer untersuchen müssen:

$$v, D, \quad v, gh, \quad D, gh.$$

Für die reduzierten Dimensionsmatrizen, die Kohärenzbedingungen und die zugehörigen Kennzahlenfunktionen ergibt sich dann:

1. bei Wahl der natürlichen Basiseinheiten v, D:

$$\begin{array}{cc|ccc} \widetilde{v} & \widetilde{D} & \widetilde{L} & \widetilde{gh} & \widetilde{c} \end{array}$$

$$\left(\begin{array}{cc|ccc} 1 & 0 & 0 & 2 & 1 \\ 0 & 1 & 1 & -2 & -1 \end{array}\right),$$

$$\left.\begin{array}{l} \widetilde{gh} = \widetilde{v}^{\,2}\,\widetilde{D}^{-2} \\ \widetilde{L} = \widetilde{v}^{\,0}\,\widetilde{D}^{1} \\ \widetilde{c} = \widetilde{v}^{\,1}\,\widetilde{D}^{-1} \end{array}\right\} \Rightarrow \frac{cD}{v} = f_4\left(\frac{L}{D}, \frac{ghD^2}{v^2}\right), \tag{A2.9.4}$$

2. bei Wahl der natürlichen Basiseinheiten v, gh:

$$\begin{array}{cc|ccc} \tilde{v} & \widetilde{gh} & \tilde{L} & \tilde{D} & \tilde{c} \\ \end{array}$$

$$\left(\begin{array}{cc|ccc} 1 & 0 & 1 & 1 & 0 \\ 0 & 1 & -1/2 & -1/2 & 1/2 \end{array}\right),$$

$$\left.\begin{array}{l} \tilde{L} = \tilde{v}^1\,\widetilde{gh}^{-1/2} \\ \tilde{D} = \tilde{v}^1\,\widetilde{gh}^{-1/2} \\ \tilde{c} = \tilde{v}^0\,\widetilde{gh}^{1/2} \end{array}\right\} \quad \Rightarrow \quad \frac{c}{\sqrt{gh}} = f_5\left(\frac{L\sqrt{gh}}{v}, \frac{D\sqrt{gh}}{v}\right), \qquad \text{(A2.9.5)}$$

3. bei Wahl der natürlichen Basiseinheiten D, gh:

$$\begin{array}{cc|ccc} \tilde{D} & \widetilde{gh} & \tilde{L} & \tilde{v} & \tilde{c} \\ \end{array}$$

$$\left(\begin{array}{cc|ccc} 1 & 0 & 1 & 1 & 0 \\ 0 & 1 & 0 & 1/2 & 1/2 \end{array}\right),$$

$$\left.\begin{array}{l} \tilde{L} = \tilde{D}^1\,\widetilde{gh}^{0} \\ \tilde{v} = \tilde{D}^1\,\widetilde{gh}^{1/2} \\ \tilde{c} = \tilde{D}^0\,\widetilde{gh}^{1/2} \end{array}\right\} \quad \Rightarrow \quad \frac{c}{\sqrt{gh}} = f_6\left(\frac{L}{D}, \frac{v}{D\sqrt{gh}}\right). \qquad \text{(A2.9.6)}$$

Die physikalische Zusatzüberlegung, wonach die Größen g und h nur als Produkt in Erscheinung treten, führt also dazu, dass sich die Anzahl der Parameter im Vergleich zu Teil A von drei auf zwei verringert. Die neuen Kennzahlenfunktionen sind dabei als Spezialfall in den ursprünglichen Kennzahlenfunktionen enthalten. Das erkennt man am leichtesten an den Kennzahlenfunktionen (A2.9.1) und (A2.9.4):

$$f_4\left(\frac{L}{D}, \frac{g\,h\,D^2}{v^2}\right) = f_4\left(\frac{L}{D}, \frac{h}{D}\cdot\frac{g\,D^3}{v^2}\right) = f_1\left(\frac{L}{D}, \frac{h}{D}, \frac{g\,D^3}{v^2}\right).$$

C. Um im vorliegenden Problem eine unabhängige Krafteinheit nutzen zu können, steht nur der Weg offen, die Fallbeschleunigung g nicht als Beschleunigung im kinematischen Sinn, sondern über das Newton'sche Bewegungsgesetz als Quotient von Kraft und Masse zu interpretieren. Bezeichnet man die Krafteinheit mit $\tilde{F}$ und die Masseneinheit mit $\tilde{m}$, so folgt für die Einheit der Fallbeschleunigung $\tilde{g} = \tilde{m}^{-1}\tilde{F}$. Für die Einheit der kinematischen Zähigkeit kann man das Ergebnis aus Abschnitt 2.4.2 Nr. 4, also $\tilde{v} = \tilde{x}\,\tilde{t}\,\tilde{m}^{-1}\tilde{F}$ übernehmen; dabei ist $\tilde{x}$ die Längeneinheit und $\tilde{t}$ die Zeiteinheit. Zur Relevanzfunktion $c = f(v, D, L, gh)$ gehört dann die Dimensionsmatrix

$$
\begin{array}{c} \\ \widetilde{x} \\ \widetilde{t} \\ \widetilde{m} \\ \widetilde{F} \end{array}
\begin{array}{c} \begin{array}{ccccc} \widetilde{v} & \widetilde{D} & \widetilde{gh} & \widetilde{L} & \widetilde{c} \end{array} \\
\left(\begin{array}{ccc|cc} 1 & 1 & 1 & 1 & 1 \\ 1 & 0 & 0 & 0 & -1 \\ -1 & 0 & -1 & 0 & 0 \\ 1 & 0 & 1 & 0 & 0 \end{array}\right). \end{array}
$$

Da die $\widetilde{m}$-Zeile das (-1)-Fache der $\widetilde{F}$-Zeile ist, hat diese Matrix den Rang $r = 3$, sodass man $b = r = 3$ natürliche Basiseinheiten wählen kann und bei $n = 5$ vorkommenden Größen aus dem Π-Theorem $m = n - r = 2$ Kennzahlen erhält. Bei der Wahl von v, D und gh als natürliche Basiseinheiten folgt dann für die reduzierte Dimensionsmatrix, die Kohärenzbedingungen und die zugehörige Kennzahlenfunktion:

$$
\begin{array}{c} \begin{array}{ccccc} \widetilde{v} & D & \widetilde{gh} & \widetilde{L} & \widetilde{c} \end{array} \\
\left(\begin{array}{ccc|cc} 1 & 0 & 0 & 0 & -1 \\ 0 & 1 & 0 & 1 & 1 \\ 0 & 0 & 1 & 0 & 1 \\ 0 & 0 & 0 & 0 & 0 \end{array}\right), \end{array}
$$

$$
\left.\begin{array}{l} \widetilde{L} = \widetilde{v}^{0}\widetilde{D}^{1}\widetilde{gh}^{0} \\ \widetilde{c} = \widetilde{v}^{-1}\widetilde{D}^{1}\widetilde{gh}^{1} \end{array}\right\} \quad \Rightarrow \quad \frac{cv}{Dgh} = f\left(\frac{L}{D}\right).
$$

Diese Kennzahlenfunktion entspricht auf den ersten Blick den Erwartungen, wonach die Austrittsgeschwindigkeit mit zunehmender Höhe des Flüssigkeitsspiegels steigt und mit zunehmender Zähigkeit der Flüssigkeit sinkt. Wir werden jedoch später in Aufgabe 4.2 sehen, dass diese Kennzahlenfunktion falsch ist.
Es ist im vorliegenden Fall also nicht möglich, durch Hinzunahme einer unabhängigen Krafteinheit eine schärfere Aussage zu gewinnen. Dieser Fehlschlag lässt sich darauf zurückführen, dass die Fallbeschleunigung hier als Quotient von Gewichtskraft und Masse interpretiert wurde. Eine solche Annahme wäre nur zulässig, wenn sich die einzelnen Flüssigkeitsteilchen unbeschleunigt bewegen und das Newton'sche Bewegungsgesetz keine Rolle spielte. Das trifft wegen des konstanten Querschnitts auf die Strömung im Rohr zu, aber nicht auf die Strömung im Behälter, in dem die Flüssigkeitsteilchen aus dem Ruhezustand auf die Austrittsgeschwindigkeit beschleunigt werden.

Aufgabe 2.10

A. Die rechte Kennzahlenfunktion in (2.28) ist wegen des Auftretens von D im Nenner nicht für eine Potenzreihenentwicklung um $D = 0$ geeignet. Man kann bei der Dimensionsanalyse jedoch statt des Durchmessers D die Rohrlänge L als natürliche Basiseinheit verwenden, dann lautet die zugehörige Kennzahlenfunktion

$$\frac{\dot{V}\eta}{L^3\Delta p} = f\left(\frac{D}{L}\right).$$

B. Die Potenzreihenentwicklung der Kennzahlenfunktion aus Teil A um $D = 0$ ergibt

$$\frac{\dot{V}\eta}{L^3\Delta p} = k_0 + k_1\frac{D}{L} + k_2\left(\frac{D}{L}\right)^2 + k_3\left(\frac{D}{L}\right)^3 + k_4\left(\frac{D}{L}\right)^4 + \cdots.$$

Für den Volumenstrom selbst folgt dann

$$\dot{V} = k_0\frac{L^3\Delta p}{\eta} + k_1\frac{D L^2\Delta p}{\eta} + k_2\frac{D^2 L\Delta p}{\eta} + k_3\frac{D^3\Delta p}{\eta} + k_4\frac{D^4\Delta p}{\eta L} + \cdots.$$

Der Volumenstrom im Rohr ist durch die Reibungsverluste festgelegt, die infolge der Zähigkeit des Fluids entstehen. Diese Reibungsverluste sind umso größer, je länger das Rohr ist. Man kann deshalb erwarten, dass der Volumenstrom (bei gleichbleibender Druckdifferenz und gleichbleibendem Rohrdurchmesser) mit zunehmender Rohrlänge sinkt. Damit ein physikalisch plausibles Ergebnis entsteht, darf die Reihenentwicklung deshalb erst mit dem Koeffizienten k_4 beginnen, alle vorhergehenden Koeffizienten müssen null sein: $k_0 = k_1 = k_2 = k_3 = 0$. Bricht man anschließend die Reihenentwicklung nach dem Term mit k_4 ab, entsteht die Kennzahlenfunktion

$$\frac{\dot{V}\eta}{L^3\Delta p} \approx k_4\frac{D^4}{L^4} \quad \text{oder} \quad \frac{\dot{V}\eta}{D^4\Delta p/L} \approx \text{const.}$$

Dieses Ergebnis wurde bereits mit einer anderen Argumentation in (2.32) gewonnen und gilt, wie der Vergleich mit der erweiterten Dimensionsanalyse in Abschnitt 4.2 Nr. 5 zeigt, nicht nur näherungsweise, sondern exakt.

Aufgabe 2.11

A. Bei einer Spiegelung an der vertikalen Achse kehrt sich die Längsrichtung des Balkens um, aber die Verschiebung des freien Balkenendes zeigt unverändert nach unten, d. h. die Balkenlänge L muss durch $-L$ ersetzt werden, aber die Verschiebung h behält ihr Vorzeichen bei. Man kann deshalb annehmen, dass die Relevanzfunktion bezüglich L eine gerade Funktion ist:

$$f(E, F_\text{v}, -L, D) = f(E, F_\text{v}, L, D).$$

Bei einer Spiegelung an der horizontalen Achse ändert sich die Richtung der Kraft und damit auch die Richtung der Verschiebung, d. h. sowohl die Kraft F_v als auch die Verschiebung h wechseln das Vorzeichen. Man kann deshalb annehmen, dass die Relevanzfunktion bezüglich F_v eine ungerade Funktion ist:

$$f(E, -F_\text{v}, L, D) = -f(E, F_\text{v}, L, D).$$

B. Eine Potenzreihenentwicklung der Kennzahlenfunktion um $F_\mathrm{v} = 0$ lautet:

$$\frac{h}{L} = c_0\left(\frac{D}{L}\right) + c_1\left(\frac{D}{L}\right)\frac{F_\mathrm{v}}{E\,L^2} + c_2\left(\frac{D}{L}\right)\left(\frac{F_\mathrm{v}}{E\,L^2}\right)^2 + c_3\left(\frac{D}{L}\right)\left(\frac{F_\mathrm{v}}{E\,L^2}\right)^3 + \cdots.$$

Die Koeffizienten $c_0, c_1, c_2, c_3, \ldots$ sind nicht näher bestimmte Funktionen des zweiten Parameters D/L. Wegen $h = 0$ für $F_\mathrm{v} = 0$ muss $c_0 = 0$ sein. Außerdem dürfen nur ungerade Potenzen von $F_\mathrm{v}/(E\,L^2)$ vorkommen, um die Symmetriebedingung für F_v zu erfüllen, d. h. es muss neben $c_0 = 0$ auch $c_2 = c_4 = \cdots = 0$ gelten. Wird nur der führende Term berücksichtigt, erhält man als Näherung für die Kennzahlenfunktion

$$\frac{h}{L} \approx c_1\left(\frac{D}{L}\right)\frac{F_\mathrm{v}}{E\,L^2}.$$

Ob dieses Ergebnis physikalisch plausibel ist, lässt sich an dieser Stelle wegen der unbekannten Funktion $c_1(D/L)$ nicht entscheiden.

C. Um die Information $h \to 0$ für $D \to \infty$ bei einer Potenzreihenentwicklung zu nutzen, muss man die Funktion c_1 mit dem Kehrwert des Arguments formulieren, also $c_1(D/L) = C_1(L/D)$. Dann ergibt sich in der Umgebung von $L/D = 0$ (mit konstanten Koeffizienten $k_0, k_1, k_2, k_3, k_4, \ldots$)

$$C_1\left(\frac{L}{D}\right) = k_0 + k_1\frac{L}{D} + k_2\left(\frac{L}{D}\right)^2 + k_3\left(\frac{L}{D}\right)^3 + k_4\left(\frac{L}{D}\right)^4 + \cdots.$$

Wenn $C_1 \to 0$ für $D \to \infty$ gelten soll, muss $k_0 = 0$ sein; außerdem dürfen nur gerade Potenzen von L/D vorkommen, um die Symmetriebedingung für L zu erfüllen. Dann ergibt sich

$$C_1\left(\frac{L}{D}\right) = k_2\left(\frac{L}{D}\right)^2 + k_4\left(\frac{L}{D}\right)^4 + \cdots$$

und durch Einsetzen in das Ergebnis von Teil B folgt zunächst

$$\frac{h}{L} \approx \left(k_2\left(\frac{L}{D}\right)^2 + k_4\left(\frac{L}{D}\right)^4 \ldots\right)\frac{F_\mathrm{v}}{E\,L^2} = k_2\frac{F_\mathrm{v}}{E\,D^2} + k_4\frac{F_\mathrm{v}\,L^2}{E\,D^4} + \cdots.$$

In der Mechanik versteht man unter einem Balken einen langgestreckten Körper, dessen Länge sehr viel größer als eine Querschnittsabmessung (hier der Durchmesser) ist. In solchen Fällen ($L \gg D$) kann man den ersten, von der Balkenlänge L unabhängigen Term vernachlässigen und erhält als Näherung für die Kennzahlenfunktion[5]

5 Diese Näherung stimmt mit dem Ergebnis der Bernoulli-Theorie für schlanke Balken überein.

$$\frac{h}{L} \approx k_4 \frac{F_V L^2}{E D^4}$$

oder

$$\frac{h E D^4}{F_V L^3} \approx \text{const.}$$

Nur wenn der Balken im Vergleich zum Durchmesser sehr kurz ist ($L < D$), kann man erwarten, dass der erste, von der Balkenlänge L unabhängige Term eine Rolle spielt. In diesem Fall gilt in erster Näherung[6]

$$\frac{h}{L} \approx k_2 \frac{F_V}{E D^2}$$

oder

$$\frac{h E D^2}{F_V L} \approx \text{const.}$$

Aufgabe 3.1

A. Zu den Einflussgrößen für die Flügelkraft F_F gehören die Dichte ρ und die kinematische Zähigkeit ν des Fluids, in dem sich der Flügel bewegt, außerdem seine Spannweite L, seine Schlagfrequenz f und die beiden Winkel φ und α. Dann ergibt sich die Relevanzfunktion

$$F_F = f(\rho, \nu, L, f, \varphi, \alpha),$$

und die zugehörige Dimensionsmatrix lautet

$$\begin{array}{c} \\ \text{m} \\ \text{s} \\ \text{kg} \end{array} \begin{array}{c} \begin{array}{ccc|cccc} \widetilde{\rho} & \widetilde{\nu} & \widetilde{L} & \widetilde{f} & \widetilde{\varphi} & \widetilde{\alpha} & \widetilde{F_F} \end{array} \\ \left(\begin{array}{ccc|cccc} -3 & 2 & 1 & 0 & 0 & 0 & 1 \\ 0 & -1 & 0 & -1 & 0 & 0 & -2 \\ 1 & 0 & 0 & 0 & 0 & 0 & 1 \end{array}\right). \end{array}$$

Wenn man die erste und die dritte Spalte vertauscht, erkennt man leicht an der dann entstehenden oberen Dreiecksform, dass diese Dimensionsmatrix den Rang $r = 3$ hat und entsprechend $b = r = 3$ natürliche Basiseinheiten wählbar sind. Für den Modellversuch kommen hier nur die Dichte ρ, die kinematische Zähigkeit ν und die Länge L in Frage, da durch das Flügelmodell das Längenverhältnis und

6 Diese Näherung entspricht einer einfachen Scherung des Balkens, die jedoch nur bei sehr kurzen Balken tatsächlich von Bedeutung ist.

durch das Modellfluid die Verhältnisse von Dichte und kinematischer Zähigkeit festgelegt sind. Aus der reduzierten Dimensionsmatrix

$$\begin{array}{ccc|cccc} \widetilde{\rho} & \widetilde{\nu} & \widetilde{L} & \widetilde{f} & \widetilde{\varphi} & \widetilde{\alpha} & \widetilde{F_F} \\ \end{array}$$
$$\left(\begin{array}{ccc|cccc} 1 & 0 & 0 & 0 & 0 & 0 & 1 \\ 0 & 1 & 0 & 1 & 0 & 0 & 2 \\ 0 & 0 & 1 & -2 & 0 & 0 & 0 \end{array}\right)$$

ergibt sich dann die Kennzahlenfunktion

$$\frac{F_F}{\rho \nu^2} = f\left(\frac{f L^2}{\nu}, \varphi, \alpha\right).$$

B. Bei physikalischer Ähnlichkeit müssen Modell und Original in allen Parametern übereinstimmen; das sind hier die bereits dimensionslosen Winkel $\varphi_M = \varphi_O$ und $\alpha_M = \alpha_O$, sowie die dimensionslos gemachte Frequenz

$$\frac{f_M L_M^2}{\nu_M} = \frac{f_O L_O^2}{\nu_O}.$$

Die Übereinstimmung der Winkel ergibt sich bereits aus der Forderung nach geometrischer Ähnlichkeit.

C. Das Kraftverhältnis ist durch die gesuchte Kennzahl bestimmt, die bei physikalischer Ähnlichkeit in Modell und Original gleich sein muss:

$$\frac{F_{FM}}{\rho_M \nu_M^2} = \frac{F_{FO}}{\rho_O \nu_O^2} \quad \Rightarrow \quad \frac{F_{FM}}{F_{FO}} = \left(\frac{\rho_M}{\rho_O}\right)\left(\frac{\nu_M}{\nu_O}\right)^2.$$

Die Auswertung für das Originalfluid Luft und die drei genannten Modellfluide ergibt:

Modellfluid	ρ_M/ρ_O	ν_M/ν_O	F_{FM}/F_{FO}
Luft	1	1	1
Wasser	832	0,0667	3,70
Öl	729	2,13	3307

D. Ein Flügel muss mindestens die Hälfte des Gewichts einer Fruchtfliege tragen. Bei einer angenommenen Masse von $m = 1\,\text{mg}$ erfordert das im Original eine Kraft von $F_{FO} = 0{,}5\,m g \approx 5\,\mu\text{N}$. Für die Kraft im Modellversuch ergibt sich dann abhängig vom gewählten Modellfluid:

Modellfluid	Luft	Wasser	Öl
F_{FM}	$5 \cdot 10^{-6}$ N	$1{,}85 \cdot 10^{-5}$ N	0,0165 N

Die Kräfte in Luft und Wasser sind für die Messung mit konventionellen Kraftsensoren zu klein, deshalb muss Öl als Modellfluid gewählt werden.

E. Aus der Gleichheit der dimensionslosen Frequenz folgt für die Frequenzen selbst

$$f_M = f_O \left(\frac{L_M}{L_O}\right)^{-2} \frac{\nu_M}{\nu_O}.$$

Bei einer angenommenen Schlagfrequenz von $f_O = 200\,\text{Hz}$ ergibt sich dann mit dem Längenverhältnis $L_M/L_O = 100$ und Öl als Modellfluid, dass das Flügelmodell mit einer Schlagfrequenz von $f_M \approx 0{,}043\,\text{Hz}$ bewegt werden muss, um physikalische Ähnlichkeit zu erreichen.

Aufgabe 3.2

A. Die Relevanzfunktion für die Umlaufzeit lautet

$$T = f(\Gamma, m_S, m_P, a, b),$$

hierzu gehört die Dimensionsmatrix

$$\begin{array}{c} \\ \text{m} \\ \text{s} \\ \text{kg} \end{array} \begin{array}{c} \begin{array}{cccccc} \tilde{a} & \widetilde{m_S} & \tilde{\Gamma} & \widetilde{m_P} & \tilde{b} & \tilde{T} \end{array} \\ \left(\begin{array}{ccc|ccc} 1 & 0 & 3 & 0 & 1 & 0 \\ 0 & 0 & -2 & 0 & 0 & 1 \\ 0 & 1 & -1 & 1 & 0 & 0 \end{array}\right) \end{array}.$$

Man erkennt leicht, dass diese Matrix den Rang $r = 3$ hat und dass die Gravitationskonstante Γ sowie eine der Längen a oder b und eine der Massen m_S oder m_P als natürliche Basiseinheiten gewählt werden müssen; wir entscheiden uns für a und m_S. Aus der reduzierten Dimensionsmatrix

$$\begin{array}{c} \begin{array}{cccccc} \tilde{a} & \widetilde{m_S} & \tilde{\Gamma} & \widetilde{m_P} & \tilde{b} & \tilde{T} \end{array} \\ \left(\begin{array}{ccc|ccc} 1 & 0 & 0 & 0 & 1 & 3/2 \\ 0 & 1 & 0 & 1 & 0 & -1/2 \\ 0 & 0 & 1 & 0 & 0 & -1/2 \end{array}\right) \end{array}$$

folgt dann für die Kennzahlenfunktion

$$T\sqrt{\frac{m_S \Gamma}{a^3}} = f\left(\frac{m_P}{m_S}, \frac{b}{a}\right).$$

B. Wenn die Planetenbahnen annähernd kreisförmig sind, stimmen die Halbachsen a und b der Ellipsen annähernd überein, d. h. das Längenverhältnis ist $b/a \approx 1$. Entsprechend gilt bei kleiner Planetenmasse $m_P \ll m_S$ für das Massenverhältnis $m_P/m_S \approx 0$. Dann vereinfacht sich die Kennzahlenfunktion zu

$$T\sqrt{\frac{m_S \Gamma}{a^3}} \approx f(0,1) = \text{const},$$

d. h. die gesuchte Kennzahl ist näherungsweise konstant. Wenn man die Erde als Modell und einen anderen Planeten als Original betrachtet, folgt aus dem 3. Modellgesetz

$$\frac{T_{\text{Erde}}\sqrt{m_S \Gamma}}{\sqrt{a^3_{\text{Erde}}}} = \frac{T_{\text{Planet}}\sqrt{m_S \Gamma}}{\sqrt{a^3_{\text{Planet}}}},$$

oder, da Γ und m_S Konstanten sind,

$$\frac{T_{\text{Erde}}}{\sqrt{a^3_{\text{Erde}}}} = \frac{T_{\text{Planet}}}{\sqrt{a^3_{\text{Planet}}}}.$$

Diese Beziehung lässt sich umformen zu

$$\frac{T^2_{\text{Planet}}}{T^2_{\text{Erde}}} = \frac{a^3_{\text{Planet}}}{a^3_{\text{Erde}}}$$

und drückt dann das 3. Kepler'sche Gesetz[7] aus, wonach die Quadrate der Umlaufzeiten zweier Planeten im gleichen Verhältnis stehen wie die Kuben ihrer großen Halbachsen.

Für die große Halbachse einer Planetenbahn ergibt sich dann

$$a_{\text{Planet}} = a_{\text{Erde}}\left(\frac{T_{\text{Planet}}}{T_{\text{Erde}}}\right)^{2/3},$$

die daraus (mit $a_{\text{Erde}} = 149{,}6 \cdot 10^6$ km und $T_{\text{Erde}} = 365{,}25$ d) berechneten Halbachsen der anderen Planeten sind in der nachfolgenden Tabelle aufgeführt:

Planet	**Merkur**	**Venus**	**Mars**	**Jupiter**	**Saturn**	**Uranus**	**Neptun**
T/d	88	225	687	4 335	10 822	30 924	60 445
$a \cdot 10^{-6}$/km	57,9	108,3	228,0	778,4	1432,4	2884,5	4509,3

Die berechneten Längen stimmen sehr gut mit den tatsächlichen Werten überein, insbesondere auch beim Merkur, dessen Bahnkurve eine stärkere Exzentrizität aufweist als die der übrigen Planeten. Dieses Ergebnis deutet an, dass die Relevanzfunktion für die Umlaufzeit in Wirklichkeit nur von einer Länge abhängt, wie es sich auch aus einer erweiterten Dimensionsanalyse auf der Grundlage der mathematischen Formulierung des Problems ergibt (siehe Aufgabe 4.4).

7 Dieses Gesetz wurde von Johannes Kepler (1571–1630) aus Beobachtungsdaten gewonnen und später theoretisch mithilfe des Newton'schen Gravitationsgesetzes bestätigt.

Aufgabe 4.1

Da der Druck p in der Differentialgleichung (a) nur in der ersten Ableitung $\mathrm{d}p/\mathrm{d}z$ erscheint, kann man anstelle des Druckes p auch den Überdruck $p' = p - p_L$ verwenden. Dann lautet das Randwertproblem:

$$\frac{\eta}{r}\frac{\mathrm{d}}{\mathrm{d}r}\left(r\frac{\mathrm{d}u}{\mathrm{d}r}\right) = \frac{\mathrm{d}p'}{\mathrm{d}z}, \tag{A4.1.1}$$

$$p' = 0 \quad \text{für} \quad z = L, \tag{A4.1.2}$$

$$u = 0 \quad \text{für} \quad r = \frac{D}{2}, \tag{A4.1.3}$$

$$\frac{\mathrm{d}u}{\mathrm{d}r} = 0 \quad \text{für} \quad r = 0, \tag{A4.1.4}$$

$$u = u_{\text{max}} \quad \text{für} \quad r = 0. \tag{A4.1.5}$$

Hierzu gehören die Relevanzfunktionen

$$u = f(r, D, L, u_{\text{max}}, \eta), \quad p' = f(z, D, L, u_{\text{max}}, \eta).$$

Als Kohärenzbedingungen für die beteiligten Einheiten folgen:

- aus (A4.1.1): $\dfrac{\tilde{\eta}\,\tilde{u}}{\tilde{r}^2} = \dfrac{\widetilde{p'}}{\tilde{z}}$,
- aus (A4.1.2): $\tilde{z} = \tilde{L}$,
- aus (A4.1.3): $\tilde{r} = \tilde{D}$,
- aus (A4.1.5): $\widetilde{u_{\text{max}}} = \tilde{u}$.

Diese Kohärenzbedingungen sind offensichtlich voneinander unabhängig, sodass man vier der vorkommenden Einheiten als Basiseinheiten wählen kann. Mit der gleichen Argumentation wie in Abschnitt 4.2 Nr. 3 ist hierfür unter praktischen Gesichtspunkten nur die Wahl von $\widetilde{u_{\text{max}}}$, $\tilde{D}$, $\tilde{L}$ und $\tilde{\eta}$ sinnvoll. Für die übrigen Einheiten ergibt sich dann

$$\tilde{r} = \tilde{D}, \quad \tilde{z} = \tilde{L}, \quad \tilde{u} = \widetilde{u_{\text{max}}}, \quad \widetilde{p'} = \frac{\widetilde{u_{\text{max}}}\,\tilde{\eta}\,\tilde{L}}{\tilde{D}^2}.$$

Die Kennzahlenfunktionen lauten also

$$\frac{u}{u_{\text{max}}} = f\left(\frac{r}{D}\right), \quad \frac{p'\,D^2}{u_{\text{max}}\,\eta\,L} = f\left(\frac{z}{L}\right).$$

Der Vergleich mit (4.20) zeigt, dass für die Druckdifferenz Δp zwischen Rohreintritt und Rohraustritt gelten muss:

$$\Delta p \sim \frac{u_{\text{max}}\,\eta\,L}{D^2},$$

oder in Übereinstimmung mit (4.27):

$$\frac{u_{\max}\,\eta\, L}{\Delta p\, D^2} = \text{const.}$$

Aufgabe 4.2

A. Aus den Gleichungen (a) und (b) ergeben sich gemäß den Regeln des Größenkalküls aus Kapitel 1 zunächst die folgenden Kohärenzbedingungen für die Einheiten der vorkommenden Größen:

– Aus (a):

$$\widetilde{g}\,\widetilde{h} = \widetilde{c}^2, \tag{A4.2.1}$$

$$\widetilde{g}\,\widetilde{h} = \frac{\widetilde{\Delta p}}{\widetilde{\rho}}. \tag{A4.2.2}$$

– Aus (b):

$$\frac{\widetilde{\Delta p}}{\widetilde{\rho}} = \frac{\widetilde{v}\,\widetilde{L}\,\widetilde{c}}{\widetilde{D}^2}. \tag{A4.2.3}$$

(A4.2.3) lässt sich direkt in (A4.2.2) einsetzen, sodass zwei Kohärenzbedingungen übrig bleiben, die in der Normalform lauten

$$\widetilde{c}^2\,\widetilde{h}^{-1}\,\widetilde{g}^{-1} = 1,$$
$$\widetilde{c}\,\widetilde{L}\,\widetilde{D}^{-2}\,\widetilde{h}^{-1}\,\widetilde{g}^{-1}\,\widetilde{v} = 1$$

und auf die erweiterte Dimensionsmatrix

$$\begin{matrix} \widetilde{c} & \widetilde{L} & \widetilde{D} & \widetilde{h} & \widetilde{g} & \widetilde{v} \end{matrix}$$
$$\begin{pmatrix} 2 & 0 & 0 & -1 & -1 & 0 \\ 1 & 1 & -2 & -1 & -1 & 1 \end{pmatrix}$$

führen. Diese Matrix hat offenkundig den Rang $r = 2$, was auch für alle 2×2-Untermatrizen zutrifft, die aus der Spalte für $\widetilde{c}$ und einer beliebigen anderen Spalte gebildet werden. Bei insgesamt $n = 6$ vorkommenden Größen lassen sich also $b = n - r = 4$ problembezogene Basiseinheiten wählen, wobei jede Kombination von vier der fünf Einheiten $\widetilde{L}$, $\widetilde{D}$, $\widetilde{h}$, $\widetilde{g}$, $\widetilde{v}$ zulässig ist. Die nachfolgende Übersicht enthält die Ergebnisse für die zugehörigen Kennzahlenfunktionen, die sich jeweils aus der Umformung der Dimensionsmatrix in die reduzierte Zeilenstufenform ergeben (wobei die Matrix vorher immer so umsortiert werden muss, dass die jeweils nicht als Basiseinheit gewählte Einheit in der zweiten Spalte rechts neben $\widetilde{c}$ erscheint):

1. Basiseinheiten $\widetilde{D}, \widetilde{h}, \widetilde{g}, \widetilde{v}$:

$$\begin{array}{cc|cccc} \widetilde{c} & \widetilde{L} & \widetilde{D} & \widetilde{h} & \widetilde{g} & \widetilde{v} \end{array}$$

$$\left(\begin{array}{cc|cccc} 1 & 0 & 0 & -1/2 & -1/2 & 0 \\ 0 & 1 & -2 & -1/2 & -1/2 & 1 \end{array}\right) \Rightarrow \frac{c}{\sqrt{g\,h}} = f\left(\frac{v\,L}{\sqrt{g\,h}\,D^2}\right).$$

2. Basiseinheiten $\widetilde{L}, \widetilde{h}, \widetilde{g}, \widetilde{v}$:

$$\begin{array}{cc|cccc} \widetilde{c} & \widetilde{D} & \widetilde{L} & \widetilde{h} & \widetilde{g} & \widetilde{v} \end{array}$$

$$\left(\begin{array}{cc|cccc} 1 & 0 & 0 & -1/2 & -1/2 & 0 \\ 0 & 1 & -1/2 & 1/4 & 1/4 & -1/2 \end{array}\right) \Rightarrow \frac{c}{\sqrt{g\,h}} = f\left(\frac{D\,\sqrt[4]{g\,h}}{\sqrt{v\,L}}\right).$$

3. Basiseinheiten $\widetilde{D}, \widetilde{L}, \widetilde{g}, \widetilde{v}$:

$$\begin{array}{cc|cccc} \widetilde{c} & \widetilde{h} & \widetilde{D} & \widetilde{L} & \widetilde{g} & \widetilde{v} \end{array}$$

$$\left(\begin{array}{cc|cccc} 1 & 0 & 2 & -1 & 0 & -1 \\ 0 & 1 & 4 & -2 & 1 & -2 \end{array}\right) \Rightarrow \frac{c\,D^2}{v\,L} = f\left(\frac{h\,D^4\,g}{v^2\,L^2}\right).$$

4. Basiseinheiten $\widetilde{D}, \widetilde{h}, \widetilde{L}, \widetilde{v}$:

$$\begin{array}{cc|cccc} \widetilde{c} & \widetilde{g} & \widetilde{D} & \widetilde{h} & \widetilde{L} & \widetilde{v} \end{array}$$

$$\left(\begin{array}{cc|cccc} 1 & 0 & 2 & 0 & -1 & -1 \\ 0 & 1 & 4 & 1 & -2 & -2 \end{array}\right) \Rightarrow \frac{c\,D^2}{v\,L} = f\left(\frac{g\,D^4\,h}{v^2\,L^2}\right).$$

5. Basiseinheiten $\widetilde{D}, \widetilde{h}, \widetilde{g}, \widetilde{L}$:

$$\begin{array}{cc|cccc} \widetilde{c} & \widetilde{v} & \widetilde{D} & \widetilde{h} & \widetilde{g} & \widetilde{L} \end{array}$$

$$\left(\begin{array}{cc|cccc} 1 & 0 & 0 & -1/2 & -1/2 & 0 \\ 0 & 1 & -2 & -1/2 & -1/2 & 1 \end{array}\right) \Rightarrow \frac{c}{\sqrt{g\,h}} = f\left(\frac{v\,L}{\sqrt{g\,h}\,D^2}\right).$$

Alle Kennzahlenfunktionen sind zueinander äquivalent, da die Kennzahlen sich durch einfache algebraische Operationen wie Kehrwertbildung, Quadrieren oder Multiplizieren ineinander umrechnen lassen. Im Unterschied zur klassischen Dimensionsanalyse (siehe Aufgabe 2.9) enthalten die Kennzahlenfunktionen jeweils nur einen Parameter. Dieser Unterschied entsteht, weil die Längen D, L, h in der erweiterten Dimensionsanalyse unabhängig voneinander als natürliche Basiseinheiten wählbar sind, während sie in der klassischen Dimensionsanalyse alle in der SI-Einheit Meter gemessen werden müssen.

B. Durch Einsetzen von (b) in (a) entsteht

$$g\,h = \frac{c^2}{2} + \frac{32\,v\,L\,c}{D^2}$$

oder

$$c^2 + \frac{64\nu L}{D^2} c - 2gh = 0,$$

also eine quadratische Gleichung für die Geschwindigkeit c. Deren Lösung lautet:

$$c = -\frac{32\nu L}{D^2} + \sqrt{\left(\frac{32\nu L}{D^2}\right)^2 + 2gh}.$$

Diese Lösung lässt sich umformen zu

$$\frac{cD^2}{\nu L} = -32 + \sqrt{1024 + 2\frac{ghD^4}{\nu^2 L^2}}$$

oder

$$\frac{c}{\sqrt{gh}} = -32\frac{\nu L}{\sqrt{gh}D^2} + \sqrt{1024\left(\frac{\nu L}{\sqrt{gh}D^2}\right)^2 + 2},$$

was den Kennzahlenfunktionen aus Nr. 3 und 4 bzw. aus Nr. 1 und 5 entspricht.

Aufgabe 4.3

In der klassischen Dimensionsanalyse entstehen die Kohärenzbedingungen nicht aus der mathematischen Formulierung eines Problems, sondern sie geben an, wie die problembezogenen Einheiten mit den Basiseinheiten eines universellen kohärenten Einheitensystems zusammenhängen, im Beispiel der Kugelumströmung also die Kohärenzbedingungen (2.7). In der Normalform lauten diese Kohärenzbedingungen:

$$\begin{aligned} \mathrm{m}^{-1}\,\widetilde{D} &= 1,\\ \mathrm{m}^{-1}\,\mathrm{s}\,\widetilde{U} &= 1,\\ \mathrm{m}^{3}\,\mathrm{kg}^{-1}\,\widetilde{\rho} &= 1,\\ \mathrm{m}^{-2}\,\mathrm{s}\,\widetilde{\nu} &= 1,\\ \mathrm{m}^{-1}\,\mathrm{s}^{2}\,\mathrm{kg}^{-1}\,\widetilde{F} &= 1. \end{aligned}$$

Die Exponenten in der Normalform lassen sich zeilenweise in einer erweiterten Dimensionsmatrix anordnen, sodass die Spalten der Dimensionsmatrix anders als im klassischen Fall nicht nur die problembezogenen Einheiten, sondern auch die universellen Basiseinheiten umfassen. Die universellen Basiseinheiten stehen dabei auf der linken Seite der Dimensionsmatrix, da sie nach Möglichkeit keine natürlichen Basiseinheiten sein sollen. Im Beispiel der Kugelumströmung lautet die erweiterte Dimensionsmatrix dann

$$\begin{array}{cccccccc} \mathrm{m} & \mathrm{s} & \mathrm{kg} & \widetilde{v} & \widetilde{F} & \widetilde{D} & \widetilde{U} & \widetilde{\rho} \end{array}$$

$$\begin{pmatrix} -1 & 0 & 0 & 0 & 0 & 1 & 0 & 0 \\ -1 & 1 & 0 & 0 & 0 & 0 & 1 & 0 \\ 3 & 0 & -1 & 0 & 0 & 0 & 0 & 1 \\ -2 & 1 & 0 & 1 & 0 & 0 & 0 & 0 \\ -1 & 2 & -1 & 0 & 1 & 0 & 0 & 0 \end{pmatrix}.$$

Man erkennt sofort, dass die erweiterte Dimensionsmatrix den Rang $r = 5$ hat, weil die hinteren fünf Spalten für $\widetilde{v}$, $\widetilde{F}$, $\widetilde{D}$, $\widetilde{U}$, $\widetilde{\rho}$ immer nur eine einzige Eins in jeweils unterschiedlichen Zeilen enthalten. Den gleichen Rang hat wegen der unteren Dreiecksform mit von null verschiedenen Diagonalelementen auch die Untermatrix aus den vorderen fünf Spalten für m, s, kg, $\widetilde{v}$, $\widetilde{F}$, sodass man $\widetilde{D}$, $\widetilde{U}$, $\widetilde{\rho}$ als problembezogene Basiseinheiten (und damit D, U, ρ als natürliche Basiseinheiten) wählen kann.

Die Reduktion der erweiterten Dimensionsmatrix ergibt

$$\begin{array}{cccccccc} \mathrm{m} & \mathrm{s} & \mathrm{kg} & \widetilde{v} & \widetilde{F} & \widetilde{D} & \widetilde{U} & \widetilde{\rho} \end{array}$$

$$\left(\begin{array}{ccccc|ccc} 1 & 0 & 0 & 0 & 0 & -1 & 0 & 0 \\ 0 & 1 & 0 & 0 & 0 & -1 & 1 & 0 \\ 0 & 0 & 1 & 0 & 0 & -3 & 0 & -1 \\ 0 & 0 & 0 & 1 & 0 & -1 & -1 & 0 \\ 0 & 0 & 0 & 0 & 1 & -2 & -2 & -1 \end{array}\right),$$

daraus erhält man als alternative Kohärenzbedingungen:

$$\begin{aligned} \mathrm{m}\,\widetilde{D}^{-1} &= 1, \\ \mathrm{s}\,\widetilde{D}^{-1}\,\widetilde{U} &= 1, \\ \mathrm{kg}\,\widetilde{D}^{-3}\,\widetilde{\rho}^{-1} &= 1, \\ \widetilde{v}\,\widetilde{D}^{-1}\,\widetilde{U}^{-1} &= 1, \\ \widetilde{F}\,\widetilde{D}^{-2}\,\widetilde{U}^{-2}\,\widetilde{\rho}^{-1} &= 1. \end{aligned}$$

Die ersten drei Zeilen geben an, wie sich die universellen Basiseinheiten durch die problembezogenen Basiseinheiten ausdrücken lassen ($\mathrm{m} = \widetilde{D}$, $\mathrm{s} = \widetilde{D}/\widetilde{U}$, $\mathrm{kg} = \widetilde{D}^3\,\widetilde{\rho}$); die letzten zwei Zeilen liefern die eigentlichen Kennzahlen

$$\frac{v}{D\,U}, \quad \frac{F}{D^2\,U^2\,\rho}$$

der Kugelumströmung, d. h. zur Relevanzfunktion $F = f(D, U, \rho, v)$ gehört die Kennzahlenfunktion

$$\frac{F}{D^2\,U^2\,\rho} = f\left(\frac{v}{D\,U}\right).$$

In der erweiterten Dimensionsanalyse stimmt der Rang der erweiterten Dimensionsmatrix mit der Anzahl der Kennzahlen überein. Wenn man wie hier eine klassische Dimensionsanalyse durchführt, drückt ein Teil dieser Kennzahlen jedoch nur den Zusammenhang zwischen den universellen und den problembezogenen Basiseinheiten aus und ist daher für das betrachtete Problem bedeutungslos. Die Anzahl m_e der eigentlichen Kennzahlen ergibt sich deshalb als Differenz zwischen dem Rang r der erweiterten Dimensionsmatrix und der Anzahl u der universellen Basiseinheiten, die nicht gleichzeitig auch als problembezogene Basiseinheiten gewählt werden müssen.[8] Im Beispiel der Kugelumströmung sind $u = 3$ universelle Basiseinheiten beteiligt, von denen keine als problembezogene Basiseinheiten gewählt werden muss; die erweiterte Dimensionsmatrix hat den Rang $r = 5$, d. h. es existieren $m_e = r - u = 2$ Kennzahlen.

Aufgabe 4.4

A. Aus den Gleichungen des Anfangswertproblems liest man gemäß den Regeln des Größenkalküls aus Kapitel 1 zunächst die folgenden Kohärenzbedingungen für die Einheiten der vorkommenden Größen ab:

- Aus (b): $\frac{\widetilde{r}}{\widetilde{t}^2} = \frac{\widetilde{r}\,\widetilde{\varphi}^2}{\widetilde{t}^2}, \frac{\widetilde{r}}{\widetilde{t}^2} = \frac{\widetilde{\Gamma}\,\widetilde{m_S}}{\widetilde{r}^2}$.

  Aus der ersten Kohärenzbedingung lassen sich $\widetilde{r}$ und $\widetilde{t}^2$ kürzen, sodass nur die Bedingung $\widetilde{\varphi} = 1$ für die Winkeleinheit übrig bleibt.
- Aus (c): $\frac{\widetilde{r}\,\widetilde{\varphi}}{\widetilde{t}^2} = \frac{\widetilde{r}\,\widetilde{\varphi}}{\widetilde{t}^2}$.

  Diese Gleichung ist immer richtig und liefert deshalb keine Bedingungen für die beteiligten Einheiten.
- Aus (e): $\widetilde{r} = \widetilde{r_0}$.
- Aus (f): $\frac{\widetilde{r}}{\widetilde{t}} = \widetilde{v_0}$.
- Aus (h): $\frac{\widetilde{\varphi}}{\widetilde{t}} = \widetilde{\omega_0}$.

Aus den Gleichungen (d) und (g) ergeben sich keine Kohärenzbedingungen.

Das Anfangswertproblem für die Planetenbewegung führt also auf insgesamt fünf Kohärenzbedingungen. Sie lauten in der Normalform:

$$\widetilde{\varphi} = 1,$$
$$\widetilde{r}\,\widetilde{r_0}^{-1} = 1,$$
$$\widetilde{r}^3\,\widetilde{t}^{-2}\,\widetilde{\Gamma}^{-1}\,\widetilde{m_S}^{-1} = 1,$$

8 Diese Einschränkung ist wichtig, da es je nach Relevanzfunktion durchaus vorkommen kann, dass eine universelle Basiseinheit gleichzeitig auch problembezogene Basiseinheit sein muss. Dieser Fall tritt beispielsweise auf, wenn man die Zugkraft im Tragseil einer Hängelampe aus Abschnitt 2.4.1 auf die hier beschriebene Weise untersucht.

$$\tilde{r}\,\tilde{t}^{-1}\,\widetilde{v_0}^{-1} = 1,$$
$$\tilde{t}\,\widetilde{\omega_0} = 1$$

und führen auf folgende erweiterte Dimensionsmatrix:

$$\begin{array}{cccccccc} \tilde{\varphi} & \tilde{r} & \tilde{t} & \widetilde{v_0} & \widetilde{\omega_0} & \widetilde{r_0} & \tilde{\Gamma} & \widetilde{m_S} \end{array}$$
$$\begin{pmatrix} 1 & 0 & 0 & 0 & 0 & 0 & 0 & 0 \\ 0 & 1 & 0 & 0 & 0 & -1 & 0 & 0 \\ 0 & 3 & -2 & 0 & 0 & 0 & -1 & -1 \\ 0 & 1 & -1 & -1 & 0 & 0 & 0 & 0 \\ 0 & 0 & 1 & 0 & 1 & 0 & 0 & 0 \end{pmatrix}.$$

Die aus den ersten fünf Spalten gebildete Untermatrix hat eine untere Dreiecksform mit von null verschiedenen Diagonalelementen, d. h. sie hat (genauso wie die gesamte Matrix) den Rang $r = 5$, sodass man die Einheiten, die den drei rechten Spalten zugeordnet sind, tatsächlich als problembezogene Basiseinheiten verwenden kann.
Die zugehörige reduzierte Dimensionsmatrix lautet

$$\begin{array}{cccccccc} \tilde{\varphi} & \tilde{r} & \tilde{t} & \widetilde{v_0} & \widetilde{\omega_0} & \widetilde{r_0} & \tilde{\Gamma} & \widetilde{m_S} \end{array}$$
$$\left(\begin{array}{ccccc|ccc} 1 & 0 & 0 & 0 & 0 & 0 & 0 & 0 \\ 0 & 1 & 0 & 0 & 0 & -1 & 0 & 0 \\ 0 & 0 & 1 & 0 & 0 & -3/2 & 1/2 & 1/2 \\ 0 & 0 & 0 & 1 & 0 & 1/2 & -1/2 & -1/2 \\ 0 & 0 & 0 & 0 & 1 & 3/2 & -1/2 & -1/2 \end{array}\right),$$

daraus liest man als Kennzahlen ab:

$$\varphi, \quad \frac{r}{r_0}, \quad \frac{t}{\sqrt{\frac{r_0^3}{\Gamma m_S}}}, \quad \frac{v_0}{\sqrt{\frac{\Gamma m_S}{r_0}}}, \quad \frac{\omega_0}{\sqrt{\frac{\Gamma m_S}{r_0^3}}}.$$

Zu den Relevanzfunktionen

$$r = f(t, r_0, v_0, \omega_0, \Gamma, m_S),$$
$$\varphi = f(t, r_0, v_0, \omega_0, \Gamma, m_S)$$

gehören also die Kennzahlenfunktionen

$$\frac{r}{r_0} = f\left(t\sqrt{\frac{\Gamma m_S}{r_0^3}}, v_0\sqrt{\frac{r_0}{\Gamma m_S}}, \omega_0\sqrt{\frac{r_0^3}{\Gamma m_S}}\right),$$
$$\varphi = f\left(t\sqrt{\frac{\Gamma m_S}{r_0^3}}, v_0\sqrt{\frac{r_0}{\Gamma m_S}}, \omega_0\sqrt{\frac{r_0^3}{\Gamma m_S}}\right).$$

B. Wenn der Planet eine geschlossene Bahnkurve durchläuft, kehrt er nach einer Umlaufzeit T in seinen Anfangsabstand r_0 zurück, d. h. für die entsprechende Kennzahlenfunktion gilt dann

$$f\left(T\sqrt{\frac{\Gamma m_S}{r_0^3}}, v_0\sqrt{\frac{r_0}{\Gamma m_S}}, \omega_0\sqrt{\frac{r_0^3}{\Gamma m_S}}\right) = \frac{r_0}{r_0} = 1.$$

Ein konstanter Funktionswert bedeutet in der Regel, dass auch die Argumente konstant sind, dann folgt insbesondere für das erste Argument

$$T\sqrt{\frac{\Gamma m_S}{r_0^3}} = \text{const}$$

oder, weil auch die Gravitationskonstante Γ und die Masse m_S der Sonne konstant sind,

$$\frac{T^2}{r_0^3} = \text{const.}$$

Bei der Formulierung der Aufgabe wurde die Anfangsposition so gewählt, dass r_0 der Halbparameter der Ellipse ist. Dieser Halbparameter lässt sich leicht auf die Länge a der großen Halbachse umrechnen, sodass die erweiterte Dimensionsanalyse direkt auf das 3. Kepler'sche Gesetz

$$\frac{T^2}{a^3} = \text{const}$$

führt. Anders als bei der klassischen Dimensionsanalyse in Aufgabe 3.2 erkennt man hier auch, dass die Planetenbewegung nicht von zwei, sondern nur von einer Länge beeinflusst wird.

Aufgabe 4.5

Nach der Einführung der charakteristischen Größen gemäß

$$x_i = \hat{x}_i L, \quad t = \hat{t}\, T, \quad v_i = \hat{v}_i U, \quad \theta = \hat{\theta}\, \Theta$$

und dem Einsetzen in die Energiegleichung ergibt sich zunächst

$$\rho c \frac{\Theta}{T}\frac{\partial\tilde{\theta}}{\partial\tilde{t}} + \rho c \frac{\Theta U}{L}\tilde{v}_j \frac{\partial\tilde{\theta}}{\partial\tilde{x}_j} = \lambda \frac{\Theta}{L^2}\frac{\partial^2\tilde{\theta}}{\partial\tilde{x}_j^2} + \rho\nu \frac{U^2}{L^2}\left(\frac{\partial\tilde{v}_i}{\partial\tilde{x}_j}\frac{\partial\tilde{v}_i}{\partial\tilde{x}_j} + \frac{\partial\tilde{v}_j}{\partial\tilde{x}_i}\frac{\partial\tilde{v}_i}{\partial\tilde{x}_j}\right).$$

Nach der Division durch den Faktor $\rho c \Theta U/L$ entsteht daraus

$$\frac{L}{UT}\frac{\partial\tilde{\theta}}{\partial\tilde{t}} + \tilde{v}_j \frac{\partial\tilde{\theta}}{\partial\tilde{x}_j} = \frac{\lambda}{\rho c U L}\frac{\partial^2\tilde{\theta}}{\partial\tilde{x}_j^2} + \frac{\nu U}{c \Theta L}\left(\frac{\partial\tilde{v}_i}{\partial\tilde{x}_j}\frac{\partial\tilde{v}_i}{\partial\tilde{x}_j} + \frac{\partial\tilde{v}_j}{\partial\tilde{x}_i}\frac{\partial\tilde{v}_i}{\partial\tilde{x}_j}\right).$$

Der Faktor $L/(U\,T)$ vor dem ersten Term auf der linken Seite ist die bereits aus (4.52) bekannte Strouhal-Zahl, d. h. die Energiegleichung liefert zwei weitere Kennzahlen, die als Faktoren vor den Termen auf der rechten Seite erscheinen.

Die erste Kennzahl heißt manchmal Péclet-Zahl[9]

$$\mathrm{Pe} := \frac{\rho\, c\, U\, L}{\lambda}, \tag{A4.5.1}$$

oft wird der Bruch aber auch mit der kinematischen Zähigkeit ν erweitert, sodass die Reynolds-Zahl erscheint:

$$\mathrm{Pe} = \frac{\rho\, c\, \nu}{\lambda}\,\frac{U\, L}{\nu}.$$

Der Faktor vor der Reynolds-Zahl hängt nur von den Eigenschaften des betrachteten Fluids ab und trägt den Namen Prandtl-Zahl

$$\mathrm{Pr} := \frac{\rho\, c\, \nu}{\lambda}. \tag{A4.5.2}$$

Die in der Prandtl-Zahl auftretende Kombination von Dichte ρ, spezifischer Wärmekapazität c und Wärmeleitfähigkeit λ wird auch zu einer Temperaturleitfähigkeit a zusammengefasst:

$$a = \frac{\lambda}{\rho\, c}.$$

Dann lautet die Prandtl-Zahl

$$\mathrm{Pr} = \frac{\nu}{a},$$

und für die Péclet-Zahl folgt

$$\mathrm{Pe} = \mathrm{Re}\,\mathrm{Pr}. \tag{A4.5.3}$$

Die zweite Kennzahl wird durch eine Erweiterung mit der charakteristischen Geschwindigkeit U ebenfalls auf die Reynolds-Zahl zurückgeführt:

$$\frac{\nu\, U}{c\, \Theta\, L} = \frac{U^2}{c\, \Theta}\,\frac{\nu}{U\, L}$$

Der Faktor vor dem Kehrwert der Reynolds-Zahl wird meistens Eckert-Zahl[10] genannt:

---

9 Jean Claude Eugène Péclet (1793–1857), französischer Physiker.

10 Ernst R. G. Eckert (1904–2004), deutsch-amerikanischer Strömungsforscher.

$$\mathrm{Ec} := \frac{U^2}{c\,\Theta}, \tag{A4.5.4}$$

dann gilt

$$\frac{\nu\,U}{c\,\Theta\,L} = \frac{\mathrm{Ec}}{\mathrm{Re}}.$$

Mit diesen Kennzahlen lautet eine dimensionslose Form der Energiegleichung

$$\frac{1}{St}\frac{\partial\widetilde{\theta}}{\partial\widetilde{t}} + \widetilde{v}_j\frac{\partial\widetilde{\theta}}{\partial\widetilde{x}_j} = \frac{1}{\mathrm{Re\,Pr}}\frac{\partial^2\widetilde{\theta}}{\partial\widetilde{x}_j^2} + \frac{\mathrm{Ec}}{\mathrm{Re}}\left(\frac{\partial\widetilde{v}_i}{\partial\widetilde{x}_j}\frac{\partial\widetilde{v}_i}{\partial\widetilde{x}_j} + \frac{\partial\widetilde{v}_j}{\partial\widetilde{x}_i}\frac{\partial\widetilde{v}_i}{\partial\widetilde{x}_j}\right). \tag{A4.5.5}$$

Aufgabe 5.1

Durch die Einführung der Stromfunktion geht das Randwertproblem (5.1)–(5.5) über in:

$$\frac{\partial\Psi}{\partial y}\frac{\partial^2\Psi}{\partial x\partial y} - \frac{\partial\Psi}{\partial x}\frac{\partial^2\Psi}{\partial y^2} = \nu\frac{\partial^3\Psi}{\partial y^3}, \tag{A5.1.1}$$

$$\Psi = 0^{11}, \quad \frac{\partial\Psi}{\partial y} = 0 \quad \text{für} \quad x > 0,\ y = 0, \tag{A5.1.2}$$

$$\frac{\partial\Psi}{\partial y} = U \quad \text{für} \quad x > 0,\ y = \infty, \tag{A5.1.3}$$

$$\frac{\partial\Psi}{\partial y} = U \quad \text{für} \quad x = 0,\ y > 0. \tag{A5.1.4}$$

Als Kohärenzbedingungen ergeben sich:

- aus (A5.1.1): $\dfrac{\widetilde{\Psi}^2}{\widetilde{x}\,\widetilde{y}^2} = \dfrac{\widetilde{\nu}\,\widetilde{\Psi}}{\widetilde{y}^3}$,
- aus (A5.1.3) bzw. (A5.1.4): $\dfrac{\widetilde{\Psi}}{\widetilde{y}} = \widetilde{U}$,

oder nach geeignetem Kürzen in Normalform

$$\widetilde{\Psi}\,\widetilde{y}\,\widetilde{x}^{-1}\,\widetilde{\nu}^{-1} = 1,$$
$$\widetilde{\Psi}\,\widetilde{y}^{-1}\,\widetilde{U}^{-1} = 1.$$

Die zugehörige erweiterte Dimensionsmatrix lautet dann

$$\begin{matrix} \widetilde{\Psi} & \widetilde{y} & \widetilde{x} & \widetilde{U} & \widetilde{\nu} \end{matrix}$$
$$\begin{pmatrix} 1 & 1 & -1 & 0 & -1 \\ 1 & -1 & 0 & -1 & 0 \end{pmatrix}.$$

---

11 Die Wahl von $\Psi = 0$ für $x > 0$ und $y = 0$ legt einerseits die Konstante der Stromfunktion fest, andererseits ist damit automatisch die physikalisch relevante Randbedingung $v = -\partial\Psi/\partial x = 0$ für $x > 0$ und $y = 0$ erfüllt, da sich Ψ dann längs der gesamten positiven x-Achse nicht ändert.

Diese Matrix hat den Rang $r = 2$; das gilt auch für jede 2×2-Untermatrix, die die Spalte für $\widetilde{\Psi}$ enthält. Man kann daher neben $\widetilde{\Psi}$ jede der anderen Einheiten als abgeleitete Einheit verwenden; wir entscheiden uns für $\widetilde{y}$, um die gleiche Ähnlichkeitsvariable wie in (5.9) zu erhalten. Die Reduktion der Dimensionsmatrix ergibt

$$\begin{array}{cc|ccc} \widetilde{\Psi} & \widetilde{y} & \widetilde{x} & \widetilde{U} & \widetilde{\nu} \\ \end{array}$$

$$\left(\begin{array}{cc|ccc} 1 & 0 & -1/2 & -1/2 & -1/2 \\ 0 & 1 & -1/2 & 1/2 & -1/2 \end{array}\right).$$

Daraus liest man die Kennzahlen

$$\frac{\Psi}{\sqrt{\nu U x}}, \quad y\sqrt{\frac{U}{\nu x}}$$

ab, d. h. zur Relevanzfunktion

$$\Psi = f(x, y, U, \nu)$$

gehört die Kennzahlenfunktion

$$\frac{\Psi}{\sqrt{\nu U x}} = f\left(y\sqrt{\frac{U}{\nu x}}\right).$$

Mit der Ähnlichkeitsvariablen

$$\eta = y\sqrt{\frac{U}{\nu x}} \tag{A5.1.5}$$

lautet deshalb der Ähnlichkeitsansatz zur Transformation des Randwertproblems

$$\Psi = \sqrt{\nu U x}\, F(\eta). \tag{A5.1.6}$$

Die zugehörigen Ableitungen sind:

$$\frac{\partial\eta}{\partial x} = y\sqrt{\frac{U}{\nu}}\left(\frac{-1}{2x\sqrt{x}}\right) = -\frac{\eta}{2x},$$

$$\frac{\partial\eta}{\partial y} = \sqrt{\frac{U}{\nu x}},$$

$$\frac{\partial\Psi}{\partial x} = \frac{\partial(\sqrt{\nu U x})}{\partial x}F + \sqrt{\nu U x}\frac{\mathrm{d}F}{\mathrm{d}\eta}\frac{\partial\eta}{\partial x} = \frac{1}{2}\sqrt{\frac{\nu U}{x}}F + \sqrt{\nu U x}\frac{\mathrm{d}F}{\mathrm{d}\eta}\left(-\frac{\eta}{2x}\right)$$

$$= \frac{1}{2}\sqrt{\frac{U\nu}{x}}\left(F - \eta\frac{\mathrm{d}F}{\mathrm{d}\eta}\right), \tag{A5.1.7}$$

$$\frac{\partial\Psi}{\partial y} = \sqrt{\nu U x}\frac{\mathrm{d}F}{\mathrm{d}\eta}\frac{\partial\eta}{\partial y} = \sqrt{\nu U x}\frac{\mathrm{d}F}{\mathrm{d}\eta}\sqrt{\frac{U}{\nu x}} = U\frac{\mathrm{d}F}{\mathrm{d}\eta}, \tag{A5.1.8}$$

$$\frac{\partial^2\Psi}{\partial x\,\partial y}=\frac{\partial}{\partial x}\left(U\frac{\mathrm{d}F}{\mathrm{d}\eta}\right)=U\frac{\mathrm{d}^2F}{\mathrm{d}\eta^2}\frac{\partial\eta}{\partial x}=-\frac{U}{2x}\eta\frac{\mathrm{d}^2F}{\mathrm{d}\eta^2},$$
$$\frac{\partial^2\Psi}{\partial y^2}=\frac{\partial}{\partial y}\left(U\frac{\mathrm{d}F}{\mathrm{d}\eta}\right)=U\frac{\mathrm{d}^2F}{\mathrm{d}\eta^2}\frac{\partial\eta}{\partial y}=U\sqrt{\frac{U}{\nu x}}\frac{\mathrm{d}^2F}{\mathrm{d}\eta^2},$$
$$\frac{\partial^3\Psi}{\partial y^3}=\frac{\partial}{\partial y}\left(U\sqrt{\frac{U}{\nu x}}\frac{\mathrm{d}^2F}{\mathrm{d}\eta^2}\right)=U\sqrt{\frac{U}{\nu x}}\frac{\mathrm{d}^3F}{\mathrm{d}\eta^3}\frac{\partial\eta}{\partial y}=\frac{U^2}{\nu x}\frac{\mathrm{d}^3F}{\mathrm{d}\eta^3}.$$

Das Einsetzen in (A5.1.1) ergibt

$$U\frac{\mathrm{d}F}{\mathrm{d}\eta}\left(-\frac{U}{2x}\eta\frac{\mathrm{d}^2F}{\mathrm{d}\eta^2}\right)-\frac{1}{2}\sqrt{\frac{U\nu}{x}}\left(F-\eta\frac{\mathrm{d}F}{\mathrm{d}\eta}\right)U\sqrt{\frac{U}{\nu x}}\frac{\mathrm{d}^2F}{\mathrm{d}\eta^2}=\nu\frac{U^2}{\nu x}\frac{\mathrm{d}^3F}{\mathrm{d}\eta^3},$$

oder nach Kürzen des Faktors U^2/x und Zusammenfassung:

$$\frac{\mathrm{d}^3F}{\mathrm{d}\eta^3}+\frac{1}{2}F\frac{\mathrm{d}^2F}{\mathrm{d}\eta^2}=0.$$

Aus der Definition (A5.1.5) der Ähnlichkeitsvariablen folgt zunächst für die Gebietsgrenzen:

$$\begin{aligned} x>0,\quad y=0 \quad&\Rightarrow\quad \eta=0,\\ x>0,\quad y=\infty \quad&\Rightarrow\quad \eta=\infty,\\ x=0,\quad y>0 \quad&\Rightarrow\quad \eta=\infty. \end{aligned}$$

Dann gehen die Randbedingungen (A5.1.2)–(A5.1.4) über in

$$F=0,\quad \frac{\mathrm{d}F}{\mathrm{d}\eta}=0\quad \text{für}\quad \eta=0$$

und

$$\frac{\mathrm{d}F}{\mathrm{d}\eta}=1\quad \text{für}\quad \eta=\infty.$$

Da an keiner Stelle mehr die ursprünglichen Variablen x und y auftreten, ist aus dem Randwertproblem (A5.1.1)–(A5.1.4) für die Stromfunktion $\Psi(x,y)$ tatsächlich ein Randwertproblem für die Funktion $F(\eta)$ entstanden, das zusammengefasst lautet:

$$\frac{\mathrm{d}^3F}{\mathrm{d}\eta^3}+\frac{1}{2}F\frac{\mathrm{d}^2F}{\mathrm{d}\eta^2}=0, \tag{A5.1.9}$$

$$F=0,\quad \frac{\mathrm{d}F}{\mathrm{d}\eta}=0\quad \text{für}\quad \eta=0, \tag{A5.1.10}$$

$$\frac{\mathrm{d}F}{\mathrm{d}\eta}=1\quad \text{für}\quad \eta=\infty. \tag{A5.1.11}$$

Um die Äquivalenz zum Randwertproblem (5.11)–(5.14) nachzuweisen, gehen wir von der Definition (5.15) der Stromfunktion aus und entnehmen dem Vergleich des Ähnlichkeitsansatzes (5.10) mit (A5.1.7) und (A5.1.8) zunächst[12]

$$f = \frac{\mathrm{d}F}{\mathrm{d}\eta} \quad \text{und} \quad g = \frac{\eta}{2}\frac{\mathrm{d}F}{\mathrm{d}\eta} - \frac{1}{2}F.$$

Die Übertragung der Randbedingungen (5.13) und (5.14) führt dann auf

$$f = 0, \quad g = 0 \quad \text{für} \quad \eta = 0 \quad \Rightarrow \quad \frac{\mathrm{d}F}{\mathrm{d}\eta} = 0, \quad F = 0 \quad \text{für} \quad \eta = 0,$$

$$f = 1 \quad \text{für} \quad \eta = \infty \quad \Rightarrow \quad \frac{\mathrm{d}F}{\mathrm{d}\eta} = 1 \quad \text{für} \quad \eta = \infty,$$

also auf die Randbedingungen (A5.1.10)–(A5.1.11).

(5.11) ist beim Einsetzen dieser Beziehungen automatisch erfüllt:

$$-\frac{\eta}{2}\frac{\mathrm{d}f}{\mathrm{d}\eta} + \frac{\mathrm{d}g}{\mathrm{d}\eta} = -\frac{\eta}{2}\frac{\mathrm{d}^2F}{\mathrm{d}\eta^2} + \frac{1}{2}\frac{\mathrm{d}F}{\mathrm{d}\eta} + \frac{\eta}{2}\frac{\mathrm{d}^2F}{\mathrm{d}\eta^2} - \frac{1}{2}\frac{\mathrm{d}F}{\mathrm{d}\eta} = 0\,;$$

und beim Einsetzen in (5.12) entsteht:

$$\begin{aligned}\frac{\mathrm{d}^2f}{\mathrm{d}\eta^2} + \frac{\eta}{2}f\frac{\mathrm{d}f}{\mathrm{d}\eta} - g\frac{\mathrm{d}f}{\mathrm{d}\eta} &= \frac{\mathrm{d}^3F}{\mathrm{d}\eta^3} + \frac{\eta}{2}\frac{\mathrm{d}F}{\mathrm{d}\eta}\frac{\mathrm{d}^2F}{\mathrm{d}\eta^2} - \left(\frac{\eta}{2}\frac{\mathrm{d}F}{\mathrm{d}\eta} - \frac{1}{2}F\right)\frac{\mathrm{d}^2F}{\mathrm{d}\eta^2}\\ &= \frac{\mathrm{d}^3F}{\mathrm{d}\eta^3} + \frac{1}{2}F\frac{\mathrm{d}^2F}{\mathrm{d}\eta^2} = 0,\end{aligned}$$

also die Differentialgleichung (A5.1.9).

Aufgabe 5.2

Wir bezeichnen die Ähnlichkeitsvariable mit

$$\xi = \frac{\nu x}{U y^2} \tag{A5.2.1}$$

und erhalten damit aus den Kennzahlenfunktionen

$$\frac{u}{U} = f\left(\frac{\nu x}{U y^2}\right), \quad \frac{\upsilon y}{\nu} = f\left(\frac{\nu x}{U y^2}\right)$$

den Ähnlichkeitsansatz

12 Alternativ kann man auch f rein formal als Ableitung $f = \mathrm{d}F/\mathrm{d}\eta$ einer Funktion F mit $F(0) = 0$ schreiben und (5.11) über η integrieren, um g zu erhalten; vergleiche die Fußnote 6 in Abschnitt 5.3.

$$u = U f_1(\xi), \quad v = \frac{\nu}{y} g_1(\xi). \tag{A5.2.2}$$

Die zugehörigen Ableitungen sind:

$$\frac{\partial \xi}{\partial x} = \frac{\nu}{U y^2},$$
$$\frac{\partial \xi}{\partial y} = -2 \frac{\nu x}{U y^3} = -\frac{2\xi}{y},$$
$$\frac{\partial u}{\partial x} = U \frac{\mathrm{d}f_1}{\mathrm{d}\xi} \frac{\partial \xi}{\partial x} = \frac{\nu}{y^2} \frac{\mathrm{d}f_1}{\mathrm{d}\xi},$$
$$\frac{\partial v}{\partial y} = -\frac{\nu}{y^2} g_1 + \frac{\nu}{y} \frac{\mathrm{d}g_1}{\mathrm{d}\xi} \frac{\partial \xi}{\partial y} = -\frac{\nu}{y^2} g_1 - 2 \frac{\nu}{y^2} \xi \frac{\mathrm{d}g_1}{\mathrm{d}\xi},$$
$$\frac{\partial u}{\partial y} = U \frac{\mathrm{d}f_1}{\mathrm{d}\xi} \frac{\partial \xi}{\partial y} = -2 \frac{\nu x}{y^3} \frac{\mathrm{d}f_1}{\mathrm{d}\xi},$$
$$\frac{\partial^2 u}{\partial y^2} = 6 \frac{\nu x}{y^4} \frac{\mathrm{d}f_1}{\mathrm{d}\xi} - 2 \frac{\nu x}{y^3} \frac{\mathrm{d}^2 f_1}{\mathrm{d}\xi^2} \frac{\partial \xi}{\partial y} = 6 \frac{\nu x}{y^4} \frac{\mathrm{d}f_1}{\mathrm{d}\xi} + 4 \frac{\nu x}{y^4} \xi \frac{\mathrm{d}^2 f_1}{\mathrm{d}\xi^2}.$$

Beim Einsetzen in die Differentialgleichungen des Randwertproblems für die Plattengrenzschicht folgt zunächst aus (5.1)

$$\frac{\nu}{y^2} \frac{\mathrm{d}f_1}{\mathrm{d}\xi} - \frac{\nu}{y^2} g_1 - 2 \frac{\nu}{y^2} \xi \frac{\mathrm{d}g_1}{\mathrm{d}\xi} = 0$$

oder nach dem Kürzen des gemeinsamen Faktors ν / y^2

$$\frac{\mathrm{d}f_1}{\mathrm{d}\xi} - g_1 - 2\xi \frac{\mathrm{d}g_1}{\mathrm{d}\xi} = 0.$$

Entsprechend ergibt sich aus (5.2)

$$U f_1 \cdot \frac{\nu}{y^2} \frac{\mathrm{d}f_1}{\mathrm{d}\xi} - \frac{\nu}{y} g_1 \cdot 2 \frac{\nu x}{y^3} \frac{\mathrm{d}f_1}{\mathrm{d}\xi} = \nu \left(6 \frac{\nu x}{y^4} \frac{\mathrm{d}f_1}{\mathrm{d}\xi} + 4 \frac{\nu x}{y^4} \xi \frac{\mathrm{d}^2 f_1}{\mathrm{d}\xi^2} \right).$$

Nach Division durch $\nu^2 x / y^4$ entsteht daraus

$$\frac{U y^2}{\nu x} f_1 \frac{\mathrm{d}f_1}{\mathrm{d}\xi} - 2 g_1 \frac{\mathrm{d}f_1}{\mathrm{d}\xi} = 6 \frac{\mathrm{d}f_1}{\mathrm{d}\xi} + 4\xi \frac{\mathrm{d}^2 f_1}{\mathrm{d}\xi^2}$$

oder wegen $U y^2 / (\nu x) = 1/\xi$ aufgrund der Definition (A5.2.1) der Ähnlichkeitsvariablen und nach Multiplikation mit $\xi / 4$

$$\xi^2 \frac{\mathrm{d}^2 f_1}{\mathrm{d}\xi^2} + \frac{3}{2} \xi \frac{\mathrm{d}f_1}{\mathrm{d}\xi} + \frac{1}{2} \xi g_1 \frac{\mathrm{d}f_1}{\mathrm{d}\xi} - \frac{1}{4} f_1 \frac{\mathrm{d}f_1}{\mathrm{d}\xi} = 0.$$

Aus der Definition (A5.2.1) der Ähnlichkeitsvariablen folgt zunächst für die Gebietsgrenzen:

$$\begin{aligned} x>0, \quad y=0 &\quad\Rightarrow\quad \xi=\infty,\\ x>0, \quad y=\infty &\quad\Rightarrow\quad \xi=0,\\ x=0, \quad y>0 &\quad\Rightarrow\quad \xi=0. \end{aligned}$$

Dann gehen die Randbedingungen (5.3)–(5.5) über in

$$\begin{aligned} &f_1=0, \quad g_1=0 \quad \text{für} \quad \xi=\infty,\\ &f_1=1 \quad \text{für} \quad \xi=0. \end{aligned}$$

Zusammengefasst entsteht aus (5.1)–(5.5) also das Randwertproblem:

$$\frac{\mathrm{d}f_1}{\mathrm{d}\xi}-g_1-2\xi\frac{\mathrm{d}g_1}{\mathrm{d}\xi}=0, \tag{A5.2.3}$$

$$\xi^2\frac{\mathrm{d}^2f_1}{\mathrm{d}\xi^2}+\frac{3}{2}\xi\frac{\mathrm{d}f_1}{\mathrm{d}\xi}+\frac{1}{2}\xi g_1\frac{\mathrm{d}f_1}{\mathrm{d}\xi}-\frac{1}{4}f_1\frac{\mathrm{d}f_1}{\mathrm{d}\xi}=0, \tag{A5.2.4}$$

$$f_1=0, \quad g_1=0 \quad \text{für} \quad \xi=\infty, \tag{A5.2.5}$$

$$f_1=1 \quad \text{für} \quad \xi=0. \tag{A5.2.6}$$

Der Ähnlichkeitsansatz (A5.2.1), (A5.2.2) führt also erneut auf ein Randwertproblem für gewöhnliche Differentialgleichungen, das im Vergleich zu (5.11)–(5.14) aber mühsamer aufzustellen und auch schwieriger zu lösen ist, weil vor der höchsten Ableitung $\mathrm{d}^2f_1/\mathrm{d}\xi^2$ der Faktor ξ^2 erscheint und außerdem zwei Randbedingungen bei $\xi=\infty$ entstehen.

Aufgabe 5.3

Die Gleichungen des Anfangsrandwertproblems führen auf folgende Kohärenzbedingungen für die Einheiten der vorkommenden Größen:

- aus (a): $\dfrac{\widetilde{\theta'}}{\widetilde{t}}=\dfrac{\widetilde{a}\,\widetilde{\theta'}}{\widetilde{x}^2}$,
- aus (c): $\widetilde{\theta'}=\widetilde{\theta'_0}$

oder in Normalform nach dem Kürzen gemeinsamer Faktoren

$$\begin{aligned} \widetilde{x}^2\,\widetilde{a}^{-1}\widetilde{t}^{-1}&=1,\\ \widetilde{\theta'}\,\widetilde{\theta'_0}^{-1}&=1. \end{aligned}$$

Die zugehörige erweiterte Dimensionsmatrix

$$\begin{matrix} \widetilde{\theta'} & \widetilde{x} & \widetilde{t} & \widetilde{a} & \widetilde{\theta'_0} \end{matrix}$$
$$\begin{pmatrix} 0 & 2 & -1 & -1 & 0 \\ 1 & 0 & 0 & 0 & -1 \end{pmatrix}$$

hat den Rang $r = 2$, sodass bei $n = 5$ vorkommenden Größen $b = n - r = 3$ Basiseinheiten gewählt werden können. Zu diesen Basiseinheiten muss auf jeden Fall $\widetilde{\theta'_0}$ gehören, da die aus den Spalten für $\widetilde{\theta'}$ und $\widetilde{\theta'_0}$ gebildete Untermatrix nur den Rang 1 hat; neben $\widetilde{\theta'_0}$ können dann auf beliebige Weise zwei der drei verbleibenden Einheiten $\widetilde{x}, \widetilde{t}, \widetilde{a}$ als weitere Basiseinheiten ausgewählt werden. Nach der Reduktion der entsprechend umsortierten Dimensionsmatrix entstehen so die folgenden Kennzahlenfunktionen:

1. Basiseinheiten $\widetilde{t}, \widetilde{a}, \widetilde{\theta'_0}$:

$$\begin{array}{cc|ccc} \widetilde{\theta'} & \widetilde{x} & \widetilde{t} & \widetilde{a} & \widetilde{\theta'_0} \\ 1 & 0 & 0 & 0 & -1 \\ 0 & 1 & -1/2 & -1/2 & 0 \end{array} \quad \Rightarrow \quad \frac{\theta'}{\theta'_0} = f\left(\frac{x}{\sqrt{a\,t}}\right), \tag{A5.3.1}$$

2. Basiseinheiten $\widetilde{x}, \widetilde{a}, \widetilde{\theta'_0}$:

$$\begin{array}{cc|ccc} \widetilde{\theta'} & \widetilde{t} & \widetilde{x} & \widetilde{a} & \widetilde{\theta'_0} \\ 1 & 0 & 0 & 0 & -1 \\ 0 & 1 & -2 & 1 & 0 \end{array} \quad \Rightarrow \quad \frac{\theta'}{\theta'_0} = f\left(\frac{a\,t}{x^2}\right), \tag{A5.3.2}$$

3. Basiseinheiten $\widetilde{t}, \widetilde{x}, \widetilde{\theta'_0}$:

$$\begin{array}{cc|ccc} \widetilde{\theta'} & \widetilde{a} & \widetilde{t} & \widetilde{x} & \widetilde{\theta'_0} \\ 1 & 0 & 0 & 0 & -1 \\ 0 & 1 & 1 & -2 & 0 \end{array} \quad \Rightarrow \quad \frac{\theta'}{\theta'_0} = f\left(\frac{a\,t}{x^2}\right). \tag{A5.3.3}$$

Da die ursprünglich unabhängigen Variablen x und t in den zugehörigen Kennzahlen nur noch in Kombination auftreten, führt die erweiterte Dimensionsanalyse also zu dem Ergebnis, dass das Randwertproblem (a)–(d) eine ähnliche Lösung besitzt. Wir entscheiden uns für die Verwendung der ersten Kennzahlenfunktion (A5.3.1), weil x in der Kennzahl $x/\sqrt{a\,t}$ nur linear auftritt und so das Berechnen der zweiten Ableitung $\partial^2\theta'/\partial x^2$ einfacher ist als bei der anderen Kennzahlenfunktion. Der Ansatz für die Ähnlichkeitstransformation lautet deshalb

$$\theta' = \theta'_0 f(\eta) \quad \text{mit} \quad \eta = \frac{x}{\sqrt{a\,t}}. \tag{A5.3.4}$$

Die zugehörigen Ableitungen sind:

$$\frac{\partial \eta}{\partial t} = \frac{-x}{2t\sqrt{a\,t}},$$
$$\frac{\partial \eta}{\partial x} = \frac{1}{\sqrt{a\,t}},$$
$$\frac{\partial \theta'}{\partial t} = \theta_0' \frac{\mathrm{d}f}{\mathrm{d}\eta}\frac{\partial \eta}{\partial t} = -\frac{\theta_0' x}{2t\sqrt{a\,t}}\frac{\mathrm{d}f}{\mathrm{d}\eta},$$
$$\frac{\partial \theta'}{\partial x} = \theta_0' \frac{\mathrm{d}f}{\mathrm{d}\eta}\frac{\partial \eta}{\partial x} = \frac{\theta_0'}{\sqrt{a\,t}}\frac{\mathrm{d}f}{\mathrm{d}\eta},$$
$$\frac{\partial^2 \theta'}{\partial x^2} = \frac{\theta_0'}{\sqrt{a\,t}}\frac{\mathrm{d}^2 f}{\mathrm{d}\eta^2}\frac{\partial \eta}{\partial x} = \frac{\theta_0'}{a\,t}\frac{\mathrm{d}^2 f}{\mathrm{d}\eta^2}.$$

Das Einsetzen in die Differentialgleichung (a) ergibt

$$-\frac{\theta_0' x}{2t\sqrt{a\,t}}\frac{\mathrm{d}f}{\mathrm{d}\eta} = a\frac{\theta_0'}{a\,t}\frac{\mathrm{d}^2 f}{\mathrm{d}\eta^2}$$

oder nach Kürzen des Faktors θ_0'/t und Ausnutzen der Definition $\eta = x/\sqrt{a\,t}$ der Ähnlichkeitsvariablen

$$\frac{\mathrm{d}^2 f}{\mathrm{d}\eta^2} + \frac{\eta}{2}\frac{\mathrm{d}f}{\mathrm{d}\eta} = 0.$$

Aus der Definition der Ähnlichkeitsvariablen in (A5.3.4) folgt zunächst für die Gebietsgrenzen:

$$\begin{aligned} x > 0, \quad t = 0 \quad &\Rightarrow \quad \eta = \infty, \\ x = 0, \quad t > 0 \quad &\Rightarrow \quad \eta = 0, \\ x = \infty, \quad t > 0 \quad &\Rightarrow \quad \eta = \infty. \end{aligned}$$

Dann gehen die Randbedingungen (b)–(d) über in

$$f = 1 \quad \text{für} \quad \eta = 0,$$
$$f = 0 \quad \text{für} \quad \eta = \infty.$$

Zusammengefasst entsteht aus (a)–(d) also das Randwertproblem:

$$\frac{\mathrm{d}^2 f}{\mathrm{d}\eta^2} + \frac{\eta}{2}\frac{\mathrm{d}f}{\mathrm{d}\eta} = 0, \tag{A5.3.5}$$
$$f = 1 \quad \text{für} \quad \eta = 0, \tag{A5.3.6}$$
$$f = 0 \quad \text{für} \quad \eta = \infty. \tag{A5.3.7}$$

Mit der Abkürzung $F = \mathrm{d}f/\mathrm{d}\eta$ wird (A5.3.5) zu einer Differentialgleichung 1. Ordnung

$$\frac{\mathrm{d}F}{\mathrm{d}\eta} + \frac{\eta}{2} F = 0,$$

die sich durch Trennung der Variablen lösen lässt:

$$\int \frac{\mathrm{d}F}{F} = \int -\frac{\eta}{2}\,\mathrm{d}\eta \quad \Rightarrow \quad \ln(F) = -\frac{\eta^2}{4} + \ln k_1 \quad \Rightarrow \quad F(\eta) = k_1\,\mathrm{e}^{-\eta^2/4}.$$

Eine nochmalige Integration über η liefert dann

$$f(\eta) = k_1 \int_0^{\eta} \mathrm{e}^{-\eta_*^{\,2}/4}\,\mathrm{d}\eta_* + k_2.$$

Aus den Randbedingungen (A5.3.6) und (A5.3.7) folgt für die Integrationskonstanten k_1 und k_2:

$$f(0) = k_2 = 1,$$
$$f(\infty) = k_1 \int_0^{\infty} \mathrm{e}^{-\eta_*^{\,2}/4}\,\mathrm{d}\eta_* + 1 = k_1\sqrt{\pi} + 1 = 0 \quad \Rightarrow \quad k_1 = -\frac{1}{\sqrt{\pi}}.$$

Damit lautet die Lösung des Randwertproblems (A5.3.5)–(A5.3.7)

$$f(\eta) = 1 - \frac{1}{\sqrt{\pi}} \int_0^{\eta} \mathrm{e}^{-\eta_*^{\,2}/4}\,\mathrm{d}\eta_*. \tag{A5.3.8}$$

Durch die Substitution $\zeta = \eta_*/2$ geht das Integral in (A5.3.8) über in

$$\frac{1}{\sqrt{\pi}} \int_0^{\eta} \mathrm{e}^{-\eta_*^{\,2}/4}\,\mathrm{d}\eta_* = \frac{2}{\sqrt{\pi}} \int_0^{\eta} \mathrm{e}^{-(\eta_*/2)^2}\,\mathrm{d}(\eta_*/2) = \frac{2}{\sqrt{\pi}} \int_0^{\eta/2} \mathrm{e}^{-\zeta^2}\,\mathrm{d}\zeta = \mathrm{erf}\left(\frac{\eta}{2}\right).$$

Hierbei ist $\mathrm{erf}(z)$ die aus der Wahrscheinlichkeitsrechnung bekannte Fehlerfunktion, sodass man alternativ zu (A5.3.8) auch schreiben kann

$$f(\eta) = 1 - \mathrm{erf}\left(\frac{\eta}{2}\right). \tag{A5.3.9}$$

Die nachfolgende Abbildung zeigt eine grafische Darstellung von (A5.3.8) bzw. (A5.3.9).

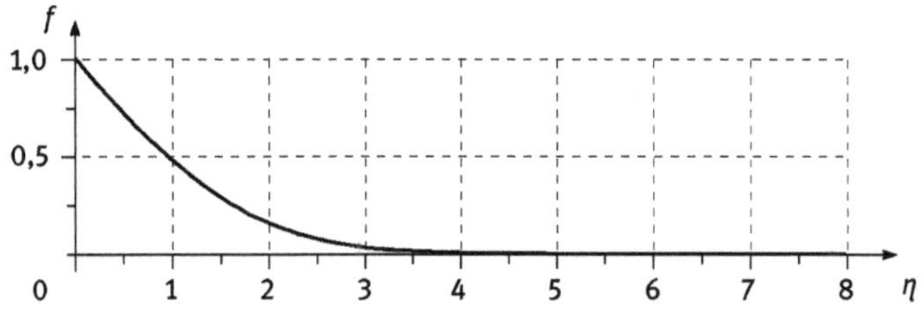

Aufgabe 5.4

A. Mit den Zuordnungen

$$x \to y, \quad \theta' \to u, \quad \theta'_0 \to U_0, \quad a \to v$$

erkennt man, dass die Anfangsrandwertprobleme der Aufgaben 5.3 und 5.4 mathematisch äquivalent sind. Man kann deshalb ohne erneute Rechnung sowohl den Ähnlichkeitsansatz (A5.3.4) als auch die Lösung (A5.3.8) bzw. (A5.3.9) des Wärmeleitungsproblems auf das vorliegende Strömungsproblem übertragen und erhält

$$u = U_0 f(\eta) \quad \text{mit} \quad \eta = \frac{y}{\sqrt{v\,t}},$$

$$f(\eta) = 1 - \frac{1}{\sqrt{\pi}} \int_0^{\eta} \mathrm{e}^{-\eta_*^2/4}\, \mathrm{d}\eta_* = 1 - \operatorname{erf}\left(\frac{\eta}{2}\right).$$

B. Die Relevanzfunktion für das Wärmeleitungsproblem aus Aufgabe 5.3 lautet

$$\theta' = f(x, t, a, \theta'_0)$$

und führt auf die klassische Dimensionsmatrix

$$\begin{array}{c} \\ \mathrm{m} \\ \mathrm{s} \\ \mathrm{K} \end{array} \begin{array}{c} \begin{array}{ccccc} \widetilde{\theta'_0} & \widetilde{a} & \widetilde{t} & \widetilde{x} & \widetilde{\theta'} \end{array} \\ \left(\begin{array}{ccc|cc} 0 & 2 & 0 & 1 & 0 \\ 0 & -1 & 1 & 0 & 0 \\ 1 & 0 & 0 & 0 & 1 \end{array}\right). \end{array}$$

Diese Matrix hat den Rang $r = 3$ und erlaubt die Wahl von $b = r = 3$ natürlichen Basiseinheiten, sodass bei $n = 5$ vorkommenden Größen $m = n - r = 2$ Kennzahlen entstehen. Eine genauere Untersuchung zeigt, dass θ'_0 auf jeden Fall als natürliche Basiseinheit gewählt werden muss, da sich sonst keine Kennzahl mit θ' bilden lässt; anschließend kann θ_0 auf beliebige Weise mit zwei der drei Größen a, t, x zu einem Satz natürlicher Basiseinheiten ergänzt werden. Wir entscheiden uns für θ_0, a, t und erhalten nach der Umwandlung in die reduzierte Dimensionsmatrix

$$\begin{array}{ccc|cc} \widetilde{\theta'_0} & \tilde{a} & \tilde{t} & \tilde{x} & \widetilde{\theta'} \\ \end{array}$$
$$\left(\begin{array}{ccc|cc} 1 & 0 & 0 & 0 & 1 \\ 0 & 1 & 0 & 1/2 & 0 \\ 0 & 0 & 1 & 1/2 & 0 \end{array}\right)$$

als Kennzahlenfunktion

$$\frac{\theta'}{\theta'_0} = f\left(\frac{x}{\sqrt{a\,t}}\right).$$

Für das Strömungsproblem der Aufgabe 5.4 ergibt sich aus der Relevanzfunktion

$$u = f(y, t, \nu, U_0)$$

die klassische Dimensionsmatrix

$$\begin{array}{c} \\ \mathrm{m} \\ \mathrm{s} \end{array} \begin{array}{c} \begin{array}{cc|ccc} \widetilde{U_0} & \tilde{t} & \tilde{y} & \tilde{\nu} & \tilde{u} \end{array} \\ \left(\begin{array}{cc|ccc} 1 & 0 & 1 & 2 & 1 \\ -1 & 1 & 0 & -1 & -1 \end{array}\right). \end{array}$$

Diese Matrix hat den Rang $r = 2$, d. h. es sind $b = r = 2$ natürliche Basiseinheiten wählbar, die bei $n = 5$ vorkommenden Größen auf $m = n - r = 3$ Kennzahlen führen. Eine genauere Untersuchung zeigt, dass jede Kombination von zwei der vier Größen U_0, ν, t, x als Satz natürlicher Basiseinheiten geeignet ist. Wir entscheiden uns für U_0, t; dann folgt nach der Umwandlung in die reduzierte Dimensionsmatrix

$$\begin{array}{c} \begin{array}{cc|ccc} \widetilde{U_0} & \tilde{t} & \tilde{y} & \tilde{\nu} & \tilde{u} \end{array} \\ \left(\begin{array}{cc|ccc} 1 & 0 & 1 & 2 & 1 \\ 0 & 1 & 1 & 1 & 0 \end{array}\right) \end{array}$$

für die Kennzahlenfunktion

$$\frac{u}{U_0} = f\left(\frac{y}{U_0\,t}, \frac{\nu}{U_0^2\,t}\right).$$

Beim Wärmeleitungsproblem reproduziert die klassische Dimensionsanalyse also das Ergebnis der erweiterten Dimensionsanalyse, beim Strömungsproblem dagegen nicht, obwohl beide Probleme sowohl mathematisch als auch aus Sicht der erweiterten Dimensionsanalyse äquivalent sind. Man kann deshalb nicht allein auf der Grundlage einer klassischen Dimensionsanalyse entscheiden, ob ein Randwertproblem eine ähnliche Lösung besitzt oder nicht. Es ist lediglich dem günstigen Umstand zu verdanken, dass im Wärmeleitungsproblem eine dritte SI-Basiseinheit auftritt und die klassische Dimensionsanalyse deshalb eine Kennzahl weniger liefert als beim Strömungsproblem, in dem nur zwei SI-Basiseinheiten auftreten.

Aufgabe 5.5

Die Gleichungen des Anfangsrandwertproblems führen auf folgende Kohärenzbedingungen für die Einheiten der vorkommenden Größen:

- aus (i): $\dfrac{\widetilde{p'}}{\tilde{a}^2\tilde{t}} = \dfrac{\tilde{\rho}\tilde{\upsilon}}{\tilde{x}}$,
- aus (j): $\dfrac{\tilde{\upsilon}}{\tilde{t}} = \dfrac{\widetilde{p'}}{\tilde{\rho}\tilde{x}}$,
- aus (l) bzw. (p): $\widetilde{p'} = \widetilde{p'_1}$

oder in Normalform:

$$\begin{aligned} \widetilde{p'}\,\tilde{\upsilon}^{-1}\tilde{x}\tilde{t}^{-1}\tilde{a}^{-2}\tilde{\rho}^{-1} &= 1,\\ \widetilde{p'}^{-1}\,\tilde{\upsilon}\tilde{x}\tilde{t}^{-1}\tilde{\rho} &= 1,\\ \widetilde{p'}\,\widetilde{p'_1}^{-1} &= 1. \end{aligned}$$

Die zugehörige erweiterte Dimensionsmatrix lautet

$$\begin{array}{ccccccc} \widetilde{p'} & \tilde{\upsilon} & \tilde{x} & \tilde{t} & \tilde{a} & \tilde{\rho} & \widetilde{p'_1} \end{array}$$
$$\begin{pmatrix} 1 & -1 & 1 & -1 & -2 & -1 & 0\\ -1 & 1 & 1 & -1 & 0 & 1 & 0\\ 1 & 0 & 0 & 0 & 0 & 0 & -1 \end{pmatrix}.$$

Diese Matrix hat den Rang $r = 3$, sodass bei $n = 7$ vorkommenden Größen $b = n - r = 4$ Basiseinheiten gewählt werden können. Eine genauere Untersuchung zeigt, dass hierzu auf jeden Fall $\widetilde{p'_1}$ und $\tilde{\rho}$ gehören müssen; diese Basiseinheiten lassen sich dann durch eine beliebige Kombination von zwei der drei verbleibenden Einheiten $\tilde{x}$, $\tilde{t}$, $\tilde{a}$ zu einem vollständigen Satz ergänzen. Wir entscheiden uns für $\tilde{t}$, $\tilde{a}$, $\tilde{\rho}$, $\widetilde{p'_1}$ als Basiseinheiten, dann ergibt die Umwandlung in die reduzierte Dimensionsmatrix

$$\begin{array}{ccccccc} \widetilde{p'} & \tilde{\upsilon} & \tilde{x} & \tilde{t} & \tilde{a} & \tilde{\rho} & \widetilde{p'_1} \end{array}$$
$$\left(\begin{array}{ccc|cccc} 1 & 0 & 0 & 0 & 0 & 0 & -1\\ 0 & 1 & 0 & 0 & 1 & 1 & -1\\ 0 & 0 & 1 & -1 & -1 & 0 & 0 \end{array}\right).$$

Hieraus liest man als Kennzahlen ab:

$$\frac{p'}{p'_1},\quad \frac{\upsilon\rho a}{p'_1},\quad \frac{x}{a t}.$$

Da die ursprünglich unabhängigen Variablen x und t in der dritten Kennzahl nur noch in Kombination auftreten, führt die erweiterte Dimensionsanalyse also auf folgenden Ansatz für eine Ähnlichkeitstransformation des Randwertproblems (i)–(q):

$$p' = p_1' f(\eta), \quad v = \frac{p_1'}{\rho a} g(\eta) \quad \text{mit} \quad \eta = \frac{x}{a t}. \tag{A5.5.1}$$

Die Berechnung der Ableitungen ergibt:

$$\begin{aligned}
\frac{\partial \eta}{\partial x} &= \frac{1}{a t}, \\
\frac{\partial \eta}{\partial t} &= -\frac{x}{a t^2}, \\
\frac{\partial p'}{\partial t} &= p_1' \frac{\mathrm{d}f}{\mathrm{d}\eta} \frac{\partial \eta}{\partial t} = -\frac{p_1' x}{a t^2} \frac{\mathrm{d}f}{\mathrm{d}\eta}, \\
\frac{\partial p'}{\partial x} &= p_1' \frac{\mathrm{d}f}{\mathrm{d}\eta} \frac{\partial \eta}{\partial x} = \frac{p_1'}{a t} \frac{\mathrm{d}f}{\mathrm{d}\eta}, \\
\frac{\partial v}{\partial t} &= \frac{p_1'}{\rho a} \frac{\mathrm{d}g}{\mathrm{d}\eta} \frac{\partial \eta}{\partial t} = -\frac{p_1' x}{\rho a^2 t^2} \frac{\mathrm{d}g}{\mathrm{d}\eta}, \\
\frac{\partial v}{\partial x} &= \frac{p_1'}{\rho a} \frac{\mathrm{d}g}{\mathrm{d}\eta} \frac{\partial \eta}{\partial x} = \frac{p_1'}{\rho a^2 t} \frac{\mathrm{d}g}{\mathrm{d}\eta}.
\end{aligned}$$

Das Einsetzen in die Differentialgleichungen (i) und (j) führt dann auf

$$\begin{aligned}
-\frac{p_1' x}{a^3 t^2} \frac{\mathrm{d}f}{\mathrm{d}\eta} + \frac{p_1'}{a^2 t} \frac{\mathrm{d}g}{\mathrm{d}\eta} &= 0, \\
-\frac{p_1' x}{\rho a^2 t^2} \frac{\mathrm{d}g}{\mathrm{d}\eta} + \frac{p_1'}{\rho a t} \frac{\mathrm{d}f}{\mathrm{d}\eta} &= 0
\end{aligned}$$

oder nach dem Kürzen gemeinsamer Faktoren und Ausnutzen der Definition $\eta = x/(a\,t)$ der Ähnlichkeitsvariablen

$$\begin{aligned}
-\eta \frac{\mathrm{d}f}{\mathrm{d}\eta} + \frac{\mathrm{d}g}{\mathrm{d}\eta} &= 0, \\
-\eta \frac{\mathrm{d}g}{\mathrm{d}\eta} + \frac{\mathrm{d}f}{\mathrm{d}\eta} &= 0.
\end{aligned}$$

Aus der Definition $\eta = x/(a\,t)$ der Ähnlichkeitsvariablen folgt zunächst für die Gebietsgrenzen:

$$\begin{aligned}
t > 0, \quad x = -\infty \quad &\Rightarrow \quad \eta = -\infty, \\
t > 0, \quad x = \infty \quad &\Rightarrow \quad \eta = \infty, \\
t = 0, \quad x < 0 \quad &\Rightarrow \quad \eta = -\infty, \\
t = 0, \quad x > 0 \quad &\Rightarrow \quad \eta = \infty.
\end{aligned}$$

Dann führt die Übertragung der Anfangs- und Randbedingungen (k)–(q) auf

$$f = 0, \quad g = 0 \quad \text{für} \quad \eta = -\infty,$$
$$f = 1, \quad g = 0 \quad \text{für} \quad \eta = \infty.$$

Zusammengefasst entsteht aus (i)–(q) also das Randwertproblem:

$$-\eta \frac{df}{d\eta} + \frac{dg}{d\eta} = 0, \tag{A5.5.2}$$
$$-\eta \frac{dg}{d\eta} + \frac{df}{d\eta} = 0, \tag{A5.5.3}$$
$$f = 0, \quad g = 0 \quad \text{für} \quad \eta = -\infty, \tag{A5.5.4}$$
$$f = 1, \quad g = 0 \quad \text{für} \quad \eta = \infty. \tag{A5.5.5}$$

Durch Auflösen nach $df/d\eta$ bzw. $dg/d\eta$ und wechselseitiges Einsetzen lassen sich die Differentialgleichungen (A5.5.2) und (A5.5.3) entkoppeln:

$$(1 - \eta^2)\frac{df}{d\eta} = 0,$$
$$(1 - \eta^2)\frac{dg}{d\eta} = 0.$$

In dieser Form erkennt man, dass für $f(\eta)$ und $g(\eta)$ nur stückweise konstante Funktionen in Frage kommen. Diese Funktionen können sich an den Stellen $\eta = -1$ und $\eta = 1$ unstetig ändern, weil der Faktor $1 - \eta^2$ dafür sorgt, dass die Differentialgleichungen auch dort erfüllt sind. Ein entsprechender Lösungsansatz mithilfe der Heaviside-Funktion lautet

$$f(\eta) = b_1\, \mathrm{H}(\eta + 1) + b_2\, \mathrm{H}(\eta - 1) \quad \Rightarrow \quad \frac{df}{d\eta} = b_1\, \delta(\eta + 1) + b_2\, \delta(\eta - 1),$$
$$g(\eta) = c_1\, \mathrm{H}(\eta + 1) + c_2\, \mathrm{H}(\eta - 1) \quad \Rightarrow \quad \frac{dg}{d\eta} = c_1\, \delta(\eta + 1) + c_2\, \delta(\eta - 1).$$

Wenn man diesen Lösungsansatz in (A5.5.2) einsetzt und nach den auftretenden Dirac-Funktionen sortiert, entsteht zunächst

$$(-\eta\, b_1 + c_1)\delta(\eta + 1) + (-\eta\, b_2 + c_2)\delta(\eta - 1) = 0.$$

Wegen $\delta(\eta + 1) = 0$ für $\eta \neq -1$ und $\delta(\eta - 1) = 0$ für $\eta \neq 1$ ist diese Gleichung für alle $\eta \neq \pm 1$ automatisch erfüllt. Außerdem muss für $\eta = -1$ der Faktor vor $\delta(\eta + 1)$ und für $\eta = 1$ der Faktor vor $\delta(\eta - 1)$ null sein, also

$$b_1 + c_1 = 0, \quad -b_2 + c_2 = 0.$$

Das gleiche Ergebnis entsteht beim Einsetzen des Lösungsansatzes in (A5.5.3):

$$(-\eta\, c_1 + b_1)\delta(\eta + 1) + (-\eta\, c_2 + b_2)\delta(\eta - 1) = 0,$$

d. h. zwischen den Koeffizienten des Lösungsansatzes gilt die Beziehung

$$c_1 = -b_1, \quad c_2 = b_2,$$

und der Lösungsansatz vereinfacht sich zu

$$f(\eta) = b_1\,\mathrm{H}(\eta + 1) + b_2\,\mathrm{H}(\eta - 1),$$
$$g(\eta) = -b_1\,\mathrm{H}(\eta + 1) + b_2\,\mathrm{H}(\eta - 1).$$

Die Randbedingung (A5.5.4) ist wegen $\mathrm{H}(-\infty) = 0$ automatisch erfüllt. Aus der Randbedingung (A5.5.5) ergibt sich mit $\mathrm{H}(\infty) = 1$

$$f(\infty) = b_1 + b_2 = 1, \quad g(\infty) = -b_1 + b_2 = 0,$$

Daraus folgt für die verbleibenden Koeffizienten

$$b_1 = b_2 = \frac{1}{2},$$

d. h. die Lösung des Randwertproblems (A5.5.2)–(A5.5.5) lautet endgültig

$$f(\eta) = \frac{1}{2}(\mathrm{H}(\eta + 1) + \mathrm{H}(\eta - 1)), \tag{A5.5.6}$$
$$g(\eta) = \frac{1}{2}(-\mathrm{H}(\eta + 1) + \mathrm{H}(\eta - 1)). \tag{A5.5.7}$$

Diese Lösung ist in der nachfolgenden Abbildung grafisch dargestellt.

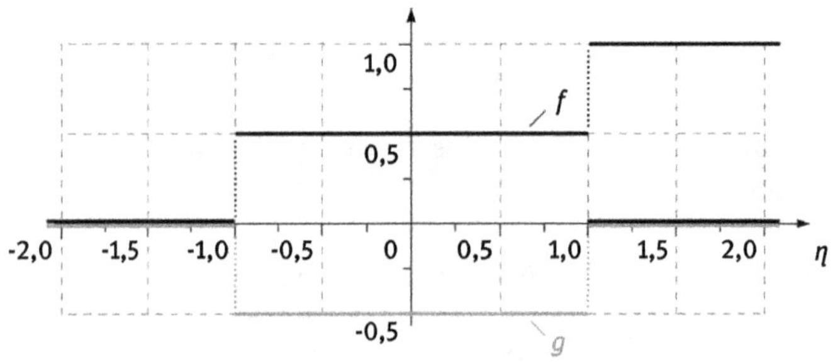

Aufgabe 5.6

Eine genauere Betrachtung der Gleichungen (r)–(u) zeigt, dass absolute Temperaturen keine Rolle spielen, sondern nur Temperaturunterschiede. Man kann deshalb die Temperaturdifferenzen

$$\theta' = \theta - \theta_\infty \quad \text{und} \quad \theta'_w = \theta_w - \theta_\infty$$

einführen, dann gehen die Gleichungen (r)–(u) über in

$$\rho c\left(u\frac{\partial\theta'}{\partial x} + \upsilon\frac{\partial\theta'}{\partial y}\right) = \lambda\frac{\partial^2\theta'}{\partial y^2} + \rho\nu\left(\frac{\partial u}{\partial y}\right)^2, \tag{A5.6.1}$$

$$\theta' = \theta'_w \quad \text{für} \quad x > 0,\ y = 0, \tag{A5.6.2}$$

$$\theta' = 0 \quad \text{für} \quad x > 0,\ y = \infty, \tag{A5.6.3}$$

$$\theta' = 0 \quad \text{für} \quad x = 0,\ y > 0. \tag{A5.6.4}$$

Als Kohärenzbedingungen für die Einheiten der vorkommenden Größen ergeben sich:

- aus (A5.6.1): $\dfrac{\tilde{\rho}\,\tilde{c}\,\tilde{u}\,\widetilde{\theta'}}{\tilde{x}} = \dfrac{\tilde{\rho}\,\tilde{c}\,\tilde{\upsilon}\,\widetilde{\theta'}}{\tilde{y}}$, $\dfrac{\tilde{\rho}\,\tilde{c}\,\tilde{u}\,\widetilde{\theta'}}{\tilde{x}} = \dfrac{\tilde{\lambda}\,\widetilde{\theta'}}{\tilde{y}^2}$, $\dfrac{\tilde{\lambda}\,\widetilde{\theta'}}{\tilde{y}^2} = \dfrac{\tilde{\rho}\,\tilde{\nu}\,\tilde{u}^2}{\tilde{y}^2}$,
- aus (A5.6.2): $\widetilde{\theta'} = \widetilde{\theta'_w}$.

Nach dem Kürzen gemeinsamer Faktoren bleibt davon in Normalform übrig:

$$\begin{aligned} \tilde{u}\,\tilde{x}^{-1}\,\tilde{\upsilon}^{-1}\,\tilde{y} &= 1, \\ \tilde{\rho}\,\tilde{c}\,\tilde{u}\,\tilde{x}^{-1}\,\tilde{y}^2\,\tilde{\lambda}^{-1} &= 1, \\ \widetilde{\theta'}\,\tilde{\lambda}\,\tilde{\rho}^{-1}\,\tilde{\nu}^{-1}\,\tilde{u}^{-2} &= 1, \\ \widetilde{\theta'}\,\widetilde{\theta'_w}^{-1} &= 1. \end{aligned}$$

Die erste dieser Kohärenzbedingungen stimmt mit der ersten Kohärenzbedingung aus (5.7) überein. Die beiden anderen Kohärenzbedingungen aus (5.7) können dazu genutzt werden, um die Einheiten $\tilde{u}$ und $\tilde{\upsilon}$ zu eliminieren. Mit

$$\tilde{u} = \tilde{U} \quad \text{und} \quad \tilde{\upsilon} = \tilde{\nu}\,\tilde{y}^{-1}$$

lauten die Kohärenzbedingungen dann

$$\begin{aligned} \tilde{U}\,\tilde{x}^{-1}\,\tilde{\nu}^{-1}\,\tilde{y}^2 &= 1, \\ \tilde{\rho}\,\tilde{c}\,\tilde{U}\,\tilde{x}^{-1}\,\tilde{y}^2\,\tilde{\lambda}^{-1} &= 1, \\ \widetilde{\theta'}\,\tilde{\lambda}\,\tilde{\rho}^{-1}\,\tilde{\nu}^{-1}\,\tilde{U}^{-2} &= 1, \\ \widetilde{\theta'}\,\widetilde{\theta'_w}^{-1} &= 1. \end{aligned}$$

Die zugehörige Dimensionsmatrix

$$\begin{array}{ccccccccc} \widetilde{\theta'} & \widetilde{y} & \widetilde{\lambda} & \widetilde{c} & \widetilde{\rho} & \widetilde{\nu} & \widetilde{x} & \widetilde{U} & \widetilde{\theta'_w} \end{array}$$
$$\begin{pmatrix} 0 & 2 & 0 & 0 & 0 & -1 & -1 & 1 & 0 \\ 0 & 2 & -1 & 1 & 1 & 0 & -1 & 1 & 0 \\ 1 & 0 & 1 & 0 & -1 & -1 & 0 & -2 & 0 \\ 1 & 0 & 0 & 0 & 0 & 0 & 0 & 0 & 1 \end{pmatrix}.$$

hat den Rang $r = 4$ und lässt bei $n = 9$ vorkommenden Größen die Wahl von $b = n - r = 5$ Basiseinheiten zu. Um die gleiche Ähnlichkeitsvariable wie in (5.9) zu erhalten, wählen wir wie dort zunächst $\widetilde{U}$, $\widetilde{x}$, $\widetilde{\nu}$ als Basiseinheiten und ergänzen sie um $\widetilde{\rho}$ und $\widetilde{\theta'_w}$. Die Umwandlung in die reduzierte Dimensionsmatrix ergibt

$$\begin{array}{ccccccccc} \widetilde{\theta'} & \widetilde{y} & \widetilde{\lambda} & \widetilde{c} & \widetilde{\rho} & \widetilde{\nu} & \widetilde{x} & \widetilde{U} & \widetilde{\theta'_w} \end{array}$$
$$\left(\begin{array}{cccc|ccccc} 1 & 0 & 0 & 0 & 0 & 0 & 0 & 1 & -1 \\ 0 & 1 & 0 & 0 & 0 & -1/2 & -1/2 & 1/2 & 0 \\ 0 & 0 & 1 & 0 & -1 & -1 & 0 & -2 & 1 \\ 0 & 0 & 0 & 1 & 0 & 0 & 0 & -2 & 1 \end{array}\right)$$

und führt auf die Kennzahlen

$$\frac{\theta'}{\theta'_w}, \quad y\sqrt{\frac{U}{\nu x}}, \quad \frac{\rho\nu U^2}{\lambda\theta'_w}, \quad \frac{U^2}{c\,\theta'_w},$$

d. h. die Kennzahlenfunktion für die Temperaturdifferenz lautet

$$\frac{\theta'}{\theta'_w} = f\left(y\sqrt{\frac{U}{\nu x}}, \frac{\rho\nu U^2}{\lambda\theta'_w}, \frac{U^2}{c\,\theta'_w}\right).$$

Das erste Argument dieser Kennzahlenfunktion ist die erwartete Ähnlichkeitsvariable. Die beiden anderen Argumente sind zusätzliche Parameter, von denen die Lösung abhängt, die aber die Ähnlichkeitstransformation an sich nicht beeinträchtigen. In der Strömungsmechanik ist es üblich, diese Parameter mit eigenen Symbolen zu bezeichnen (vergleiche auch die Lösung zu Aufgabe 4.5). Der zweite Parameter heißt Eckert-Zahl:

$$\mathrm{Ec} = \frac{U^2}{c\,\theta'_w},$$

der erste Parameter

$$\frac{\rho\nu U^2}{\lambda\theta'_w} = \frac{\rho\nu c}{\lambda}\,\frac{U^2}{c\,\theta'_w}$$

ist dann das Produkt aus der Eckert-Zahl und der Prandtl-Zahl

$$\mathrm{Pr} = \frac{\rho\, \nu\, c}{\lambda}.$$

Im Ergebnis lautet der Ähnlichkeitsansatz zur Transformation des Randwertproblems (A5.6.1)–(A5.6.4) für die Temperaturdifferenz θ' also

$$\theta' = \theta'_w\, h(\eta, \mathrm{Pr}, \mathrm{Ec}) \quad \text{mit} \quad \eta = y\sqrt{\frac{U}{\nu\, x}}\,; \tag{A5.6.5}$$

hinzu kommt der bereits bekannte Ähnlichkeitsansatz (5.10) für die Geschwindigkeiten u und v:

$$u = U f(\eta), \quad v = \sqrt{\frac{U\nu}{x}}\, g(\eta).$$

Die zugehörigen Ableitungen sind:

$$\begin{aligned}
\frac{\partial\eta}{\partial x} &= y\sqrt{\frac{U}{\nu}}\left(\frac{-1}{2x\sqrt{x}}\right) = -\frac{\eta}{2x},\\
\frac{\partial\eta}{\partial y} &= \sqrt{\frac{U}{\nu\, x}},\\
\frac{\partial u}{\partial y} &= U\,\frac{\mathrm{d}f}{\mathrm{d}\eta}\,\frac{\partial\eta}{\partial y} = U\sqrt{\frac{U}{\nu\, x}}\,\frac{\mathrm{d}f}{\mathrm{d}\eta},\\
\frac{\partial\theta'}{\partial x} &= \theta'_w\,\frac{\mathrm{d}h}{\mathrm{d}\eta}\,\frac{\partial\eta}{\partial x} = -\theta'_w\,\frac{\eta}{2x}\,\frac{\mathrm{d}h}{\mathrm{d}\eta},\\
\frac{\partial\theta'}{\partial y} &= \theta'_w\,\frac{\mathrm{d}h}{\mathrm{d}\eta}\,\frac{\partial\eta}{\partial y} = \theta'_w\sqrt{\frac{U}{\nu\, x}}\,\frac{\mathrm{d}h}{\mathrm{d}\eta},\\
\frac{\partial^2\theta'}{\partial y^2} &= \theta'_w\sqrt{\frac{U}{\nu\, x}}\,\frac{\mathrm{d}^2h}{\mathrm{d}\eta^2}\,\frac{\partial\eta}{\partial y} = \theta'_w\,\frac{U}{\nu\, x}\,\frac{\mathrm{d}^2h}{\mathrm{d}\eta^2}.
\end{aligned}$$

Das Einsetzen in (A5.6.1) ergibt zunächst

$$\begin{aligned}
&\rho c\left(Uf\cdot\left(-\theta'_w\,\frac{\eta}{2x}\,\frac{\mathrm{d}h}{\mathrm{d}\eta}\right) + \sqrt{\frac{U\nu}{x}}\,g\cdot\theta'_w\sqrt{\frac{U}{\nu\, x}}\,\frac{\mathrm{d}h}{\mathrm{d}\eta}\right)\\
&= \lambda\,\theta'_w\,\frac{U}{\nu\, x}\,\frac{\mathrm{d}^2h}{\mathrm{d}\eta^2} + \rho\nu\left(U\sqrt{\frac{U}{\nu\, x}}\,\frac{\mathrm{d}f}{\mathrm{d}\eta}\right)^2
\end{aligned}$$

oder nach Division durch $\rho\, c\, U\, \theta'_w/x$

$$-\frac{\eta}{2}f\,\frac{\mathrm{d}h}{\mathrm{d}\eta} + g\,\frac{\mathrm{d}h}{\mathrm{d}\eta} = \frac{\lambda}{\rho\, c\, \nu}\,\frac{\mathrm{d}^2h}{\mathrm{d}\eta^2} + \frac{U^2}{c\,\theta'_w}\left(\frac{\mathrm{d}f}{\mathrm{d}\eta}\right)^2.$$

Aus der Definition der Ähnlichkeitsvariablen in (A5.6.5) folgt zunächst für die Gebietsgrenzen:

$$\begin{aligned} x > 0, \quad y &= 0 \quad \Rightarrow \quad \eta = 0, \\ x > 0, \quad y &= \infty \quad \Rightarrow \quad \eta = \infty, \\ x = 0, \quad y &> 0 \quad \Rightarrow \quad \eta = \infty. \end{aligned}$$

Dann gehen die Randbedingungen (A5.6.2)–(A5.6.4) über in

$$\begin{aligned} h &= 1 \quad \text{für} \quad \eta = 0, \\ h &= 0 \quad \text{für} \quad \eta = \infty. \end{aligned}$$

Zusammengefasst führt der Ähnlichkeitsansatz (A5.6.5) für die Temperatur θ' also auf das folgende Randwertproblem für die Funktion $h(\eta)$, wobei die zusätzlichen Parameter des Ähnlichkeitsansatzes (Prandtl-Zahl Pr und Eckert-Zahl Ec) automatisch während des Transformationsprozesses entstehen:

$$-\frac{\eta}{2} f \frac{\mathrm{d}h}{\mathrm{d}\eta} + g \frac{\mathrm{d}h}{\mathrm{d}\eta} = \frac{1}{\mathrm{Pr}} \frac{\mathrm{d}^2 h}{\mathrm{d}\eta^2} + \mathrm{Ec}\left(\frac{\mathrm{d}f}{\mathrm{d}\eta}\right)^2, \tag{A5.6.6}$$

$$h = 1 \quad \text{für} \quad \eta = 0, \tag{A5.6.7}$$

$$h = 0 \quad \text{für} \quad \eta = \infty. \tag{A5.6.8}$$

Für die Materialkennwerte von Wasser und Luft gilt unter Umgebungsbedingungen bei einer Temperatur von 20 °C und einem Druck von 1000 hPa:[13]

	Luft	Wasser
$\rho/\mathrm{kg\,m^{-3}}$	1,20	998
$\nu \cdot 10^6/\mathrm{m^2\,s^{-1}}$	15	1,0
$c/\mathrm{J\,kg^{-1}\,K^{-1}}$	1005	4190
$\lambda \cdot 10^3/\mathrm{W\,m^{-1}\,K^{-1}}$	25,6	598

Daraus folgen die Prandtl-Zahlen $\mathrm{Pr} \approx 0{,}7$ für Luft und $\mathrm{Pr} \approx 7{,}0$ für Wasser. Wenn man von einer Geschwindigkeit $U = 10\,\mathrm{m\,s^{-1}}$ und einer Temperaturdifferenz $\theta'_w = 10\,\mathrm{K}$ ausgeht, ergeben sich sehr kleine Werte für die Eckert-Zahl ($\mathrm{Ec} \approx 0{,}01$ für Luft und $\mathrm{Ec} \approx 0{,}002$ für Wasser), sodass die Eckert-Zahl in guter Näherung gleich null gesetzt werden kann. Für $\mathrm{Ec} = 0$ kann man die Lösung des Randwertproblems (A5.6.6)–(A5.6.8) in geschlossener Form durch Integrale über f und g angeben;[14] einfacher ist es jedoch,

13 Materialwerte gemäß Schade, Kunz et al.: Strömungslehre, Anhang Abschnitt 4, Tabelle 1. Berlin: W. de Gruyter, 4. Aufl., 2014.

14 Siehe z. B. Schlichting: Grenzschichttheorie. Karlsruhe: G. Braun, 8. Aufl. 1982.

die Lösung für $h(\eta)$ zusammen mit den Lösungen für $f(\eta)$ und $g(\eta)$ numerisch zu berechnen (siehe die Fußnote in Abschnitt 5.2 Nr. 7). Die nachfolgende Abbildung zeigt die Ergebnisse einer solchen Berechnung für verschiedene Prandtl-Zahlen.

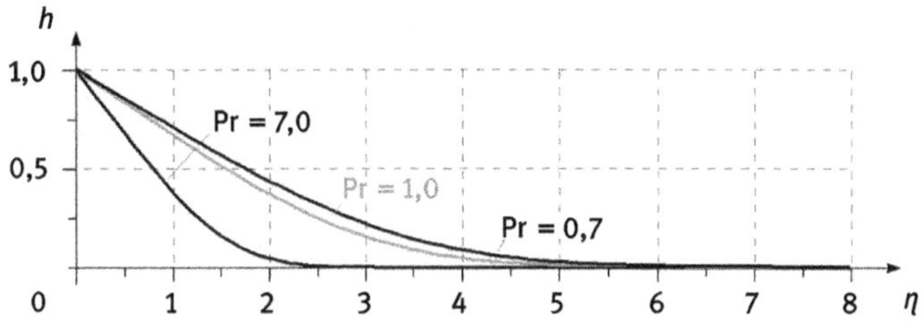

Aufgabe 6.1

A. Bei Verwendung des Vierersystems gehört im Allgemeinen auch die Trägheitskonstante β zu den Einflussgrößen, d. h. die Relevanzfunktion (2.2) für die Widerstandskraft F_W geht über in

$$F_W = f(\beta, D, U, \rho, \nu).$$

Im Vierersystem hat die kinematische Zähigkeit ν gemäß Abschnitt 2.4.2 Nr. 4 die Einheit

$$\widetilde{\nu} = \widetilde{x}\,\widetilde{t}\,\widetilde{m}^{-1}\,\widetilde{F},$$

die Einheit der Trägheitskonstante β ist gemäß $(6.8)_1$

$$\widetilde{\beta} = \widetilde{x}^{-1}\,\widetilde{t}^{2}\,\widetilde{m}^{-1}\,\widetilde{F}.$$

Dann lautet die Dimensionsmatrix

$$\begin{array}{c} \\ \widetilde{x} \\ \widetilde{t} \\ \widetilde{m} \\ \widetilde{F} \end{array} \begin{array}{c} \begin{array}{cccccc} \widetilde{D} & \widetilde{U} & \widetilde{\rho} & \widetilde{\beta} & \widetilde{\nu} & \widetilde{F_W} \end{array} \\ \left(\begin{array}{cccc|cc} 1 & 1 & -3 & -1 & 1 & 0 \\ 0 & -1 & 0 & 2 & 1 & 0 \\ 0 & 0 & 1 & -1 & -1 & 0 \\ 0 & 0 & 0 & 1 & 1 & 1 \end{array}\right). \end{array}$$

Man erkennt an der oberen Dreiecksform sofort, dass diese Matrix den Rang $r = 4$ hat und dass D, U, ρ, β als natürliche Basiseinheiten wählbar sind. Aus der reduzierten Dimensionsmatrix

$$\begin{array}{cccccc} \widetilde{D} & \widetilde{U} & \widetilde{\rho} & \widetilde{\beta} & \widetilde{\nu} & \widetilde{F_W} \end{array}$$
$$\left(\begin{array}{cccc|cc} 1 & 0 & 0 & 0 & 1 & 2 \\ 0 & 1 & 0 & 0 & 1 & 2 \\ 0 & 0 & 1 & 0 & 0 & 1 \\ 0 & 0 & 0 & 1 & 1 & 1 \end{array}\right)$$

ergeben sich bei $n = 6$ vorkommenden Größen deshalb $m = n - r = 2$ Kohärenzbedingungen

$$\widetilde{\nu} = \widetilde{D}\,\widetilde{U}\,\widetilde{\beta}, \quad \widetilde{F_W} = \widetilde{D}^2\,\widetilde{U}^2\,\widetilde{\rho}\,\widetilde{\beta},$$

und die Kennzahlenfunktion lautet

$$\frac{F_W}{D^2 U^2 \rho \beta} = f\left(\frac{\nu}{D U \beta}\right).$$

Der Vergleich mit (2.13) zeigt also, dass die Dimensionsanalyse im Vierersystem kein anderes Ergebnis als im Dreiersystem liefert, weil der Effekt der zusätzlichen Basiseinheit durch die Trägheitskonstante als zusätzliche Einflussgröße wieder ausgeglichen wird.

B. Wenn man annimmt, dass Beschleunigungen bei der Kugelumströmung vernachlässigbar sind, braucht die Trägheitskonstante nicht als Einflussgröße berücksichtigt zu werden. Dann behält die Relevanzfunktion ihre ursprüngliche Form (2.2) bei, also

$$F_W = f(D, U, \rho, \nu),$$

und die Dimensionsmatrix im Vierersystem vereinfacht sich zu

$$\begin{array}{c} \\ \widetilde{x} \\ \widetilde{t} \\ \widetilde{m} \\ \widetilde{F} \end{array} \begin{array}{c} \begin{array}{ccccc} \widetilde{D} & \widetilde{U} & \widetilde{\rho} & \widetilde{\nu} & \widetilde{F_W} \end{array} \\ \left(\begin{array}{cccc|c} 1 & 1 & -3 & 1 & 0 \\ 0 & -1 & 0 & 1 & 0 \\ 0 & 0 & 1 & -1 & 0 \\ 0 & 0 & 0 & 1 & 1 \end{array}\right). \end{array}$$

Diese Matrix hat weiterhin den Rang $r = 4$, aber da jetzt lediglich $n = 5$ Größen vorkommen, entsteht nur noch $m = n - r = 1$ Kennzahl. Die reduzierte Dimensionsmatrix

$$\begin{array}{ccccc} \widetilde{D} & \widetilde{U} & \widetilde{\rho} & \widetilde{\nu} & \widetilde{F_W} \end{array}$$
$$\left(\begin{array}{cccc|c} 1 & 0 & 0 & 0 & 1 \\ 0 & 1 & 0 & 0 & 1 \\ 0 & 0 & 1 & 0 & 1 \\ 0 & 0 & 0 & 1 & 1 \end{array}\right).$$

führt dann auf die Kohärenzbedingung

$$\widetilde{F_W} = \widetilde{D}\,\widetilde{U}\,\widetilde{\rho}\,\widetilde{\nu},$$

d. h. die Kennzahlenfunktion lautet

$$\frac{F_W}{D\,U\,\rho\,\nu} = \text{const.}$$

Die Dimensionsanalyse im Vierersystem führt hier also tatsächlich zu einem anderen Ergebnis als im Dreiersystem. Die Ausführungen in Abschnitt 2.5 Nr. 2 zeigen jedoch, dass diese Kennzahlenfunktion nicht mehr allgemeingültig ist, sondern nur noch den Sonderfall $U\,D/\nu \ll 1$ richtig beschreibt, also nur bei kleinem Kugeldurchmesser D, kleiner Anströmgeschwindigkeit U oder großer kinematischer Zähigkeit ν zutrifft.

Aufgabe 6.2

A. Für die mittlere kinetische Energie eines einatomigen Moleküls mit drei Freiheitgraden der Bewegung gilt

$$\langle E_{\text{kin}} \rangle = \frac{1}{2}\, m \,\langle \upsilon^2 \rangle = \frac{3}{2}\, k_B\, T.$$

Wenn man die Boltzmann-Konstante $k_B = 1$ setzt, hat die Temperatur die gleiche Einheit wie die Energie, also

$$\widetilde{T} = \widetilde{m}\,\widetilde{\upsilon}^2 = \widetilde{m}\,\widetilde{x}^2\,\widetilde{t}^{-2}.$$

In der statistischen Mechanik wird die Entropie S über die Anzahl Ω der möglichen Mikrozustände definiert:

$$S = k_B \ln(\Omega).$$

Bei der Wahl von $k_B = 1$ ist die Entropie dimensionslos, also

$$\widetilde{S} = 1.$$

Zum selben Ergebnis kommt man in der makroskopischen Thermodynamik, in der die Definition der Entropie über die in einem Prozess ausgetauschte Wärmemenge Q erfolgt:

$$\Delta S = \int \frac{\mathrm{d}Q}{T}.$$

Die Einheit der Wärmemenge stimmt gemäß dem Ersten Hauptsatz mit der Einheit der Energie überein, die hier wegen $k_B = 1$ auch die Einheit der Temperatur ist, also muss die Entropie infolge des Quotienten dQ/T dimensionslos sein.
Die Änderung dE_{therm} der thermischen Energie eines Körpers ist proportional zu seiner Masse m und zur Temperaturänderung dT, die Proportionalitätskonstante ist die spezifische Wärmekapazität c:

$$dE_{therm} = m\,c\,dT$$

Wenn die Einheiten von Energie und Temperatur bei der Wahl von $k_B = 1$ übereinstimmen, muss die Einheit der spezifischen Wärmekapazität das Inverse der Masseneinheit sein, also

$$\tilde{c} = \tilde{m}^{-1}.$$

Die Wärmeleitfähigkeit λ verbindet die Wärmestromdichte $\dot{q}$, also die pro Zeit- und Flächeneinheit übertragene Wärmemenge Q, mit dem Temperaturgradienten grad T, also der Temperaturänderung pro Längeneinheit:

$$\dot{q} = -\lambda \operatorname{grad} T.$$

Für die Einheiten gilt dann

$$\frac{\tilde{Q}}{\tilde{t}\,\tilde{x}^2} = \tilde{\lambda}\,\frac{\tilde{T}}{\tilde{x}}.$$

Wenn die Einheiten von Temperatur T und Wärmemenge Q gleich sind, folgt daraus

$$\tilde{\lambda} = \tilde{x}^{-1}\tilde{t}^{-1}.$$

B. Die Boltzmann-Konstante muss dimensionslos sein, d. h. die Einheit $\widetilde{k_B} = 1$ haben, und ihr Zahlenwert mit dem aus dem Internationalen Einheitensystem bekannten Wert übereinstimmen: $k_B = \widehat{k_B} \approx 1{,}3806 \cdot 10^{-23}$.
C. Bei vielen technischen Fragestellungen spielt der mikroskopische Aufbau der Materie keine Rolle, sodass die Thermodynamik als phänomenologisch eigenständige Teildisziplin der Physik betrachtet werden kann. Das Festhalten an der Temperatur als Basisdimension hat dann den Vorteil, dass bei der klassischen Dimensionsanalyse eines mechanisch-thermodynamischen Problems vier Basiseinheiten zur Verfügung stehen, aber die Boltzmann-Konstante nicht als Einflussgröße berücksichtigt werden muss, d. h. es entsteht eine Kennzahl weniger als bei der Verwendung eines rein mechanischen Dreiersystems, in dem die Boltzmann-Konstante den Wert eins hat.

Aufgabe 6.3

Wir kennzeichnen die Größen im Gauß'schen System wie zuvor durch ein Sternchen, um sie von denen im Internationalen System zu unterscheiden.

A. Wenn man das Durchflutungsgesetz (6.75) für eine Kreisfläche (Radius r) senkrecht zu einem unendlichen langen, geraden, stromdurchflossenen Leiter auswertet und dabei $\vec{D} = \vec{0}$ voraussetzt, ergibt sich mit (6.36) für die Beträge der magnetischen Feldstärke in den beiden Systemen:

$$H = \frac{\widehat{\alpha}}{\gamma}\frac{I}{2\pi r} = \frac{I}{2\pi r}, \quad H^* = \frac{\widehat{\alpha}}{\gamma}\frac{I^*}{2\pi r} = \frac{2I^*}{c_0 r}. \tag{A6.3.1}$$

Im Vakuum folgt dann mit $(6.82)_2$ und den Vereinbarungen über die magnetische Feldkonstante μ_0 für die Beträge der magnetischen Flussdichte

$$B = \mu_0 H = \frac{\mu_0 I}{2\pi r}, \quad B^* = H^* = \frac{2I^*}{c_0 r}. \tag{A6.3.2}$$

Wenn sich im Abstand r parallel zum ersten Leiter ein zweiter Leiter befindet, in dem ein Strom der gleichen Stärke I fließt, so wirkt auf einen Leiterabschnitt der Länge s gemäß $(6.84)_2$ eine Kraft vom Betrag

$$F_L = \frac{1}{\gamma} I s B = \frac{\mu_0 I^2 s}{2\pi r}, \quad F_L = \frac{1}{\gamma} I^* s B^* = \frac{2I^{*2} s}{c_0^2 r}. \tag{A6.3.3}$$

Da die Kraft als mechanische Größe unabhängig vom verwendeten Dimensionssystem sein muss, folgt durch Gleichsetzen

$$\frac{\mu_0 I^2 s}{2\pi r} = \frac{2I^{*2} s}{c_0^2 r},$$

d. h. für die Umrechnung der elektrischen Stromstärke gilt

$$I^* = I\sqrt{\frac{c_0^2 \mu_0}{4\pi}}.$$

Wegen $c_0^2 \mu_0 = 1/\epsilon_0$ gemäß (6.98) kann man hierfür auch schreiben

$$I^* = \frac{I}{\sqrt{4\pi\epsilon_0}}. \tag{A6.3.4}$$

Anschließend folgt für die magnetische Feldstärke

$$H^* = \frac{2I^*}{c_0 r} = \frac{2}{c_0 r}\frac{I^*}{I} I = \frac{2I}{c_0 r\sqrt{4\pi\epsilon_0}} = \frac{2\cdot 2\pi r H}{c_0 r\sqrt{4\pi\epsilon_0}} = \sqrt{\frac{4\pi}{c_0^2\epsilon_0}}\,H$$

oder wegen $c_0^2 \epsilon_0 = 1/\mu_0$ gemäß (6.98)

$$H^* = \sqrt{4\pi\mu_0}\, H. \tag{A6.3.5}$$

Die Umrechnung der magnetischen Flussdichte erfolgt dann gemäß

$$B^* = H^* = \sqrt{4\pi\mu_0}\, H = \sqrt{4\pi\mu_0}\, \frac{B}{\mu_0},$$

also

$$B^* = \sqrt{4\pi/\mu_0}\, B. \tag{A6.3.6}$$

B. Wenn man im linken Teil von (A6.3.3) für die Stromstärke $I = 1\,\mathrm{A}$, für den Abstand $r = 1\,\mathrm{m} = 100\,\mathrm{cm}$ und für die Länge $s = 1\,\mathrm{m} = 100\,\mathrm{cm}$ einsetzt, ergibt sich mit dem Wert der magnetischen Feldkonstante ($\mu_0 = 4\pi \cdot 10^{-7}\,\mathrm{V\,s/(A\,m)}$) eine Kraft vom Betrag $F_L = 2 \cdot 10^{-7}\,\mathrm{N} = 2 \cdot 10^{-2}\,\mathrm{dyn}$. Verwendet man diesen Wert für die Kraft im rechten Teil von (A6.3.3), lässt sich mit dem Wert für die Vakuumlichtgeschwindigkeit ($c_0 = 2{,}997\,925 \cdot 10^{10}\,\mathrm{cm/s}$) die zugehörige Stromstärke I^* im Gauß'schen System berechnen:

$$I^* = \sqrt{\frac{F_L r}{2s}}\, c_0 = 2{,}997\,925 \cdot 10^9 \sqrt{\mathrm{g\,cm^3}}/\mathrm{s^2}.$$

Zwischen den Stromstärkeeinheiten im Gauß'schen und im Internationalen System besteht also die Beziehung

$$1\,\mathrm{A} \mathrel{\hat{=}} 2{,}997\,925 \cdot 10^9 \sqrt{\mathrm{g\,cm^3}}/\mathrm{s^2}. \tag{A6.3.7}$$

Umgekehrt gilt dann $1 \sqrt{\mathrm{g\,cm^3}}/\mathrm{s^2} \mathrel{\hat{=}} 3{,}335\,641 \cdot 10^{-10}\,\mathrm{A}$; dieses Ergebnis entsteht auch, wenn man von (6.113) ausgeht, dabei (6.91) berücksichtigt und die Kohärenz des cgs-Systems beachtet.
Bei einer Stromstärke von $I = 1\,\mathrm{A}$ und einem Abstand $r = 1\,\mathrm{m} = 100\,\mathrm{cm}$ ergibt sich aus den linken Teilen von (A6.3.1) und (A6.3.2) für die Beträge von magnetischer Feldstärke und magnetischer Flussdichte im Internationalen System

$$H = \frac{1}{2\pi}\,\mathrm{A\,m^{-1}}, \quad B = 2 \cdot 10^{-7}\,\mathrm{T}.$$

Die gleiche physikalische Situation wird im Gauß'schen System durch die Stromstärke $I^* = 2{,}997\,925 \cdot 10^9 \sqrt{\mathrm{g\,cm^3}}/\mathrm{s^2}$ beschrieben. Aus den rechten Teilen von (A6.3.1) und (A6.3.2) folgt dann für die zugehörigen Werte von magnetischer Feldstärke und magnetischer Flussdichte

$$H^* = 2 \cdot 10^{-3}\,\text{Oe}, \quad B^* = 2 \cdot 10^{-3}\,\text{Gs}.$$

Aus dem Vergleich dieser Ergebnisse, also

$$\frac{1}{2\pi}\,\text{A}\,\text{m}^{-1} \mathrel{\hat{=}} 2 \cdot 10^{-3}\,\text{Oe}, \quad 2 \cdot 10^{-7}\,\text{T} \mathrel{\hat{=}} 2 \cdot 10^{-3}\,\text{Gs}$$

folgt dann

$$1\,\text{Oe} \mathrel{\hat{=}} \frac{1000}{4\pi}\,\text{A}\,\text{m}^{-1}, \quad 1\,\text{Gs} \mathrel{\hat{=}} 10^{-4}\,\text{T}. \tag{A6.3.8}$$

Aufgabe 6.4

A. Wenn die Proportionalitätskonstante im Coulomb'schen Gesetz gleich eins gesetzt wird, folgt aus Gleichung (a) für die vorkommenden Einheiten

$$\widetilde{F} = \widetilde{Q}^2/\widetilde{x}^2 \quad \Rightarrow \quad \widetilde{Q} = \widetilde{F}^{1/2}\,\widetilde{x}.$$

Dann ergibt sich mit der Krafteinheit $\widetilde{F} = \widetilde{x}\,\widetilde{t}^{-2}\,\widetilde{m}$ für die Einheit der elektrischen Ladung

$$\widetilde{Q} = \widetilde{x}^{3/2}\,\widetilde{t}^{-1}\,\widetilde{m}^{1/2}.$$

Die Ladungseinheiten im elektrostatischen und im Gauß'schen Dimensionssystem stimmen also überein.

B. Aus Gleichung (b) entsteht wegen der Null auf der rechten Seite keine Kohärenzbedingung.
Aus Gleichung (c) ergibt sich die Kohärenzbedingung

$$\widetilde{D}\,\widetilde{x}^2 = \widetilde{Q},$$

daraus folgt mit der Ladungseinheit $\widetilde{Q} = \widetilde{x}^{3/2}\,\widetilde{t}^{-1}\,\widetilde{m}^{1/2}$ aus Teil A für die Einheit der elektrischen Flussdichte

$$\widetilde{D} = \widetilde{Q}\,\widetilde{x}^{-2} = \widetilde{x}^{-1/2}\,\widetilde{t}^{-1}\,\widetilde{m}^{1/2}.$$

Aus Gleichung (e) ergibt sich die Kohärenzbedingung

$$\widetilde{F} = \widetilde{Q}\,\widetilde{E},$$

daraus folgt mit der Krafteinheit $\widetilde{F} = \widetilde{x}\,\widetilde{t}^{-2}\,\widetilde{m}$ und der Ladungseinheit $\widetilde{Q} = \widetilde{x}^{3/2}\,\widetilde{t}^{-1}\,\widetilde{m}^{1/2}$ aus Teil A für die Einheit der elektrischen Feldstärke

$$\widetilde{E} = \widetilde{F}\,\widetilde{Q}^{-1} = \widetilde{x}^{-1/2}\,\widetilde{t}^{-1}\,\widetilde{m}^{1/2}.$$

Elektrische Flussdichte und elektrische Feldstärke haben im elektrostatischen Dimensionssystem also dieselbe Einheit. Da die Einheiten dieser Größen außerdem durch die aus Gleichung (d) resultierende Kohärenzbedingung

$$\widetilde{D} = \widetilde{\epsilon_0}\,\widetilde{E}$$

verbunden sind, muss die elektrische Feldkonstante ϵ_0 im elektrostatischen Dimensionssystem dimensionslos sein:

$$\widetilde{\epsilon_0} = 1.$$

Wenn man die Herleitung des Coulomb'schen Gesetzes aus den elektrostatischen Grundgleichungen (b)–(e) im Detail nachvollzieht, zeigt sich darüber hinaus, dass im elektrostatischen Dimensionssystem nicht nur die Einheit, sondern auch der Zahlenwert der elektrischen Feldkonstante gleich eins gesetzt wird.
Das elektrostatische Dimensionssystem ist also dadurch gekennzeichnet, dass sowohl die Verkettungskonstante als auch die elektrische Feldkonstante als elektromagnetische Basisgrößen betrachtet werden und beiden Konstanten der Wert eins zugewiesen wird:

$$\gamma = 1, \quad \epsilon_0 = 1.$$

C. Die Einheiten von elektrischer Ladung und elektrischer Stromstärke sind in allen elektrodynamischen Dimensionssystemen durch Gleichung (6.91) verknüpft, die aus der Kontinuitätsgleichung für die elektrische Ladung entsteht. Dann folgt mit der Ladungseinheit $\widetilde{Q} = \widetilde{x}^{3/2}\,\widetilde{t}^{-1}\,\widetilde{m}^{1/2}$ aus Teil A für die Stromstärkeeinheit im elektrostatischen Dimensionssystem

$$\widetilde{I} = \widetilde{Q}\,\widetilde{t}^{-1} = \widetilde{x}^{3/2}\,\widetilde{t}^{-2}\,\widetilde{m}^{1/2}.$$

Die kohärente Einheit für die magnetische Feldstärke lässt sich anschließend aus dem Durchflutungsgesetz (6.75) gewinnen. Wenn man dabei die Definition (6.36) der elektrischen Stromstärke beachtet, ergibt sich die Kohärenzbedingung

$$\widetilde{\gamma}\,\widetilde{H}\,\widetilde{x} = \widetilde{I}.$$

Im elektrostatischen Dimensionssystem ist die Verkettungskonstante dimensionslos ($\widetilde{\gamma} = 1$), dann folgt mit der Stromstärkeeinheit $\widetilde{I} = \widetilde{x}^{3/2}\,\widetilde{t}^{-2}\,\widetilde{m}^{1/2}$ für die Einheit $\widetilde{H}$ der magnetischen Feldstärke

$$\widetilde{H} = \widetilde{I}\,\widetilde{x}^{-1} = \widetilde{x}^{1/2}\,\widetilde{t}^{-2}\,\widetilde{m}^{1/2}.$$

Um die Einheit der magnetischen Flussdichte zu gewinnen, kann man beispielsweise vom Induktionsgesetz (6.77) ausgehen. Die zugehörige Kohärenzbedingung lautet

$$\tilde{\gamma}\,\tilde{E}\,\tilde{x} = \tilde{B}\,\tilde{x}^2\,\tilde{t}^{-1},$$

dann folgt mit der elektrischen Feldstärkeeinheit $\tilde{E} = \tilde{x}^{-1/2}\tilde{t}^{-1}\,\tilde{m}^{1/2}$ aus Teil B und $\tilde{\gamma} = 1$ für die Einheit der magnetischen Flussdichte

$$\tilde{B} = \tilde{E}\,\tilde{x}^{-1}\,\tilde{t} = \tilde{x}^{-3/2}\,\tilde{m}^{1/2}.$$

Aufgabe 6.5

A. Wenn die Proportionalitätskonstante im Ampère'schen Kraftgesetz gleich eins gesetzt wird, folgt aus Gleichung (f) für die vorkommenden Einheiten

$$\tilde{F} = \tilde{I}^2 \quad \Rightarrow \quad \tilde{I} = \tilde{F}^{1/2}.$$

Dann ergibt sich mit der Krafteinheit $\tilde{F} = \tilde{x}\,\tilde{t}^{-2}\,\tilde{m}$ für die Einheit der elektrischen Stromstärke

$$\tilde{I} = \tilde{x}^{1/2}\,\tilde{t}^{-1}\,\tilde{m}^{1/2}.$$

Die Stromstärkeeinheiten im elektromagnetischen und im Gauß'schen Dimensionssystem stimmen also nicht überein.

B. Kohärenzbedingungen entstehen nur aus den Gleichungen (g), (i), (j), aus Gleichung (h) jedoch nicht, weil auf der rechten Seite eine Null steht. Dann ergibt sich zunächst

$$\begin{aligned} \tilde{\gamma}\,\tilde{H}\,\tilde{x} &= \tilde{I}, \\ \tilde{B} &= \tilde{\mu_0}\,\tilde{H}, \\ \tilde{F} &= \tilde{\gamma}^{-1}\,\tilde{I}\,\tilde{x}\,\tilde{B}, \end{aligned}$$

oder nach dem Einsetzen von Krafteinheit $\tilde{F} = \tilde{x}\,\tilde{t}^{-2}\,\tilde{m}$ und Stromstärkeeinheit $\tilde{I} = \tilde{x}^{1/2}\,\tilde{t}^{-1}\,\tilde{m}^{1/2}$ in Normalform:

$$\begin{aligned} \tilde{\gamma}\,\tilde{H}\,\tilde{x}^{1/2}\,\tilde{t}\,\tilde{m}^{-1/2} &= 1, \\ \tilde{B}^{-1}\,\tilde{H}\,\tilde{\mu_0} &= 1, \\ \tilde{\gamma}\,\tilde{B}^{-1}\,\tilde{x}^{-1/2}\,\tilde{t}^{-1}\,\tilde{m}^{1/2} &= 1. \end{aligned}$$

Die zugehörige Dimensionsmatrix

$$\begin{array}{ccccccc} \widetilde{B} & \widetilde{H} & \widetilde{\mu_0} & \widetilde{\gamma} & \widetilde{x} & \widetilde{t} & \widetilde{m} \end{array}$$
$$\begin{pmatrix} 0 & 1 & 0 & 1 & 1/2 & 1 & -1/2 \\ -1 & 1 & 1 & 0 & 0 & 0 & 0 \\ -1 & 0 & 0 & 1 & -1/2 & -1 & 1/2 \end{pmatrix}.$$

hat den Rang $r = 3$, d. h. bei $n = 7$ vorkommenden Einheiten können $b = n - r = 4$ Basiseinheiten gewählt werden. Die Umwandlung in die reduzierte Dimensionsmatrix zeigt, dass neben den mechanischen Einheiten $\widetilde{x}$, $\widetilde{t}$, $\widetilde{m}$ auch die Einheit $\widetilde{\gamma}$ der Verkettungskonstante als Basiseinheit zulässig ist:

$$\begin{array}{ccccccc} \widetilde{B} & \widetilde{H} & \widetilde{\mu_0} & \widetilde{\gamma} & \widetilde{x} & \widetilde{t} & \widetilde{m} \end{array}$$
$$\left(\begin{array}{ccc|cccc} 1 & 0 & 0 & -1 & 1/2 & 1 & -1/2 \\ 0 & 1 & 0 & 1 & 1/2 & 1 & -1/2 \\ 0 & 0 & 1 & -2 & 0 & 0 & 0 \end{array}\right).$$

Insbesondere kann die Verkettungskonstante auch als dimensionslos betrachtet und ihr Zahlenwert gleich eins gesetzt werden. Aus der dritten Zeile der reduzierten Dimensionsmatrix folgt dann, dass die magnetische Feldkonstante ebenfalls dimensionslos sein muss. Die Herleitung des Ampè'schen Kraftgesetzes aus den magnetostatischen Grundgleichungen (g)–(j) zeigt darüber hinaus, dass im elektromagnetischen Maßsystem nicht nur die Einheit, sondern auch der Zahlenwert der magnetischen Feldkonstante gleich eins sein muss.
Das elektromagnetische Dimensionssystem ist also dadurch gekennzeichnet, dass sowohl die Verkettungskonstante als auch die magnetische Feldkonstante gleich eins gesetzt werden:

$$\gamma = 1, \quad \mu_0 = 1.$$

Aus den ersten beiden Zeilen der reduzierten Dimensionsmatrix ergibt sich in diesem Fall weiterhin, dass die kohärenten Einheiten von magnetischer Flussdichte und magnetischer Feldstärke im elektromagnetischen Dimensionssystem übereinstimmen:

$$\widetilde{B} = \widetilde{H} = \widetilde{x}^{-1/2}\,\widetilde{t}^{-1}\,\widetilde{m}^{1/2}.$$

C. Die Einheiten von elektrischer Ladung und elektrischer Stromstärke sind in allen elektrodynamischen Dimensionssystemen durch Gleichung (6.91) verknüpft, die aus der Kontinuitätsgleichung für die elektrische Ladung entsteht. Dann folgt mit der Stromstärkeeinheit $\widetilde{I} = \widetilde{x}^{1/2}\,\widetilde{t}^{-1}\,\widetilde{m}^{1/2}$ aus Teil A für die Ladungseinheit im elektromagnetischen Dimensionssystem

$$\widetilde{Q} = \widetilde{I}\,\widetilde{t} = \widetilde{x}^{1/2}\,\widetilde{m}^{1/2}.$$

Die Einheit der elektrischen Feldstärke ergibt sich anschließend am einfachsten aus der Beziehung $(6.84)_1$ für die Coulomb-Kraft; dann folgt mit der Ladungseinheit $\widetilde{Q} = \widetilde{x}^{1/2}\,\widetilde{m}^{1/2}$ und der Krafteinheit $\widetilde{F} = \widetilde{x}\,\widetilde{t}^{-2}\,\widetilde{m}$:

$$\widetilde{E} = \widetilde{F}\,\widetilde{Q}^{-1} = \widetilde{x}^{1/2}\,\widetilde{t}^{-2}\,\widetilde{m}^{1/2}.$$

Die Einheit der elektrischen Flussdichte lässt sich am einfachsten aus dem Gauß'schen Gesetz (6.79) für elektrische Felder gewinnen. Zusammen mit (6.35) entsteht daraus die Kohärenzbedingung

$$\widetilde{D}\,\widetilde{x}^2 = \widetilde{Q},$$

daraus folgt mit der Ladungseinheit $\widetilde{Q} = \widetilde{x}^{1/2}\,\widetilde{m}^{1/2}$

$$\widetilde{D} = \widetilde{Q}\,\widetilde{x}^{-2} = \widetilde{x}^{-3/2}\,\widetilde{m}^{1/2}.$$

Aufgabe 6.6

Für die Gravitationskonstante Γ gilt nach derzeitigem Kenntnisstand

$$\Gamma = 6{,}6743 \cdot 10^{-11}\,\mathrm{m}^3\,\mathrm{kg}^{-1}\,\mathrm{s}^{-2},$$

und damit für ihre Einheit

$$\widetilde{\Gamma} = \mathrm{m}^3\,\mathrm{kg}^{-1}\,\mathrm{s}^{-2} \quad \Rightarrow \quad \widetilde{\Gamma}\,\mathrm{m}^{-3}\,\mathrm{kg}\,\mathrm{s}^2 = 1.$$

Wenn die Gravitationskonstante anstelle der Planck-Konstante für eine Neudefinition der SI-Basiseinheiten genutzt werden soll, muss man in der Dimensionsmatrix (6.115) die dritte Zeile mit der Kohärenzbedingung für $\widetilde{h}$ gegen die Kohärenzbedingung für $\widetilde{\Gamma}$ austauschen und bei den Einheiten in der zehnten Spalte $\widetilde{h}$ durch $\widetilde{\Gamma}$ ersetzen:

$$\begin{array}{ccccccc|ccccccc}
\mathrm{m} & \mathrm{s} & \mathrm{kg} & \mathrm{A} & \mathrm{K} & \mathrm{mol} & \mathrm{cd} & \widetilde{\Delta\nu_{\mathrm{Cs}}} & \widetilde{c} & \widetilde{\Gamma} & \widetilde{e} & \widetilde{k_{\mathrm{B}}} & \widetilde{N_{\mathrm{A}}} & \widetilde{K_{\mathrm{cd}}} \\
\end{array}$$

$$\left(\begin{array}{ccccccc|ccccccc}
0 & 1 & 0 & 0 & 0 & 0 & 0 & 1 & 0 & 0 & 0 & 0 & 0 & 0 \\
-1 & 1 & 0 & 0 & 0 & 0 & 0 & 0 & 1 & 0 & 0 & 0 & 0 & 0 \\
-3 & 2 & 1 & 0 & 0 & 0 & 0 & 0 & 0 & 1 & 0 & 0 & 0 & 0 \\
0 & -1 & 0 & -1 & 0 & 0 & 0 & 0 & 0 & 0 & 1 & 0 & 0 & 0 \\
-2 & 2 & -1 & 0 & 1 & 0 & 0 & 0 & 0 & 0 & 0 & 1 & 0 & 0 \\
0 & 0 & 0 & 0 & 0 & 1 & 0 & 0 & 0 & 0 & 0 & 0 & 1 & 0 \\
2 & -3 & 1 & 0 & 0 & 0 & -1 & 0 & 0 & 0 & 0 & 0 & 0 & 1
\end{array}\right).$$

Die Umwandlung in die reduzierte Dimensionsmatrix ergibt

$$\begin{array}{ccccccc|ccccccc} \mathrm{m} & \mathrm{s} & \mathrm{kg} & \mathrm{A} & \mathrm{K} & \mathrm{mol} & \mathrm{cd} & \widetilde{\Delta\nu_{\mathrm{Cs}}} & \widetilde{c} & \widetilde{\Gamma} & \widetilde{e} & \widetilde{k_{\mathrm{B}}} & \widetilde{N_{\mathrm{A}}} & \widetilde{K_{\mathrm{cd}}} \end{array}$$

$$\left(\begin{array}{ccccccc|ccccccc} 1 & 0 & 0 & 0 & 0 & 0 & 0 & 1 & -1 & 0 & 0 & 0 & 0 & 0 \\ 0 & 1 & 0 & 0 & 0 & 0 & 0 & 1 & 0 & 0 & 0 & 0 & 0 & 0 \\ 0 & 0 & 1 & 0 & 0 & 0 & 0 & 1 & -3 & 1 & 0 & 0 & 0 & 0 \\ 0 & 0 & 0 & 1 & 0 & 0 & 0 & -1 & 0 & 0 & -1 & 0 & 0 & 0 \\ 0 & 0 & 0 & 0 & 1 & 0 & 0 & 1 & -5 & 1 & 0 & 1 & 0 & 0 \\ 0 & 0 & 0 & 0 & 0 & 1 & 0 & 0 & 0 & 0 & 0 & 0 & 1 & 0 \\ 0 & 0 & 0 & 0 & 0 & 0 & 1 & 0 & -5 & 1 & 0 & 0 & 0 & -1 \end{array}\right).$$

Die Untermatrix der ersten sieben Spalten hat Diagonalform, sodass die Einheiten aus den letzten sieben Spalten tatsächlich als Basiseinheiten geeignet sind. Verglichen mit (6.116) ändern sich nur die Zeilen drei, fünf und sieben, d. h. die Verwendung der Gravitationskonstante anstelle der Planck-Konstante hätte nur Auswirkungen auf die Neudefinition der Einheiten Kilogramm, Kelvin und Candela. Aus der reduzierten Dimensionsmatrix folgt zunächst für die Einheiten:

$$\begin{aligned} \mathrm{kg}\,\widetilde{\Delta\nu_{\mathrm{Cs}}}\,\widetilde{c}^{-3}\,\widetilde{\Gamma} = 1 \quad &\Rightarrow \quad \mathrm{kg} = \widetilde{\Delta\nu_{\mathrm{Cs}}}^{-1}\,\widetilde{c}^{3}\,\widetilde{\Gamma}^{-1}, \\ \mathrm{K}\,\widetilde{\Delta\nu_{\mathrm{Cs}}}\,\widetilde{c}^{-5}\,\widetilde{\Gamma}\,\widetilde{k_{\mathrm{B}}} = 1 \quad &\Rightarrow \quad \mathrm{K} = \widetilde{\Delta\nu_{\mathrm{Cs}}}^{-1}\,\widetilde{c}^{5}\,\widetilde{\Gamma}^{-1}\,\widetilde{k_{\mathrm{B}}}^{-1}, \\ \mathrm{cd}\,\widetilde{c}^{-5}\,\widetilde{\Gamma}\,\widetilde{K_{\mathrm{cd}}}^{-1} = 1 \quad &\Rightarrow \quad \mathrm{cd} = \widetilde{c}^{5}\,\widetilde{\Gamma}^{-1}\,\widetilde{K_{\mathrm{cd}}}. \end{aligned}$$

Für die Einheit der Gravitationskonstante kann man wie in Abschnitt 6.4 Nr. 3 schreiben

$$\Gamma/\widetilde{\Gamma} = 6{,}6743 \cdot 10^{-11} \quad \Rightarrow \quad \widetilde{\Gamma} = (6{,}6743)^{-1} \cdot 10^{11}\,\Gamma,$$

dann folgt mit den übrigen Werten aus Abschnitt 6.4 Nr. 3:

$$\begin{aligned} \mathrm{kg} &= \frac{(299\,792\,458)^{-3}\,c^3}{(9\,192\,631\,770)^{-1}\,\Delta\nu_{\mathrm{Cs}} \cdot (6{,}6743)^{-1} \cdot 10^{11}\,\Gamma} \\ &\approx 2{,}2771 \cdot 10^{-26}\,\frac{c^3}{\Delta\nu_{\mathrm{Cs}}\,\Gamma}, \\ \mathrm{K} &= \frac{(299\,792\,458)^{-5}\,c^5}{(9\,192\,631\,770)^{-1}\,\Delta\nu_{\mathrm{Cs}} \cdot (6{,}6743)^{-1} \cdot 10^{11}\,\Gamma \cdot (1{,}380\,649)^{-1} \cdot 10^{23}\,k_{\mathrm{B}}} \\ &\approx 3{,}4980 \cdot 10^{-66}\,\frac{c^5}{\Delta\nu_{\mathrm{Cs}}\,\Gamma\,k_{\mathrm{B}}}, \\ \mathrm{cd} &= \frac{(299\,792\,458)^{-5}\,c^5 \cdot (683)^{-1}\,K_{\mathrm{cd}}}{(6{,}6743)^{-1} \cdot 10^{11}\,\Gamma} \approx 4{,}03535 \cdot 10^{-56}\,\frac{c^5\,K_{\mathrm{cd}}}{\Gamma}, \end{aligned}$$

also

$$1\,\mathrm{kg} \approx 2{,}2771 \cdot 10^{-26}\,\frac{c^3}{\Delta\nu_{\mathrm{Cs}}\,\Gamma},$$

$$1\,\mathrm{K} \approx 3{,}4980 \cdot 10^{-66}\,\frac{c^5}{\Delta\nu_{\mathrm{Cs}}\,\Gamma\,k_{\mathrm{B}}},$$

$$1\,\mathrm{cd} \approx 4{,}03535 \cdot 10^{-56}\,\frac{c^5\,K_{\mathrm{cd}}}{\Gamma}.$$

Die Gravitationskonstante lässt sich durch Messungen deutlich schlechter bestimmen (relative Messunsicherheit 10^{-5}) als die Planck-Konstante (relative Messunsicherheit 10^{-9}). Da es im Messwesen auf höchste Genauigkeit ankommt, hat man bei der Umgestaltung des Internationalen Einheitensystems auf die Gravitationskonstante verzichtet.

Literaturverzeichnis

Zum Thema Dimensionsanalyse und Ähnlichkeitslehre sind zahlreiche Bücher erschienen, die sich durch eine große Vielfalt in Darstellung und Stoffauswahl auszeichnen. Wir können deshalb nur eine kleine Auswahl nennen, die uns als Ergänzung zum vorliegenden Buch sinnvoll erscheint. Weiterführende Literaturangaben finden sich in den genannten Büchern.

Das erste Lehrbuch zur Dimensionsanalyse, auf das auch heute noch oft Bezug genommen wird, stammt aus den zwanziger Jahren des letzten Jahrhunderts:

P. W. Bridgman: Dimensional Analysis. New Haven: Yale University Press, 2nd ed., 1931.

Einige deutschsprachige und zum Teil mit unserer Darstellung verwandte Lehrbücher sind:

Henry Görtler: Dimensionsanalyse. Berlin: Springer, 1975.
Joseph H. Spurk: Dimensionsanalyse in der Strömungslehre. Berlin: Springer, 1992.
Jochem Unger, Stefan Leyer: Dimensionshomogenität. Erkenntnis ohne Wissen? Wiesbaden: Springer Spektrum, 2015.

Ein weiteres Buch, das sich ganz auf die Anwendungen der Dimensionsanalyse in der Strömungsmechanik konzentriert, ist:

L. P. Yarin: The Pi-Theorem. Heidelberg: Springer, 2012.

Ausführlichere Darstellungen der Dimensionsanalyse, die über das vorliegende Buch hinausgehen und sich zugleich in einigen Punkten von unserer Vorgehensweise unterscheiden, findet man in:

Thomas Szirtes: Applied Dimensional Analysis and Modeling. New York: McGraw-Hill, 1997.
J. C. Gibbings: Dimensional Analysis. London: Springer, 2011.
B. Zohuri: Dimensional Analysis and Self-Similarity Methods for Engineers and Scientists. Cham: Springer, 2015.

Die Bücher von Szirtes und Gibbings konzentrieren sich auf die klassische Dimensionsanalyse, das Buch von Szirtes zeichnet sich dabei durch eine Vielzahl von Beispielen aus. Alle drei Werke enthalten darüber hinaus eine Reihe von weiterführenden Literaturangaben. Im Buch von Gibbings finden sich genauso wie im Buch von Görtler auch Anmerkungen zur historischen Entwicklung der Dimensionsanalyse.

Einen anderen Zugang speziell zum Ähnlichkeitsbegriff vermitteln die Bücher:

Grigory Isaakovich Barenblatt: Dimensional Analysis. New York: Gordon and Breach, 1987.
Grigory Isaakovich Barenblatt: Scaling, self-similarity, and intermediate asymptotics. Cambridge: Cambridge University Press, 1996.

Viele Beispiele des Buches stammen aus dem Bereich der Strömungsmechanik; zur näheren Information verweisen wir auf:

Heinz Schade, Ewald Kunz, Frank Kameier, Christian Paschereit: Strömungslehre. Berlin: W. de Gruyter, 4. Aufl., 2014.
Joseph H. Spurk, Nuri Aksel: Strömungslehre. Berlin: Springer, 8. Aufl., 2010.

Einen tieferen Einblick speziell in das Gebiet der Grenzschichtströmungen vermittelt:

Hermann Schlichting: Grenzschichttheorie. Karlsruhe: G. Braun, 8. Aufl., 1982.

https://doi.org/10.1515/9783110795745-008

An einigen Stellen des Buches wird auf Tensoren und den Tensorkalkül Bezug genommen. Eine für Ingenieure leicht verständliche Einführung gibt:

Heinz Schade, Klaus Neemann: Tensoranalysis. Berlin: W. de Gruyter, 3. Aufl., 2009.

Der im Kapitel 5 angesprochene Zusammenhang zwischen der Dimensionsanalyse und Lösungsmethoden für Differentialgleichungen führt auf das Gebiet der Symmetrieuntersuchungen und zur Theorie der Lie-Gruppen. Das zum tieferen Verständnis notwendige mathematische Rüstzeug findet sich beispielsweise in:

George W. Bluman, Sukeyuki Kumei: Symmetries and Differential Equations. New York: Springer, 1989.
Hans Stephani: Differentialgleichungen, Symmetrien und Lösungsmethoden. Heidelberg: Spektrum Akademischer Verlag, 1994.
Brian J. Cantwell: Introduction to Symmetry Analysis. Cambridge: Cambridge University Press, 2002.

In den meisten Büchern zur Dimensionsanalyse wird der Bezug zur Lie-Gruppen-Theorie nicht erwähnt, eine Ausnahme unter den hier genannten sind die Bücher von Görtler und Zohuri.

Die Grundidee der von uns präsentierten Erweiterung der Dimensionsanalyse geht zurück auf:

M. J. Moran: A Generalization of Dimensional Analysis. Journal of the Franklin Institute 292, 423–432, 1971.

Bei Fragen zur Größenlehre und den in der Vergangenheit gebräuchlichen Dimensionssystemen der Elektrodynamik haben wir zu Rate gezogen:

U. Stille: Messen und Rechnen in der Physik. Braunschweig: Vieweg, 2. Aufl., 1961.
A. von Weiss: Die elektromagnetischen Felder. Braunschweig: Vieweg, 1983.
J. D. Jackson: Klassische Elektrodynamik. Berlin: W. de Gruyter, 5. Aufl., 2014.

Die europäische Norm zur Größenlehre ist:

DIN EN ISO 80000-1: Größen und Einheiten – Teil 1: Allgemeines, 2017.

Die offizielle Beschreibung des internationalen Einheitensystems findet sich in:

SI Brochure: The International System of Units (SI). Bureau International de Poids et Mesures: Paris, 9th ed., 2019.

Gegenüberstellung von klassischer und erweiterter Dimensionsanalyse

<table>
<tr><td>Beispiel</td><td>Fallzeit T beim Fall aus der Höhe h unter Einfluss der Fallbeschleunigung g</td><td>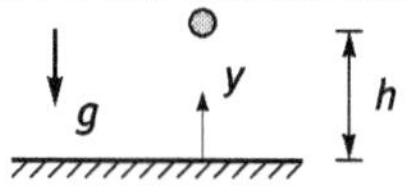
</td></tr>
<tr><td></td><td>Klassische Dimensionsanalyse</td><td>Erweiterte Dimensionsanalyse</td></tr>
<tr><td>Ausgangspunkt</td><td>Intuitiv gewonnene Relevanzfunktion:
$T = f(g, h)$</td><td>Mathematische Formulierung des Problems:
$\mathrm{d}^2y/\mathrm{d}t^2 = -g$,
$y|_{t=0} = h,\ \mathrm{d}y/\mathrm{d}t|_{t=0} = 0$
$y = f(t, g, h)$</td></tr>
<tr><td>Kohärenzbedingungen für Einheiten</td><td>Entstehung aus einem universellen Einheitensystem:
$\tilde{h} = \mathrm{m}, \tilde{g} = \mathrm{m\,s^{-2}}, \tilde{T} = \mathrm{s}$</td><td>Folge der mathematischen Formulierung des Problems:
$\tilde{y}\tilde{t}^{-2}\tilde{g}^{-1} = 1, \tilde{y}\tilde{h}^{-1} = 1$</td></tr>
<tr><td>Dimensionsmatrix</td><td>Spaltenweise Anordnung der Exponenten, Basiseinheiten links
$\begin{array}{c} \\ \mathrm{m} \\ \mathrm{s} \end{array} \begin{array}{ccc} \tilde{h} & \tilde{g} & \tilde{T} \\ \end{array} \left(\begin{array}{cc|c} 1 & 1 & 0 \\ 0 & -2 & 1 \end{array}\right)$</td><td>Zeilenweise Anordnung der Exponenten, Basiseinheiten rechts
$\begin{array}{cccc} \tilde{y} & \tilde{t} & \tilde{h} & \tilde{g} \end{array}$
$\left(\begin{array}{cc|cc} 1 & -2 & 0 & -1 \\ 1 & 0 & -1 & 0 \end{array}\right)$</td></tr>
<tr><td colspan="3">n – vorkommende Größen, r – Rang, b – natürliche Basiseinheiten, m – Kennzahlen</td></tr>
<tr><td>Π-Theorem</td><td>$m = n - r, b = r$
hier: $n = 3, r = b = 2, m = 1$</td><td>$b = n - r, m = r$
hier: $n = 4, r = m = 2, b = 2$</td></tr>
<tr><td>Reduzierte Dimensionsmatrix</td><td>$\begin{array}{ccc} \tilde{h} & \tilde{g} & \tilde{T} \end{array}$
$\left(\begin{array}{cc|c} 1 & 0 & 1/2 \\ 0 & 1 & -1/2 \end{array}\right)$</td><td>$\begin{array}{cccc} \tilde{y} & \tilde{t} & \tilde{h} & \tilde{g} \end{array}$
$\left(\begin{array}{cc|cc} 1 & 0 & -1 & 0 \\ 0 & 1 & -1/2 & 1/2 \end{array}\right)$</td></tr>
<tr><td>Alternative Kohärenzbedingungen</td><td>Spaltenweises Ablesen aus der reduzierten Dimensionsmatrix:
$\tilde{T} = \tilde{h}^{1/2}\tilde{g}^{-1/2}$</td><td>Zeilenweises Ablesen aus der reduzierten Dimensionsmatrix:
$\tilde{y}\tilde{h}^{-1} = 1, \tilde{t}\tilde{h}^{-1/2}\tilde{g}^{1/2} = 1$</td></tr>
<tr><td>Natürliche Basiseinheiten</td><td>$\tilde{g} = g, \tilde{h} = h$</td><td>$\tilde{g} = g, \tilde{h} = h$</td></tr>
<tr><td>Kennzahlen</td><td>$T\sqrt{g/h}$</td><td>$y/h, t\sqrt{g/h}$</td></tr>
<tr><td>Kennzahlenfunktion</td><td>$T\sqrt{g/h} = f(1, 1) = \mathrm{const}$</td><td>$y/h = f(t\sqrt{g/h}, 1, 1)$
$y = 0$ für $t = T$
$\Rightarrow \quad T\sqrt{g/h} = \mathrm{const}$</td></tr>
</table>

https://doi.org/10.1515/9783110795745-009

Glossar

Abgeleitete Einheit: Eine → *Einheit*, die sich durch → *Basiseinheiten* definieren lässt, z. B. die Krafteinheit Newton (N) durch die Längeneinheit Meter (m), die Zeiteinheit Sekunde (s) und die Masseneinheit Kilogramm (kg): $1\,\mathrm{N} = 1\,\mathrm{kg\,m\,s^{-2}}$.

Ähnliche Lösung: Eine besondere Lösung eines Anfangsrandwertproblems mit partiellen Differentialgleichungen in zwei unabhängigen Variablen, die durch Transformation auf ein Anfangsrandwertproblem mit gewöhnlichen Differentialgleichungen entsteht.

Ähnlichkeitstransformation: Eine Transformation, die zu einer → *ähnlichen Lösung* führt.

Astronomisches Dimensionssystem: Ein → *Dimensionssystem*, in dem die Masse keine → *Basisdimension* ist und die Masseneinheit stattdessen durch die → *Basiseinheiten* für Länge und Zeit definiert wird; es entsteht, wenn man der Gravitationskonstanten den Wert eins zuweist.

Basisdimension: Eine → *Dimension*, der eine → *Basiseinheit* zugeordnet ist.

Basiseinheit: Eine → *Einheit*, die als unabhängig von anderen Einheiten betrachtet wird, z. B. die → *SI*-Basiseinheiten Meter (m), Sekunde (s), Kilogramm (kg).

cgs-System: Ein früher oft in der Mechanik verwendetes → *kohärentes Einheitensystem* mit den → *Basiseinheiten* Zentimeter (cm) für Länge, Sekunde (s) für Zeit und Gramm (g) für Masse.

Dimension: Menge aller → *Größen*, die sich in derselben → *Einheit* messen lassen. Beispiel: Arbeit und Kraftmoment gehören zur selben Dimension, weil sie jeweils in der Einheit Newtonmeter messbar sind, aber nicht der Impuls, weil die zugehörige Einheit Newtonsekunde ist.

Dimensionelle Homogenität: Eine Anforderung an → *Größengleichungen*, in der alle Glieder zur selben → *Dimension* gehören müssen.

Dimensionsanalyse: Ein Verfahren, um eine → *Relevanzfunktion* zwischen → *dimensionsbehafteten Größen* in eine äquivalente → *Kennzahlenfunktion* zwischen → *dimensionslosen Größen* umzuwandeln.

Dimensionsbehaftete Größe: Eine → *Größe*, zu deren Angabe eine Einheit erforderlich ist.

Dimensionslose Größe: Eine → *Größe*, die sich allein durch eine Zahl beschreiben lässt und keine Einheit erfordert, z. B. Winkel, Längenverhältnisse oder → *Kennzahlen*.

Dimensionsmatrix: Eine rechteckförmige Tabelle, die die Exponenten aus den → *Kohärenzbedingungen* zusammenfasst; die Spalten sind den jeweiligen problembezogenen → *Einheiten* zugeordnet, die Zuordnung der Zeilen hängt davon ab, ob es sich um eine → *klassische Dimensionsmatrix* oder um eine → *erweiterte Dimensionsmatrix* handelt.

Dimensionssystem: Eine Menge von → *Dimensionen*, denen ein bestimmtes → *Einheitensystem* zugeordnet ist.

Einflussgröße: Eine → *Größe*, die in einer → *Relevanzfunktion* auftritt und in einem bestimmten physikalischen Problem als wichtig für die → *gesuchte Größe* erachtet wird.

Einheit: Eine besondere → *Größe*, die aufgrund von Vereinbarungen genutzt wird, um andere Größen gleicher Art als Vielfaches oder Bruchteil dieser Größe anzugeben; z. B. die Länge des Urmeters oder die Masse des Urkilogramms. Im → *Internationalen Einheitensystem* sind für Einheiten besondere Symbole üblich, z. B. m für Meter oder s für Sekunde. Wir kennzeichnen die Einheit einer Größe A auch durch eine Tilde über dem Größensymbol, also $\tilde{A}$.

Einheitensystem: Eine Menge von → *Basiseinheiten* und → *abgeleiteten Einheiten*, die in einem größeren Teilgebiet bzw. in der gesamten Physik verwendbar sind.

Erweiterte Dimensionsanalyse: Eine → *Dimensionsanalyse*, deren Ausgangspunkt die vollständige mathematische Formulierung eines physikalischen Problems ist.

Erweiterte Dimensionsmatrix: Eine → *Dimensionsmatrix*, bei der die Zeilen den → *Kohärenzbedingungen* in → *Normalform* zugeordnet sind, z. B. für den freien Fall mit den Kohärenzbedingungen $\tilde{y}\tilde{t}^{-2}\tilde{g}^{-1} = 1, \tilde{y}\tilde{h}^{-1} = 1$:

https://doi.org/10.1515/9783110795745-010

$$\begin{array}{cccc} \tilde{y} & \tilde{t} & \tilde{h} & \tilde{g} \end{array}$$
$$\begin{pmatrix} 1 & -2 & 0 & -1 \\ 1 & 0 & -1 & 0 \end{pmatrix}$$

Gauß'scher Algorithmus: Ein Verfahren, um lineare Gleichungssysteme durch geeignete Linearkombination von Zeilen in eine einfach zu lösende Form umzuwandeln. Der Gauß'sche Algorithmus lässt sich auch verwenden, um Matrizen in die → *reduzierte Zeilenstufenform* zu überführen.

Gauß'sches Einheitensystem: Eine von mehreren möglichen Erweiterungen des → *cgs-Systems* auf die Elektrodynamik, wobei auf die Einführung einer eigenen elektrischen → *Basiseinheit* verzichtet wird.

Gesuchte Größe: Eine → *Größe*, über die man nähere Informationen erhalten möchte und für die man eine → *Relevanzfunktion* aufstellen kann.

Größe: Ein → *Merkmal* eines Objekts oder Vorgangs, das sich als Vielfaches oder Bruchteil eines Referenzmerkmals angeben lässt; das Referenzmerkmal heißt → *Einheit* der Größe, das Vielfache oder der Bruchteil ist der → *Zahlenwert* der Größe.

Größenart: Größen einer → *Größengruppe*, die sich nicht nur formal, sondern auch auf physikalisch sinnvolle Art addieren lassen.

Größengleichung: Eine Gleichung zwischen → *Größen*; speziell in der Physik eine → *physikalische Gleichung*.

Größengruppe: Menge aller → *Größen*, die sich formal addieren lassen; solche Größen müssen zur selben → *Dimension* gehören und dieselbe → *tensorielle Stufe und Polarität* aufweisen. Beispiel: Arbeit und Kraftmoment gehören zur selben Dimension, aber nicht zur selben Größengruppe, weil Arbeit ein Skalar und Kraftmoment ein (axialer) Vektor ist.

Invarianz: Unveränderlichkeit; in der Physik insbesondere die Unveränderlichkeit von → *Größen* und → *physikalischen Gleichungen* bei einem Wechsel des Koordinatensystem oder bei einem Wechsel der → *Einheit*. Die Forderung nach der Invarianz von Größen hat bestimmte Transformationsgesetze beim Wechsel des Koordinatensystems oder beim Wechsel der Einheit zur Folge.

Internationales Einheitensystem (SI): Ein → *universelles Einheitensystem* mit den → *Basiseinheiten* Sekunde (s) für Zeiten, Meter (m) für Längen, Kilogramm (kg) für Massen, Kelvin (K) für Temperaturen, Ampere (A) für Stromstärken, Mol (mol) für Stoffmengen und Candela (cd) für Lichtstärken. Die zugehörigen → *abgeleiteten Einheiten* sind so definiert, dass das Internationale Einheitensystem zugleich ein → *kohärentes Einheitensystem* bildet.

Intervallskaliertes Merkmal: Ein → *Merkmal*, bei dem die Differenz zweier Merkmalswerte eine → *Größe* ist, aber nicht das Merkmal selbst, z. B. Ortskoordinaten und Uhrzeiten.

Kennzahl: Eine → *dimensionslose Größe*, die durch ein geeignetes Potenzprodukt von → *dimensionsbehafteten Größen* entsteht, z. B. die Reynolds-Zahl $\mathrm{Re} = U L \nu^{-1}$ als Potenzprodukt einer Geschwindigkeit U, einer Länge L und einer kinematischen Zähigkeit ν. Kennzahlen lassen sich systematisch mithilfe der → *Dimensionsanalyse* ermitteln.

Kennzahlenfunktion: Eine zu einer → *Relevanzfunktion* äquivalente Funktion, in der alle vorkommenden Größen zu dimensionslosen → *Kennzahlen* kombiniert sind.

Klassische Dimensionsanalyse: Eine → *Dimensionsanalyse*, deren Ausgangspunkt ein → *universelles Einheitensystem* ist.

Klassische Dimensionsmatrix: Eine → *Dimensionsmatrix*, bei der die Zeilen den → *universellen Basiseinheiten* zugeordnet sind, z. B. für die Fallzeit T beim freien Fall aus der Höhe h unter dem Einfluss der Fallbeschleunigung g mit den Kohärenzbedingungen $\tilde{h} = \mathrm{m}$, $\tilde{g} = \mathrm{m\,s^{-2}}$ und $\tilde{T} = \mathrm{s}$:

$$\begin{array}{c} \\ \mathrm{m} \\ \mathrm{s} \end{array} \begin{array}{c} \begin{array}{ccc} \tilde{h} & \tilde{g} & \tilde{T} \end{array} \\ \begin{pmatrix} 1 & 1 & 0 \\ 0 & -2 & 1 \end{pmatrix} \end{array}$$

Kohärente Einheiten: Eine Menge von → *Einheiten*, die so zusammenhängen, dass zwischen den → *Zahlenwerten* der vorkommenden Größen dieselbe Beziehung gilt wie zwischen den → *Größen* selbst. Beispiel: Die zur Längeneinheit Meter (m) und zur Zeiteinheit Sekunde (s) kohärente Geschwindigkeitseinheit ist Meter pro Sekunde (m/s), aber nicht Knoten (kn), denn z. B. für eine Zeit von 2 Sekunden ergibt sich bei einer Geschwindigkeit von 5 Meter pro Sekunde eine Strecke von $5\,\mathrm{m}/s \cdot 2\,\mathrm{s} = 5 \cdot 2\,\mathrm{m}$, bei einer Geschwindigkeit von 5 Knoten jedoch nicht: $5\,kn \cdot 2\,\mathrm{s} \neq 5 \cdot 2\,\mathrm{m}$.

Kohärentes Einheitensystem: Ein → *Einheitensystem*, in dem alle Einheiten zueinander kohärent sind; das bedeutet insbesondere, dass → *abgeleitete Einheiten* stets mit dem Faktor Eins aus den → *Basiseinheiten* gebildet werden. Beispiel: Für die Krafteinheiten Newton (N) und Kilopond (kp) gilt $1\,\mathrm{N} = 1\,\mathrm{kg\,m\,s^{-2}}$ bzw. $1\,\mathrm{kp} = 9{,}80665\,\mathrm{kg\,m\,s^{-2}}$, d. h. die Krafteinheit Newton ist zu den Basiseinheiten Meter (m), Sekunde (s) und Kilogramm (kg) kohärent, die Krafteinheit Kilopond (kp) dagegen nicht.

Kohärenzbedingung: Eine Beziehung, die zwischen → *Einheiten* gelten muss, damit sie zueinander kohärent sind; solche Kohärenzbedingungen sind entweder Definitionsgleichungen innerhalb eines → *kohärenten Einheitensystems* oder sie ergeben sich aus → *physikalischen Gleichungen*, wenn man die vorkommenden Größen in Zahlenwert und Einheit zerlegt und verlangt, dass sich die Einheiten herauskürzen lassen. Beispiel: Für die Fallzeit T beim freien Fall aus einer Höhe h unter dem Einfluss der Fallbeschleunigung g gilt $T = \sqrt{2h/g}$, dann müssen die Einheiten von Zeit ($\widetilde{T}$), Höhe ($\widetilde{h}$) und Fallbeschleunigung ($\widetilde{g}$) die Bedingung $\widetilde{T} = \widetilde{h}^{1/2}\,\widetilde{g}^{-1/2}$ erfüllen, um kohärent zu sein. Ist diese Bedingung erfüllt, gilt für die Zahlenwerte genauso wie für die Größen $\widehat{T} = \sqrt{2\widehat{h}/\widehat{g}}$.

Kontraktion der Dimensionsmatrix: Umformung einer → *klassischen Dimensionsmatrix*, bei der die Spalten so linear kombiniert werden, bis am Ende nur noch Spalten mit lauter Nullen vorhanden sind. Zur Linearkombination der Spalten gehören entsprechende Potenzprodukte bei den Spaltenüberschriften, die am Ende die Kennzahlen enthalten; z. B. für die Fallzeit T beim freien Fall aus der Höhe h unter dem Einfluss der Fallbeschleunigung g:

$$\begin{array}{c} \\ \mathrm{m} \\ \mathrm{s} \end{array}\begin{array}{c} \begin{array}{ccc} \widetilde{h} & \widetilde{g} & \widetilde{T} \end{array} \\ \begin{pmatrix} 1 & 1 & 0 \\ 0 & -2 & 1 \end{pmatrix} \end{array} \Rightarrow \begin{array}{c} \\ \mathrm{m} \\ \mathrm{s} \end{array}\begin{array}{c} \begin{array}{cc} \widetilde{h}\widetilde{g}^{-1} & \widetilde{T} \end{array} \\ \begin{pmatrix} 0 & 0 \\ 2 & 1 \end{pmatrix} \end{array} \Rightarrow \begin{array}{c} \\ \mathrm{m} \\ \mathrm{s} \end{array}\begin{array}{c} \widetilde{T}\widetilde{h}^{-\frac{1}{2}}\widetilde{g}^{\frac{1}{2}} \\ \begin{pmatrix} 0 \\ 0 \end{pmatrix} \end{array}$$

Merkmal: Eine Eigenschaft eines Objekts oder Vorgangs, die sich durch eine Zahl beschreiben lässt; die Zahl heißt auch Merkmalswert, das Objekt oder der Vorgang auch Träger des Merkmals.

Natürliche Basiseinheiten: Eine Menge von → *Größen*, die in einem bestimmten physikalischen Problem auftreten und dort gleichzeitig als → *Basiseinheiten* verwendbar sind, z. B. der Kugeldurchmesser, die Anströmgeschwindigkeit und die Dichte des anströmenden Fluids beim Strömungswiderstand einer Kugel. Natürliche Basiseinheiten lassen sich mithilfe der → *Dimensionsanalyse* ermitteln.

Nominalmerkmal: Ein → *Merkmal*, bei dem die Merkmalswerte nur zur Bezeichnung dienen, aber keine inhaltliche Bedeutung haben, z. B. Postleitzahlen.

Normalform einer Kohärenzbedingung: Eine besondere Schreibweise für eine → *Kohärenzbedingung*, bei der alle Einheiten auf der linken Seite zusammengefasst werden und auf der rechten Seite nur noch die Zahl Eins steht. Beispiel: Die Kohärenzbedingung für die Fallzeit beim freien Fall lautet zunächst $\widetilde{T} = \widetilde{h}^{1/2}\,\widetilde{g}^{-1/2}$, daraus ergibt sich die Normalform $\widetilde{T}\,\widetilde{h}^{-1/2}\,\widetilde{g}^{1/2} = 1$.

Ordinalmerkmal: Ein → *Merkmal*, bei dem sich Merkmalswerte in eine Reihenfolge bringen lassen, aber weder Differenzen noch Verhältnisse von Merkmalswerten eine Bedeutung haben, z. B. Windstärken.

Parameter: Eine → *Kennzahl*, die aus den → *Einflussgrößen* einer → *Relevanzfunktion* gebildet wird.

Physikalische Gleichung: Gleichung zwischen physikalischen → *Größen*; entweder eine Definition oder ein aus der Naturbeobachtung gewonnenes physikalisches Gesetz bzw. eine daraus auf mathematischem Wege gewonnene Gleichung.

Physikalische Intuition: Übergeordnetes Verständnis physikalischer Vorgänge, das nicht an einzelne Details gebunden ist; entsteht durch Erfahrung im Umgang mit physikalischen Problemen. In der → *klassischen Dimensionsanalyse* wird die physikalische Intuition zur Aufstellung von → *Relevanzfunktionen* genutzt.

Pi-Theorem: Grundlegender Satz der → *Dimensionsanalyse*, der die Anzahl der → *Kennzahlen* bzw. die Anzahl der → *natürlichen Basiseinheiten* mit der Anzahl der vorkommenden → *Größen* und dem → *Rang* der → *Dimensionsmatrix* verknüpft. Die Aussage des Pi-Theorems ist davon abhängig, ob es sich um eine → *klassische Dimensionsanalyse* (kD) oder um eine → *erweiterte Dimensionsanalyse* (eD) handelt:

	Anzahl der Kennzahlen	**Anzahl natürlicher Basiseinheiten**
kD	= Anzahl vorkommender Größen – Rang der Dimensionsmatrix	= Rang der Dimensionsmatrix
eD	= Rang der Dimensionsmatrix	= Anzahl vorkommender Größen – Rang der Dimensionsmatrix

Polarität: Kennzeichnung für einen Tensor, ob seine Koordinaten bei einer Spiegelung des Tensors und des Koordinatensystems unverändert bleiben (polarer Tensor) oder das Vorzeichen wechseln (axialer Tensor).

Potenzprodukt: Ein Produkt von → *Größen*, die jeweils mit einer (rationalen) Zahl potenziert sind. Insbesondere sind → *Kennzahlen* wie die Reynolds-Zahl $\mathrm{Re} = U\,L\,\nu^{-1}$ → *dimensionslose* Potenzprodukte.

Problembezogene Basiseinheiten: Eine Menge von → *Einheiten*, die nur für ein bestimmtes physikalisches Problem als → *Basiseinheiten* dienen können, z. B. eine Längeneinheit, eine Geschwindigkeitseinheit und eine Dichteeinheit beim Strömungswiderstand einer Kugel.

Rang einer Matrix: Die Anzahl der linear unabhängigen Zeilen oder Spalten einer Matrix.

Reduktion der Dimensionsmatrix: Umwandlung einer → *Dimensionsmatrix* in die → *reduzierte Zeilenstufenform*, z. B. für die erweiterte Dimensionsmatrix beim freien Fall aus der Höhe h unter dem Einfluss der Fallbeschleunigung g:

$$\begin{array}{cccc} \tilde{y} & \tilde{t} & \tilde{h} & \tilde{g} \end{array} \qquad\qquad \begin{array}{cccc} \tilde{y} & \tilde{t} & \tilde{h} & \tilde{g} \end{array}$$
$$\begin{pmatrix} 1 & -2 & 0 & -1 \\ 1 & 0 & -1 & 0 \end{pmatrix} \Rightarrow \left(\begin{array}{cc|cc} 1 & 0 & -1 & 0 \\ 0 & 1 & -1/2 & 1/2 \end{array}\right)$$

Reduzierte Dimensionsmatrix: Eine → *Dimensionsmatrix* nach der Umwandlung in die → *reduzierte Zeilenstufenform*, u. U. nach vorheriger Vertauschung von Spalten.

Reduzierte Zeilenstufenform: Eine Matrix, bei der von links oben nach rechts unten nur das führende Element einer Zeile mit Eins besetzt ist, alle anderen Elemente in der jeweiligen Spalte sind null. Hierzu gehört insbesondere der für die Dimensionsanalyse wichtige Fall, dass die Untermatrix im linken Teil die Form einer Einheitsmatrix hat. Eine solche Form lässt sich mithilfe des → *Gauß'schen Algorithmus* erzeugen.

Relevanzfunktion: Eine Funktion, die den Zusammenhang zwischen einer → *gesuchten Größe* und einer Reihe von → *Einflussgrößen* beschreibt; diese Einflussgrößen müssen voneinander unabhängig sein und einen vollständigen Satz bilden in dem Sinne, dass es keine weiteren Größen gibt, die die gesuchte Größe beeinflussen. In der → *erweiterten Dimensionsanalyse* ergibt sich die Relevanzfunktion aus der mathematischen Formulierung des Problems, in der → *klassischen Dimensionsanalyse* ist man bei der Aufstellung auf die → *physikalische Intuition* angewiesen,

Sekundäre Dimensionsanalyse: Ergänzung einer → *erweiterten Dimensionsanalyse*, um aus nachträglich hinzugenommenen Gleichungen weitere → *Kennzahlen* zu gewinnen.

SI: Abkürzung für Système international d'unités oder → *Internationales Einheitensystem*.

Skalierung: Vergrößerung oder Verkleinerung eines Objektes um einen bestimmten Faktor. Bei → *Größen* lässt sich der Wechsel zu einer anderen → *Einheit* und die wegen der → *Invarianz* erforderliche Anpassung des → *Zahlenwertes* auch als Skalierung interpretieren.

Technisches Maßsystem: Ein heute nicht mehr verwendetes → *Einheitensystem* mit den → *Basiseinheiten* Meter (m) für Längen, Sekunde (s) für Zeiten und Kilopond (kp) für Kräfte.

Tensor: Ein mathematisches Objekt, das einerseits eine von einem Koordinatensystem unabhängige Bedeutung hat, andererseits aber durch Koordinaten dargestellt wird, um damit rechnen zu können; daraus folgt unter anderem, dass Tensorkoordinaten beim Wechsel des Koordinatensystems bestimmte Transformationsgesetze erfüllen müssen. Physikalische → *Größen* sind aus mathematischer Sicht Tensoren; am bekanntesten sind Vektoren (Tensoren erster Stufe) und Skalare (Tensoren nullter Stufe).

Tensorielle Stufe: Kennzeichnung eines → *Tensors*, durch wie viele (nicht notwendigerweise unabhängige) Koordinaten er sich in Bezug auf ein Koordinatensystem darstellen lässt: ein Tensor n-ter Stufe hat 3^n Koordinaten, ein Vektor als Tensor erster Stufe also 3 Koordinaten.

Universelle Basiseinheiten: Die → *Basiseinheiten* eines → *universellen Einheitensystems*.

Universelle Konstanten: → *Dimensionsbehaftete* Proportionalitätskonstanten, die in physikalischen Grundgesetzen eingeführt werden müssen, um die Forderung nach → *dimensioneller Homogenität* zu erfüllen, z. B. die Gravitationskonstante, die elektrische oder die magnetische Feldkonstante.

Universelles Einheitensystem: Ein → *Einheitensystem*, das in der gesamten Physik verwendbar ist, z. B. das → *Internationale Einheitensystem*.

Unvollständige Dimensionsanalyse: Eine besondere Form der → *erweiterten Dimensionsanalyse*, die von einem mathematisch nicht vollständig formulierten Problem ausgeht, z. B. von einem Differentialgleichungssystem ohne Anfangs- und Randbedingungen.

Verhältnisskaliertes Merkmal: Ein → *Merkmal*, das sich als Vielfaches oder Bruchteil eines Referenzmerkmals ausdrücken lässt; verhältnisskalierte Merkmale heißen üblicherweise → *Größen*.

Zahlenwert: Eine → *Zahl*, die den Wert einer → *Größe* in Bezug auf eine gewählte → *Einheit* angibt. Wir kennzeichnen den Zahlenwert einer Größe A auch durch ein Dach über dem Größensymbol, also $\widehat{A}$.

Stichwortverzeichnis

https://doi.org/10.1515/9783110795745-011

www.ingramcontent.com/pod-product-compliance
Lightning Source LLC
Chambersburg PA
CBHW061400210326
41598CB00035B/6053